明野栄章が受けた免許（4.3章）

永山義長碑文（1.2章）

光明寺算額（子安唯夫、大正3年、275×100㎝、神川町）（3.5章）

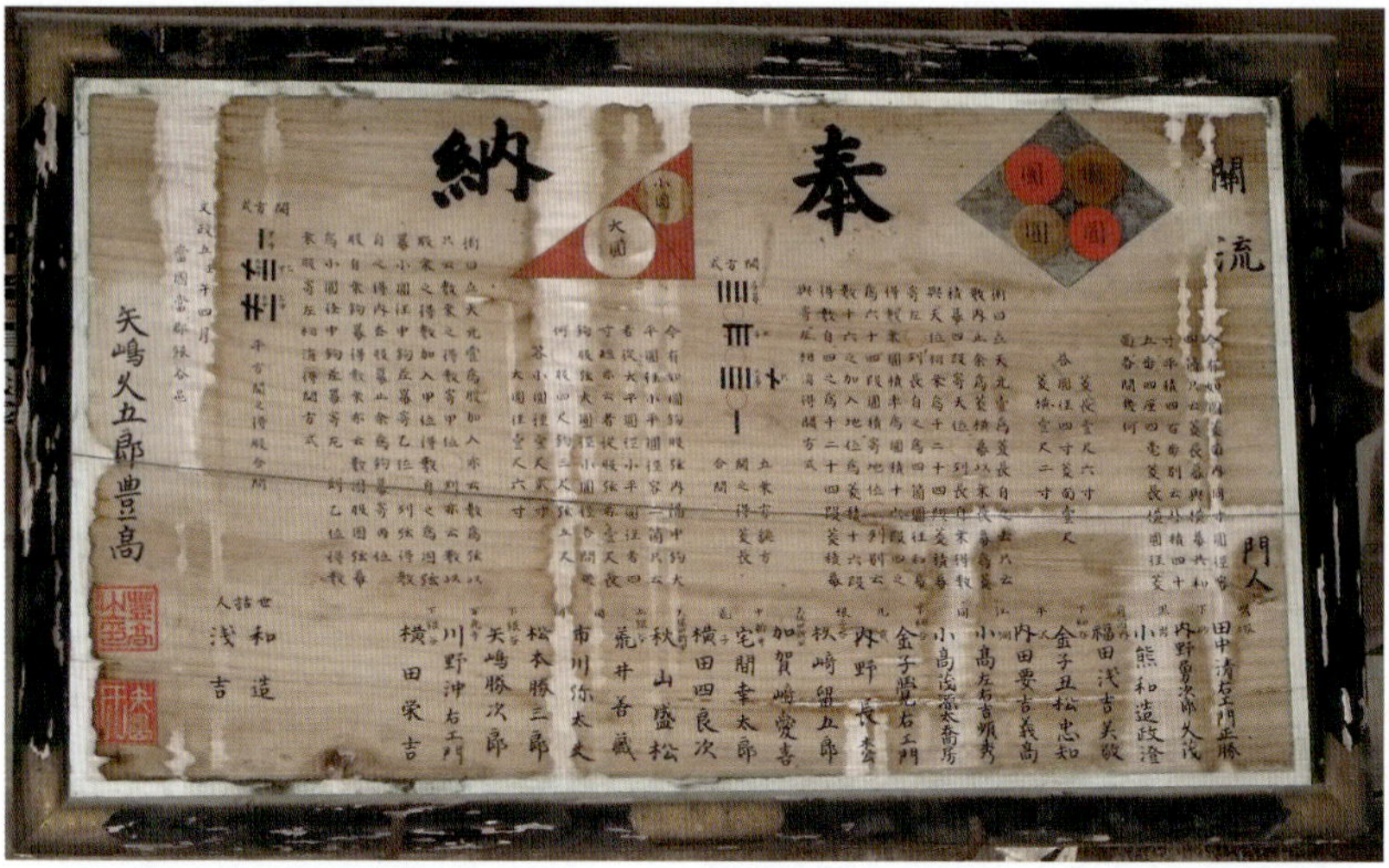

安楽寺(吉見観音)算額（矢嶋久五郎、文政5年、152×80cm、吉見町）(7.4章)

円正寺算額（正宗道全、文政11年、137.5×92.5cm、鳩山町）(7.8章)
（一部劣化で読めないが、昭和52年に全文を記録した資料がある）

光西寺算額（表面）

光西寺算額（裏面）

光西寺算額（大谷織造、明治25年、137.5×92.5cm、川島町）(7.8章)
（川島町教育委員会、2010年6月）

（表面は劣化し読めない個所が多いが、裏面に同様の問題が書かれている）

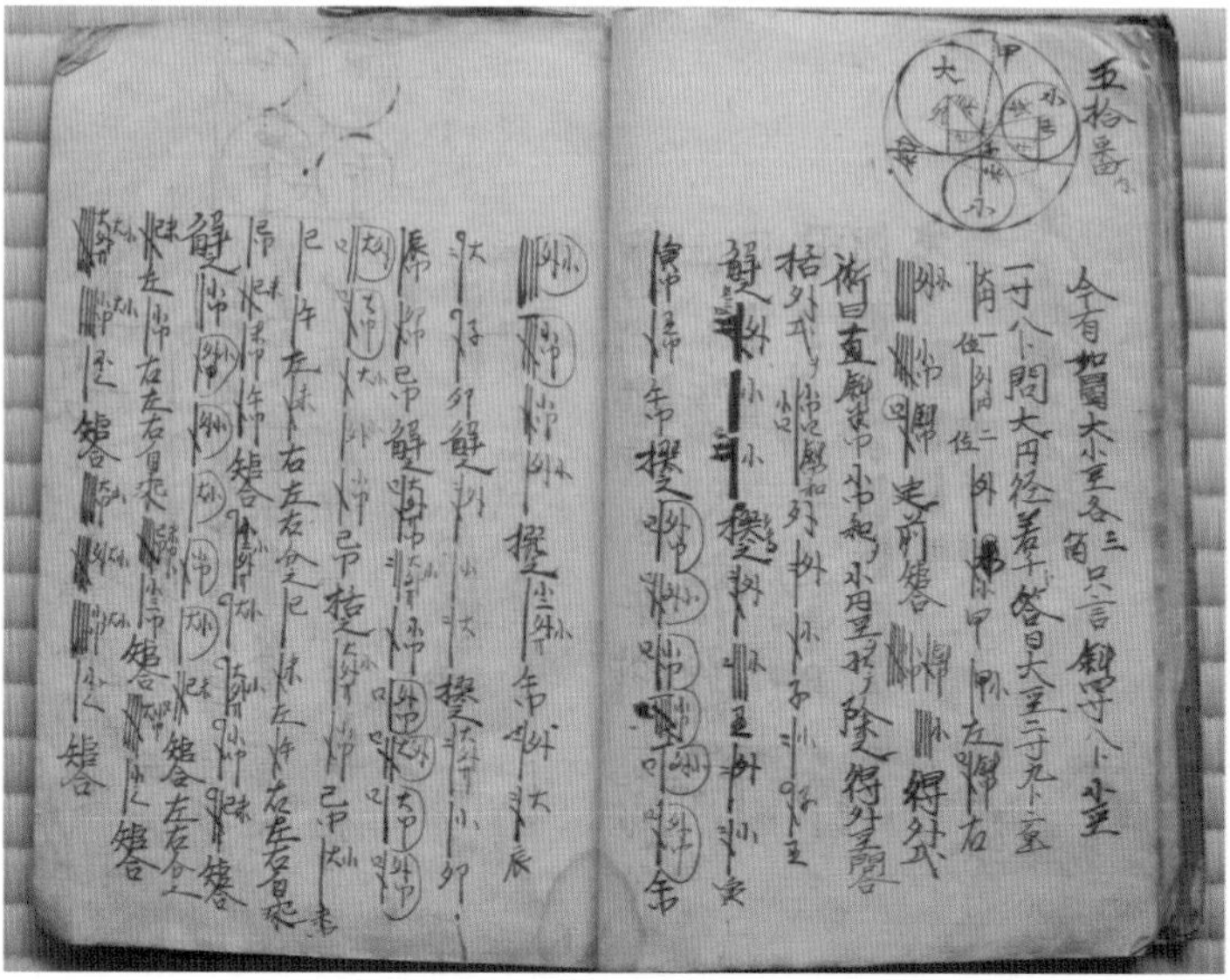

田辺倉五郎の算術書（田辺家）（7.5章）
（秋葉神社の算額の二問目の答術が書かれていて、二行目に「答曰大徑二寸九ト二厘」と正解がある）

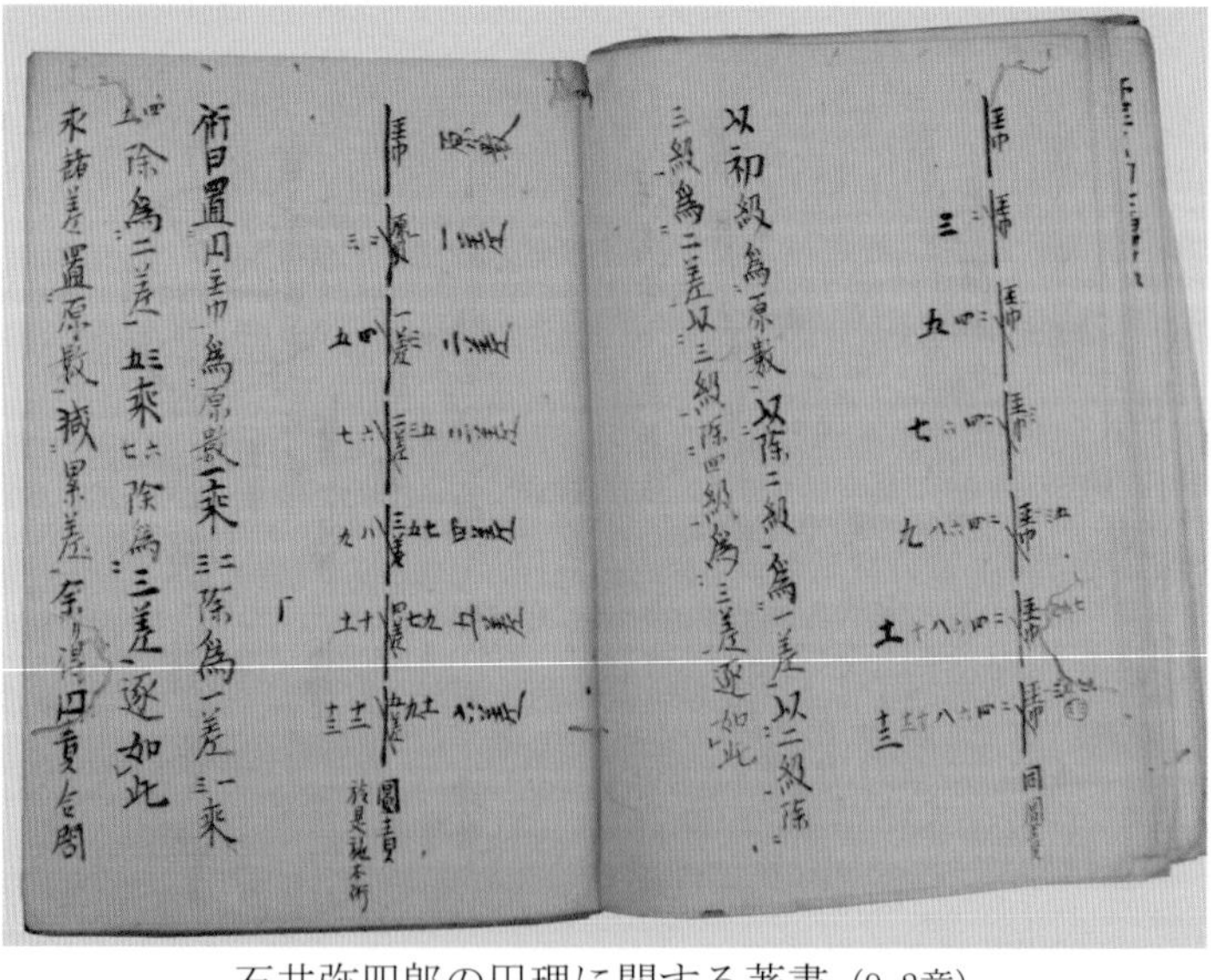

石井弥四郎の円理に関する著書（9.2章）

北武蔵の和算家

埼玉北西部の算者たちの事績

山口正義

推薦のことば

野口泰助

近頃、郷土の数学者の歴史的文献を目にする機会が多くなりました。中でも山口正義氏の「北武蔵の和算家」は、これから地方和算史を研究する上で最良の文献と思います。私共二十歳の頃地方の図書館に勤めていた時のこと、五里も離れた桶川から自転車で若者が、近郷の昔のそろばんの先生が神社仏閣に数学の絵馬を奉納した記録を調べたいと尋ねて来ました。遠く自転車で来る熱意に絆されて一緒になって、文献を探しました。結局探し得たのは三上義夫の「北武蔵の数学」「武州熊谷地方の数学」の二点のみで、共に掲載論文の抜き刷りでした。その頃山口正義氏の「北武蔵の和算家」が出版されていたらとつくづく思えました。人物の履歴、流派、業績、遺品と細録され、免許、神文も記録され、算法もエピサイクロイド、楕円の回転体、円周率、三角の八線表、円理まで再録され、埼玉に限らず日本数学史の文献として今後の研究に是非ともお薦めしたい文献です。

平成二十九年九月吉日

（のぐちたいすけ　日本数学史学会顧問）

はじめに

かつて、著名な数学史学者の三上義夫（一八七五〜一九五〇）は「北武蔵の数学」を著しました。それは昭和九年頃のことです。三上は和算の調査で各地を踏査され書物を著していますが、埼玉北西部ではこの他に、「武州熊谷地方の数学」「武蔵比企郡の諸算者」「武州比企郡竹澤村小川の諸算者」なども著しています。

これらの著は、文字通り自らの足で現地に赴き踏査された八十年も前のもので、今となっては失ってしまい見ることのできない、あるいは調査もできない和算についての貴重な内容を含んでいるものです。

本書はこれら三上の著書などにある人物や資料の現状の後追いという面もありますが、三上が調べ得なかった何人かの調査と、幾つかの新事実（例えば飯能の石井弥四郎のこと）も含めてまとめたものです。同時に「北武蔵の数学」などは和算についての歴史評論であり、図や写真、それに具体的な数学の問題や解法などは皆無です。本書では現地現物に沿って可能な限り取材で得た図録なども掲載し、問題や解法も出来るだけ載せました。

調査に当たっては残された和算に関する書物や碑文・墓石を中心に行い、併せてどのような数学の問題を扱ったのかできるだけ具体的に示すように努めました。和算の研究は、人物やその背景などの歴史評論の文化史的側面と、どのような数学的問題を扱ったかを並列的に述べることが必要との考えからです。そしてこのような調査を行ったのは、今調べないと北武蔵という田舎で和算に努力した名も知られない人物に関する貴重な資料が急速に失われ兼ねないとの危機感によるものです。とは言っても、浅学非才の身では内容的に不備な点が多々あると思います。大方のご批評をお願いするものです。

なお、「北武蔵」の対象範囲は埼玉県の北西部で、行田・吉見・川島・坂戸・日高・入間を結ぶ線の西側を想定しています。また範囲対象外の「川越の和算家」と「埼玉東部の算額」（主に『埼玉の算額』に未所収のもの）を附録で簡潔に示し、不十分ながら埼玉全体をカバーすることも試みました。

目次

推薦のことば……i
はじめに…………iii
目　次…………iv

一章　北武蔵の和算家概説………………………………………………1
一・一章　北武蔵の和算家の序章……1
一・二章　北武蔵の和算家に影響を与えた人々……3
一・三章　北武蔵の和算家の伝系……16

二章　上里町・美里町の和算家………………………………………19
二・一章　今井兼庭……20
二・二章　吉沢恭周……30
二・三章　安原千方……35
二・四章　その他の和算家（上里町・美里町）（桜沢英季、小林喜左衛門、他）……50

三章　本庄市・深谷市の和算家………………………………………55
三・一章　金井稠共……56
三・二章　戸塚盛政……60
三・三章　藤田貞資……66
三・四章　川田保則……73
三・五章　その他の和算家（本庄市・深谷市）（中原九平、子安唯夫、清水吉弥、原常吉、斎藤半次郎、松本源七、他）……81

四章　熊谷市の和算家…………………………………………………91
四・一章　代島久兵衛……92
四・二章　鈴木仙蔵……102
四・三章　明野栄章……107

四・四章　黒沢重栄……115　四・五章　権田義長……119　四・六章　戸根木格斎……123
四・七章　その他の和算家（熊谷市）（納見平五郎、勢登亀之進、小林金左衛門、
藤井保次郎、高橋祐之助、清水鎮義、石川弥一郎、茂木惣平、他）……………129
五章　行田市の和算家……………………………………………………………135
五・一章　田中算翁……139　五・二章　吉田庸徳……145　五・三章　伊藤慎平……149
五・四章　その他の和算家（行田市）（平井尚休、石垣宇右衛門、
妹尾金八郎、坂口元太郎、飯島平之亟と荒井丑太郎、磯川半兵衛）……155
六章　小川町の和算家……………………………………………………………163
六・一章　杉田久右衛門……165　六・二章　吉田勝品……168　六・三章　福田重蔵……186
六・四章　松本寅右衛門……191　六・五章　田中與八郎・馬場與右衛門・久田善八郎……198
六・六章　細井長次郎……206　六・七章　その他の和算家（小川町）（山口三四郎、高橋和重郎、
澤田傳次郎・嶋野善蔵、吉田勝品門人）……211
七章　嵐山町・吉見町などの和算家（東松山市・川島町・ときがわ町・鳩山町・毛呂山町）……217
七・一章　船戸悟兵衛……218　七・二章　内田祐五郎……225　七・三章　小堤幾蔵……235
七・四章　矢嶋久五郎……240　七・五章　田辺倉五郎……245　七・六章　宮崎萬治郎……248
七・七章　小林三徳……252　七・八章　その他の和算家（川島町・鳩山町・毛呂山町）
（小高多聞治、正宗道全、平山山三郎、大谷織造）…258

八章　秩父の和算家（東秩父村・秩父市・横瀬町）……265
八・一章　豊田喜太郎……266　八・二章　山口杢平……271　八・三章　加藤兼安……274
八・四章　その他の和算家（秩父）（山中右膳、大越数道軒、笠原正二、秩父神社算額）……280
九章　飯能市・入間市の和算家……287
九・一章　千葉歳胤……288　九・二章　石井弥四郎……304　九・三章　飯河成信……327
九・四章　その他の和算家（入間市）（石田常五郎他）……330
十章　まとめ……332
附録一　和算小史……341　附録八　子の権現の算額の解法……(15)
附録二　川越の和算家……345　附録七　慈光寺の算額の解法……(11)
附録三　埼玉東部の算額……353　附録六　埼玉の現存算額一覧……(9)
附録四　簡易和算用語……363　附録五　北武蔵の和算家の年表……(5)
あとがき……367　索引……(1)

頁数の（　）は横組みを示します

算額の寸法は次の資料などに依った。

埼玉会館郷土資料室第124回展示「埼玉の算額と和算家」（発行：昭和63年3月3日）

一章　北武蔵の和算家概説

一・一章　北武蔵の和算家の序章

北武蔵（埼玉北西部）の和算は上州（群馬）と密接な関係がある。特に上里・熊谷など県北と上州の南の高崎近辺とは、利根川や烏川を夾んで人的交流が活発であった。また、北武蔵と南上州は中山道を共有するようなことから文化の交流も活発であったとも言える。北武蔵では今井兼庭や藤田貞資等の大家を出し、あるいは武州の算学の開拓者であった吉沢恭周等の影響もあり、化政期以降上州では多数の算家を出した。そして上州の斎藤宜義、剣持章行、市川行英等の影響で幕末から明治初年にかけて武州の数学が盛んになった。

武州と上州を結びつけた最初の人は永山義長である。義長は武州（のどこかは不明）の人で久留島義太の門人だが、晩年は高崎に和算の塾を開いたといわれる。

上毛算学の祖とも言われる小野栄重は、上里の吉沢恭周にはじめ師事し、後に江戸に出てからは本田村（深谷）出身の藤田貞資に学んでいる。そして、小野栄重からは多くの優れた門人が育っている。岩井重遠・斎藤宜長・剣持章行等は上州の人だが、代（熊谷）の代島久兵衛もその門人の一人である。代島からは鈴木仙蔵・藤井保次郎・納見平五郎・明野栄章（ともに熊谷）等が出ている。彼らは単に和算を学んでいるだけでなく、測量を行い絵図師と称し、和算の知識を活用して村の大きな絵図面を画いたりして地域に貢献している。

剣持章行は遊歴和算家であり、関東各地を遊歴し各地に門人がいるが、北武蔵にも金井稠共・戸根木格斎・明野栄章・船戸悟兵衛等の門人がいる。剣持は関流だが流派などにはあまり拘らなかったのか至誠賛化流の川田保則（深谷）、平井尚休（行田）なども交流があった。

斎藤宜長の門人からは市川行英（上州観能村出身）が出ている。市川行英も遊歴和算したのか、北武蔵に門人が多い。そして彼らの算額の問題は高尚である。それは小野栄重・斎藤宜長・市川行英という有力和算家の系統に属したことによることが大きいと思われる。黒沢重栄（熊谷）、松本(栗島)寅右衛門（小川）、田中與八郎・馬場與右衛門・久田善八郎（ともに小川）、石井弥四郎（飯能）などがいる。

斎藤宜長の子・斎藤宜義の門人からは、安原千方等が出ている。安原の門人の問題も高尚である。

一方、こういった状況とは別に、もう一つの特徴は忍藩の影響である。

伊勢桑名藩の第五代藩主松平忠和《ただとも》は至誠賛化流開祖の古川氏清の門人であったことから、文政六年に桑名藩が忍藩に移封となった後も、忍藩の教育の中に至誠賛化流の和算が組み込まれている。そこからは田中算翁や吉田庸徳、平井尚休などが現れる。

なお、北武蔵出身で江戸という中央で活躍し、名前を轟かせた人には、冒頭に上げた今井兼庭（上里）や藤田貞資（深谷）、それに兼庭同門の千葉歳胤（飯能）がいる。今井や千葉は江戸での活躍が主で、北武蔵には門人は見当たらない。藤田は和算史上最も著名な人物の一人でもある。

一・二章　北武蔵の和算家に影響を与えた人々

（一）永山義長[1]（?～宝暦十三年（一七六三））

資料上、埼玉と上州の結びつきで最初に現れるのは永山義長である。義長は榛名町（現・高崎市）下室田の長年寺に葬られ、墓の正面に「直指見性居士」、右側面に「孝子永山勘助記之」とあるだけだが、安中市の大泉寺の墓（門人による準墓）は正面に「直指見性居士」とある他、側面の碑文には、「武州で生まれ、幼少には叔父に育てられ、算学を好み、江戸の久留嶋義太に学び、また武州岡部城主に仕え、老いて病にかかり辞して、相州鎌倉に行き、回復後高崎に住む」というようなことが刻されている。久留嶋義太（?～一七五七）は著名な和算家である。原文は次のようなものである。

碑文右

先生氏永山名義長諱見性其先武州産
也幼孤故鞠於叔父某既冠自好算学随
于東都久留嶋義太翁心酔故其術絶人
矣寖長仕□武之岡部城主然以老且疾
辞遊居□相之鎌倉其後踰年得疾少愈

碑文左

高崎住　　高橋和全
門人　　　清水解林
十二月一日　儘田勝義
宝暦十三未天　喜治　山田憲昭誌

図1-2-1　永山義長墓
（長年寺、2015年4月）

図1-2-2　永山義長墓
（大泉寺、2015年4月）

「諸家算題額集」には高崎の清水寺に義長の門人が奉納した三面の算額の記述がある。[8] それは享保二十年（一七三五)、明和八年(一七七一)、安永三年(一七七四)のものである。但し、この門人からさらに発展した形跡は見られない。

(二) 小野栄重《よししげ》(宝暦十三年(一七六三)~天保二年(一八三一))

小野栄重は通称捨五郎、のち良助(良佐)と改めた。号は子巌。宝暦十三年に碓氷郡中野谷村の須藤家に生まれ、親戚である板鼻の小野家の養子となった。幼い頃から和算を好み、農作業にも和算書を持って出かけ、地面の石ころを使って勉強に励み、十六歳の頃吉沢恭周(上里町)に入門したが、学ぶこと数ヶ月で師から「もう私が教えることはない」といわれるほどの上達ぶりだったという[2]。

栄重は寛政元年(一七八七)二十七歳の時、江戸への留学を決意。江戸へ出た栄重は関流算学の第一人者藤田貞資(三・三章)に入門した。師貞資の子嘉言《よしとき》から関流の免許皆伝を受け関流六伝を称し、寛政九年(一七九七)、郷里の上毛板鼻に帰り、岩井重遠や斎藤宜長、剣持章行、それに熊谷の代島久兵衛(四・一章)などを育てた。

図1-2-3 小野良佐栄重墓
(安中市板鼻の南窓寺、群馬県指定史跡、2010年8月)

門弟の信州山田村の斉藤善兵衛邦矩が上田市の北向観音堂に奉納した算額(文政十一年)の序文には、「自分は少年の頃から数学を志して多くの和算書を買い求め勉強してきたが疑問が増すばかりであった。しかし上毛板鼻の小野栄重先生に就いて疑問の所を質問すると永年の疑問がいっぺんに氷解した[2]」(余自成童志於数学購求許多算書読之疑　惑粉々不能通其義矣到上毛就板鼻之小野榮重先生以　質其所疑惑應其問無所窒礙於是数年之疑團渙解氷[3])、と記されている。

栄重は本来の和算の研究だけでなく測量術にも興味を持ち、享和二年（一八〇二）伊能忠敬に従い天体観測の方法を学び、翌年忠敬の第四次全国測量隊（東海・北陸方面）に測量担当として参加した。この時栄重四十一歳であった。この後も忠敬の第七次全国測量隊が文化六年（一八〇九）に高崎安中間の測量をした際にも参加している。文化八年（一八一一）に関流数学師範の免許皆伝が伝達された。天保二年（一八三一）一月二十六日、六十九歳で亡くなる。著書に『弧背真術弁解』『星測量地録』など。

（三）斎藤宜義《のぶよし》（文化十三年（一八一六）～明治二十二年（一八八九））

斎藤宜義は幕末明治期の和算家で斎藤宜長の子。父とともに天下に上毛の算者といわれた。文化十三年に玉村町板井に生まれ、通称は長次郎、あるいは長平、朝二。号は算象、逐斎、乾坤独算民。その算学塾を上毛数学校と称した。父に和算を学び、十歳で算額を奉納。十八歳のとき宜長閲・宜義著として『算法円理鑑』（一八三四）を刊行し、以後『算法円理起源表』（一八三七）、『算法円理新々』（一八四〇）、『数理神篇』（一八六〇）を発表する。高尚な問題を扱っている。社会の変化に動ぜず財を傾け清貧に甘んじた姿は乾坤独算民の号そのものであるといわれる。宜義には多くの弟子がおり安原千方（二・三章）、中曽根慎吾や日本三老農といわれた船津伝次平、和算の最後の大家として知られる萩原禎助らがいた。墓は板井の宝蔵寺にあり、戒名は数学院乾坤自白宜義居士。

図1-2-4 斎藤宜義の墓
（玉村町板井の宝蔵寺、群馬県指定史跡、2013年10月）

（四）剣持章行（寛政二年（一七九〇）～明治四年（一八七一））

剣持章行は、通称要七、または要七郎、字は成紀、豫山と号し、任数堂とも名乗る。上野国吾妻郡の沢渡《さわたり》の農家の出。板鼻の小野栄重にはじめ学んだのは文化六年（十八歳）以前で、文化二年に父を亡くし農業に精を出し馬方をして賃稼ぎをし、余暇に算学の研究に励んだ。文政十年（一八二七）二月に師の栄重より見・隠・伏の三題免許を与えられた。章行三十七歳の時であった。天保十年（一八三九）五十歳の時、内田五観（一八〇五～八二）の主宰する瑪得瑪弟加《マテマチカ》（Mathematica ＝数学）塾に入門。数学を好み、壮年の頃より両毛、両総、常陸、武蔵の各地を遍歴して子弟の教育に努力した。特に、常総には多くの子弟が育ち、剣持が末永く遊歴を行う土地になっていた。明治四年六月十日、北総の鏑木（千葉県旭市鏑木）において客死。享年八十二歳。級数、不定方程式、整係数方程式、定積分表など他の数学者の意表をつく考えを述べ、多くの工夫をこらしたといわれる。

著書に、『算法圓理氷釈』上下二巻（天保八年（一八三七）序、本書の扉は岩井重遠閲、山口言信著となっているが、実際の著者は剣持であるといわれる）、『探賾《たんさく》算法』（天保十一年（一八四〇）序）、『算法開蘊』四巻（嘉永元年（一八四八）序）、『量地圓起方成』上下二巻（嘉永六年（一八五三）刊）、『検表相場寄算』二巻（安政三年（一八五六）刊）、『量地圓起方成後編』（安政二年（一八五五）刊）、『算法約術新編』上中下三巻（文久二年（一八六二）序）の刊本があり、他に問題の解義書や草稿類も多い。

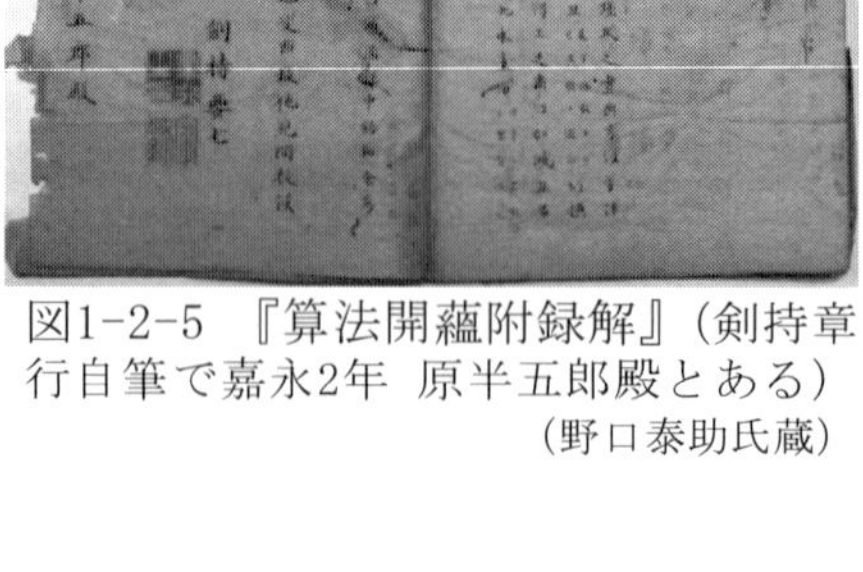

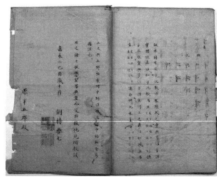

図1-2-5　『算法開蘊附録解』（剣持章行自筆で嘉永2年　原半五郎殿とある）
（野口泰助氏蔵）

【瑪得瑪弟加塾入門】

文献（4）には剣持の「瑪得瑪弟加塾入門」に際して次のようにある。

天保二年、沢渡の医師福田宗禎は高野長英を招聘して蘭学の教えを請うた。福田宗禎のもとには柳田鼎蔵、高橋元貞、高橋景作などが集まり、蘭方医学の研究が進められた。天保二年高橋景作は江戸へ出て長英の大観堂に入塾したが、福田宗禎は章行の才能と向学心を見込んで出府を進めた。天保十年五月初旬、章行は家督を弟貞寿に譲って江戸に出て岩井重遠を介して白石長忠に入門した。これには、沢渡村が文政七年から清水卿の知行地となり、白石が清水卿家士であったことも関係しているとも言われている。その後、長英の蘭学の弟子で和算家である幕府伊賀者内田弥太郎五観の「瑪得瑪弟加塾」に入門。内田への入門は福田宗禎から長英を介してなされたのであろう。それにしても五月十四日には「蛮社の獄」により、渡辺崋山が捕えられ、一旦身を隠した長英も十八日には北町奉行所に自首して、獄に繋がれることになる。このような長英の身辺の慌ただしさの中で、果たして章行の瑪得瑪弟加塾入門の橋渡しができたものだろうか。

最後の文章は少し懐疑的になっているが、入門一年後の天保十一年には、『探賾算法』（転距軌跡や穿去積の問題などの難問が多く亀円の問題もある）を瑪得瑪弟加塾版として刊行している。

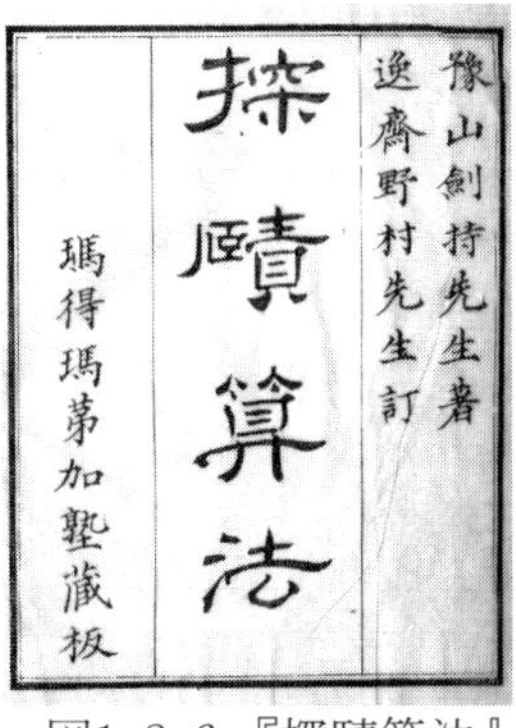

図1-2-6『探賾算法』（瑪得瑪弟加塾蔵板とある）　（野口泰助氏蔵）

【章行の人柄（生家の近隣の門人関紋左衛門の妻の話）】（文献(4)より）

豫山は馬の轡（蹄鉄か）などを作るのが上手で且つ早かった。又遊芸を楽しんで歌ったり踊ったり三味線を弾いたりした。其の歌ふ声は非常に美しかった。紋左衛門へは裏伝ひに毎日の様に遊びに来た。遊歴には大抵正月末から二月頃出かけて霜月か師走に帰るのが常であって、帰る時には金を持って来た。何時も白鮫の大小を差して居たが遊歴先から帰る時は大の方は三里先の中之条の門人田中信吉方に預け置き小の方だけ差して来た。小紋のぶっさき（打裂）羽織を着た、綺麗な、品の佳い髭のない、白髪に小さな髷を後の方結ひ、入歯をしたお爺さんだった。入歯は黒いの即ちおはぐろを付けたのと白いのと二色持って居て、沢渡へ帰る時には黒い方のを用ひ、遊歴に出る時は白い方のを入れて行った。人物は至極堅い人であった。

【門人と試問試験】

剣持章行の同輩には岩井重遠・山本賀前・野村貞處・川田保則（三・四章）等がいたが、一方、門人は多く、上野国に二百六十一名、武蔵国に五十六名、上総国に五十二名、下総国に三百七十名、常陸国が二百八十八名で、計千二十七名にも及ぶという。有力な弟子には上毛では里見の中曽根慎吾、新町の田口文五郎信武、武蔵の金井総兵衛稠共（三・一章）、明野延(信)右衛門栄章（四・三章）、北総の原半五郎、金親昇一郎、岩井市十郎、山崎平右衛門、大恵田十兵衛、木内忠右衛門、下総の松本和助等がいた。

なお、「剣持豫山試問合格者門人氏名」というのがある。(4) どのような経緯から試験が行われたのか不明だが、四回行われた試験の合格者と試験の概要（時期・試問役・問題と解答内容）は次のようなものである。

表1-2-1　試問試験

	時期	試問役	問題と解答
第一回	嘉永元年九月（一八四八）	(下総)原半五郎、(上毛)中曽根慎吾、(下総)松本和助	算法開蘊巻之四
第二回	嘉永六年六月（一八五三）	(北総)岩井市重郎、(同)阿曾寅之助、(武州)金井総兵衛、(同)戸根木輿右衛門、(上毛)関久右衛門、(同)福田浅右衛門	算法開蘊附録
第三回	安政三年九月（一八五六）	(常陸)石島総右衛門、(北総)芝野仁左衛門、(常陸)倉川弥四郎、(同)石上杢助、(北総)安川雄助	算法約術新編中巻
第四回	文久二年閏八月	(北総)青渓橋、(同)高木孝輔、(同)近藤作兵衛、(同)飯島利兵衛、	算法約術新編下巻

（一八六二）　（南総）斎藤四郎右衛門、（同）上代松一郎、（同）木内重四郎、（常陸）坂巻又右衛門

（出典は「上毛及上毛人」125号、関億平次氏によるとある）

合格者は、上野国＝四十三名、上総国＝七名、下総国＝四十七名、常陸国＝三十一名、武蔵国＝六名で、武蔵の内訳は、越畑村＝船戸吾兵衛（七・一章）、血洗島村（深谷市）＝吉岡廣助、宮戸村＝金井総兵衛・金井弥市、阿賀野村（深谷市）＝富田七郎右衛門、熊谷駅＝戸根木與衛門格斎（四・六章）である。

【剣持章行先生碑】

剣持章行の碑は昭和二年に出生地で計画されたこともあったが実現しなかった。現在の碑は昭和八年に建てられたもので千葉県旭市鏑木にあり（願勝寺の墓地ともいわれるが妙経寺墓地に近い）、表に林鶴一揮毫の「剣持章行先生碑」とあり、裏面に次のような碑文がある（文献(4)によるが、実見により一部修正）。

先生諱章行、号豫山、剣持氏、群馬県吾妻郡澤田村澤渡人、幼好数術、及長奮然立志、譲家於弟、従小野榮重、研鑽不懈、竟継其統、尋学日下誠内田五観、造詣愈深、於是執贄師事者、遍常野武総、其数亦及千有余人之多、是可以知爲算学泰斗矣、先生特愛我邑山崎青渓、屡来提撕、與其免許、偶寄寓数日、病而歿、時明治四年六月十日也、距生寛政二年十一月三日、享年八十有二、葬山崎氏先塋之次、先生爲人沈重寡黙、温厚篤実、而不求産不娶妻、眞可謂篤学之士、所著有探賾算法、算法開蘊、量地圓起方成等十数巻、行於世、其他未刊者八十餘部、皆蔵家云、而先生終焉之地、僅存一小佛石、殆無由于知、適我教育會調査

史蹟発見之、若夫今而不表、則其跡亦将湮滅、於是乎同會奮起、募有志義金、
建碑勒其梗概以傳之後云

　昭和八年四月上浣　香南　高木卯之助撰文拝書

東北帝国大学名誉教授　林鶴一　表題　古城村教育會　建立

この碑の中に「而不求産不娶妻」とあり章行は妻帯しなかったようにあるが、実際は結婚したが妻は早く（文化六年、剣持十九歳頃）他界したことが判明しているという(4)。

図1-2-7　剣持章行先生碑（千葉県旭市鏑木、2015年9月）

図1-2-8　剣持章行墓（中央の小さな墓の正面に「剣持章行先生墓」、右側面に「昭和八年四月五日」、左側面に「古城村教育會建之」とある。左の墓には「明治二十二年旧三月八日卒　行年四十一才　山崎平右エ門」とある。碑の直ぐ近くの山崎家墓地。2015年9月）

（五）市川行英（文化二年（一八〇五）～嘉永七年（一八五四））

上野勧能村（南牧村勧能）の人。玉五郎と称し、南谷、君虎、愛民と号す。斎藤宜長に師事し、江戸に出て白石

長忠に学ぶ。『合類算法』（天保七年（一八三六））を編集。嘉永七年十月二十九日死去。五十歳。『算法雑組』（文政十三年）は、岩井重遠編集、市川行英訂、白石長忠閲とある。同書は、群馬・長野・埼玉などの十九社寺・二十二面の算額を記録しているが、この中には行英の問題が三問載せられている。

行英は文政九～十一年に見題・隠題・伏題の免状を斎藤宣長から受けている。行英二十一から二十三歳のときである（免状の内容は二・三章の安原千方が受けたのとほぼ同じである）。

行英は、「故ありて郷里に居つらくなり、武州あたりに来て教授したと云ふことで、川越侯の知遇を得たと言はれる。此人の門人が武州に散在するのは其為めである」(5)といわれるが、現在門人でわかるのは武州では熊谷（二名）・小川（七名）・飯能（一名）である。筆者は行英の門人を十七名まで確認している。下表にその門人一覧と算額掲額場所と師に提出した神文(6)の時期を示す。また、御三卿一橋家の指南役となり、武蔵川越藩や忍藩の藩士にも教えた。いわゆる遊歴和算家の一人である。文献（7）には「市川玉五郎氏略傳」（本文前に「飯塚悦太郎氏謄写報告」、奥書に「大正六年一月廿七日　郷土誌中より抜　茂木松次郎殿」とある）として次のようにある。誇張された表現もあるが多彩な人物であったようである。参考に全文を掲げてみる。

No	門人名	住所	算額場所他	神文
1	田中與八郎信直	比企郡古寺村(小川町)	慈光寺(ときがわ町)現存するも風化が進み非公開	文政11
2	馬場與右衛門安信	比企郡腰越村(小川町)		文政9
3	久田善八郎儀知	比企郡腰越村(小川町)		
4	石井彌四郎源和義	原市場村(飯能市)	子の権現(飯能市)非現存	文政6
5	松本(栗島)寅右衛門精彌	比企郡竹澤村(小川町)	箭弓稲荷社(東松山)非現存	
6	澤田傳次郎	武腰越(小川町)		文政9
7	福田重蔵	比企郡笠原村(小川町)		文政9
8	嶋野善蔵	比企郡腰越村(小川町)		文政9
9	黒沢理八郎重栄	(熊谷市久下)	「合類算法」に門人としてあり	
10	勢登亀之進重羽	(熊谷市久下)		
11	山田泰助源清房	上毛甘楽郡馬山邑(下仁田町)	貫前神社　他	
12	喜多野(北野)多吉	上州緑野郡川除(藤岡市)		文政8
13	田幡元吉英棟	東上州佐位郡下渕名村(伊勢崎市)		文政8
14	倉林庄蔵爲貞	上野緑野郡牛田村(藤岡市)		文政9
15	山田要太郎	上野緑野郡藤岡町動堂(藤岡市)		文政9
16	浅川要吉郎之豊	上州甘楽郡青倉村	貫前神社　他	天保7
17	神戸文朝貞英	上州甘楽郡青倉村	鳥総神社	

表1-2-2　市川行英門人

市川玉五郎氏略傳

氏徳川時代に生れ維新以前物故せり、蓋関流算学の大家なり、子孫本村に居住せず記録の傳るものなきにより其正確なる傳を得ずと云へども、日本有名の大家十二人連名して、数学上の発見を額面に記載し東京浅草観音堂に奉納せるもの今尚存せりと云へり、氏学成り諸国を歴遊せんとするとき、先江戸に出で、知人によりて御三家一橋卿に謁し其の術を語る、家老試に天の高さを測らんことを以てせり、答へて曰く難事に非らず□、浪人の身之を施すの器物準備なし、我が希望する設備をなさば其の望を満さんと、卿命じて高台を築き、器物を備へ、之か測量をなさしめたり、天の高さ無窮或物を目標とし、億万千百何里何町何間何尺何寸に至るまで算出して之を示せり、卿之を賞して優遇し旅銀を与へて還せり、後数年卿曰く彼又来らん、再測量せしめて其の術を試んと命して少しく台を高くせしむ、遊歴三年果して来る、卿言はしめて曰、前年の測量必ず正確ならん、然れども歳月数を重ぬれど天地異動なしと謂ふべからず、乞ふ再之を測量せよと、乃、前年の器物を備へ之に従事せしむ、氏驚きて謂へらく、正に三寸の差違あり、之《これ》天地の異動か抑《よく》我が術の誤りか、天地異動せずんば我が術に異る所なし、吾少壮より此の学に志し此の術を信すること深し、若し此の術にして此の如く差異ありとせば、之《これ》此の術の信すべからさるものなり、吾今後此の術を廃せんと、測天終り卿客殿に請じ大に饗膳して其の労を謝す、氏難《嘆》息して距離の測定前後異る所あり、何の異動かに由るか知るべからず、多年研鑽の道終に用ふる所なし、自今《後》此の術を為さずと云へり、卿告ぐるに術を以てし大に其の精妙なるを賞し、命して三斜術指南役となせりとぞ、今遺著数部あり、多くは幾何三角術に属する者なり、氏文化二年大字羽澤勧能に生る、姓源名行英、市川徳兵衛長重の次男、兄徳兵衛金重家を継ぎ、氏は東隣に分家して妻を迎へて一女を設し、女子三歳になり妻を還して娶らず、嘉永七年寅十月二十九日歿せり、行年五十歳、後女子生長して婿喜市を迎へしも喜市二女を遺して早世し家運衰へ維持すべからず親族の勧誘にすりて出でゝ信州北佐久郡岩□田篠沢某の家に嫁し二子を生む、長子勇作今東京に在り、母も亦健在なり、是れ実に市川行英の外孫なり、

行英少うして学を好み、数学は其の最も嗜む所にして関流七傳斉藤四方(吉)藤原宜長を師とし、刻苦研鑽数理の蘊奥を窮《きわ》め其術精微、人をして驚嘆せしめしと云ふ、合類筭法二《?》冊は天保七年秋刊行して世に公にせり、其心《他?》天元演段筭法集、関流神楽筭法、筭法奉納集等草稿のまゝにして散逸し、□収すべからず惜むべきことにこそ

尚餘技として遠州流挿花を学び、文政十一戊子の年二月葛味齋一焼より一號免許章を受けて一観と號し、嘉永四辛亥の年正月葛昌齋一輝より挿花印加皆傳を得、昌楽斎一観の斎号を免許せられたり、其の人となりを思ふべし

文中、浅草観音堂に十二人連名して（算額を）奉納したとあるが、その事実を記した文献は見つからない（『算法雑俎』には文政十年に神田明神社に奉納した記録がある）。

（六）古川氏清（宝暦八年（一七五八）～文政三年（一八二〇））

古川氏清は江戸時代中後期の旗本、和算家。通称は吉次郎、吉之助。和泉守、山城守。字は珺璋《くんしょう》。不求と号す。子に同じく和算家の古川氏一がいる。奥右筆などを務め、文化八年（一八一一）に従五位下和泉守に叙任された。後、山城守。広敷用人（大奥の職名）となり、文化十三年八月幕府の勘定奉行となり、文政三年（一八二〇）在職中に六十三歳で没した。

算学は中西流を関川庄右衛門美郷に、久留島流を安井藤三郎信名に、関流を栗田安之に学び、三流を取捨して至誠賛化流（三和一致流）を起こした。至誠賛化流は「至誠を以て天地の化育に賛す（中庸）」から取ったといわれる。門人に久保寺正久、志村昌義らがいるが、桑名藩主の松平忠和にも算学を教えている（五章参照）。著書に『算籍』『円中三斜矩』『愛宕額答術解』（一七八〇年）、『饗応算法』（一七八二年）、『古川氏算額論』（一七八四年）、『円中三斜矩』（一七九八年）、『算則』、『側円求積明解』（一八一八年）、『数学雑著招差審解』などがある。

墓は台東区の東淵寺にあり、正面に「温良院殿従五位下前城州刺史譲岳祖恭大居士」、右側面に「文政三庚辰年六月十一日」とある。

図1-2-9　古川氏清の墓
（東淵寺、2014年5月）

参考文献
（1）『群馬県史』（通史編6）

（2）「安中市学習の森」（ふるさと学習館、学習の森だよりNo.77・78）
（3）中村信弥『増補長野県の算額』（「和算の舘」の電子復刻より）
（4）高橋大人『剣持章行と旅日記』（平成11年、私家版）
（5）三上義夫「北武蔵の数学」（『郷土数学の文献集（2）』萩野公剛編、富士短大出版部、昭和41年）
（6）「市川行英文書」（日本学士院所蔵和算資料5657）
（7）「市川玉五郎氏略伝」（日本学士院所蔵和算資料5801）
（8）群馬県和算研究会『群馬の算額』（昭和62年）

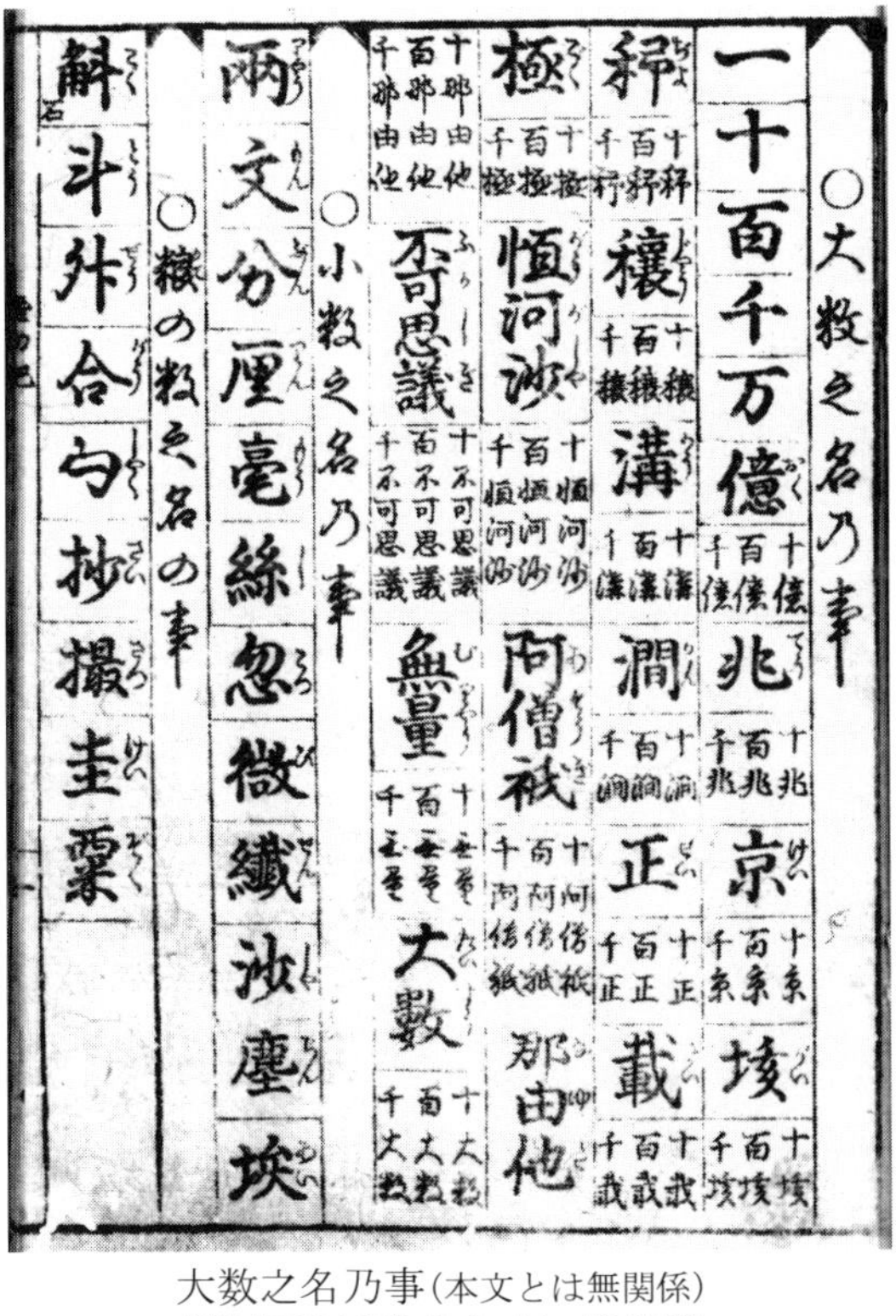
○大数之名乃事
一 十 百 千 万 億 十億 百億 千億 兆 十兆 百兆 千兆 京 十京 百京 千京 垓 十垓 百垓 千垓
秭 十秭 百秭 千秭 穣 十穣 百穣 千穣 溝 十溝 百溝 千溝 澗 十澗 百澗 千澗 正 十正 百正 千正 載 十載 百載 千載
極 十極 百極 千極 恒河沙 十恒河沙 百恒河沙 千恒河沙 阿僧祇 十阿僧祇 百阿僧祇 千阿僧祇 那由他
十那由他 百那由他 千那由他 不可思議 十不可思議 百不可思議 千不可思議 無量 十無量 百無量 千無量 大数 十大数 百大数 千大数
○小数之名乃事
両 文 分 厘 毫 絲 忽 微 繊 沙 塵 埃
○穀の数之名の事
斛 斗 升 合 勺 抄 撮 圭 粟

大数之名乃事（本文とは無関係）
（『改算塵劫記』安永2年、筆者蔵）

一・三章　北武蔵の和算家の伝系

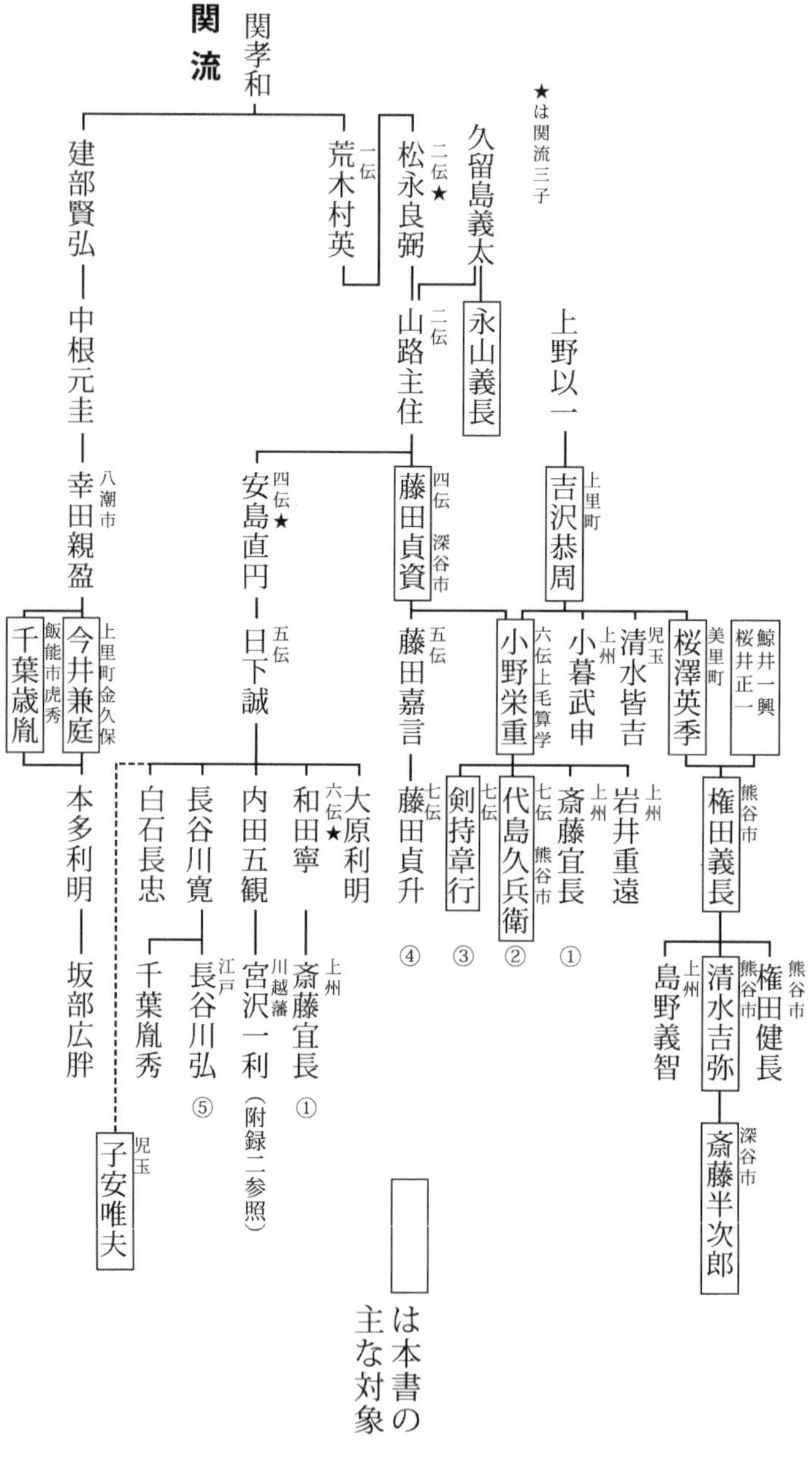

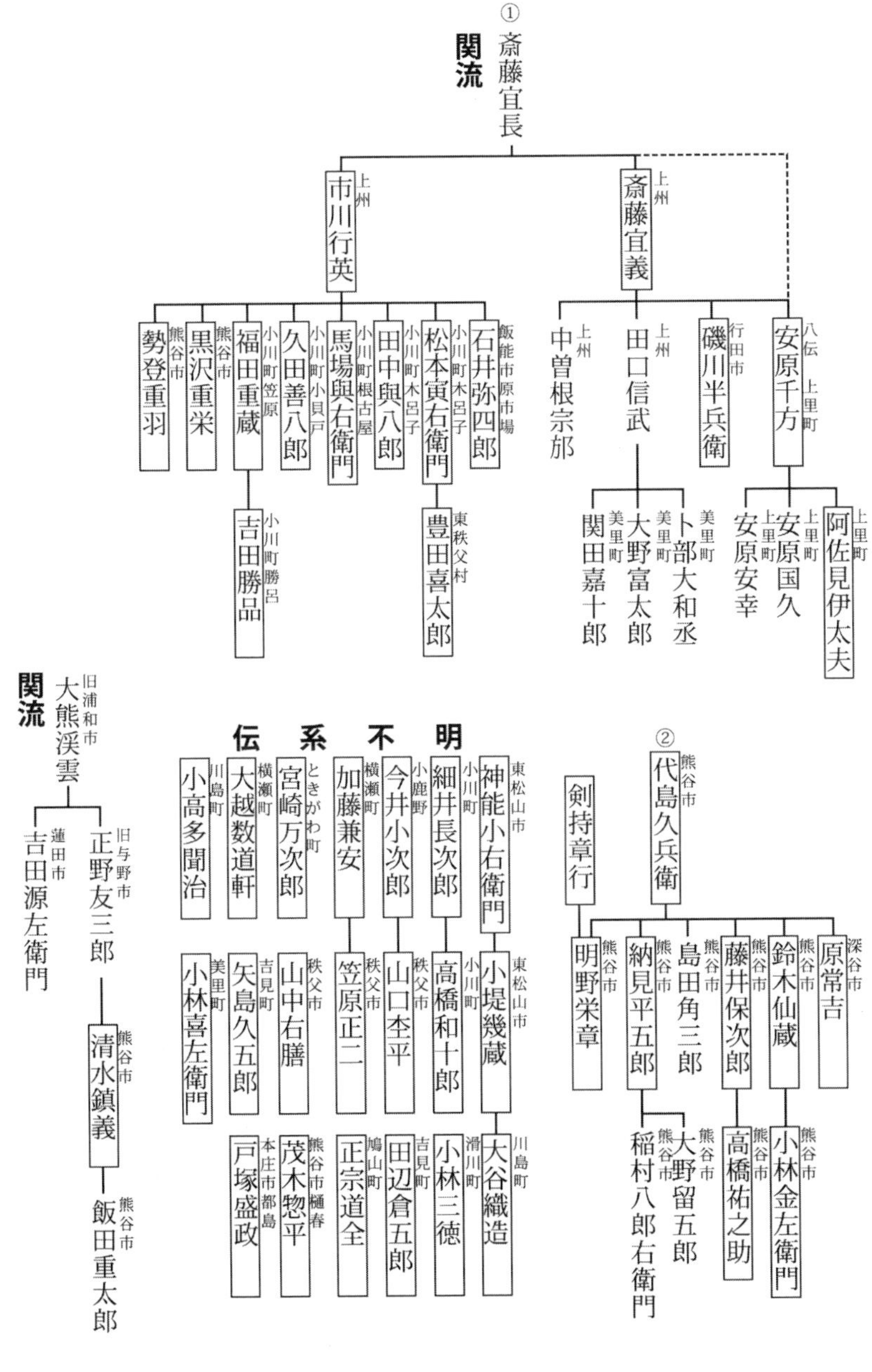
①
関流
斎藤宜長
市川行英 上州
斎藤宜義 上州
勢登重羽 熊谷市
黒沢重栄 熊谷市
福田重蔵 小川町笠原
吉田勝品 小川町勝呂
久田善八郎 小川町小貝戸
馬場與右衛門 小川町根古屋
田中與八郎 小川町木呂子
松本寅右衛門 小川町木呂子
豊田喜太郎 東秩父村
石井弥四郎 飯能市原市場
中曽根宗邡 上州
田口信武 上州
磯川半兵衛 行田市
安原千方 八伝 上里町
関田嘉十郎 美里町
大野富太郎 美里町
卜部大和丞 美里町
安原安幸 上里町
安原国久 上里町
阿佐見伊太夫 上里町
関流
大熊渓雲 旧浦和市
吉田源左衛門 蓮田市
正野友三郎 旧与野市
清水鎮義 熊谷市
飯田重太郎 熊谷市
伝系不明
神能小右衛門 東松山市
小堤幾蔵 東松山市
大谷織造 川島町
細井長次郎 小川町
高橋和十郎 小川町
小林三徳 滑川町
今井小次郎 小鹿野
山口杢平 秩父市
田辺倉五郎 吉見町
加藤兼安 横瀬町
笠原正二 秩父市
正宗道全 鳩山町
宮崎万次郎 ときがわ町
山中右膳 秩父市
茂木惣平 熊谷市樋春
大越数道軒 横瀬町
矢島久五郎 吉見町
戸塚盛政 本庄市都島
小高多聞治 川島町
小林喜左衛門 美里町
②
代島久兵衛 熊谷市
剣持章行
明野栄章 熊谷市
納見平五郎 熊谷市
島田角三郎 熊谷市
藤井保次郎 熊谷市
鈴木仙蔵 熊谷市
原常吉 深谷市
稲村八郎右衛門 熊谷市
大野留五郎 熊谷市
高橋祐之助 熊谷市
小林金左衛門 熊谷市

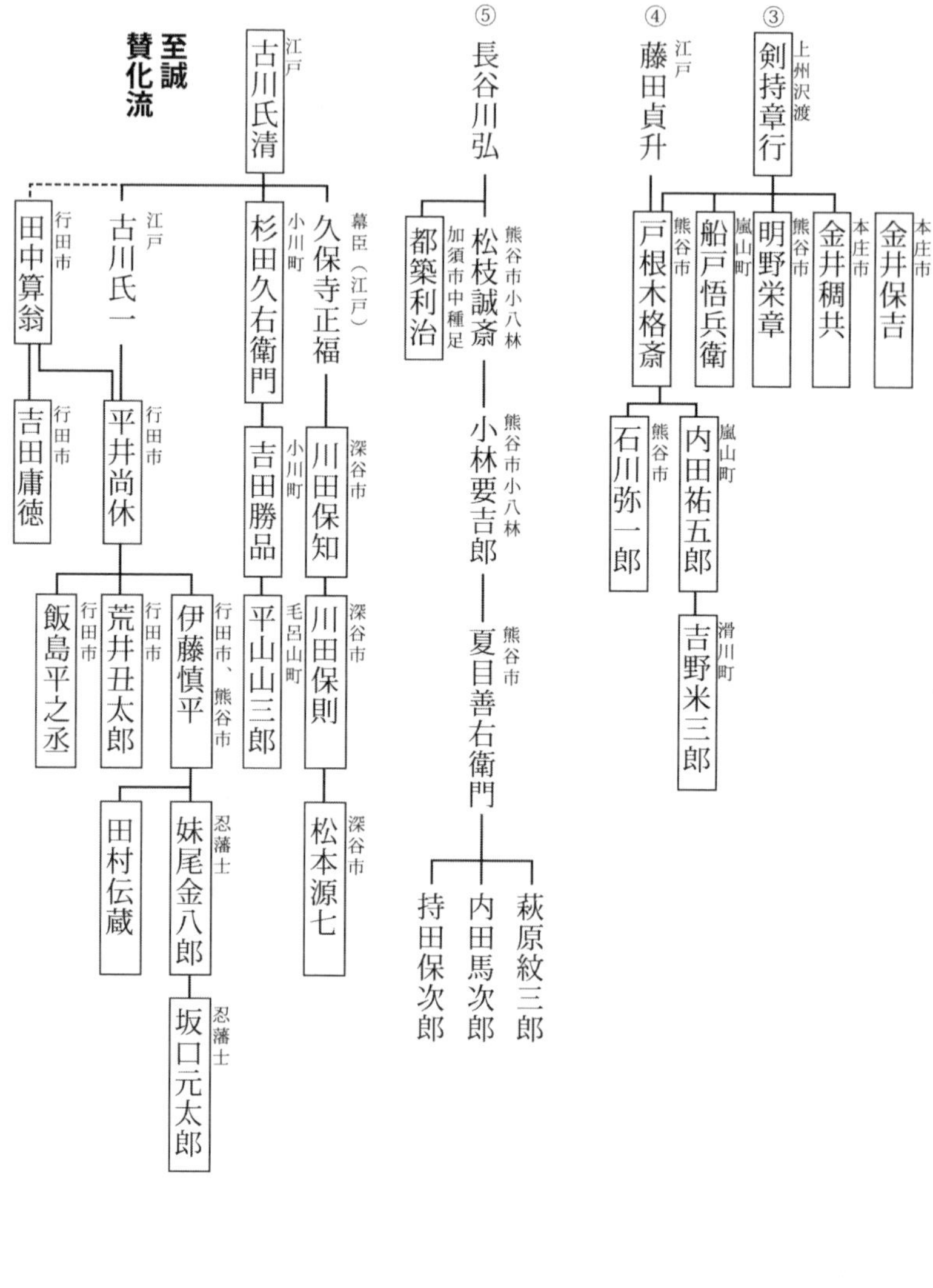
③
剣持章行 上州沢渡
金井保吉 本庄市
金井稠共 本庄市
明野栄章 熊谷市
船戸悟兵衛 嵐山町
戸根木格斎 熊谷市
内田祐五郎 嵐山町
石川弥一郎 熊谷市
吉野米三郎 滑川町
④
藤田貞升 江戸
⑤
長谷川弘
松枝誠斎 熊谷市小八林
都築利治 加須市中種足
小林要吉郎 熊谷市小八林
夏目善右衛門 熊谷市
萩原紋三郎
内田馬次郎
持田保次郎
至誠賛化流
古川氏清 江戸
久保寺正福 幕臣（江戸）
川田保知 深谷市
川田保則 深谷市
松本源七 深谷市
杉田久右衛門 小川町
吉田勝品 小川町
平山山三郎 毛呂山町
古川氏一 江戸
平井尚休 行田市
伊藤慎平 行田市、熊谷市
妹尾金八郎 忍藩士
坂口元太郎 忍藩士
田村伝蔵
荒井丑太郎 行田市
飯島平之丞 行田市
田中算翁 行田市
吉田庸徳 行田市

二章　上里町・美里町の和算家

上里町は、今井兼庭、吉沢恭周、安原千方の三名の著名な和算家を輩出している。しかも三名の出身地が極めて近い関係にあるのには驚かされる。

今井兼庭（一七一八～一七八〇）は金久保の農家の出身。その活動拠点は江戸であったが、江戸に出る前は後の藤田貞資との接点もあったようである。『名玄算法』や『円理弧背術』などレベルの高い多くの著作があるとともに、関流建部派で重きをなした。江戸では千葉歳胤（九・一章）とも兄弟弟子であった。

吉沢恭周（一七二六～一八一六）は勅使河原の生まれで、上毛算学の祖といわれる小野栄重は門人であった。上毛・北武蔵の算学の発展の礎を築いた人ともいわれる。

安原千方（一八〇五～一八八三）も勅使河原の生まれで、斉藤宜長に学び難問の多いことで知られる『数理神篇』を著している。数理神篇によれば、門人は各地の寺社に算額を奉納しているが現存しているものは少ない。

桜沢英季（一七六八？～一八四八）は吉沢恭周の門人だが、市川行英や権田義長の師であり、北武蔵の和算の初期を考えるとき、上州の和算家との関係もあり重要人物でもある。小林喜左衛門には多くの門人がいたようである。

安原千方の門人には安原長治郎安幸、阿佐美伊太夫、安原勝五郎國久などがいる。いずれも数理神篇に近くの寺社に奉納した算額の内容が記されているが、人物の詳細は不明である。

二・一章　今井兼庭

享保三年（一七一八）～安永九年（一七八〇）　六十三歳
赤城　兼庭は（けんてい）または（よしなお）　（上里町）

【人物】

今井兼庭は享保三年に生まれ、安永九年四月二十三日没。現在の上里町金久保の農家に生まれた。本名は勘蔵（官蔵）、赤城・兼庭は号。関流算学を幸田親盈に学び、一時前橋藩主酒井忠恭《ただずみ》に仕えたが、その後江戸に出て千種清右衛門という幕府代官の手代となった。親盈同門には千葉歳胤がいる。後に駿河台に塾を開いて関流算学を教えた。門人に経世論者本多利明や斎藤正順がいる。著書は七十余種を数え、『明玄算法』『探玄算法』などがある。兼庭は六十三歳で病没し、浅草新鳥越の理昌院（現在は廃寺か）に葬られた。陽雲寺の過去帳によれば法名は「信定院本来一無居士」という（上里町のＨＰを一部参照）。

『算家景図』[1]には兼庭について次のような記述がある（添字は筆者）。

兼庭—今井勘蔵号赤城
号赤城ト武州児玉郡西金久保村ノ産也於武江ニ御代官之手
代タリ業ヲ幸田新《親》盈ニ受テ常同志之朋ニ遊シテ琢磨ス数
道ヲ究ム武江駿河臺ニ浪居ス安永九庚子年四月廿三日病死
浅草新鳥越理昌院ニ葬法名倍《信》乗院本来無一居士ト号
行年六十三才其子孫金久保村農家タリ

同様の記述は白石長忠の『算家系圖』の追録中にもある。『算家系圖』[2]にはまた、「兼庭　今井官蔵　酒井雅楽頭臣タリ後御代官千種清右エ門手代トナル明玄算法ヲ著」とある。酒井雅楽頭は前橋藩主酒井忠恭のことであり、千種清右エ門は幕府代官で手代はこれに属する地方役人である[3]。酒井忠恭が播磨国姫路に転封になったのは寛延二年（一七四九）で、このとき兼庭は解任されて前橋を去っている[4]。兼庭三十二歳のときである。従って、江戸駿河台に住したというのはそれ以降であろうし、親盈に師事した時期も同様であろう。

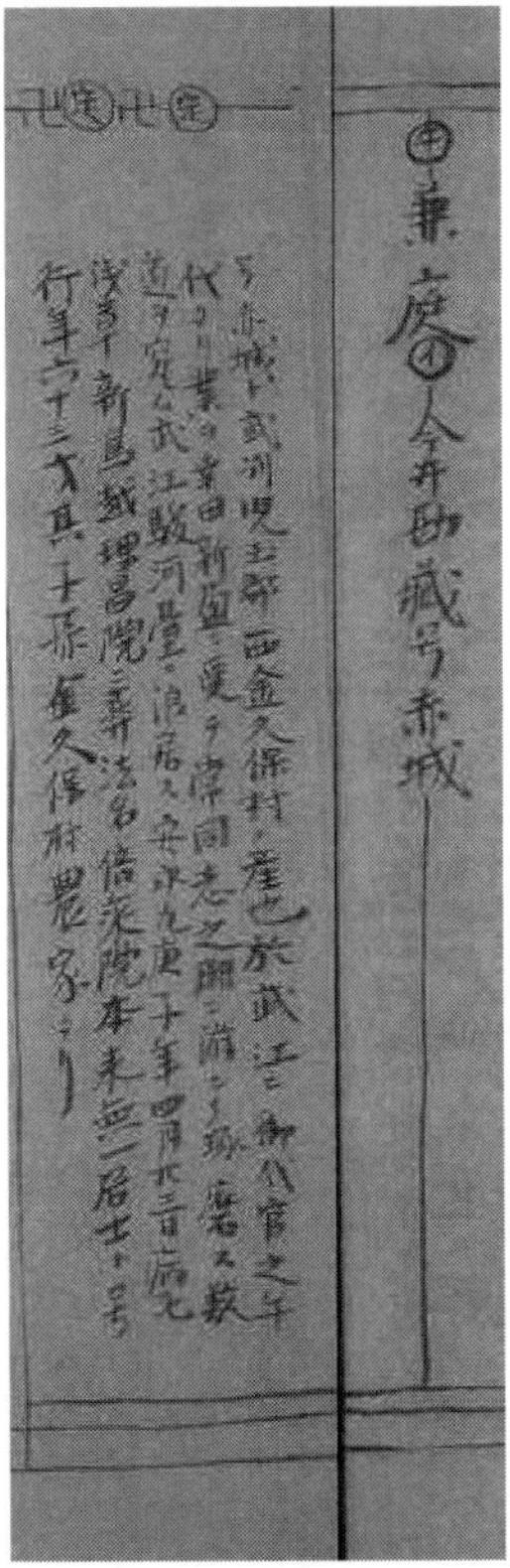
図2-1-1『算家景図』にある兼庭の略伝（日本学士院）

【千葉歳胤及び本多利明との関係】（千葉歳胤については九・一章参照）

今井兼庭と千葉歳胤は、幸田親盈を師として同門であった。千葉歳胤の『天文大成真遍三條図解』の自序中には、「コヽニ予カ同門今井官子トイヘル者アリ。ヨク算術ニ達ス。故ニ先生（筆者注：幸田親盈を指す）カレニ命シテ弧矢一術ノ半ナレルヲアタフ。官子コレヲウケテ心神ヲナヤマスコト三年。ツイニ其術意ヲ得タリ。眞ニ弧矢妙術ナリ」とあり、同じく歳胤の『皇倭通暦蝕考』の序文中、および『蝕算活法率』の序文中には「今井兼庭者予同門也、無双算士也」とある。また兼庭の『明玄算法』の自問十九の中に歳胤と歳胤門人の問題が掲載されている。このようなことから、二人は親密な関係にあったように思われる。

本多利明（一七四三～一八二〇）は単に数学者としてだけでなく、広く科学者として、また経済学者として活躍した。利明は十八歳頃に江戸に出て兼庭に数学を、千葉歳胤に天文を学んでいる。このとき兼庭四十三歳、歳胤四十八歳頃である。利明はまた、関孝和の墓を新宿・浄輪寺に建てている。

【著書と算術】

算学・暦学者としての兼庭は、『増修日本数学史』(3)に、「幸田親盈の高弟にして、建部派中に在りて、錚々たる者とす。酒井雅楽頭に仕う。後年、仕官を辞して商家に入りたり。数学上の発明術二、三に止まらず。（或る人曰く、踏轍術もその一なりと）建部賢弘が関氏の円理綴術を校正せし者に尋いで、括法を容易ならしめたるが如きは、また見るべき者とす。兼庭、傍ら暦学に通ぜり。門弟を育うこと多し。傑才少しとせず。本多利明の如きその人なり。兼庭著書多し」とあるように算学・暦学に秀でていたようで、特に算学については『算法雑解』『演段維乗率』『円理弧背術』など六十一書を挙げ、「凡そ七十余部、数百冊とす。盛んなりと謂うべし」としている。その内容は次のようなものである。（番号を付与した）

1算法雑解三十三冊、2演段維乗率、3同源術、4演段明意、5演段衆伏術、6演段乗術解消長術、7冪定式、8因符式、9実叶式、10毎一術、11商一式、12勾股変化術二冊、13同変化之法、14変数術、15累裁招差、16衰垜環術起源、17方垜術起源、18方程招差三冊、19垜畳術、20九因垜、21方垜別術、22翦管因法変数術、23翦管術因裁乗術、24累約術、25一周零約術、26累約重裁術、27算法剰漏演段、28段数術平方より十乗まで、29諸形段数術、30之分段数術、31勾股之内累方術、32同容累円術、33同隔斜累円術、34立円容術、35平円容術、36容術、37方陣之法解関書之解、38方陣法偶陣両術、39久留島先生方陣法、40方陣法長平立方、41田島子方陣法、42隅方陣一術之法、43円攅新術、44開整術、45開方九帰術、46諸形整数術、47算梯珍好集、48正負得商求式術、49重乗帰除術、50奇拾極数術、51量形術、52求積術、53截積之伝、54蹈轍術諸角、55諸角蹈轍術起源、56蹈轍術段数二冊、57円理弧背術、58円原術、59開方索式術、60授時暦講義、61拾璣算法講義、等

《明玄算法》　兼庭の著書として有名なのは『明玄算法』[5]（明和元年に著されているが刊行は安永二年）である。『探玄答術明玄算法』が表題だが、この書は入江脩（修）《のぶ》敬《ただ》（一六九九～一七七三）の『探玄算法』（元文四年（一七三九））の遺題九問に対する答術と新たに自問十九を遺したものである。但し、この遺題十九問に対する答術を著わした書物は現れなかった。

明玄算法の序には「明和元年甲申冬十有二月　武江　荒井為以謹序」とあり、門人荒井為以をしてこれを上梓している。本文の始めは「明玄算法　今井赤城先生撰術　門人荒井爲以著　探玄算法　第一…」となっている。

図2-1-2　『探玄答術明玄算法』の表紙（日本学士院）

自問十九については兼庭が七問出しているが、その他に今井兼之（『算家譜略』[6]（小澤正容）には兼庭ノ弟也とある）、莞倉陽元、千葉歳胤、佐佐木秀俊、荒井爲以、笛木昌睦、佐治庸貞が提題している。このうち、佐佐木秀俊は千葉門人とあり、佐治庸貞も歳胤の門人であった。

《円理弧背術》　兼庭の『円理弧背術』[7]には、「圓理弧背術名曰綴術　今井撰」とある。この書について『増修日本数学史』は、「兼庭、嘗て関氏の秘書円理弧背術、すなわち建部賢弘が伝を得て、なおこの書を続記せり。故に或は、これを円理綴術と題せり。この書、秘すること最も甚だし。兼庭、数理に精し。その遺書頗る多し。この一書におけるも、その一斑を知るに足れり」[8]と建部賢弘（一六六四～一七三九）の『円理弧背術』[9]を発展させたことを述べている。『明治前日本数学史』第三巻には次のようにある。

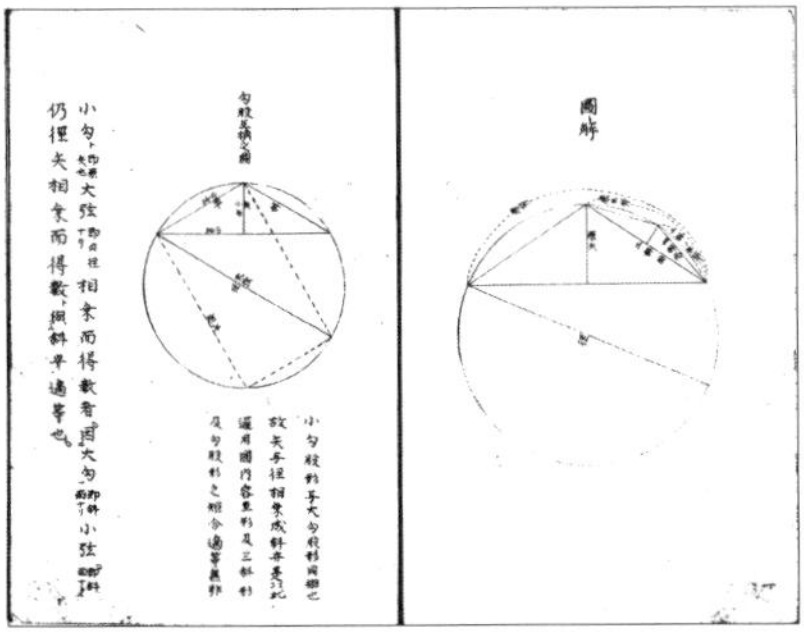

図2-1-3『円理弧背術』の一部（東北大）

径 d、矢 c を與へて弧背冪 s^2 を求む。これは建部賢弘のものを少し書き加へたものである。

次に弧背 s を求めてゐる。これには s^2 の公式を綴術で平方に開いて出してゐる。さらに d、s を與へて c を求むるには、s^2 の公式を方程式と考へて、これを綴術で解いて出してゐる。

s の公式より円周率を出す。円内接正三角形の場合には、c は $\frac{d}{4}$ で、弧 s は円周の $\frac{1}{3}$ であるから $\frac{d}{4}$ を s の公式に入れたものが $\frac{\pi d}{3}$ となることより、π を表す級数が得られる。

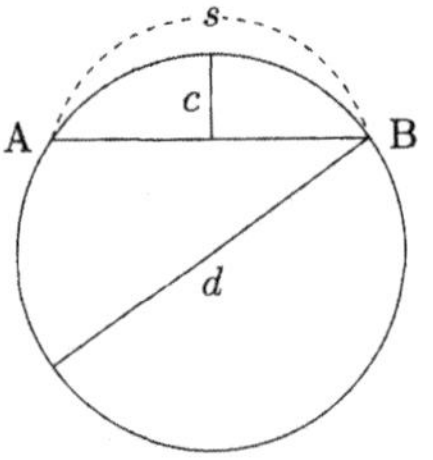

最後に弦 a、径 d をもって s を表す公式と、d、s から a を表す級数をも出している。

松永良弼の方円算経と如何なる関係にあるか不明であるが、s を表す級数を s^2 の級数から開平方によって出したことと、s^2 の級数を反転して c の級数を出したこととは注目するに足る業績である。

具体的にはどういうことだろうか。まず建部賢弘が求めた弧背冪 s^2 の式を①式に示す。そして兼庭が求めたものは算出経過を除くと次のように書かれていて、その解読結果は②式のように表せ、①式に等しいことが確認できる。

矢乗徑（矢 徑）四因之（四 矢 徑）為元数置元数乗矢除徑四十二除而得数（十六 矢(巾) 十二）為一差置一差

① $$\left(\frac{s}{2}\right)^2 = cd\left\{1+\frac{2^2}{3\cdot 4}\left(\frac{c}{d}\right)+\frac{2^2\cdot 4^2}{3\cdot 4\cdot 5\cdot 6}\left(\frac{c}{d}\right)^2+\frac{2^2\cdot 4^2\cdot 6^2}{3\cdot 4\cdot 5\cdot 6\cdot 7\cdot 8}\left(\frac{c}{d}\right)^3+\cdots\right\}$$

② $$s^2 = 4cd + \text{元数}\,\frac{c}{d}\cdot\frac{4}{12} + \text{一差}\,\frac{c}{d}\cdot\frac{16}{30} + \text{二差}\,\frac{c}{d}\cdot\frac{36}{56} + \cdots$$

$$= 4cd + \frac{16c^2}{12} + \frac{256c^3}{360d} + \frac{9216c^4}{20160d^2} + \cdots$$ （② ＝ ①である）

③ $$s = 2\sqrt{cd} + 2\sqrt{cd}\,\frac{c}{d}\frac{1}{6} + 2\sqrt{cd}\,\frac{c}{6d}\frac{c}{d}\frac{9}{20} + 2\sqrt{cd}\,\frac{9c^2}{120d^2}\frac{c}{d}\frac{25}{42} + \cdots$$

$$= 2\sqrt{cd}\left\{1+\frac{1}{2\cdot 3}\left(\frac{c}{d}\right)+\frac{3^2}{2\cdot 3\cdot 4\cdot 5}\left(\frac{c}{d}\right)^2+\frac{3^2\cdot 5^2}{2\cdot 3\cdot 4\cdot 5\cdot 6\cdot 7}\left(\frac{c}{d}\right)^3+\cdots\right\}$$

乗矢除徑乗十六三十除之得数 $\frac{二百五十六\ 矢再巾}{三百六十\ 徑}$ 為二差置二差乗矢除徑乗三十六五十六

除而得数 $\frac{九二一六\ 矢三巾}{二〇一六〇\ 徑(巾)}$ 為三差四差以上隼之

列元数及一差二差三差相併得数

（ ）内は筆者追加

立天元一為弧〇——列矢乗徑——徑矢——四因之——徑矢四——為元數置元數乗矢除徑乗四十二除而得數——十六 矢巾 三十 徑——為一差置一差乗矢除徑乗十六三十除之得數——二百五十六 矢再巾 三百六十 徑——為二差置二差乗矢除徑乗三十六五十六除而得數——九二一六 矢三巾 二〇一六〇 徑巾——為三差四差以上隼之

列元數及一差二差三差相併得數

②式

次に弧背 s は次のように求めていて、その解読結果は③式である。

術曰徑矢相乗四因平方開見商為元数置元数乗矢除徑一乗六除為一差置一差乗矢除徑九乗二十除而為二差置二差乗矢除徑二十五乗四十二除而為三差末倣之得数元数及一差二差三差各相併テ得数為弧合問

弧背 s と円径 d とから矢 c は次のように求めていて、その解読結果は④式である。この結果は松永良弼が『方圓算経』（元文四年（一七三九））の中で求めていたものと同じである。

④

$$元数=\frac{s^2}{4d}\qquad 一差=元数\frac{s^2}{3\cdot 4d^2}\qquad 二差=一差\frac{s^2}{5\cdot 6d^2}$$

$$三差=二差\frac{s^2}{7\cdot 8d^2}\qquad 四差=三差\frac{s^2}{9\cdot 10d^2}\qquad 五差=四差\frac{s^2}{11\cdot 12d^2}$$

$$c=元数-一差+二差-三差+四差-五差\cdots$$

$$=\frac{s^2}{4d}\left\{1-\frac{1}{3\cdot 4}\left(\frac{s}{d}\right)^2+\frac{1}{3\cdot 4\cdot 5\cdot 6}\left(\frac{s}{d}\right)^4-\frac{1}{3\cdot 4\cdot 5\cdot 6\cdot 7\cdot 8}\left(\frac{s}{d}\right)^6\cdots\right\}$$

術曰置弧冪以円徑四段除之為正元数乗弧冪除徑冪三除四除而為一差置一差負乗弧冪除徑冪五除六除而為二差正置二差乗弧冪除徑冪七除八除而為三差負置三差乗弧冪除徑冪九除一十除而為四差正置四差乗弧冪除徑冪一十一除一十二除而為五差負□倣之列正差相併得数加元数得内減負差相併得数余為矢合問

円周率は次のように求めている。その解読結果は⑤式である。

置三個為元数置元数乗一冪二除三除四除而為一差置一差乗三冪四除五除四除而為二差置二差乗五冪六除七除四除而為三差置三差乗七冪八除九除四除而為四差五差以上倣之右所得ノ元数及一二三四ノ差相併得数為徑一個ノ円周合問

徑、弧背から矢を表す級数をも出している。

最後に弦 a を d、s から求めているものを次に示す。解読結果は⑥式である。

術曰置背為元数乗背冪除徑冪二除三除為一差置一差乗背冪除徑冪四除五除為二差置二差追求之〇置元数併加偶差内併減奇差余得玄合問

次頁に原文の一部を示す。兼庭が苦労して求めたことは、既述のように千葉歳胤の『天文大成真遍三條図解』の自序にも書かれているが、時代的には先駆者がいて基本的には解かれていることでもある。

⑤
$$\pi = 3\left(1+\frac{1^2}{2^2\cdot 3!}+\frac{1^2\cdot 3^2}{2^4\cdot 5!}+\frac{1^2\cdot 3^2\cdot 5^2}{2^6\cdot 7!}+\cdots\right)$$
$$=3\left(1+\frac{1^2}{4\cdot 6}+\frac{1^2\cdot 3^2}{4\cdot 6\cdot 8\cdot 10}+\frac{1^2\cdot 3^2\cdot 5^2}{4\cdot 6\cdot 8\cdot 10\cdot 12\cdot 14}+\cdots\right)$$

⑥
$$a = s\left\{1-\frac{1}{2\cdot 3}\left(\frac{s}{d}\right)^2+\frac{1}{2\cdot 3\cdot 4\cdot 5}\left(\frac{s}{d}\right)^4-\frac{1}{2\cdot 3\cdot 4\cdot 5\cdot 6\cdot 7}\left(\frac{s}{d}\right)^6+\cdots\right\}$$

原文にはこの項の記述なし

術曰徑矢相乗四因平方開見商爲元數置元數乗矢除徑一乗六除爲一差置一差乗矢除徑九乗二十除而爲二差置二差乗矢除徑二十五乗四十二除而爲三差求倣之得數元數及一差二差三差各相併得數爲弧合問

③式

術曰置弧背以円徑四段除之爲正元數乗弧背除徑背三除四除而爲一差置一差負乗弧背除徑背五除六除而爲二差正置二差乗弧背除徑背七除八除而爲三差負置三差乗弧背除徑背九除一十除而爲四差正置四差乗弧背除徑背一十一除一十二除而爲五差負求倣之列正差相併得數加元數得内減負差相併得數余爲矢合問

④式

置三個爲元數置元數乗一冪二除三除四除而爲一差置一差乗三冪四除五除四除而爲二差置二差乗五冪六除七除四除而爲三差置三差乗七冪八除九除四除而爲四差五差以上倣之右所得元數及一二三四差相併得數爲徑一個円周合問

⑤式

術曰置背爲元數乗背冪除徑冪二除三除爲一差置一差乗背冪除徑冪四除五除爲二差置二差追求之〇置元數併加偶差内併減奇差余得玄合問

⑥式

《その他の書物》　また兼庭は、任意の三角形内に互いに外接する三円を内接した場合に三辺の長さを知って三円の直径を求めるという「三斜容三円術」の問題を『雑術』といわれる書物の中で解いたといわれる。[10][11] これはマルハッチの問題とも呼ばれ、イタリアの数学者マルハッチが一八〇三年に解いているといわれるが、日本ではそれより早く安島直円《あじまなおのぶ》（一七三二～九八）が「南山子三圓術」（時期不明）で解いている。[12] また藤田貞資《さだすけ》（一七三四～一八〇七）（三・三章）が著した「三斜三圓術」は明和五年（一七六八）の著である。[12] 兼庭と安島と藤田の三人の解答の後先《あとさき》は不明であるが、没年からすると兼庭が最も早い時期にこの問題を解いた可能性もある。

なお、兼庭の蔵書六十数点が上里町の岩田家に残っていると言われる。[11]『埼玉県教育史第２巻』によれば多少の誤字があるが岩田家残存史料の目録として次のようにある。〔〕内は筆者。この内幾つかの複写が上里町郷土資料館にある。

〈算書之部〉　1演段演乗術解消長術、　2因符式、　3商一式、　4垜《だ》畳術、　5累約術、　6重乗帰皈術、　7極数術、　8踏轍術段数 坤、　9踏轍術、　10求積伝平積立積、　11垜畳術起源方垜裏垜、　12算法雑録、　13方程招差法、　14累約術 整一問、　15久留島義太方陣之法、　16九因垜之術并起源従九因一乗垜五乗垜法、　17圓陣并段数術、　18演段大成斜乗式、　19算顆天元演段二百箇條目録、　20算法□□（内題、遍的重裁術）、　21算法貫正記 本、　22角形定法集 全、　23衆伏演段、　24開方翻変三條、　25開方盈朒術（中根元循、享保己酉九月序）、　26開方索式術 甲（田島和渡の著か？）、　27開方索式術 乙（〃）、　28解見題之法、　29算法諸率根源記（関孝和の括要算法一部分の写か？）、　30割円八線之表 一（千葉歳胤著か？）、　累円術（仮称）、　脱子術（仮称）、　勾殳法三円術（仮称）など多数あり。

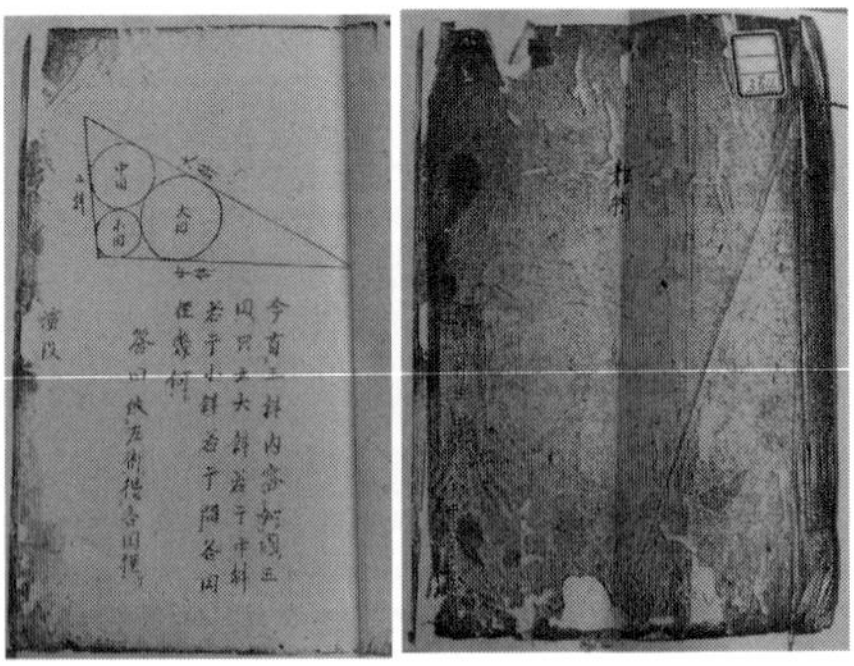

図2-1-4　雑術と三斜容三円術
（上里郷土資料館）

〈天文暦学書〉1貞享暦（保井春海）二〜七（七巻二部）、2白山暦応編 全（千葉歳胤）五冊中の一冊、3食算活法率 首（〃）、4天文大成三条図解（中根元圭）〔関孝和の間違いか？〕、5暦術雑抄、6璿璣《せんき》玉衡、7太陽太陰及五星之成、8求五星起端段、9桃洞参考歩天歌、10天文大成抜粋 全〔関孝和の天文大成三条図解か、それとも幸田親盈の天文大成か？〕、11享保廿乙卯頒食暦算、12享保廿歳次乙卯頒暦算授時暦、13時受寛保二歳次壬戌暦木星毎日、14白山宝暦二年歳次壬申、15宝暦三年癸酉暦、16寛延四年辛未暦、他

参考文献

(1)『関先生碑名・開板算書・算家景図・数学興廃記』（日本学士院）
(2)白石長忠『算家系圖』（東北大学附属図書館）
(3)遠藤利貞遺著・三上義夫編『増修日本数学史』（恒星社厚生閣、昭和56年）p361
(4)大竹茂雄『数学文化史―群馬を中心として―』（研成社　昭和62年）p42
(5)今井兼庭『明玄算法』（表題は「探玄答術明玄算法」）（日本学士院）
(6)小澤正容『算家譜略』（寛政十三年）（東北大学和算ポータルサイト）
(7)今井兼庭『円理弧背術』東北大図書館
(8)遠藤利貞遺著・三上義夫編『増修日本数学史』（恒星社厚生閣、昭和56年）p315
(9)日本学士院『明治前日本数学史』第三巻（岩波書店）p116
(10)『上里町史』通史編上巻（上里町、平成8年）p930
(11)埼玉県教育委員会『埼玉県教育史』第二巻（昭和44年）p448
(12)日本学士院『明治前日本数学史』第四巻（岩波書店）p278, 433

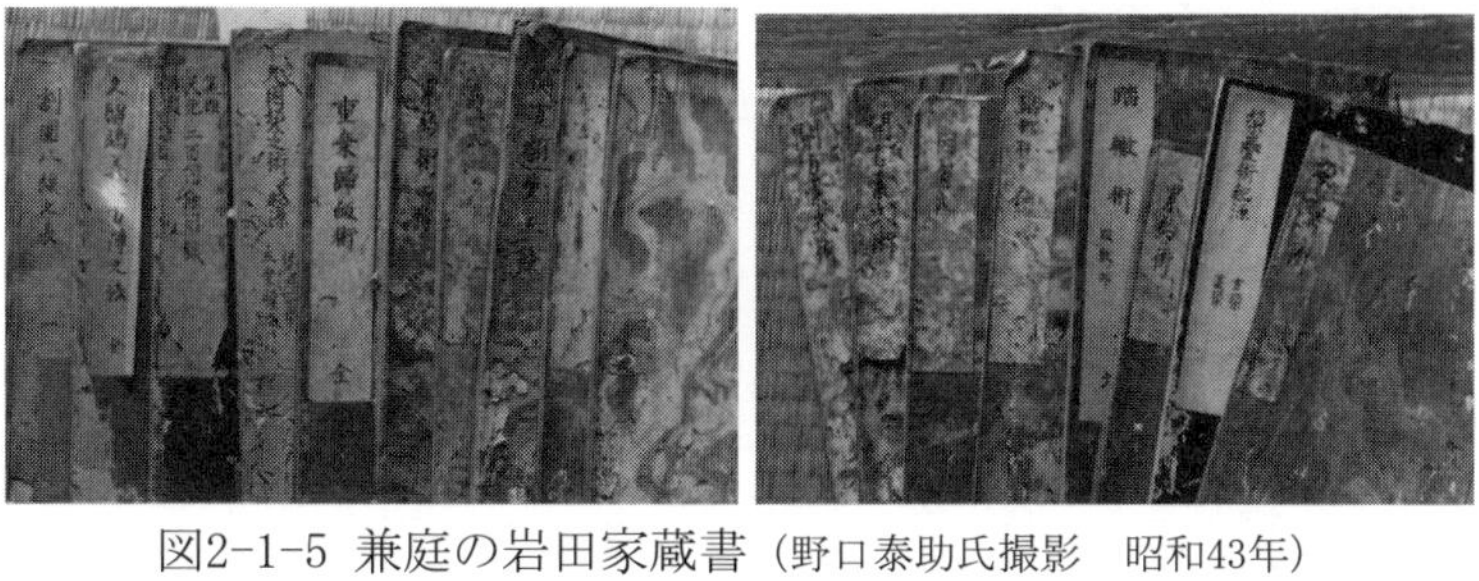

図2-1-5 兼庭の岩田家蔵書（野口泰助氏撮影　昭和43年）

二・二章　吉沢恭周

享保十一年（一七二六）～文化十三年（一八一六）　九十歳
半右衛門
（上里町）

【人物】

享保十一年上里町の勅使河原に生まれ、文化十三年に没。本名は半右衛門、篤翁・恭周は号。原賀度（上州板鼻の人で白石長忠門人）の『諸家算題額集』に奥州二本松藩に仕えた算学者上野以一（どのような人物か不明）の門人九人が明和五年（一七六八）に富岡市の貫前《ぬきさき》神社に算額を奉納していることが記述されているが、この門人の一人に「武州勅使川原村　吉沢半右ヱ門恭周」とある[1]（後述）。恭周四十二歳位の時である。また、文化七年（一八一〇）に小野栄重が高崎の八幡《やはた》八幡宮に算額を奉納しているが、この算額中に吉沢恭周の名が見える（後述）。これから小野栄重が恭周の門人であったことがわかる。また、群馬県玉村町箱石の和算家木暮弥市武申《たけのぶ》の蔵書のなかに恭周自筆の『薯蕷《いもほり》穿塵刧記』（寛政九年の序）があり恭周の門人であったようであるし、伊勢崎市柴町の八幡宮に文化十年に境野団右衛門勝親が恭周の門人として算額を奉納している[1]。さらに小平村観世音堂（本庄市児玉町の成身院観音堂）に文化八年に奉額した清水皆吉は吉沢の門人である。この算額の内容は『賽祠神算』[2]に「文化八辛未八月武陽神流里　吉澤篤翁恭周門人　武州児玉郡　清水皆吉周常」と載っているが、清水皆吉の人物像は不明である。

恭周は埼玉の算学の開拓者であり、群馬・埼玉の算学の発展に寄与した功績は多大であった。生家の吉沢家には恭周が作成した天球儀、測量器具、算法開蘊、玉切り明術解書、金鳥玉兎滅没書、長慶宜明暦算法等の写本や稿本が残されているという[3]。「玉切り明術解書」は球の載片についての恭周の研究である[4]。

なお、『雄山物語』[5]によれば宝暦元年（一七五一）に藤田貞資は今井兼庭や吉沢恭周に算学を学んでいる。恭周二十五歳頃のことである。小野栄重が十六歳の時に恭周に入門したとき恭周は五十三歳であった。

【墓】

墓は勅使河原大日堂の吉沢家墓地にあったとされるが、今はその墓地の墓誌に「天壽齋一翁道算居士　文化十三年子十一月二十四日」と記すのみである。

【算額】

〔貫前神社の算額〕

『諸家算題額集』にある算額（非現存）は次のようなものだが、[1] 少々題意が不明である。

外積若干中小径若干大中径若干
菱縦横若干問各円径
其術及演段図解略之

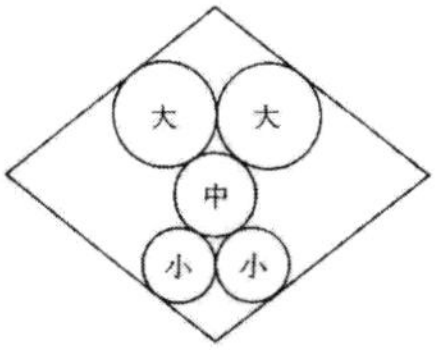

演段両式雖得非本術者何ソ足取ラン也

明和五戊子年

奥州二本松上野以一先生門人

武州池田村　飯島長左ヱ門政博　同　関口保七郎衆名
同　萩平村　山田保左ヱ門利暉　同　保木野村　森田弥市郎
同　池田村　小高忠左ヱ門珍矩　同　勅使川原村　吉沢半右ヱ門恭周

（上州の三名は略。池田村は神川町池田、保木野村は本庄市児玉町保木野、萩平村は東秩父村御堂か？）

〔八幡八幡宮の算額〕

高崎市の八幡八幡宮には三面の算額があるが、このうち文化七年（一八一〇）に奉納された算額は群馬県内で最古のものである。序文は小野栄重によるもので、栄重の門人たちにより奉納されている。この算額の序文には、天明七年（一七八七）に恭周の門人と小野栄重が八幡八幡宮に算額を奉納するが、風雨にさらされ見えなくなってしまうため、四十三年後の文化七年に小野栄重が天明七年の額を惜しみ門人とともに八幡宮に算額を奉納したことが記されている。このことから小野栄重が恭周の門人であったとされる。その内容は次のようなものである[1]（この算額の内容は『賽祠神算』[2]に掲載されている）。

天明丁未歳武陽吉沢恭周翁門人及我輩選算法六章而
奉此応神宮歳月已久而為風雨所漂揺文且微然而恭周
翁今年八十有五其老且憂遍之如此頃者自設算題以乞
吾輩復修之予令門生作之答術而再献之於廡下以報恭
周翁之志矣

小野良佐序印

（問題六問　省略）

文化七年歳次庚午　冬十一月四日
上毛小野良佐栄重門人

（門人名と住所及び問題術　計八名）

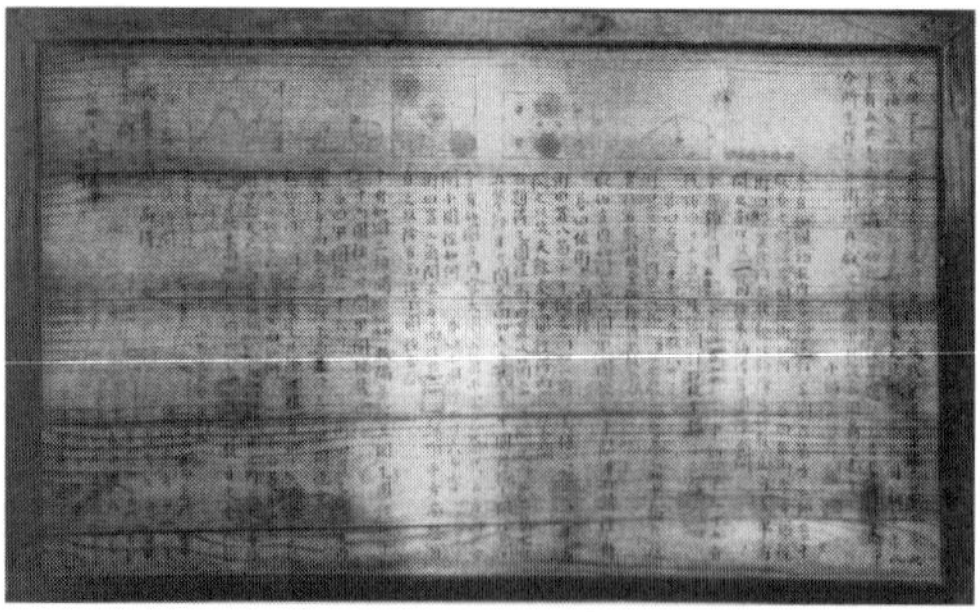

図2-2-1　八幡八幡宮の文化７年の算額
（「群馬の算額」[1]より）

【算術】

『薯蕷穿《いもほり》塵劫記』[6]（寛政九年）の概要は次のようなものである。序文は幾つか読めない個所があるが掲げてみる。（仮名は筆者、」は改行）

序文

夫《それ》数は六芸の一なり 就中《なかんずく》数者」多用にして人生《いき》てより諸芸まなふの」始なり先《まず》一を知る二を志らざれは小人も」大人も成がたしゆへに二を知ると等く」十を知るこれ自然の理なり然《しか》して」物の売買損益の出入一世始終」の善悪まて算数ならて知る」事なし誠に数の用たる事大にして」広し吉田ミつよし(下注)いへることく」遠山の高きも至らすして高知る海」渕のふかきも至らすして底を志るハ是」也躔理日月の行度諸星例宿冬夏長短」□□□を草し民時を授るもこれ」数学の徳なり□□とくの愚」算天の高を予見□た猿猴《えんこう》に」似たり漸く田畑を耕し物の」根をあらはし視く雑算の題を集」め其答術の起源を詳に著し□□□」□□□芋穿塵劫記□□不恐」達算いたつらに紙筆をつひやし」世の人のわらひ人のさと也勢□」童蒙のたよりとやせんのミ」

寛政九つ丁巳ながつきしるす」吉沢の老人恭周

（注）吉田ミつよし＝吉田光由、塵劫記の著者

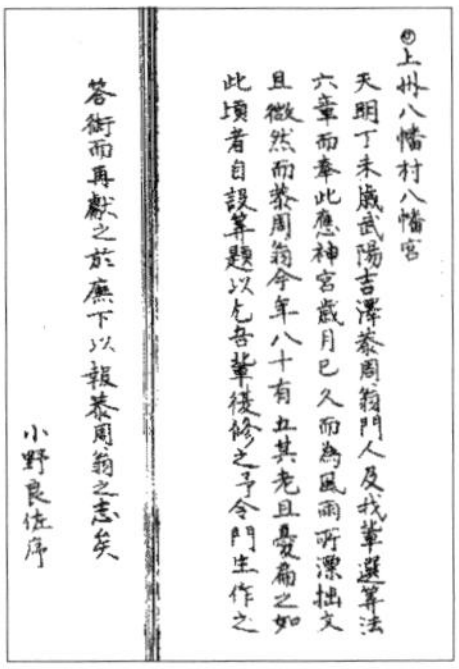
◎上州八幡村八幡宮
天明丁未歳武陽吉澤恭周翁門人及我輩選算法
六章而奉此應神宮歳月已久而為風雨所漂拙文
且微然而恭周翁今年八十有五其老且益篤之如
此頃者自設算題以乞吾輩續修之予今門生作之
答術而再献之於廉下以報恭周翁之志矣
小野良佐序

図2-2-2『賽祠神算』の記述（東北大）

図2-2-3　『薯蕷穿塵劫記』の表紙（野口泰助氏）

この書物の内容は比例算を中心に実用算が多い。利足(息)算では『精要算法』の中から持ってきている問題もある。川除《かわよけ》御普請算や簡単な図形問題もあるが、円に関する少し上級な図形問題もある。但し、「此解下巻委」とい

うような表現もあり、「下巻」があるようだが詳細は不明である。

なお、文献(4)には『芋穿塵劫記』とあり、次のように述べている。

「序文には田舎の算士の愚算であるが実用の為に表したと述べてあり、寛政九年九月の作である。この中特に面白いのは「右ハ妙義山に奉納」として「今有外円如図容起円径ヲ只云外円与起円周ト各親ム初円径ヲ始メ累円各無寄今容之其術如何」という問題がのっている。これは藤田嘉言著続神壁算法の小野栄重が寛政九年七月奉納「所懸上州白雲山者一事」の問題とあまりに似ている（白雲山とは妙義神社のある山）」。

これは文献(6)の『薯蕷穿塵劫記』とは異なる内容のように思えるのだが、果たしてそうなのだろうか。不明である。

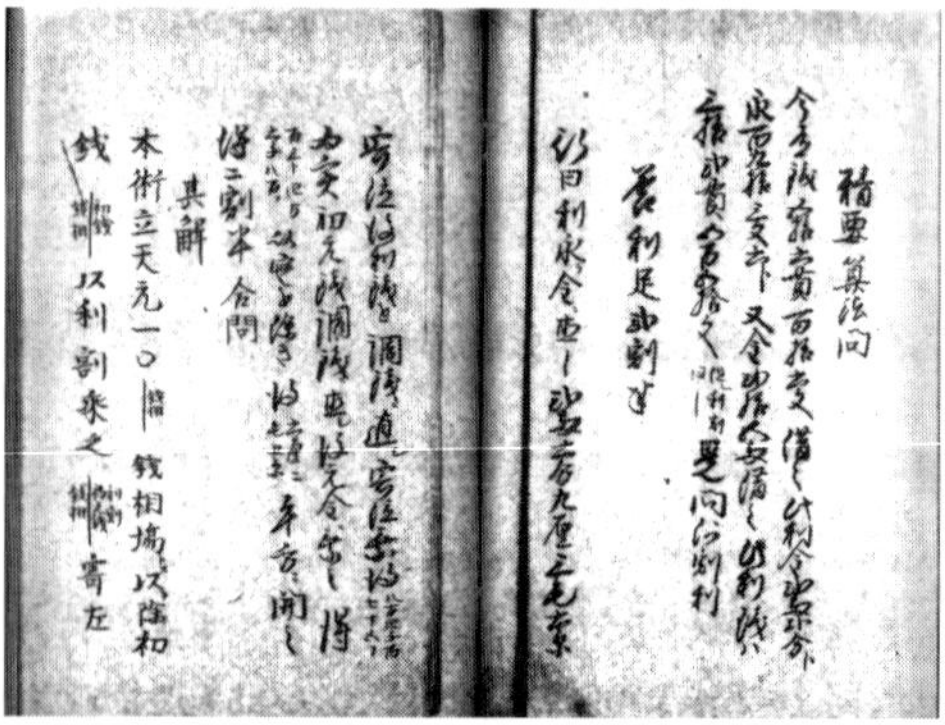

図2-2-4　『薯蕷穿塵劫記』の利息算（精要算法とほぼ同様の問題）　（野口泰助氏）

参考文献

(1)群馬県和算研究会『群馬の算額』（昭和62年）
(2)『賽祠神算』（東北大学和算ポータルサイト）
(3)「上里町ホームページ」
(4)飯塚正明「児玉郡の算家吉沢恭周翁」（武蔵野史談第一号第六号、昭和28年）
(5)藤田雄山貞資先生顕彰会『雄山物語』（平成17年）
(6)吉沢恭周『薯蕷穿塵劫記』（野口泰助氏蔵、複写）

二・三章　安原千方

文化二年（一八〇五）～明治十六年（一八八三）　七十九歳
武作、勅勝堂《ちょくしょうどう》　（上里町）

【人物】

安原千方《ちかた》は文化二年上里町勅使河原の勝場に生まれ、明治十六年十月没。本名は喜八郎、後に武作と改名。千方・勅勝堂は号。算学を群馬県玉村町板井の斎藤宜長・宜義父子に学び、天保十一年（一八四〇）に見題・隠題・伏題の免許三巻を受けている。生家の安原家には「勅勝堂翁記功之碑」が明治十四年に建てられている。この碑文によれば『算法千題(集)』・『(算法)円理新新(々)』・『数理神篇』などを著している（編者または校訂者とも）。関流八伝の算者でもある。

安原家は慶長頃からの旧家でもあり、農業のかたわら算学を教え多くの門人が集まった。また、千方やその門人は各地の寺社に多くの算額を奉納している。門人に関根彰信（太田市）・小暮則道（伊香保町）・金古信重（新町）などがいる。

なお、『数理神篇』は斎藤宜義算象閲で、巻之上は安原喜八郎千方編・阿佐美伊太夫宣喜校・安原長治郎安幸訂、巻之下は中曽根慎吾宗邡《むねよし》編・中曽根善太郎武好校・中曽根清右衛門邡貫訂となっている。『算法円理新々』は斎藤宜義算象著で、柳澤伊壽と安原千方の校訂となっている。

数理神篇については、「和算の問題は斎藤宜長・宜義父子の著『算法円理鑑』と『数理神篇』の二書に至って極まったということができる」[1] との評価もあり、難問が多い（『数理神篇』は円周率のウォリスの公式や懸垂線の問題があり、『算法円理

図2-3-1 安原千方の免許状
（上里町のＨＰより）

新々』は『算法円理鑑』の問題中、軌跡と重心についての問題を収録している）。

【安原千方の数学への取組方】

三上義夫は「北武蔵の数学」(2) の中で、昭和八年に安原千方の二人の孫に面会し、千方の過ごし方などの話を聞いている。当時の和算家の過ごし方などが知られて貴重である。以下抜粋して掲載したい。

祖父は何も飾りのない人であった。ほんとうに気一本の人で、楽しみは数学だけであった。発句なども幾分かやったらうが、たいして俳諧師と云ふ程のものではない。数学は好きでやったのである。暇を厭はずに、数学の先生のやうな顔をしてあるけば、相等に名も売れたであろう。農をやりながら、習ひに来るものがあれば教へたくらいのものであった。門人は新田郡あたりからも来た。新田の旧藩主（筆者注：岩松道純（一七九八～一八五四）か）も弟子であった。血洗島の渋沢（筆者注：碑背面の渋澤善五郎か）と云ふもの、遠くは伊香保の木暮武太夫（筆者注：木暮八左衛門則道）もあったが、遠方のものは、自分等の聞いて居るのは其れくらいのものであった。門人は通ふて来たのであり、宿泊して居るものはなかった。

喜八郎は畑へ出ても、働かないで考へて居ると云ふ風であった。お茶の休みでも考へて許り居った。後に新田の殿様に抱へられて、大小をも許され、其大小は今もある。殿様の許へ通ったものである。殿様の子満次郎へ教へたと云ふ。其頃に十六、七歳であった。里程凡そ五六里。喜八郎は地味な人で、数学をも余り普及することをもしなかった。広く教へて歩くやうなことは無かった。書物などは沢山にあったのだけれど、後の人が数学の事は判らぬので、貼紙などに使ったり、門人達が持って行ったりしたやうである。喜八郎は板井の弟子にはなったが、後には板井の先生（筆者注：斎藤宜長または宜義）よりもよく出来たのだと言ひ伝へて居る。「数理神篇」は本にするまでの下書が大変にあったのだから、其れは喜八の著述であったらう。今は其草稿も見当らない。

【免状】

関流の免状は見題・隠題・伏題・別伝・印可の五段階あったが、安原千方は天保十一年八月に見題・隠題・伏題の三つの免状を受けている。千方三十五歳のときである。今「埼玉県教育史」[3]からその内容を次に掲げるが、見題の内容を見ると本文は関孝和が宝永元年（一七〇四）に門人の宮地新五郎に授けた算法許状[4]と同じであり、百三十六年後も継続していたことになる。この形は明治になっても続く（四・三章参照）。なお、末尾に関孝和からの伝系が記されていて、最後は斎藤宣長とあるから宣長から授かったものである。読下しは文献（4）によった。

關流免許　上（見題免許状）

印

夫物生斯有象有象斯有数数之
起也由来尚矣河出圖洛出書而
適見自然之数天生一地成于二
倍于三而遂于四極于五而變于
十是圖書之妙其本出于天地焉
然則育於其兩間者豈有逃之象
哉日以之正纒度月以之定晦朔
星以之分宿辰大几世之長短方
圓横斜曲直遠近細大推而物之
奇偶闔闢進退消長非数則皆不
能占其實也大哉数之徳也至哉

（読み下し）

夫《それ》物生ずれば、斯《かく》して象有《あり》、象有れば斯して数有。数之起る也《や》由来尚《ひさし》。河は図を出し、洛は書を出し、而《しこう》して
適《たまたま》自然の数見《あらわ》す。天は一を生じ、地は二于《に》成《なり》、
三于《に》倍而《して》四于《に》遂《すすみ》、五于《に》極《きわ》まり而《て》十于《に》変ず。
是《これ》図書之妙、其本《そのもと》は天地于《に》出ず。
然《しから》ば 則《すなわち》 其両間に育《はぐく》まれる者、豈之《あにこれ》を逃るるの象有哉《あらんや》。
日は之《これ》を以て躔度《てんど》を正し、月は之《これ》を以て晦朔《かいさく》を定め、
星は之《これ》を以て宿辰を分つ。大凡《おおよそ》世之《の》長短方円・
横斜曲直・遠近細大・物之《の》奇偶・
闔闢《こうへき》・進退・消長を推《お》す。数に 非《あらずん》ば
則《すなわち》 皆其実を占むること能《あた》わざる也。大なる哉《かな》数之《の》徳也《や》、至れる哉《かな》

躔度＝軌道？

闔闢＝開閉

数之妙也非見者則未易與言矣而使其最易得者莫若算法也軒轅之世隷首始作此法至于炎漢有劉徽之九章隷首之作不世傳焉劉徽之法後世稱焉即方田粟布之屬是也人能學而通之大則天地之数小則人事之用可坐定矣何惟一頂之藝云乎

数之妙、見るに非《あら》ざる者は 則《すなわち》未《いま》だ与《とも》に言うに易《やす》からず。
而《しこう》して其最も易《やす》く得し使むる者は、算法に若くはなし。
軒轅《けんえん》之世隷首《れいしゅ》始めて此法を作り、炎漢《えんかん》于《に》至り
炎漢《えんかん》之《の》九章有《あり》。隷首之《の》作世伝わらず。
劉徽之法後世これを称す。則《すなわち》ち方田粟布《ぞくふ》
之属是也。人能学《よくまなんで》而之に通ぜば、則《すなわち》大ならば
天地之数、小ならば 則《すなわち》人事之用、座して定む可《べし》、
何惟《いずくんぞただ》一頂之芸と云うべけんや。

軒轅＝黄帝
炎漢＝漢王朝別名、隷首＝黄帝の臣

目録

首巻

太極・兩儀、四象・河圖、洛書・基数、大数・小数、三成・諸率、算法草術、九章、加減乗除法、開除法、籌策、統術、點竄、一算盈朒、之分法、統術解、同秘傳、同目録解、単伏點竄、再乗和門、諸法根源、平垜解術、圓法玉率及弧矢弦玉

關流免許　中（隠題免許状）

印

数有四象曰初曰無曰虚曰空所謂初者心纔動於術上是也所謂無者無商是也所謂虚者題其所好問之條中心有虚僞者是也此二者於数無所用雖然於辨其眞僞不可不明之所謂空者従乗除加減所謂之空式是也空中自然胎一此謂之太極大哉至哉生無数之数見無象之象故曰太極

關流免許　下（伏題免許状）

印

至数之元空也空中纔生一比謂之太極者数自此始矣然有一数不以得其術者則動之生二名二名未得其術則増之以至三名四名而尚未得之則呼出無中許多之名以得其眞術其名数固無定期以得術爲度其徳広大而術亦無盡故曰無極

目録

欠論、算法慎始、物括、見
　題、
據頻歳数學款扣前條之目録傳
與之畢因未至免許之域不可妄
他漏但如有此道懇執之徒以誓
約雖略以所聞導之可也不可遽
挟自負安小成之心
　關新助藤原孝和
　　荒木彦四郎藤原村英
　　松永安右衛門源良弼
　　山路弥左衛門平主住
　　藤田權平源貞資
　　藤田權平源嘉言
　　小野良佐源榮重
　　斎藤四方藤原宜長
天保一十一年庚子八月 印 印
安原喜八郎殿 印 印

目録
太極、全積門、差分門、因
積門、鈎股門、五換門、形
容門、截積門、又曰之分、
収約門、雑式門、諸角門、
分合、形寫對換盈朒、鈎股
變化之法、隠題、
因有数學懇執之望乃右件之書
巻不殘傳與之者也雖未到一貫
免許之域然若有懇望之徒宜爲
自己習熟右件之書術當用誓約
傳之者也
但誓約者須用血判且目録之外
堅守約不可逮他見他聞雖假饒
爲他流所傳之書至于奥趣秘旨
之域則相與守此道愛護之儀不
可猥漏説破費矣
　關新助藤原孝和
　　荒木彦四郎藤原村英
　　松永安右衛門源良弼

無極、単伏演段、伏衆演
段、単伏起術、維乗、兩式
演段、方程演段、交離、商
一演段、因符、又曰加減反
覆、消長、起率演段、兩儀
式、潜伏式、造化式、諸角
径術、解伏題藴奥、交式斜
乗之解、
依多歳数術篤執右條秘藴悉傳
屬之畢將来若有悃扣之輩以誓
盟可傳附者也仍無極實式免許
如件
　關新助藤原孝和
　　荒木彦四郎藤原村英
　　松永安右衛門源良弼
　　山路彌左衛門平主住
　　藤田權平源貞資
　　藤田權平源嘉言
　　小野良佐源榮重
　　斎藤四方藤原宜長

山路彌左衛門平主住
藤田權平源貞資
藤田權平源嘉言
小野良佐源榮重
斎藤四方藤原宜長
天保一十一年庚子八月　印印
安原喜八郎殿　印印

天保一十一　庚子八月　印印
安原喜八郎殿　印印

【石碑】

「勅勝堂翁記功之碑」と題する石碑は、生家の安原家に明治十四年（千方七十八歳のとき）に建てられた。上段に「勅勝堂翁記功之碑」と二列で横書きされ、本文は縦書で、内容は文献(2)と撮影から確認すると次のようなものである。

埼玉縣大書記官従六位吉田清英篆額
埼玉縣中学師範校教諭倉田施報撰并書

記功者何。誌㆓勅勝堂翁数術之成㆒也。翁幼聰慧嗜㆑数。及㆑長従㆓毛人斎藤宜長㆒受㆓関氏之算法㆒。刻苦鑽研。積以㆓歳月㆒。窮源討委。多発㆓前人所㆒㆑未㆑発。遂得㆑承㆓其傳統㆒。於㆑是集㆑徒教授。遠近執㆓贄於門㆒者如㆑織。華族岩松氏聞レ之従学焉。賜二章服雙刀一寵二異之一。翁名望愈重矣。所レ著算法千題。円理新新。及其他所二発明一。輯以為二一部一。標曰二数理神篇一。皆行二于世一。翁名千方。称二喜八郎一。勅勝堂其号。武州賀美郡勅使河原村人。今茲明治辛巳。齢七十有八。矍鑠尚壮。門人相共謀曰。翁有レ功二斯術一匪レ尠。不レ可レ不レ伝。乃欲三建レ碑不二朽之一兮。阿佐美宣哲徴二余文一。嗟余於二九九一最其所レ短。且与レ翁無二半面之識一。顧輓近婾薄為レ風。以三吾儒之主二名数一。尚且噂沓背憎者環レ門也。今翁之道。不レ過二百家衆技之一一。乃能使下二其徒一敬中師道上如レ此。則其所レ養可レ知矣。君子楽レ道二人之善一。余何為不レ書二且頌其美一。抑将レ有レ警下吾儒之為二師弟一者上也。

図2-3-2　勅勝堂翁記功之碑（安原家　2013年10月）

華族岩松氏とあるのは新田義貞ゆかりの岩松氏を指しているようである。その岩松（道純（一七九八〜一八五四））氏も学び、また岩松氏から二刀を許されている。『算法千題(集)』・『(算法)円理新新』・『数理神篇』などを著したともある。「皆行二于世一」と三部とも出版されたとあるが、『算法千題(集)』は現存しないようである。

碑の背面には四十三名の門人名が刻されている。七十八歳のときのためか、既述の関根彰信（太田市）・小暮則道（伊香保町）・金古信重（新町）などの名は見られない。

なお、法名は「珠算検勝居士」、勅使河原の勝場の安原家の墓地に葬られたという。

新田旧藩士　関根久米
石神村　阿佐美實
本村　清水鷲三郎
上新戒村　釼持長平
榛沢村　武政林平
堀口村　吉田六郎
忍保村　横堀熊吉
石神村　高野眞作
上大塚村　中原半次郎
本村　塚越太平
新町驛　三俣利平
長浜村　荘　勇蔵
五明村　細井秀造
新井村　吉野安平

岡村　茂木乙十郎
〃　同　吉十郎
〃　同　林蔵
〃　田嶋徳次郎
〃　吉田桂十郎
〃　小林源吉
戸谷塚村　小澤三平
北山王堂村　梅堀順造
〃　大和新造
矢嶋村　茂木和平
〃　同　幸太郎
〃　同　常次郎
血洗嶋村　渋澤善五郎
〃　吉岡市之助

血洗島村　笠原寉次郎
〃　吉岡喜平治
本村　荒井トミ
新井村　吉野ムラ
〃　坂本榮十郎
堤村　小林良作
本村　清水邦八
〃　小暮平松

※撮影したものから確認した。但し、一部文献(8)を参考にした。

幹事
安原市郎
同　兵三郎
矢沼権八
荒井□太郎
坂本榮十郎
忍保村　敷地昌平
堀口村　大田直次郎

図2-3-3　裏面の氏名

【算額】

ここでは安原千方の門人が勅使河原の丹生神社へ弘化三年(一八四六)に掲額したものを次に述べる。この算額の内容は『数理神篇』には載っていない。算額の内容は『埼玉の算額』[5]からの引用である。

關流八傳
當所

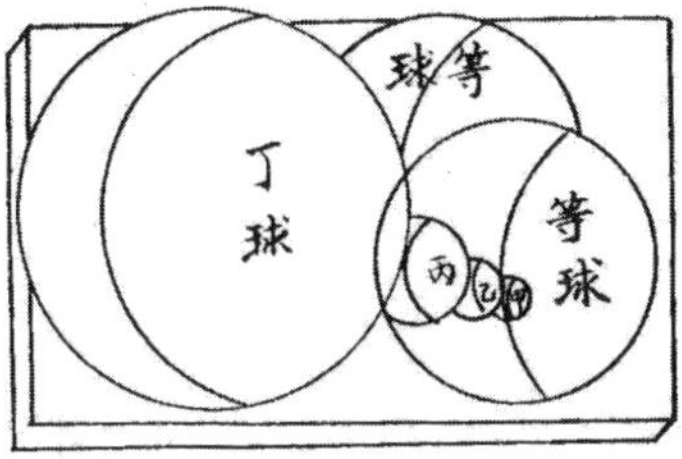

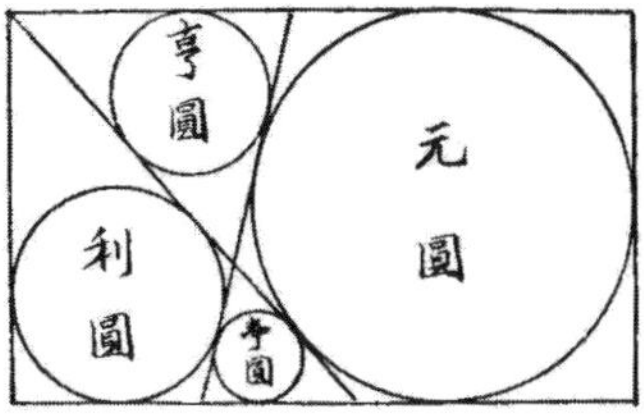

今有如圖直内容元利亨貞只云亨圓徑若干貞圓徑若干問利圓徑如何

答曰術如左

術曰置貞圓徑以除亨圓徑名極内減一個餘自之以減極餘以除亨貞和徑得利圓徑合問

今有如圖盤上載等球二個其罅隙挾逐球等球徑若干甲球徑若干問得丁球徑術如何

答曰如左術

術曰置等球徑除甲球徑減四箇餘以除等球徑得丁球徑合問

今図のように長方形の中に元利亨貞の四円がある。亨円径（m）と貞円径（n）が与えられたとき利円径（x）はいかに。（図では貞は亭）

答えは左の術による

貞円径を置き亨円径を以て除し極と名付ける、極から1を引きその余りを自乗し、以て極から減じ、その余りを以て亨円径と貞円径の和を除せば利円径となる。

極 $= h = \dfrac{m}{n}$ とすると

$$x = \frac{m+n}{h-(h-1)^2}$$ である。

利円は貞円の、元円は亨円の傍接円であることや三角形の相似関係を利用して解くことができる。

（注）この右側の問題と同じものが『増刻神壁算法』（藤田貞資閲、藤田嘉言編）上巻にある。それは防州遠石八幡宮（山口県周南市）に寛政七年（一七九五）に貞資門人毛利石見守家臣山田政之助正国なる人物が奉額したもので、亨円径四十四寸貞円径三十三寸と具体数字を使用して利円径を求めるものである（丹生神社の算額は一般解）。丹生神社の算額の五十年前である。千方門人たちが神壁算法を見て掲額したかどうかは不明である。

安原喜八郎千方門人
高橋甚之亟産敏
安原重太郎幸長
安原長次郎安幸
堀越太兵衛則嘉
久保卯兵衛督覺
飯塚勘兵衛義次
櫻澤長右衛門英秀《ママ》門人　（櫻澤については二・四章参照）
上州緑埜郡笛木新町
田口文五郎信武
弘化三丙午稔孟正元旦

また、群馬県富岡市神成の吾妻神社（新堀神社？）には、嘉永二年三月に安原千方門人十名が奉額している。(6) 門人名は、高橋甚之丞・安原重太郎・安原治郎兵衛・塚越久蔵・塚越栄吉郎・塚越浅蔵・安原久米蔵（以上勅使河原）、阿佐美伊左衛門（石神村）、橋本宇兵衛（五明村）、宮下藤三郎（三友河岸）である。

【数理神篇について】

『数理神篇』(7)の序文には「万延元年《(一八六〇)》庚申　逐庵宜義門人　船津正武識」とある。船津正武は幕末から明治時代にかけて活躍した農業研究家であり、篤農家として評価された「明治の三老農」の一人である船津伝次平《でんじべい》（一八三二〜九八）である。序文の内容は次のようなものである。（」は改行）

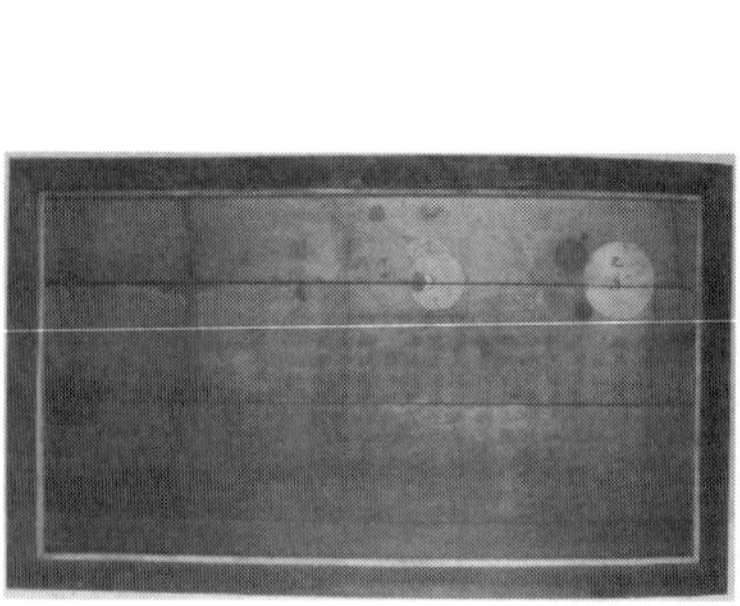

図2-3-4　丹生神社算額
（180×120cm,『上里町史資料編』）

うつせみの世の人世でかなはざること六」　あり、それが中にも数学てふ《といふ》ものは、瓢」
像の天の時をはかり、あらかねの地の利を」　察し、一隅をあげて三隅におよぶの奇あり、」
妙あり、つとめてまなぶへき事ならずや、」　ここにあが友安原千方及中曽根宗邡は」
斎藤大人に師とし事《つかえ》ること楸《ひさぎ》の花の久し」　ければ、此道にくはしく一を聞て十を知るの」
あまり、考へなしたる此数理神篇ぞ」　かし、されば神明仏陀のミまへにささげて、」
不朽の算学明鏡となさんもまた妨」　なかるべし、やつがれ同盟の因《ちなみ》に其よし一」
筆かいぞへよとあるに、いなのさゝはらい□」　むといへども、あへてゆるさざりけれは、冬」
の日のミじかき才をもて春の日の永き」　そしりをうくることはいかがはせむ」
逐庵　斉藤宜義」　万延元庚申とし　門人　船津正武識

『数理神篇』の内容はレベルが高い。主に上州・武州の三十四寺社に門人たちが奉納したとされる算額が記述されていて、その内現存するものもあるが、実際に全部が奉額されたかはわからないという。(2) また、三上は『数理神篇』の内容について、「安原勝五郎は喜八郎の隣家であったが、此人は余り数学をやったものではない。（略）安原喜八郎の門人中に数学の優れた人があったとは、私が会った人々の間には伝へて居ないやうである。安原勝五郎の名は安政五年（一八五八）の金久保陽雲寺の算額に記るされて居るが、其問題の如きも円理豁術の六ヶしい《難しい》ものに属する。実際に此問題を処理し得たとすれば、甚だ優秀な算家であった筈である。丹生神社に現存の算額は其内容に於て、『数理神篇』所載の諸問題よりも頗る見劣りがする」と述べ、疑義を呈している。このことは何を意味しているのだろうか。三上は次のようにも言う。「刊行諸算書には多くは諸門人の名を空しく連ぬるものが多いと云ふ事情を思ふとき、我等は判断に迷ふ許りである」と。謎の多い『数理神篇』ではある。

因みに数理神篇の構成を次に示す。安原千方の門人も多い。

『数理神篇』の構成

序（草書体）万延元年　逐莽　齋藤宜義　門人舩津正武識

凡例

首額　乾坤獨算民齋藤宜長先生門人自問自答

　　勅勝　安原喜八郎千方撰　　　（1問）

　　榛陽　中曽根慎吾宗邡撰　　　（1問）

　　笛樹　田口文五郎信武撰　　　（1問）

時　期	掲額場所	住所　名前
天保14年8月	中山道新町駅 於菊稲荷社	齋藤先生門人 武州賀美郡勅使川原村　安原喜八郎千方
天保15年8月	日光例弊街道玉村駅八幡宮	齋藤先生門人 上毛那波郡南玉村　町田三津次郎清格
弘化2年4月	上州那波郡摩利支天社	齋藤先生門人 上毛那波郡箱石村　猪野庄次郎政数
弘化3年正月	上州群馬郡引間村妙見廟	齋藤先生門人 上毛群馬郡板井村　大堀鷲蔵源常仙
安政4年正月	上州前橋八幡宮	齋藤先生門人 上毛勢多郡関根村　萩原貞助藤原信芳
安政5年3月	武州小平村百躰観音堂	関流八伝　安原喜八郎千方門人 武州賀美郡石神村　阿佐美伊太夫宣喜 同国同郡勅師川原村　安原長治郎安幸
安政5年秋	上毛世良多 牛頭天主宮社	安原千方門人 上陽新田藩士　関根久米彰信
安政5年9月	中仙道本庄駅 金讃明神社	安原千方門人 武州本庄駅　中原九平韜之
安政5年10月	上州伊香保湯前宮	安原千方門人 上州伊香保温泉　小暮八左衛門則道
安政5年10月	武州小平村観音境内	安原千方門人 武州賀美郡大御堂村　橋本佐仲豊国 同郡横町村　坂本栄重郎国武
安政5年11月	上毛立石村金毘羅社	安原千方門人 上毛新町駅　金古金重郎信重
安政5年11月	上毛立石村金毘羅社	安原千方門人 武州賀美郡四津谷村　橋爪九重郎由野 同郡忍保村　敷地七右衛門孝隆
安政5年11月	上州清水寺千手観世音	安原千方門人 武州賀美郡勅師川原村　塚越久米蔵広成 同村　清水邨八好述
安政5年11月	武州金久保村 陽雲寺太郎坊権現	安原千方門人 武州賀美郡勅師川原村　安原勝五郎国久 同　石神村　高野紋十郎光慶

表2-3-1　『数理神篇』の構成（1/2）

数理神篇巻之下　齋藤宜義算象閲
中曽根慎吾宗邡編　　中曽根善太郎武好校　中曽根清右衛門邡貫訂

時　期	掲額場所	住所　　　名前
安政３年４月	上野国榛名山社	乾坤獨　齋藤先生門人 上州碓氷郡里美村　　中曽根慎吾宗邡
安政３年春	加州倶利伽羅山不動堂	齋藤先生門人 越中州射木郡高木村　　石黒藤右衛門信基
安政３年春	上毛一宮中嶽山	齋藤先生門人 中山道新町駅　　田口文五郎信武
安政3年8月	武州妻沼聖天宮社	齋藤先生門人 武州埼玉郡南河原村　　磯川半兵衛徳英
安政３年８月	上毛赤城山	齋藤先生門人 上毛勢多郡原之郷村　　舩津傳治平正武
安政３年８月	上毛勢多郡大屋産湊宮社	齋藤先生門人 上毛勢多郡青柳　　岡田市造照芳
安政３年８月	武州八幡山町八幡宮	関流八傳　田口田口文五郎信武門人 武州那賀郡猪俣村　　卜部大和正藤原房澄
安政３年９月	上野国一之宮	関流八傳　中曽根慎吾宗邡門人 上毛安中藩士　　山田次助光基
安政４年正月	武州金鑽村金鑽寺	笛樹　田口信武門人 武州那賀郡猪俣村　　大野冨太郎恒佐 同村　　関田嘉十郎義満
安政４年正月	上州石原村清水寺観音	齋藤先生門人 羽鳥福吉可徳 上毛群馬郡板井　　羽鳥嶋蔵茂喬 羽鳥玉吉光定
安政４年春	東都芝愛宕山	朝齋　齋藤宜義教授 男　　齋藤三亥次宜昌
安政４年６月	信上両国境碓氷嶺熊野宮社	齋藤先生門人 上州碓氷郡五料村　鈴木愛之助将英
安政４年８月	皇都北野天満宮	齋藤先生門人 上毛那波郡飯塚村　柳澤庄左衛門伊酎壽
安政４年９月	上毛八幡八幡宮社	中曽根宗邡門人 上毛碓氷郡八幡村　　新井□太郎訓宗 同郡下里見村　　中曽根善太郎武好 同村　　中曽根清右衛門邡貫 同国群馬郡室田住　　新井仁十郎満客 同州碓氷郡八幡村　　唐澤時五郎信邡
安政５年正月	上州里見村天満宮	中曽根宗邡教授 上毛碓氷郡里見村　男　中曽根梅干之助邡規 同村　　門人　中曽根忠太郎貞勇
安政５年３月	上州一之宮	中曽根宗邡門人 上毛群馬郡神戸村　　五十嵐七左衛門員正
安政５年３月	上毛板鼻駅鷹巣山金毘羅社	中曽根宗邡門人 上州碓氷郡里見村　　富澤市太郎幸秀 同州高崎駅　　磯貝源兵衛吉住
安政５年３月	雲州大社	中曽根宗邡門人 但州出石郡奥野村　　和田佐右衛門隷算
安政５年４月	但馬国出石大明神社	齋藤先生門人 越後頭城郡川田村　　蓑輪源十郎知定
安政７年正月	上州清水寺千手観音	齋藤先生門人 上毛緑野郡森新田村今武州秩父郡井戸村住 櫻井音之進義著
安政７年正月	上野総社明神社	齋藤先生門人 上毛高崎　　高橋簡齋旭　撰 江陽　　柳澤伊壽試

表2-3-1　『数理神篇』の構成（2/2）

『数理神篇』で話題になるのは、既述の「安原勝五郎國久」による陽雲寺の問題で、これは円周率についての無限積でウォリスの公式と呼ばれるものである。

その陽雲寺の算額問題（二問目）は図2-3-5（原文）のようなものである。

今有圓周三千一百四十一万五千九百二十六寸五分三厘五毛八糸九忽七微問圓徑幾何
答曰圓徑一千万寸有奇
術曰置五分三一乗二二除五三乗四四除七五乗六六除九七乗八八
除而逐如此累乗除而求末位乗圓周得圓徑合問
安原千方門人
武州賀美郡勅使川原村　安原勝五郎國久
同石神村　高野紋十郎光慶
安政五戊午十一月

図2-3-5　『数理神篇』の陽雲寺の問題（東北大）

これは図2-3-6の式③のように表される。これはウォリスの公式に他ならない（①②は五・一章を参照）。この算額は安政五年とあるが、これに先立つ安政三年に加賀倶利伽羅山不動堂（石川県河北郡津幡町字倶利伽羅）の算額がやはり『数理神篇』（巻之下）に図2-3-7のようにある。

これは式④のように表わされ、やはりウォリスの公式である。ウォリス（英国、JohnWallis、1613~1703）の公式は安政三年より二百年前の一六五六年に求められているが、

① $\dfrac{\pi}{4} = 1 \times \dfrac{2\cdot 4}{3^2} \times \dfrac{4\cdot 6}{5^2} \times \dfrac{6\cdot 8}{7^2} \times \dfrac{8\cdot 10}{9^2} \times \cdots$

② $\dfrac{\pi}{4} = \dfrac{2}{3} \times \dfrac{4^2}{3\cdot 5} \times \dfrac{6^2}{5\cdot 7} \times \dfrac{8^2}{7\cdot 9} \times \cdots$

③ $\text{円径} = (\text{円周}) \times 0.5 \times \dfrac{1\cdot 3}{2\cdot 2} \times \dfrac{3\cdot 5}{4\cdot 4} \times \dfrac{5\cdot 7}{6\cdot 6} \times \dfrac{7\cdot 9}{8\cdot 8} \times \cdots$

④ $\pi = \left(1 \times \dfrac{2}{3} \times \dfrac{4}{5} \times \dfrac{6}{7} \times \cdots \times \dfrac{2n}{2n+1}\right)^2 \times (2n+1) \times 2$

図2-3-6　　ウォリスの公式

今有圓　問圓周率如何　　答曰如左文
術曰置一箇二乗三除而四乗五除而六乗七除而
如此逐索而求其極位自之乗其極止除数倍之得
圓周率也仮令置一箇二乗三除之四乗五除之六乗七除之八乗九除之自之九乗倍之得
圓周率如此求其多位得真数也
木朝由来数学家此簡術未有之因擧之
安政三年丙辰春
齋藤先生門人
越中州射木郡高木村　石黒藤右衛門信基

図2-3-7　『数理神篇』の倶利伽羅山不動堂の問題（東北大）

原文に「木《本》朝由来数学家　此箇術未有之因擧之」とあるように我が国の和算ではこの式を求めた形跡は認められないといわれる。いずれかの形で輸入されたものを知り記したものと思われる。

参考文献

(1)平山諦『和算の歴史』（ちくま学芸文庫、2007年）
(2)三上義夫「北武蔵の数学」（『郷土数学の文献集（2）』萩野公剛編、富士短大出版部、昭和41年）
(3)埼玉県教育委員会『埼玉県教育史第一巻』P480～482
(4)弦間耕一『和算家物語　—関孝和と甲州の門下たち—』（叢文社、2008年）
(5)埼玉県立図書館『埼玉の算額』（埼玉県史料集第二集、昭和44年）p74
(6)群馬県和算研究会『群馬の算額』（昭和62年）
(7)『数理神編』（東北大学和算ポータルサイト）
(8)賀美小学校「江戸末期における本村数学史」

二・四章　その他の和算家（上里町・美里町）

（一）桜沢長右衛門英季（明和五年（一七六八）?～嘉永元年（一八四八））　八十歳　（美里町）

本庄宿在郷の小茂田村（美里町小茂田）の人で吉沢恭周の門人であったが、晩年は玉村町板井の斎藤宜義にも師事した。上州の田口信武は、はじめ桜沢英季に学んでいる[1]（二・三章の丹生神社の算額参照）。

前橋市下大屋町の産泰《さんたい》神社の算額（年代不明、非現存、「算法記」（光又家蔵）[2]）は桜沢英季と門人四人が各一問づつ出している[2]。桜沢と門人名は次のようにあり、中には権田義長（正賢）（四・五章）の名もある。内容は穿去問題などの難問である。

「関流七伝斎藤宜義門人　武州榛沢郡小茂田村　桜沢長右衛門英季」
「桜沢門人　武州幡羅《はたら》郡三箇尾村　権田源之助正賢」
「同門人　武州榛沢郡手計村　橋本貞次郎尹寿」
「桜沢門人　武州榛沢郡待田村　島田文吉信安」
「同門人　武州榛沢郡針ケ谷村　江角忠太郎紀道」

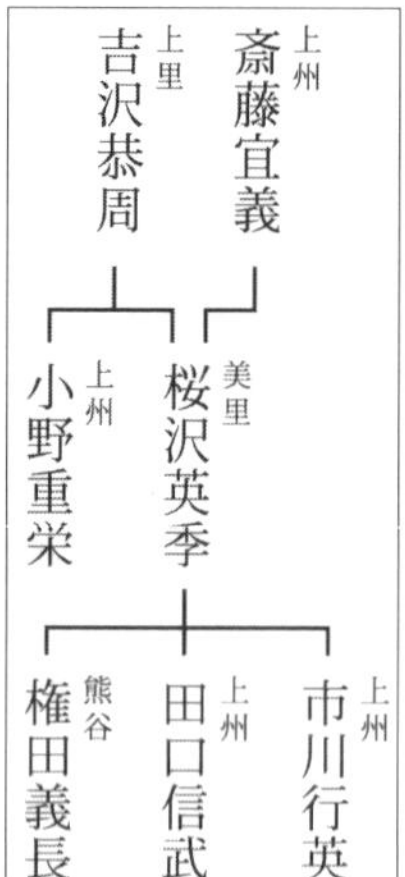

小茂田の勝輪寺にある墓の正面には「天壽筭翁居士」、右側に「嘉永元申年十二月二十日」、左側に「俗名櫻澤長右衛門英季　行年八十才」とある。俗名の上には辞世が次のようにある。

そろばんも　あだしのに行　道のつれ

図2-4-1　桜沢英季の墓（勝輪寺、2015年4月）

「そろばんも一緒に冥途に」という意味であろうか、そろばん（計算）を好んだことが偲ばれる。

前述の産泰神社の算額の桜沢の問題は次のように、円筒を三角柱で穿去した場合の切り口の面積を求めるものである。斎藤宜義の門人故に解き得た問題かも知れない。

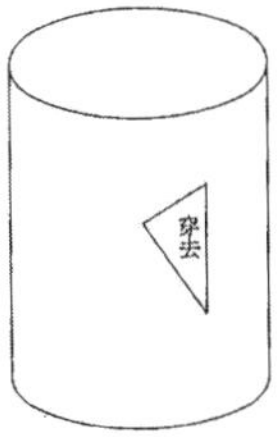

今有如図円壔穿去三斜中小斜尖
与壔心相交而平行也円壔径若干
大斜若干中鉤若干問穿去覓積如何
答曰　如左術
術曰　以壔径除中鉤自之以二分
五厘減余開平方之以減五分余乗
大斜及壔径冪以中鉤二段除之得覓積合問
関流七伝斎藤宜義門人
武州榛沢郡小茂田村
桜沢長右衛門英季

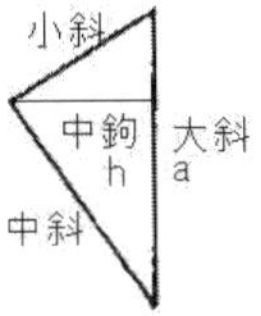

題意：円筒を三角柱が貫いている。三角形の頂点は円筒の中心（軸上）にあり対辺は中心軸に平行である場合に円筒径(d)大斜(a)中鉤(h)を与えて切口の面積(S)を求めよ。

術文：解読すれば以下のようになる。

$$S = \frac{ad^2}{2h}\left\{0.5 - \sqrt{0.25 - \left(\frac{h}{d}\right)^2}\right\}$$

（参考：「続　群馬の算額解法」）

二重積分の問題だが、和算家は被積分関数を級数展開して項別積分を行うことが多い。この問題もそのように解いたのだろうか。

（二）小林喜左衛門良匡《よしまさ》（寛政元年（一七八九）～明治七年（一八七四））八十五歳（美里町）

文献(3)によれば、美里町木部村の人で俗名を吉五郎と言い、算術を志し上州島村の住人田島明匡翁の門をたたき、（後）独学研鑽を積んだ。墓は木部の真東寺にあり、戒名は林翁院量伝空算居士。

八高線松久駅近くに、門人等が師を慕い謝恩の記念として明治五年三月に建てた「関流算術の碑」がある。表は建碑のいわれと良匡の和歌があるというがよく読めない。和歌とその意味は脇にある標識の解説に次のようにある。

むさしのや　おくある道は　はかるとも
かぞえつくさじ　くさの之《え》のつゆ

（武蔵野の広野といえども算術をもってすれば計算できるが、人生は儚いもので、あたかも草の葉の先端の露がぽろろんと落ちて乾いて消えてしまうように、人の命も算術も終わりというものがない（意訳））

背面には、門人百二十九人の名が刻まれている。地元の児玉郡、大里郡の門下生が多かったが、中には近江国蒲生郡の人や上毛新田郡、緑野郡の人々の名もある。

具体的には、那賀郡二十九名（古郡《ふるごおり》14、猪俣3、大仏・甘粕・秋山・小平・広木・円良田各2）、幡羅郡二名（三ヶ尻2）、榛沢郡十九名（末野9、寄居町6、本郷2、用土・針ヶ谷各1）、児玉郡十八名（河内6、中新里4、新里3、植竹2、阿那志・飯倉・田中各1）、賀美郡二名（久城・原新田各1）、秩父郡一名（大野原1）、男衾郡六名（立原4、小園2）、上毛新田郡三名、緑野郡三名、近江国蒲生郡一名、当村（木部）九名、小茂田村一名、そして「高弟世話」人として末野八名、古郡五名、甘粕四名、大仏・猪俣・円良田《つぶらた》・広木・針ヶ谷各二名、秋山・本郷一名があり、「當村世話」人として五名、「発願主」一名が記されている。

一方、熊谷市三ヶ尻の龍泉寺観音堂の明治十一年の算額には、小林喜左衛門の名と共に門人百五十一名とあるので、[4]三ヶ尻の権田義長とも関係があったようである。

図2-4-2　関流算術の碑(2014年4月)

（三）その他（数理神篇に見える算者）[5]

『数理神篇』には安原千方などの門人が奉納した算額が記述されている。表2‐3‐1を参照。その内、北武蔵関係では、**阿佐美伊太夫宣喜**（千方門人、上里町石神）、**安原長治郎安幸**（千方門人、上里町勅使河原）、**安原勝五郎國久**（千方門人、上里町勅使河原、ウォリスの式を書いた算額のことが数理神篇にある。図2‐3‐5を参照）、**卜部大和**（田口信武門人、美里村猪俣）、**大野富太郎**（一八二一～一八九〇）（田口信武門人、美里町猪俣）、**関田嘉重郎**（田口信武門人、美里町猪俣）、**桜井音之進**（斎藤宜義門人、藤岡の人で秩父郡野上町井戸に住む）らがいるが、その人物像が少しわかるのは阿佐美伊太夫のみである。阿佐美伊太夫の墓碑には次の碑文があるという。[6]

名實通称伊太夫又孝平ト称ス字ハ宣僖好古順道ハ其ノ號也資性豁達學問ヲ好ミ力學研鑽後江戸昌平校ニ學ブ帰来黒田領名主トシテ村政ヲ掌ル傍其蘊蓄ヲ傾ケテ郷黨子弟ノ薫化ニ當レリ嘗テ家門ノ盛ナル頃學者文人ノ訪フアレバ其烈々タル氣魄ト高邁ナル達識トヲ以テ聖賢ノ古ヲ談ジ算數ノ理ヲ論ジテ盡クル事ナカリシト言フ維新ノ際俸ヲ厚クシテ東都ニ招聘ヲ受ケシガ學問ヲ以テ衣食スルハ其志ニ非ズトテ應ゼズ農耕半歳讀書半歳ノ生活ヲナシテ晩年ニ及ビシガ偶々明治二十七年十月十二日戦雲正ニ酣ナラントスル時疾ヲ得テ歿セリ享年六十有九（以下略）

なお、阿佐美伊太夫・安原安幸の問題は武州小平村の百躰観音堂（成身院、本庄市児玉町小平）に奉額したもので、底面が長方形である角錐台の稜がそれぞれ乾斜・坤斜・巽斜・艮斜であるとき、艮斜は幾つかというもので（図2-4-3）、次のように解かれる。

$$艮斜^2 = 乾斜^2 + 巽斜^2 - 坤斜^2$$

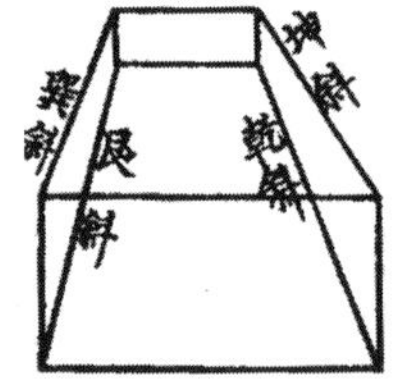

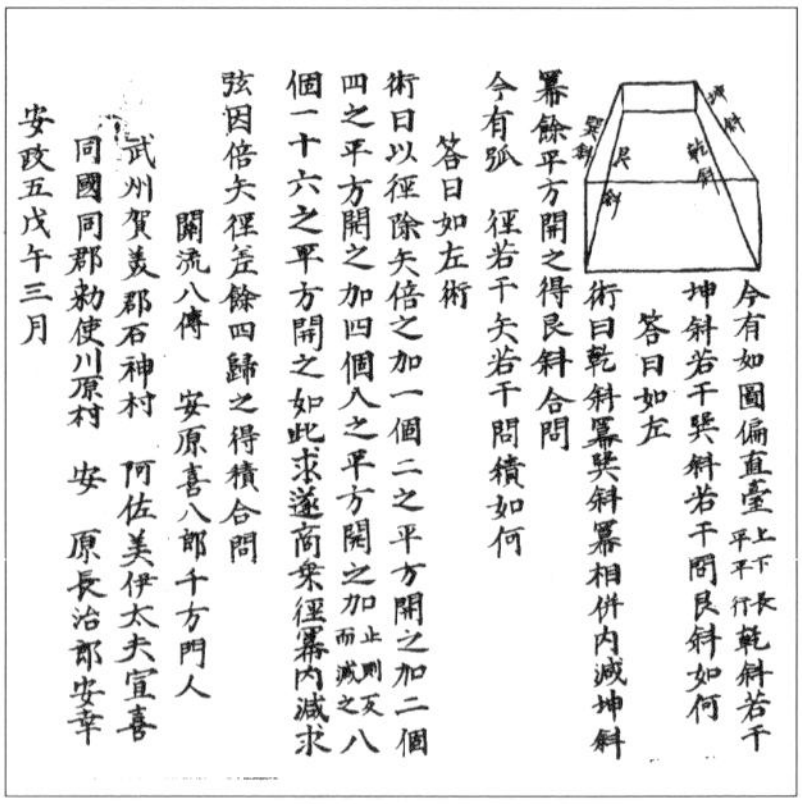

今有如圖偏直臺上下長平平行乾斜若干
坤斜若干巽斜若干問艮斜如何
答曰如左
術曰乾斜冪巽斜冪相併内減坤斜
冪餘平方開之得艮斜合問
今有弧　徑若干矢若干問積如何
答曰如左術
術曰以徑除矢倍之加一個二之平方開之加二個
四之平方開之加四個八之平方開之加止則反而減之八
個一十六之平方開之如此求遂商乗徑冪内減求
弦因倍矢徑差餘四歸之得積合問
關流八傳　安原喜八郎千方門人
武州賀美郡石神村　阿佐美伊太夫宣喜
同國同郡勅使川原村　安　原長治郎安幸
安政五戊午三月

図2-4-3　『数理神篇』の阿佐美伊太夫・安原安幸の問題（東北大）

参考文献

（1）『群馬県史　通史編6』
（2）群馬県和算研究会『群馬の算額』（昭和62年）
（3）真東寺発行「法燈」No131（昭和58年6月号）（美里町木部）
（4）野口泰助『熊谷市の算額』（熊谷市立図書館、昭和37年）
（5）『数理神篇』（東北大学和算ポータルサイト）
（6）埼玉県教育委員会『埼玉県教育史金石文集（下）』（昭和43年）

三章　本庄市・深谷市の和算家

本庄市の和算家では金井稠共と戸塚盛政がいる。金井家は宮戸の名主で代々総兵衛を名乗っているが、父・義適、祖父・重煕、稠共の養子・邦親も算学を学んでいて和算一家でもある。戸塚盛政は都島の人で、盛政が正観寺に奉納した算額は県内最古のものである。また児玉町の子安唯夫（唯次郎）は千葉県東金市の出身だが、四十歳頃に児玉に住み多くの門人に教えた。子安が門人等と神川町の光明寺に大正三年に奉納した算額は、幅２ｍ75㎝にも及ぶ大きなものだが最も新しいものでもある。

深谷市の和算家には、藤田貞資、川田保則、清水吉弥、斉藤半次郎、松本源七などがいる。藤田貞資は本田村の出身で我が国和算史上最も著名な和算家の一人であり、その活動は主に江戸でのことであった。川田保則は成塚の人で上総久留里藩の代官を勤めた。算学は至誠賛化流で父・保知も算学を学んでいる。清水吉弥は熊谷市三ヶ尻の権田義長の門人であった。斉藤半次郎は清水の門人であった。

三・一章　金井稠共

安永八年（一七七九）〜慶応三年（一八六七）　八十九歳
桂圃《けいほ》（本庄市）

【人物】

金井総兵衛稠共《ちゅうきょう》は剣持章行の門人で児玉郡宮戸村（本庄市宮戸）の人。安永八年に生まれ、慶応三年三月二日に八十九歳で没し近くの観泉寺に葬る。稠共については文献（1）（4）などからまとめる。

俗名を万五郎といい、金井義適の次男に生まれるが、兄靫負《ゆきえ》が小浜村（神川町）の落合氏を継ぎ医師となった事から稠共が総兵衛を襲名した。稠共は関流を父義適について修めるが、積極的に他の流派についても学び、最上流を安永惟正や久松彝之《つねゆき?》に、至誠賛化流を川田保則にそれぞれ学んでいる。また天保年間の末に剣持章行が関流の指導に関東を遊歴すると彼に師事している。剣持の『算法開蘊』（嘉永二年）及び『算法約術新編』（文久二年）に課題問題の記載がある。『量地円起方成』[2]（嘉永六年）、『検表相場寄算』（安政三年）には門人として稠共の名もある。また剣持の高弟として嘉永六年には試問役を勤めている（一・二章参照）。測量技術にも優れ、土地の測量や絵図面の作成や備前渠（農業用水路）工事に貢献した。桂圃の俳号を持ち近隣の雅会の常連でもあった。稠共が生涯にわたり手がけた和算書は約六十冊になる。

金井家は宮戸村の名主で、金井玄蕃（？〜一五九七）を祖とし、三代目以

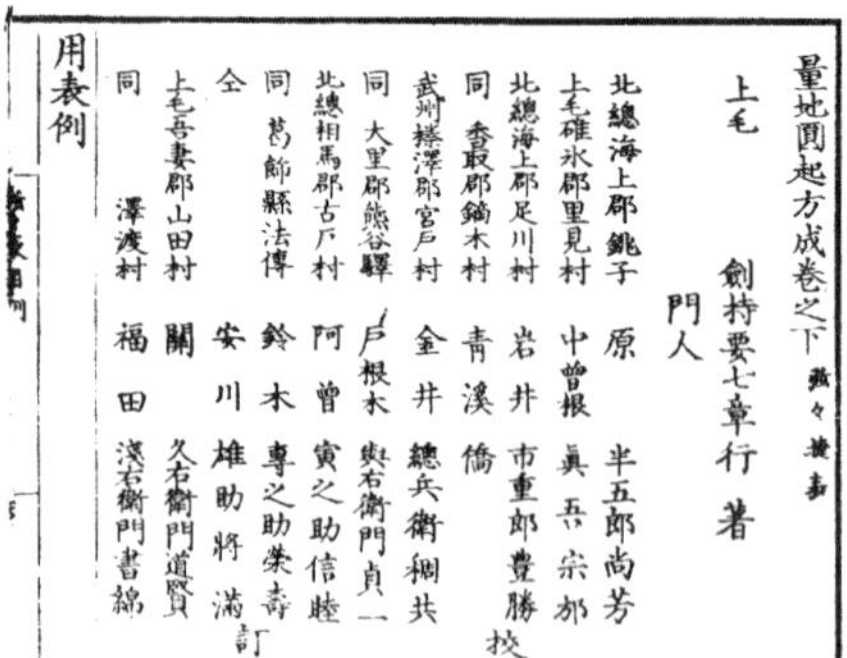

量地圓起方成巻之下
上毛　劔持要七章行　著
門人
北總海上郡銚子　原　半五郎尚芳
上毛碓氷郡里見村　中曾根　眞吾宗邡
北總海上郡足川村　岩井　市重郎豊勝
同　香取郡鏑木村　青溪　僑
武州榛澤郡宮戸村　金井　總兵衛稠共　校
同　大里郡熊谷驛　戸根木　與右衛門貞一
北總相馬郡古戸村　阿曾　寅之助信睦
同　葛飾縣法傳　鈴木　専之助榮壽
仝　安川　雄助将満　訂
上毛吾妻郡山田村　關　久右衛門道賢
同　澤渡村　福田　濱右衛門書綿
用表例

図3-1-1　『量地円起方成』[2]の門人名
（金井稠共、戸根木貞一らの名が見える）

降、「総兵衛」を代々襲名してきた算学・俳諧等の文人家系で、稠共は五代目に当たる。祖である玄蕃は、新田義貞より十世信濃守国繁に忠節をもって仕えていたが帰農して宮戸村に住んだとされる。三代目重熈《じゅうき》（一七二〇～七五）は二代目安右衛門の指導を受け、早くから算法を学んだとされ、『算法根源記』には「関流直伝金井総兵衛重熈」の署名があるという。[4] また宝暦五年に須永直右衛門という人が彼に宛てた「算術相伝につき他言他見なすまじき」旨の誓詞も残っているという。[1] 四代目義適（一七四六～一八三九）は重熈の三男として生まれ幼名万五郎、俳号を眠石と号した。[以上4] 遺蔵の一冊に、「右ハ天保十亥年十一月新戒久兵衛殿屋敷附ニ此算用置ク　武陽宮戸村　金井総兵衛義適」とあることから、義適は晩年まで算法を行っていたようである。[3] 稠共の養子邦親（一八〇九～七六、六十八歳）も稠共とともに剣持章行について関流を修めている。

図3-1-2　金井稠共の墓
（観泉寺、2013年10月）

【墓石】

重熈・義適・稠共・邦親の墓は宮戸の観泉寺の金井家の墓地にある。また、父義適の墓には正面に「實量院秀道眠石居士」とあり、向って左側裏面に次の碑文があり人物像が少しわかる。

眠石翁衛（諱）義適金井氏俗称総兵衛武
蔵榛澤郡宮戸邨人也農餘好讀書最
長於筭数（測）側量術従学者不尠性格温
厚人皆欣慕天保十年己亥十一月十
七日終于家天壽九十四歳子孫蟻集

葬先塋東都多賀谷向陵曽聞名聲作
六言四句光寄向陵亦善書人也仍墓
其筆跡刻之石以代銘辞云
一盤算子包括天壌能
分巨細数遍乗除度量
億兆不謬毫釐
丙子新春　東都向陵逸史

（実物と文献（5）による）

図3-1-3　金井義適の墓
（観泉寺、2013年10月）

【算術】

金井稠共が扱った問題は、『算法開蘊』[2]（剣持章行、嘉永二年）、及び『算法約術新編』[2]（下巻）（剣持章行、文久二年）にある。『算法開蘊』にある問題は次のようなものである。

今、下図のように台形の上辺（上頭）が二尺、下辺（下頭）が三尺、長が四尺、重さが三十九貫目のとき、甲と乙を揚げたとき（甲と乙が水の如く平で高低無し）、甲と乙に掛かる重さは幾つか。

今有如左圖梯上頭二尺下頭三尺長四尺重三十九貫目於
甲與乙揚之（甲與乙如水平無高低）問各所受重幾何
答曰　受甲重十九貫二百八十目
受乙重十九貫七百二十目
術曰上頭下頭差半（者極）以上頭下頭和除下頭
加一箇乘長冪三歸之内減上頭半因極餘乘重
以極冪長冪和除之得受甲重以減總重餘得受乙重合問
武州榛澤郡宮戸村　金井總兵衛稠共

図3-1-4　『算法開蘊』にある稠共の問題

この問題の解き方は、台形の重心を求め、その重心から辺甲乙に垂線を引いた交点を丙とすれば、釣合の原理から、乙丙の長さ×乙の重さ＝甲丙の長さ×甲の重さ、で求められる。乙丙・甲丙の長さを求めるには三角形の相似関係を何回か使って求めることになる。答えは端数が出るが合っている。

なお、『算法開蘊付録解』[6]（剣持自筆、嘉永二年）にこの問題の解き方が書かれている。また異なる解法で『算法開蘊付録円理三台』[2]にもこの問題の解がある。

参考文献

（1）柴崎起三雄『本庄人物事典』（平成15年）
（2）『算法開蘊』『算法約術新編』『算法開蘊付録円理三台』『量地円起方成』（東北大学和算ポータルサイト）
（3）三上義夫「北武蔵の数学」（『郷土数学の文献集（2）』萩野公剛編、富士短大出版部、昭和41年）
（4）本庄市教育委員会『本庄市史　通史編Ⅱ』（本庄市、平成元年）
（5）埼玉県教育委員会『埼玉県教育史金石文集（下）』（昭和43年）
（6）『算法開蘊付録解』（剣持自筆、嘉永二年、野口泰助氏蔵）

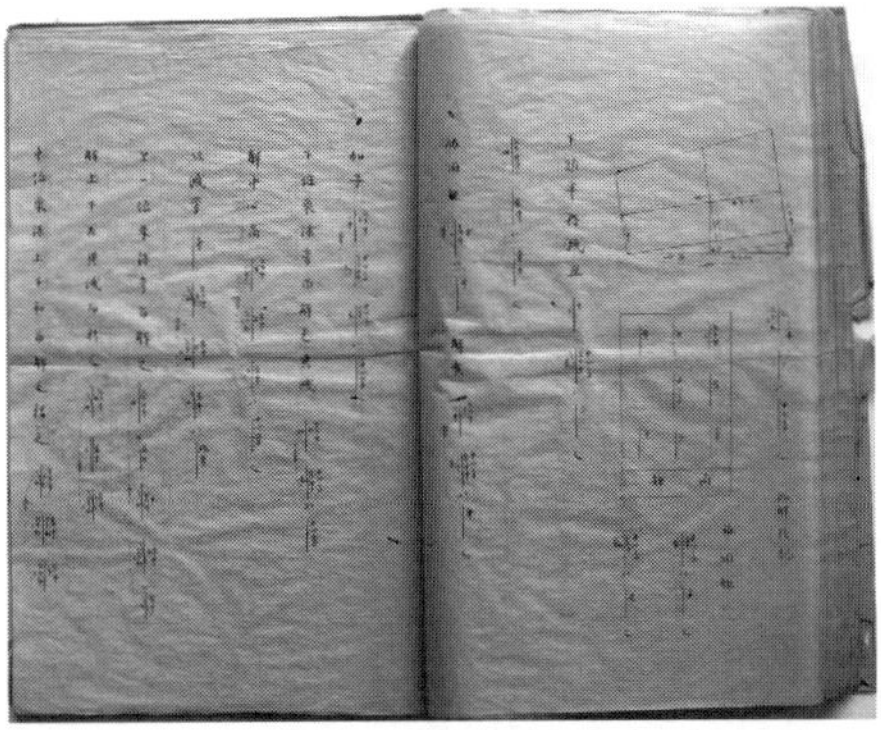

図3-1-5　『算法開蘊付録解』にある稠共の問題の解法（剣持自筆、野口泰助氏）

三・二章　戸塚盛政

？～寛保二年（一七四二）
権之丞　（本庄市）

【人物】

本庄市都島の人。通称は権之丞[1]。人物像・算学の伝系とも不明だが、享保十一年（一七二六）に都島の正観寺に算額を奉納している。この算額は現存するものでは全国で六番目[注]に古く、埼玉県内では一番古いもので、本庄市の文化財に指定されている。

（注）文献(2)によれば、現存算額の古い順は次のようになる。
①佐野市星宮神社（一六八三）　②京都市北野天満宮（一六八六）
③京都市八坂神社（一六九一）　④鶴岡市遠賀神社（一六九五）
⑤武生市大塩八幡宮（一七〇一）　⑥本庄市正観寺（一七二六）

【墓】

文献(1)には、「正観寺の戸塚家墓地に『寛保二年辛戌　秀算宗哲信士　七月二十六』の銘の墓石があり、俗名、享年は記されていないが『算』の文字を含むことから盛政の墓と思われる」とある（筆者未確認）。

【算額】

この算額は屋根形で、文章の終りに「諸願成就奉納而已　当所住　戸塚氏盛政　享保十一歳丙午九月吉日」とある。問題は二問ある。

図3-2-1 正観寺算額（ガラスケース内にあるため反射でうまく撮れない。73×31.5cm、2013年1月）

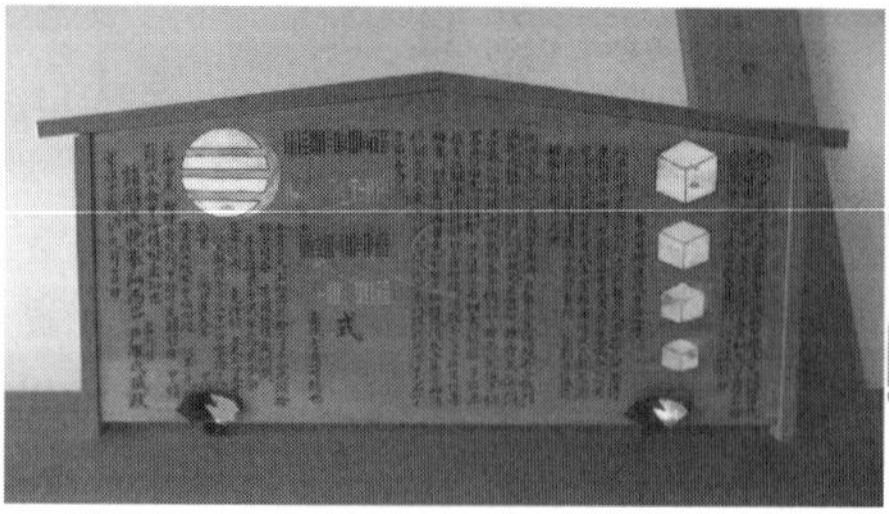
図3-2-2 正観寺復元算額(2013年1月)

今有二リ甲乙丙丁戊立方面各一只云甲積ト与二乙積一相併テ共ニ
寸立積百八拾九坪亦丙丁戊積各三和シテ共ニ寸立積三拾
六坪問二甲乙丙丁戊方面各幾何一ト　乃甲乙丙丁戊方面之差各同寸也

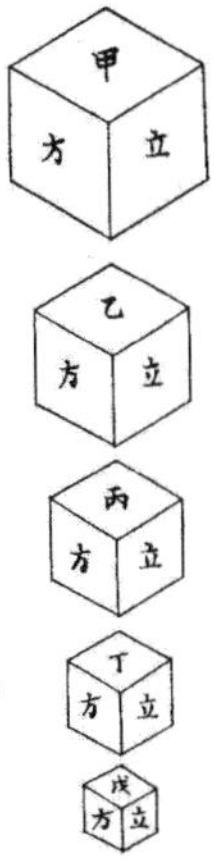

答曰左術得二戊方面一寸一ヲ

此本術ヲ求ル者演段以起元前後両式求前式戊面得
度数求及相消右式得亦左式求前後両式各偶以用
維乗法左式得亦左右式各實維用消長式起元術
本術寄左数相消数与而得實列　左数与亦識前
相乗与以開方式得

術ニ曰ク立天元ノ一ヲ為二戊方面一ト再ヒ自二乗之一ニ為二戊積一ト寄子位一ニ列三
併シテ先元数三段ト与二子一十五段一得内減二又云数七段餘寄二丑位一列二シテ
又云数九十一段内併減ス三先云数九段ト与二子位二百五十五段ト餘寄二寅位一ニ子位
冪丑位相乗シテ二千一百八十□□九千五百段子位丑位冪相乗三十六万五千零一十段子位丑
位寅位相乗シテ一□七万七千三百三十段右三位相併テ得ル数寄レ左子位寅位冪
相乗シテ六千六百段寅位再自乗シテ四十九段右二位相併テ得ル数与レ寄レト左相消テ
得二ル開方ノ式ヲ八乗ノ方ニ開レ之得二ル戊方面一ヲ仍推前術一ニ得二甲乙丙丁
方面一ヲ各合レ問ニ　（この後、算木の図などがある）

一問目は上記のようなもので、術文の後には算木による天元術の九次式が書いてある。問文は次のようなものである。

（いま甲乙丙丁戊の立方各々一つあり、ただ云う、甲積と乙積と相併せて、共に寸立積百八十九坪、また、丙丁戊積各々三和して共に寸立積三十六坪、甲乙丙丁戊の方面各幾何《いくばく》なるかを問う、乃ち、甲乙丙丁戊の方面の差は各同寸なり）

甲^3＋乙^3＝189

丙^3＋丁^3＋戊^3＝36

甲－乙＝乙－丙＝丙－丁＝丁－戊

今、戊＝xとし、同寸をdとすれば、

丁＝$x+d$, 丙＝$x+2d$, 乙＝$x+3d$, 甲＝$x+4d$　となり

$(x+4d)^3+(x+3d)^3=189$　………①

$(x+2d)^3+(x+d)^3+x^3=36$　……②

①②からdを消去すれば、xの９次方程式が得られるが、これを解くのはやっかいである。

①②を少し変形し、②－①を行えば次式が得られる。

$55x^3+105dx^2+15d^2x-175d^3=0$

$11x^3+21dx^2+3d^2x-35d^3=0$

$(x-d)(11x^2+32dx+35d^2)=0$

これから、$x=1,\quad d=1$ が得られる。

図3-2-3　解法の一例

正観寺の実物の算額の前には意訳すれば図3-2-3に示すような解法例が展示されている。これは解法の一例であり、算額の術文の解法とは異なるものである。

この算額の一問目は和算にとって、次のように歴史的経緯のあるもの[3][4]である。天元術を最初に理解したと言われる沢口一之の『古今算法記』[5]（寛文十一年（一六七一））には遺題が十五問あり、その内の五問目の問題が戸塚盛政の一問目の問題と同じである。但し、戸塚の問題の「立積百八拾九坪」「立積三拾六坪」は、古今算法記では「立積七百坪」「立積五百坪」となっている。

この遺題を解いたのが関孝和の生前出版唯一の『発微算法』[5]（延宝二年（一六七四））であり、後に點竄術（傍書法）と言われる手法（代数に相当）であった。それまでの算木を用いた方法ではなく筆記によるもので、和算の発展の基礎になったものである。『発微算法』では問題を解いただけのため、理解不能の人達からの不審（松田正則『算法入門』（延宝八年（一六八〇））などがあったので、関孝和の弟子の建部賢弘は発微算法の解説をした『発微算法演段諺解』[5]（貞享二年（一六八五））を著している。算額の問文と術文は『発微算法演段諺解』の内容と一致（送り字や返り点の不一致は多少あり）するので、戸塚盛政はこの書物から持ってきているのかも知れない。『発微算法演段諺解』刊行から約四十年後のことである。

術文の前の文は演段（解義、高次方程式の解法）を消長法を以て解くようなことが書いてある。術文の意訳を次に示す。

天元の一を立て戊とする（未知数を戊とす）。この3乗は戊の体積で子

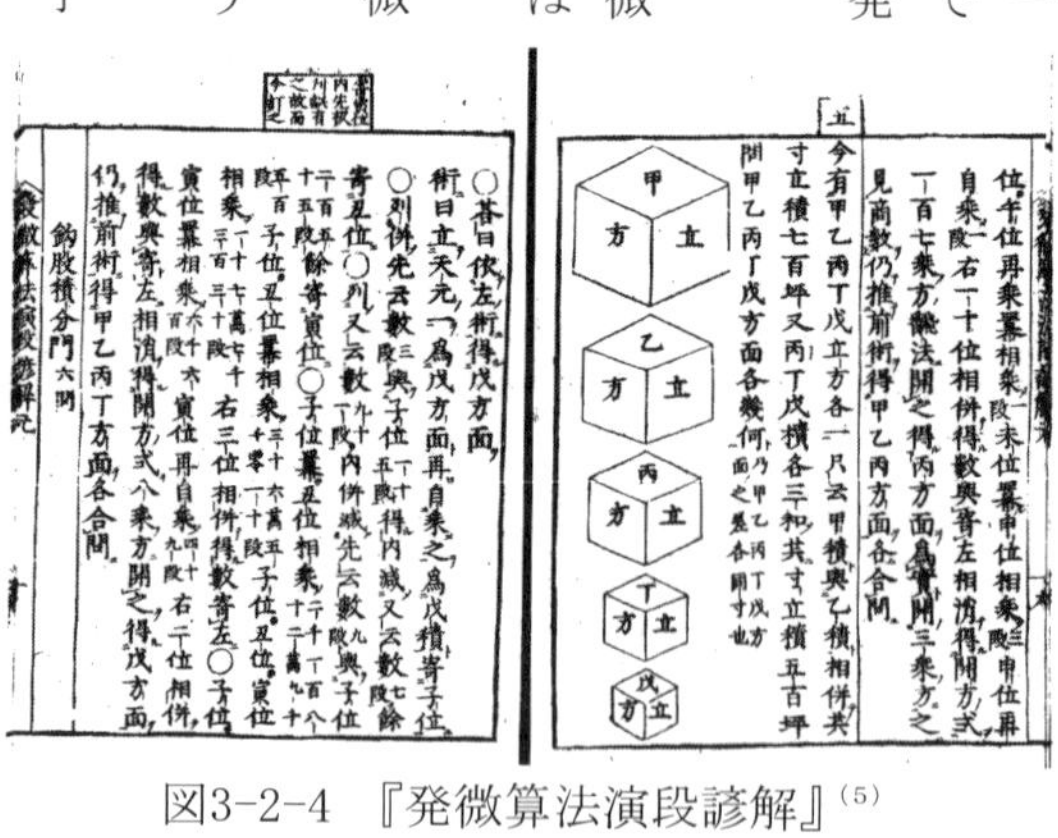

図3-2-4　『発微算法演段諺解』[5]

とする。先ず云うの数(189)の3倍と子の15倍を加え、又云うの数(36)の7倍を減じ、その余り（結果）を丑とする。又云うの数(36)の91倍から先ず云うの数(189)の9倍と子の255倍を減じ、その余り（結果）を寅とする。子の2乗と丑と21829500を乗じ、子と丑の2乗と365010を乗じ、子と丑と寅と177330を乗じ、それらを加えて左に寄せる。子と寅の2乗と6600を乗じ、寅の3乗と49を乗じ、それらを加えて左に寄せ、相消し、9乗の式を開いて戊を得る。

これを式で示し、具体的に解くと図3-2-5のようになるが、原文は9次の式の解き方までは述べていない。

なお、算額には算木による天元術の式が図3-2-6のように書かれているが、これは⑨式と一致する。

そして算木の図の下には「式　商戊方面一寸得也」とある(算木の赤は正数、黒は負数を表している)。

甲 $=u$, 乙 $=v$, 丙 $=w$, 丁 $=y$, 戊 $=x$ とし、
先云数 $=a$, 又云数 $=b$ とすれば、条件から

$u^3+v^3=a=189$ …①

$w^3+y^3+x^3=b=36$ …②

$u-v=v-w=w-y=y-x$ …③

③は方面差を d とすれば、

$y=x+d,\ w=x+2d,\ v=x+3d,\ u=x+4d$ …④

術文から

丑 $=3a+15x^3-7b=315+15x^3$ …⑤

寅 $=91b-9a-255x^3=1575-255x^3$ …⑥

左 $=$ 丑 $x^3\left(21829500x^3+365010\text{丑}+177300\text{寅}\right)$ …⑦

右 $=$ 寅 $^2\left(6600x^3+49\text{寅}\right)$ …⑧

⑦−⑧を計算して次の9次式を得る。

$114604875x^9-9482437125x^6+200810066625x^3-191442234375=0$ …⑨

以下は算額にはないが、⑨を約分し因数分解すると

$77x^9-6371x^6+134919x^3-128625=0$ …⑩

$(x-1)\{77(x^8+x^7+x^6)-6294(x^5+x^4+x^3)+128625(x^2+x+1)\}$ …⑪

これから、$x=1$ が得られる。

図3-2-5　術文の解法

(黒
赤
赤
黒
黒
赤
赤)

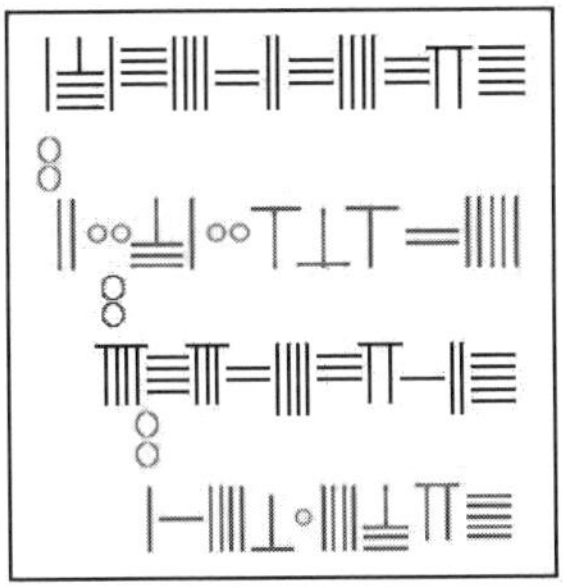

算木は上から以下に示すように9次式になっている。x は省略されている。

-191442234375
$+200810066625x^3$
$-9482437125x^6$
$+114604875x^9=0$

図3-2-6　算木と式の意味

『古今算法記』にある元々の問題は既述のように、図3-2-5の定数189は700、36は500である。そうなると図3-2-5で示したようには簡単に数値解は得られない。算額の問題できれいな値が得られるのは逆算して189と36を選んだのではないかと思われる。そして、そもそも丑や寅の値、それに21829500や365010といった値はどのように導かれたのか不明である。

『発微算法演段諺解』は「第五演段」でその解説を行っている。消長法によるその導き方を図3-2-7に示す。(6)

なお、『古今算法記』の遺題はどれも高次の一元方程式になり、72次とか、最高は1458次の式になるといわれる。それだけに具体的な数値解は中々得られなかったようである。文献(7)はその数値解を求めていて、第五問目の解として図3-2-9に示す値を得ている。

まず、a, b を x と d で表す（④を利用）。

$a = 91d^3 + 75d^2x + 21dx^2 + 2x^3$　これを次のようにする。

$$g \equiv (2x^3 - a) + 21x^2d + 75xd^2 + 91d^3 = 0 \quad \cdots ⑫$$

$b = 9d^3 + 15d^2x + 9dx^2 + 3x^3$

$$f \equiv (3x^3 - b) + 9x^2d + 15xd^2 + 9d^3 = 0 \quad \cdots ⑬$$

⑫⑬から

$$3g - 7f \equiv (7b - 3a - 15x^3) + 120xd^2 + 210d^3 = 0$$

$$91f - 9g \equiv (-91b + 9a + 255x^3) + 630x^2d + 690d^2 = 0$$

を導き、「左右式各實ヲ脱キ消長ノ式ヲ以テ寄ルト消ストヲ得ル」とし、右式、左式を次のように置く。

右　$F \equiv 120xd^2 + 210d^3 = -(7b - 3a - 15x^3) \quad \cdots ⑭$

左　$G \equiv 630x^2d + 690d^2 = -(-91b + 9a + 255x^3) \quad \cdots ⑮$

これから次を求める。

加　$365010x^3F^2 = 5256144000x^5d^4 + 18396504000x^4d^5 + \cdots\cdots$

減　$49G^3 \equiv 12252303000x^6d^3 + 40257567000x^5d^4 + \cdots\cdots$

加　$177330x^3FG \equiv 13406148000x^6d^3 + 38143683000x^5d^4 + \cdots$

減　$6600x^3G^2 \equiv 2619540000x^7d^2 + 5738040000x^6d^3 + \cdots\cdots$

加　$21829500x^6F \equiv 2619540000x^7d^2 + 4584195000x^6d^3 + \cdots$

上記５式の加減の右辺は0となるから、

$$365010x^3F^2 - 49G^3 + 177330x^3FG - 6600x^3G^2 + 21829500x^6F = 0$$

を得る。これに⑭⑮を代入して x (戊) の９次方程式を得る。つまり

$$114604875x^9 - 121067730000x^6 + 38412114300000x^3 - 2951578112000000 = 0$$

図3-2-7　発微算法演段諺解の導き方

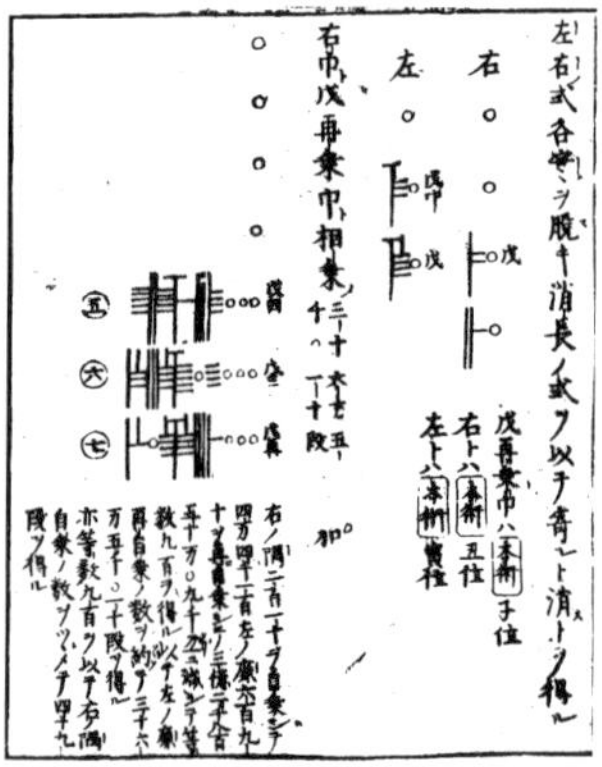

図3-2-8『発微算法演段諺解』の解法の一部(5)

第５問目の数値解
甲方面＝7.3488063502149911295
乙方面＝6.7175159515506248173
丙方面＝6.0862255528862585051
丁方面＝5.4549351542218921929
戊方面＝4.8236447555575258807
方面差＝0.6312903986643663122

図3-2-9　数値解

二問目の問題は復元算額に次のようにあるが、不明文字もあり題意・答とも今一つ理解に苦しむ。

今貫三尺ノ玉如図只拾二寸五分此闕拾
積余積各　等闕拾席幾何問
答等積貳千貳百五拾貳歩余
先本径ノ内　覓拾積　三尺二寸五分為
此玉□積壱万五千七百零拾〇八歩
爲實　術曰置差玉　甲位
改玉積一段求甲位四段　以玉

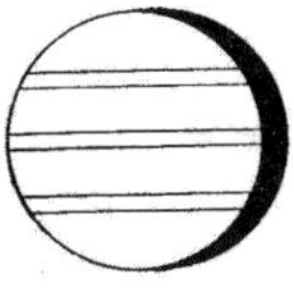

止余曰覓　拾積寄左列甲拾寸覓闕積拾　甲積
一段減止余甲拾積相乗知也

〔正観寺の算額前にある解説〕
直径三尺の球を図のように二寸五分ずつ切り取る。残った部分の体積がそれぞれ等しいとき、切り取った部分の体積は幾らか。
＊＊＊＊＊
右の題意から計算すると、切り取った三ヶ所の合計体積は、4.727･･･となる。

図3-2-10　正観寺算額解説

参考文献

(1)柴崎起三雄『本庄人物事典』(平成15年)
(2)深川英俊『例題で知る日本の数学と算額』(森北出版、1998年)
(3)平山諦『和算の歴史』(ちくま学芸文庫、2007年)
(4)野口泰助「埼玉県最古の算額」(『埼玉史談』第19巻第4号)
(5)『古今算法記』『発微算法』『発微算法演段諺解』(東北大学和算ポータルサイト)
(6)日本学士院編『明治前日本数学史　第三巻』(岩波書店)
(7)荒井・森継「古今算法記遺題の数値解について」京大数理解析研、1568巻2007年87～93

三・三章　藤田貞資

享保十九年（一七三四）～文化四年（一八〇七）　七十四歳
定資　権平　雄山　子証　（深谷市）

【人物】

藤田雄山貞資《さだすけ》は余りにも著名な和算家で資料は一般に沢山あるので、ここでは概略説明に止める。

通称彦太夫、後に権平という。字は子証。雄山と号した。貞資は定資、または定賢とも書く。享保十九年武蔵国男衾《おぶすま》郡本田村（深谷市本田）に本田縫殿右衛門親天《ちかひろ》の三男として生れる。幼名は順次郎。二十二歳で大和国新庄藩士藤田定之の養子となり、宝暦十二年（一七六二）山路主住の天文測量手伝となる。明和四年（一七六七）眼病のため天文手伝を辞す。

翌年、久留米藩主で関流の和算家でもある有馬頼徸《よりゆき》に召抱えられ二十人扶持を受けた。明和五年（一七六八）『一題十六品術』を著す。天明元年（一七八一）、有馬の援助により優れた教科書として名高い『精要算法』（三巻）を出版する（書名は有馬による）。『精要算法』を巡っては会田安明（一七四七～一八一七）と十七年にも及ぶ和算史上有名な論争を行った。六十二歳のときに天元術の教科書である佐藤茂春の『算法天元指南』（元禄十一年（一六九八））を復刻して『改正天元指南』（寛政七年（一七九五））を刊行する。その他算額の問題を集めた『神壁算法』など著書が多い。文化四年（一八〇七）病のため致仕、

図3-3-1　藤田雄山貞資先生顕彰碑（深谷市川本公民館、2013年3月）

図3-3-2　藤田雄山貞資先生生誕の地の碑（深谷市本田、2013年3月）

同年八月六日七十四歳で没す。法名は證光院釋氏退道居士。

山路主住の高弟として天下第一人と称されており、ライバルである会田安明も定資を讃えて「海内の一人と云えり」と記している。しかし同門の安島直円が独創的な研究成果を残している一方で、貞資の研究業績はさして見るべきものがないとの評価もある。一方で貞資は数学教育については天才的能力を持っていた。[1]『精要算法』や『一題十六品術』などの著はそのことを物語っている。

【今井兼庭等との関係】（二・一章参照）

藤田貞資の活躍は主に江戸でのことだったが、文献(2)の附録年表によれば「十八歳　宝暦元年（一七五一）未四月　今井兼庭に算学を学ぶ。続いて吉沢恭周に学ぶ」とある。今井兼庭は寛延二年（一七四九）にそれまで仕えていた前橋を去っているから、この時金久保にしばらく戻っていたのかも知れない。また千葉歳胤とは江戸で接点があった（九・一章参照）。

【墓碑】

墓は東京新宿の西應寺にある。墓の碑文は次のようなもので、生地・来歴・事績・家族などがわかる。

　雄山藤田先生墓の両側の碑文[2]

　雄山藤田先生墓

先生諱貞資、稱權平、字子証、武州男衾本田里人、姓本田氏処士親天君第三子也、為人正恭厳格、操尚高勵、出為新荘侯臣藤田定之君之養子、故冒某氏焉、先生少精敏多通、受算数于山路子、而尽其術、山路子歎異、遂

図3-3-3　雄山藤田先生墓（右）と龍川藤田嘉言墓（新宿区の西應寺、2015年3月）

薦其師従二位安部朝臣泰邦卿、令学天文律暦、而、亦有青於藍之稱、於是挙司天台属吏、得預頒暦之事、居五年以眼疾辞去、先生市隠頤志、不営名利、久留米侯聞其善算、厚礼迎之、於是不得已、乃応命焉、奉職四十年、因疾致仕　自号退道散人。先生生於享保十九年九月十六日、歿於文化四年八月六日、壽七十四。葬於西郭四谷西應寺、先娶深沢氏、二子二女、長子嘉言紹箕業、次子襲本田氏、一女早死、二女適糟谷氏、継娶相川氏、生二子、高寧嗣早川氏、一子早死、先生生而重瞳四乳、此所謂聖人之証也。則其聰明順理亦天性也。山路氏主住先生曰子証者拠此、先生之於数理也、鉤深闡微、生変靡尽、殊妙円理、有盛名于江都、教授四十余年、弟子蓋数百千人、為世算宗謂之、雄山先生所著精要算法、神壁算法、改正天元指南、再訂算法、続神壁算法等、皆行于世、是可銘也、友人嶺南源誠美、為之銘、其辞曰。

符厥異表、究理幽深、運算転歴、独歩古今、
天何不恤、梁植遽擢、嗚呼此術、斯己焉哉。

【免状】

藤田貞資は明和三年（一七六六）正月廿四日の日付で、師の山路主住より「印可」の免状を受けている。印可は関流最高位の免許で高弟一人に伝えられた。こうした制度を整えたのは山路主住だといわれる。また、貞資は関流四伝を称している。印可の最初の部分は次のようなものである。

算法印可状(3)
かそふる物ごとの根源久
かたの天にしその一つハ

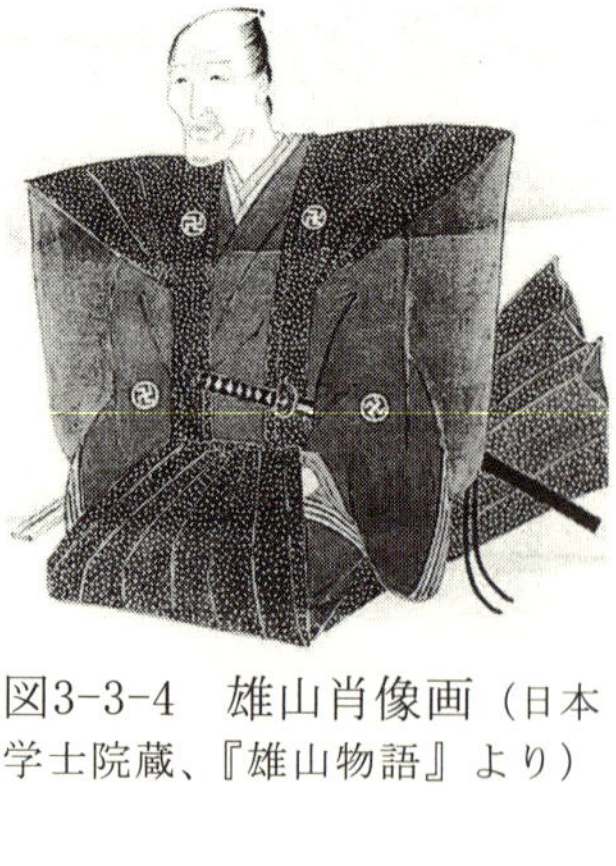
図3-3-4　雄山肖像画（日本学士院蔵、『雄山物語』より）

あらかねの土とひらけて
千早振神代よりこのかた
ことわりいはゆるいつれ
の道かなへて此数にしも
漏さらんされハ遠山に
のほらすして高をしり
海淵にいらすして深を
もとめ岩をかたきを割
うこかしすくなる道を
さとし侍るかそへけん
うたかひをはれなまし
のみ

道あらハふみも
　もらすな
　　高砂の
みね《峰》にいた《至》りぬ
　岩ま《間》つたいを

この歌の意味は文献(4)によれば、「最高の位に就いた人は、『足を踏み誤るな』と『文《ふみ》も洩らすな』の二葉に解釈している人がある」とある。

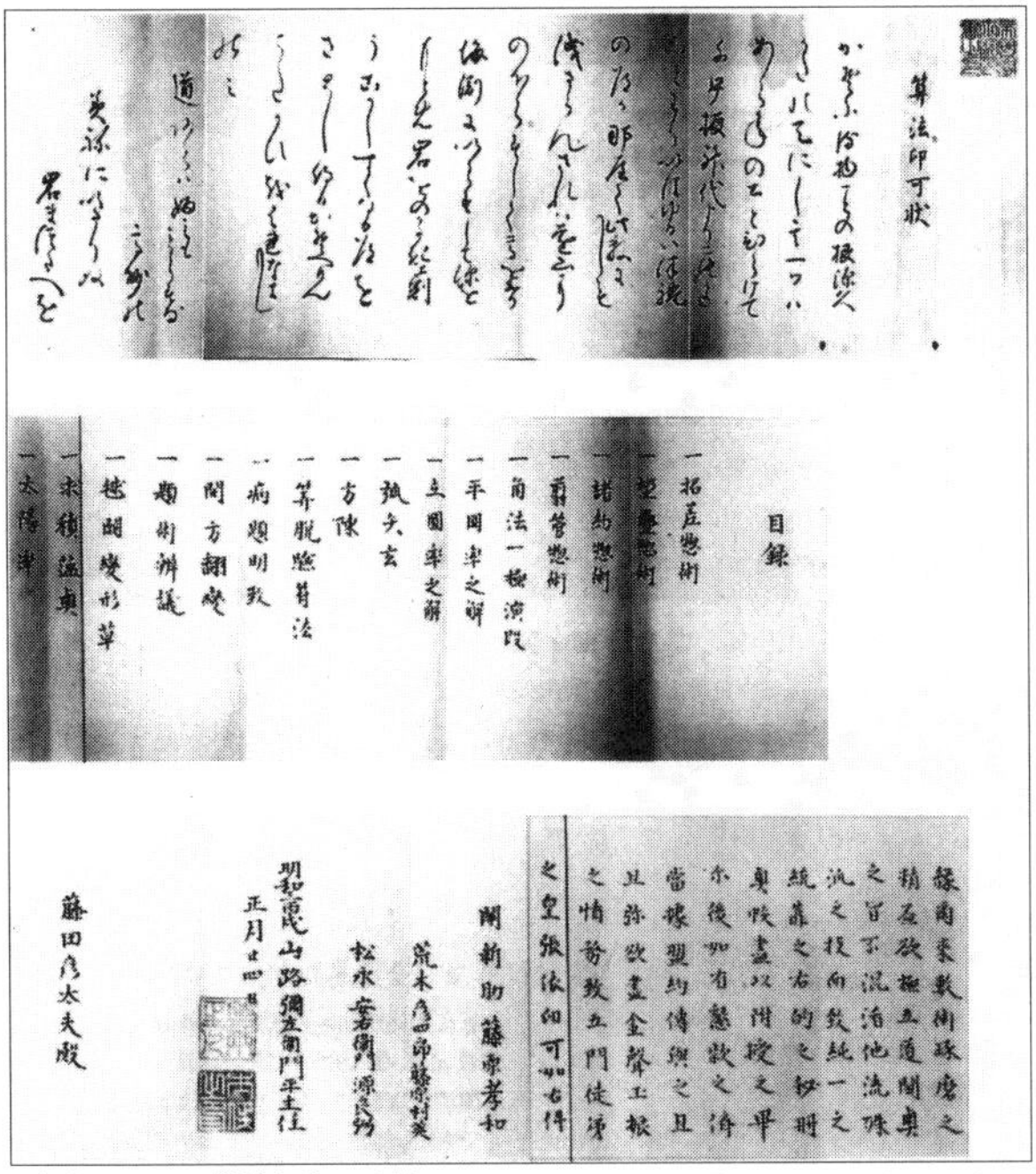

図3-3-5　算法印可状（日本学士院蔵、『雄山物語』より）

なお、目録には次の用語が並ぶが、その多くは関孝和の稿本の名称でもある。

招差惣術、垜畳惣術、諸約惣術、翦管惣術、角法一極演段、平円率之解、立円率之解、弧矢玄、方陳、算脱験符法、病題明致、開方翻変、題術辧議、毬闕変形草、求積蘊奥、太陽率

【書物】

『精要算法』（三巻）は貞資の最も著名なる書物である。書名は有馬頼徸《よりゆき》より賜ったものという。『精要算法』はその頃無意味な難問が流行っていたことに対して、「いたずらな難問主義を排し、卑近ではあるが通俗に脱せず、しかも実用を重んじたことが特徴で、本書が出版されるや一世を風靡し以後の一般人の数学の性格を変えしめたほどであった」[4]といわれる。「今ノ算数ニ用ノ用アリ無用ノ用アリ無用ノ無用アリ」という序文は有名であり、その序文の一部を次に示す[5]。

今ノ算数ニ用ノ用アリ無用ノ用アリ無用ノ無用アリ用ノ用ハ貿買貰貸斗斛丈尺城郭天官時日其他人事ニ益アルモノ総テ是ナリ故ニ此書上中巻ハ人ノ尤モ卑シト思ヘル貿買貰貸ノ類日用ノ急ナル諸算書ニ見ヘサル我発明セルノ術載セレ之ヲ関家ノ禁秘盡ク此術中ニ見《アラハ》ス

無用ノ用ハ題術及異形ノ適等無極ノ術ノ類是ナリ此レ人事ノ急ニアラスト雖モ講習スレハ有用ノ佐助トナル…故ニ此書下巻ハ題術ノ初学ニ便ナルモノ其術文ノ煩ヲ去リ簡ニ帰シテ戴セレ之ヲ其間異形ノ適等無極ノ術ヲ具ス又大極ハ算数ノ本源ナルヤ上中下巻

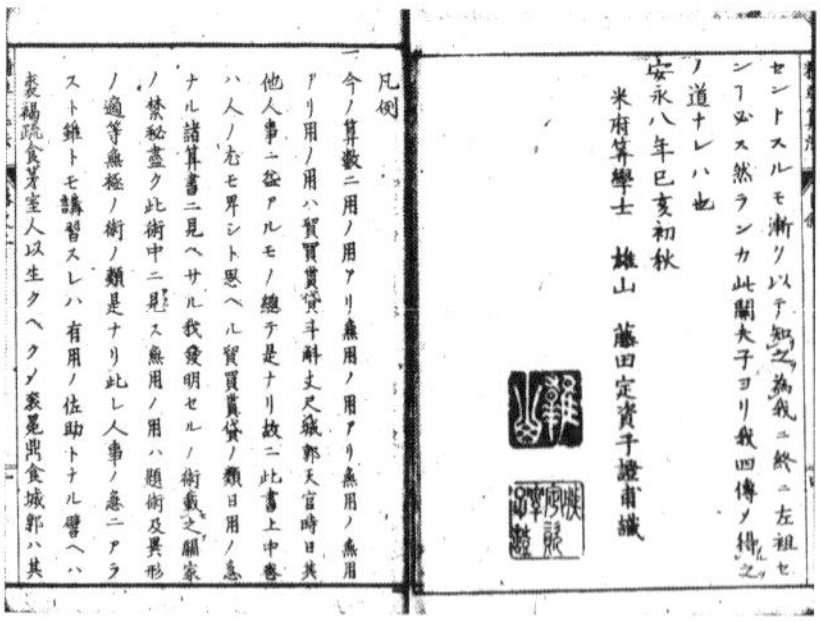

図3-3-6　『精要算法』（筆者蔵）

ノ術中ニ具ス
無用ノ無用ハ近時ノ算書ヲ見ルニ題中ニ點線相混シ平立相入ル是レ数ニ迷テ理ニ闇ク實ヲ棄テ虚ニ走リ留買貰貸ノ類ノ中ニ於テ算ニ達タル者ノ首ヲ疾シムルモノアルヲ知ス〆甚卑キコトト思ヒ已レノ奇巧ヲアラハシ人ニ誇ラント欲スルノ具ニシテ實ニ世ノ長物ナリ故ニ如キレ是ノモノ一モ不戴セレ之ヲ

この序文について文献(4)は、「貞資の心から出た言葉であろう。この序文に違わず、行文また解しやすく、何人にも親しまれたものである。『塵劫記』以来の名著であるが、風格はおのずから異にして、学術的香りも高かった。ために『精要算法』の解義を著す学者は跡をたたなかった」と述べている。

『神壁算法』(5)（二巻）（寛政元年（一七八九））は最初の算額集で、主に藤田貞資門下の算額を蒐集して刊行したものである。寛政八年に増刻し、六十四面収容するが、北武蔵周辺のものはない。藤田貞資閲、藤田嘉言《よしとき》編とあるが、このとき嘉言十八歳であることから実質の編者は貞資と言われている。自叙は米藩（久留米藩）龍川藤田嘉言子彰とあり、本文初めに筑州米藩算学藤田権平貞資閲、男藤田門彌嘉言編、門人城崎庄右衛門方弘、神谷幸吉定令同訂とある。収容算額の多くは藤田貞資門人のものだが、孫弟子のものもある。また宅間流内田秀富門葉の算額や、天明元年（一七八一）の鈴木安旦（会田安明）の愛宕神社奉額のもの、そ

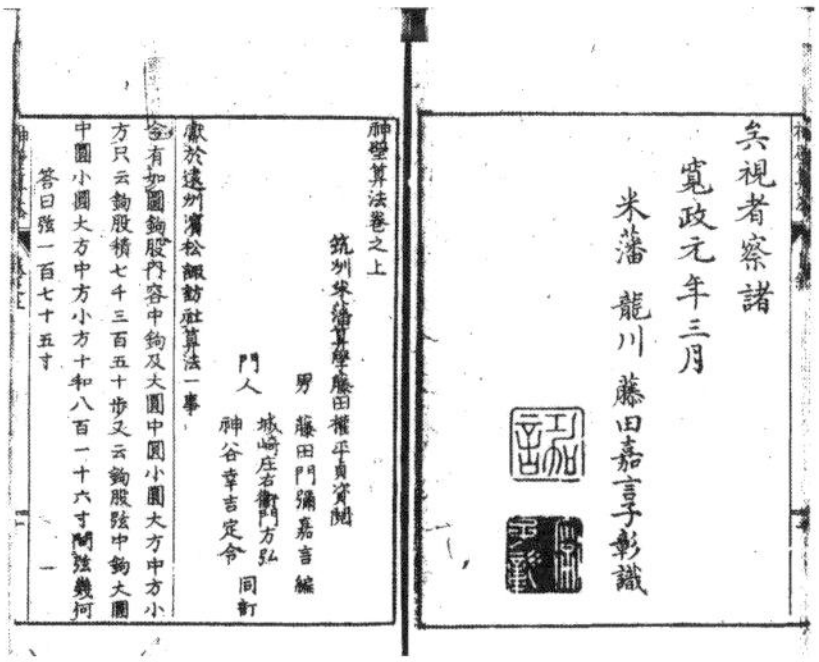
矣視者察諸
寛政元年三月
米藩　龍川　藤田嘉言子彰識

神壁算法巻之上
筑州米藩算學藤田權平貞資閲
男　藤田門彌嘉言 編
門人　城崎庄右衛門方弘
神谷幸吉定令　同訂
獻於遠州濱松諏訪社算法一事
今有如圖鈎股内容中鈎及大圓中圓小圓大方中方小方只云鈎股積七千三百五十歩又云鈎股弦中鈎大圓中圓小圓大方中方小方十和八百一十六寸問弦幾何
答曰弦一百七十五寸

図3-3-8　『神壁算法』（東北大）

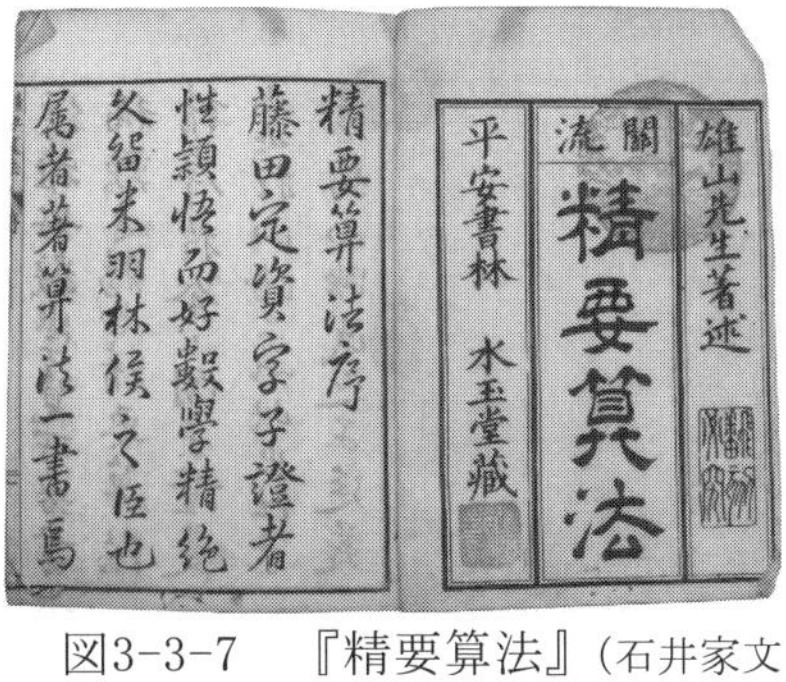

図3-3-7　『精要算法』（石井家文書、 石井弥四郎（9.2章）が使用したもの）

れに対する天明四年の古川氏清のものもある。

『続神壁算法』は『神壁算法』の続編で文化四年（一八〇七）刊。寛政八年（一七九六）から文化三年までの十一年間に藤田貞資の門人及び孫弟子が全国に掲げた算額四十七面・五十九問を掲載している。上州群馬郡の石田玄圭、忍藩の中泉嘉兵衛宗興、神谷幸吉定令の門人で武州小川邑（注）小林清左衛門包教の問題などもある。神壁算法、続神壁算法とも難問が多い。

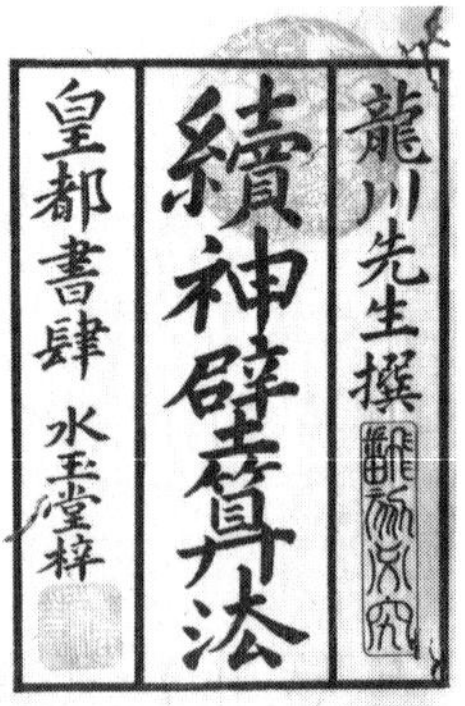

図3-3-9　『続神壁算法』（野口泰助氏）

『一題十六品術』は、正方形の対角線上に三つの円を相接して容れたときの円径を求めるもので、十六通りの解術を与えていて教育的に高い評価がある。

（注）この小川村は、現在の比企郡小川町か東京都小平市の小川か不明。問題は寛政十一年とある。なお東京都あきる野市の二宮神社の算額には「寛政六年　当国小川村　小林清左衛門」とあるが、続神壁算法の小林清左衛門とは異なる人と考える。

参考文献

（1）平山諦『学術を中心とした和算上の人々』（ちくま学芸文庫、筑摩書房）
（2）藤田雄山貞資先生顕彰会『雄山物語』（平成17年）
（3）藤田雄山貞資先生顕彰会「藤田雄山パンフレット」
（4）平山諦『和算の歴史』（ちくま学芸文庫、2007年）
（5）『精要算法』『神壁算法』（東北大学和算ポータルサイト）

三・四章　川田保則

寛政八年（一七九六）～明治十五年（一八八二）　八十七歳
字は士範、通称は弥一右衛門、号は梧岡、九仭　（深谷市）

【人物】

川田保則《ほうそく》は寛政八年七月十三日に生まれ、明治十五年十一月死去。八十七歳。字《あざな》は士範、通称は弥一右衛門。号は梧岡、九仭。榛沢《はんざわ》郡成塚村（深谷市）の人で、岡村（岡部村）の上総久留里藩（千葉県君津市）の陣屋の代官であったが、弘化二年（一八四五）には本藩に召されて郡奉行兼元占役の要職に転じている。保則四十九歳のときである。算学は江戸の久保寺正福《まさとみ》に至誠賛化流を学び、維新後、七十二歳のとき郷里に帰り子弟の教育に当たった。門人は十余年の間に数百人にのぼったという。

「虚心高節の生涯―川田保則[1]―」という文章には古希を迎えた保則を賀して、波山（忍藩の芳川波山か）という人物が作った次のような七言絶句が紹介されている。

咏以賀川田君古希
虚心高節碧琅玕
根抜龍孫己作竿
要識此君清操處
氷霜堆裏獨平安

咏を以て川田君の古希を賀す
虚心・高節のところは、碧《みどり》の琅玕《ろうかん》
龍孫を根抜して、己の竿を作る
識すを要す、此の君の清操の処
氷霜堆《うずたか》き裏《うち》、独り平安

そして、この七言絶句の漢詩を次のように解説している。

公平無私な心、節操を守り抜いた立派な行いは、あたかも碧《みどり》のまっすぐな竹のようである。小竹を根元から抜いて、自分の正しい間竿《けんざお》を作り〔旧弊を打破して新田開発にあたり〕、藩の財政を立て直された。事をなすにあたってのこの君の清廉潔白な節操は、書き留めて置かずばなるまい。今は、その長い苦難を乗り越え、ひとり平安のうちに古希を迎えられたのである。

このことを補足するものとして『埼玉県人物誌(2)』には次のようにあり、人物像を知ることができる。

川田梧岡。大里郡新会村成塚の人。通称弥一郎又弥右衛門（実は弥一右衛門）。諱は保則。梧岡は其号なり。寛政八年七月十三日生る。祖父の代より上総国久留里の藩士黒田家に仕へ。世々榛沢郡岡村陣屋（久留里藩出張所）の代官たり。算法に精通し。才幹卓越せる故を以て。特に選ばれて本国久留里の郡奉行兼元占役の要職に転じ。後に用人役に進む。在職三十有余年。明治維新に際し藩籍奉還の事あり。同時に郷里に帰る。比隣其徳を慕ひ教を請ふ者多し。爾後一意専心力を子弟教育に尽すこと十有余年。明治十五年十一月一日病を以て歿す。享年八十有七。幼にして穎敏。数学を学び其蘊奥を極む。文政年中久留里藩士に教導を初めてより。教を受け成業せしもの数百名に達せり。又経済に通じ。元占役在職中主家の財政不如意其の極に達するや。其の難局に当りて苦心経営十有七年漸く旧に復せしめたり。又地方水利の便に講じ、田里を起し収利の増進を計り。林野の整理を行ひ。樹木を栽培して生産の途を開き。年を重ぬるに従ひ漸次藩政の面目を改めたり。子弟を教養するや。座作進退躬自ら模範を示して衆を率ひ。更に倦《う》む所なし。常に衛生を重んじ。紀律を尚び、身を持すること厳粛。余暇あれば聖賢の書に耽り。傍ら武術を修む。又祖先崇拝の念特に厚く。父母の忌日に当りては墓参を欠きたることなしと云ふ。

この文章は数学（算術）についての具体的記述は少ないが、父保知《やすとも》も算家であり、至誠賛化流以外の剣持章行との関係もある。文献(3)には次のようにある。

父保知と父子共に至誠賛化流の算家であった。けれども川田保知は上州板鼻の人小野栄重と懇親ありて、栄重の許で其門人剣持章行が保知と相知り親しく交ったと云ふ事である。之れが為めに保則も亦剣持と別懇の間柄となる。剣持は関流の名家であり、流派を異にするけれども、其間に何等の疎隔するところは無かった。剣持の著述に就いても保則は其刊行の事などに懇篤な世話をして居る。二人の間柄は剣持の遊歴日記にも屢々記るされ、又保則が剣持へ与へた書状が多く現存し、之に依って窺ふ事が出来る。

保則は岡の陣屋に於て稲荷社に算額を奉納した事があると云ふが、昭和八年中に往訪したけれども、其小祠は他に移され、算額を見ざるのみならず、土地の人には之を知るものが無い。写しも亦之を見ぬ。

また、剣持章行の『算法開蘊』（嘉永元年）の序文は川田保則が記述しているが、その中で川田が南総（久留里）へ帰ってからも度々訪れたことを記している（「余移于南総之後成紀不捨舊誼時時来尋…」）。『算法円理氷釈』（天保八年）では跋を書いている。『剣持章行と旅日記』の文久四年六月四日の条には江戸本所林町に住む川田に刷り上がった『算法約術新編』を渡す様子が次のように書かれている。

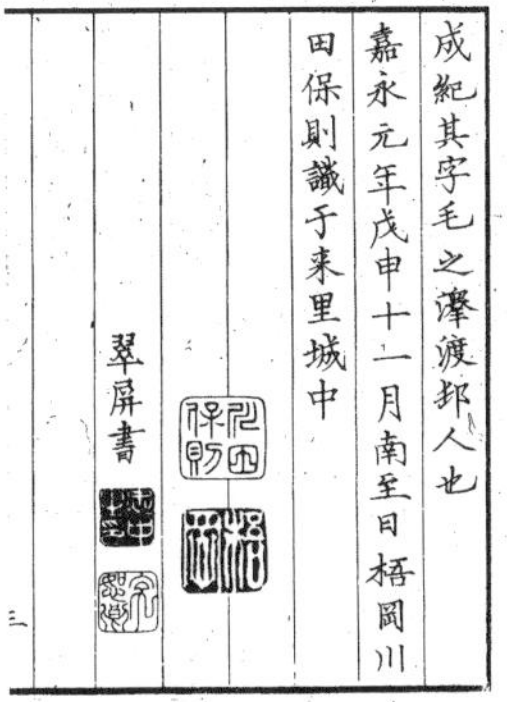
成紀其字毛之澤渡邦人也
嘉永元年戊申十二月南至日梧岡川
田保則識于来里城中
翠屏書

図3-4-1　『算法開蘊』の保則の序文

銚子へ送り候約術書薄葉仕立四部常仕立四十三部三包にいたし岡田屋ゟ送りを得小網町行徳川岸長嶋屋へ渡し夫ゟ吾妻屋ニ宿を取包物預ケ置本所林町一丁目川田氏住宅に至り約術書進呈酒馳走ニ相成小網町吾妻やに帰り候(4)

このように保則は至誠賛化流以外との交流を持っているが、三十代前半には『数暦叢記』という幕末の和算家（編者未詳）がまとめた雑録には、「藤田家算術傳書目録」に関して次のような記述がある。(5) 文政庚寅は文政十三年（一八三〇）で保則三十四歳のときである。既にこの時期に他流派への興味を持っていたことになる。

関流算術傳書目録階級
凡傳書之階級者依其質雖應時宜予記所学之階級如左
五傳　嘉言記
（略）・・・弧背詳解　方円算経　大成算経　円理起源蜜術乾坤之巻
右関流傳書目録ハ藤田嘉言ノ門人上毛ノ住某氏ノ所蔵ナリ
シカ文政庚寅ノ春ヒソカニコヒ求メテ是ヲ書寫スル者ナリ
川田保則弥一誌　印　印
（筆者注、嘉言は藤田嘉言《よしとき》）

なお、吉田勝品（六・二章）の「一代誌」には、「武蔵国田舎ニハ岡陣屋川田弥一右衛門」との記述があり、名前が知られていたことがわかる。

また、父保知も岡村の上総久留里藩の陣屋の代官であった。人物像の詳細は不明だが、至誠賛化流の算学を古川氏清に習った可能性が高く、『淇澳集《ぎおう》』や『久留里社算題集』には保知が解いた問題や文章が出て来る。また文化十五年に久保寺正久先生之撰として『算法

図3-4-2　川田保則夫妻の墓
（深谷市成塚、2013年10月）

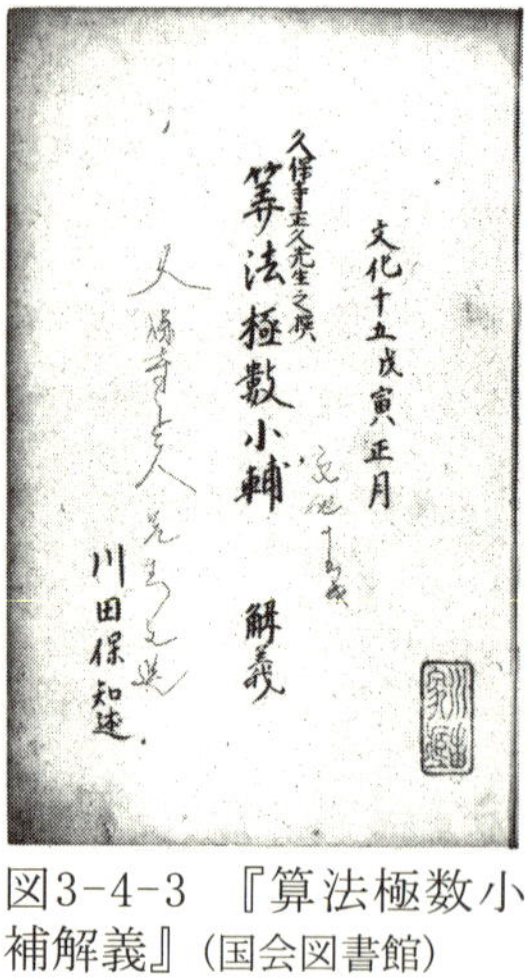

図3-4-3　『算法極数小補解義』（国会図書館）

極数小補解義』[9]を著している。正久は正福の弟である。極数は極大・極小のことで、例えば最大面積となる辺の長さを求める問題などの問題集である。

【墓石】

川田保則の墓は成塚部落西南の川田家墓地にある。正面に「梧岡院士範保則居士」、右側面に「明治十五壬午年十一月一日歿享年八十有七」、左側面に「川田保則之墓」とある。

【算術】

至誠賛化流の古川氏清・氏一の家塾では諸生の練磨の為、学板を設け、算題を提出させて、その解義を挑むの制を行っていた[6]。その算題を輯録したのが『淇澳集』であり、最初の『淇澳集』（志村昌義編）は文化五年～文化十三年の問題が（十二巻七冊）、『続淇澳集』（川田

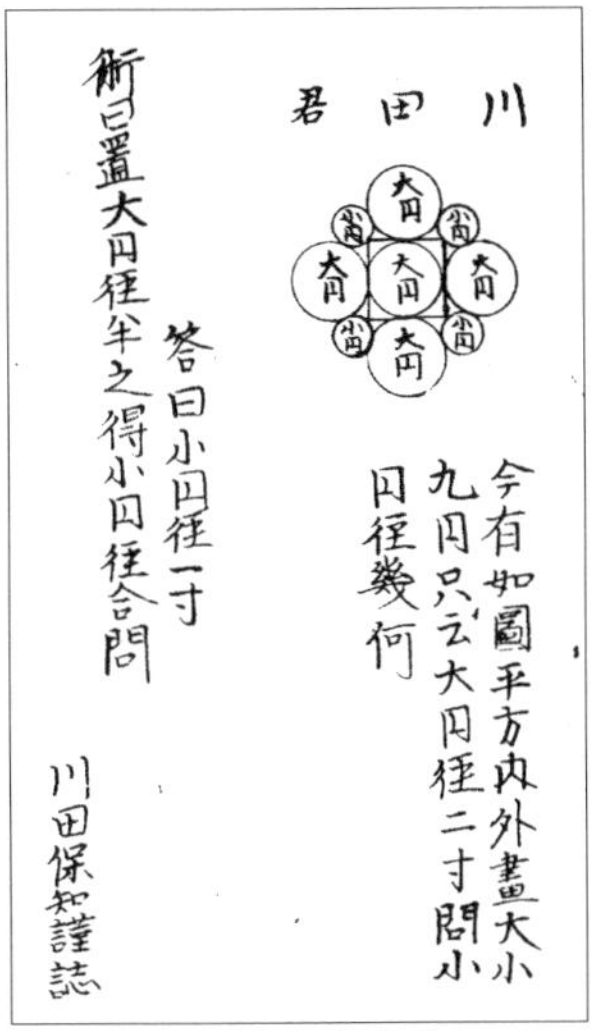

図3-4-4『淇澳集』にある川田保知の解答

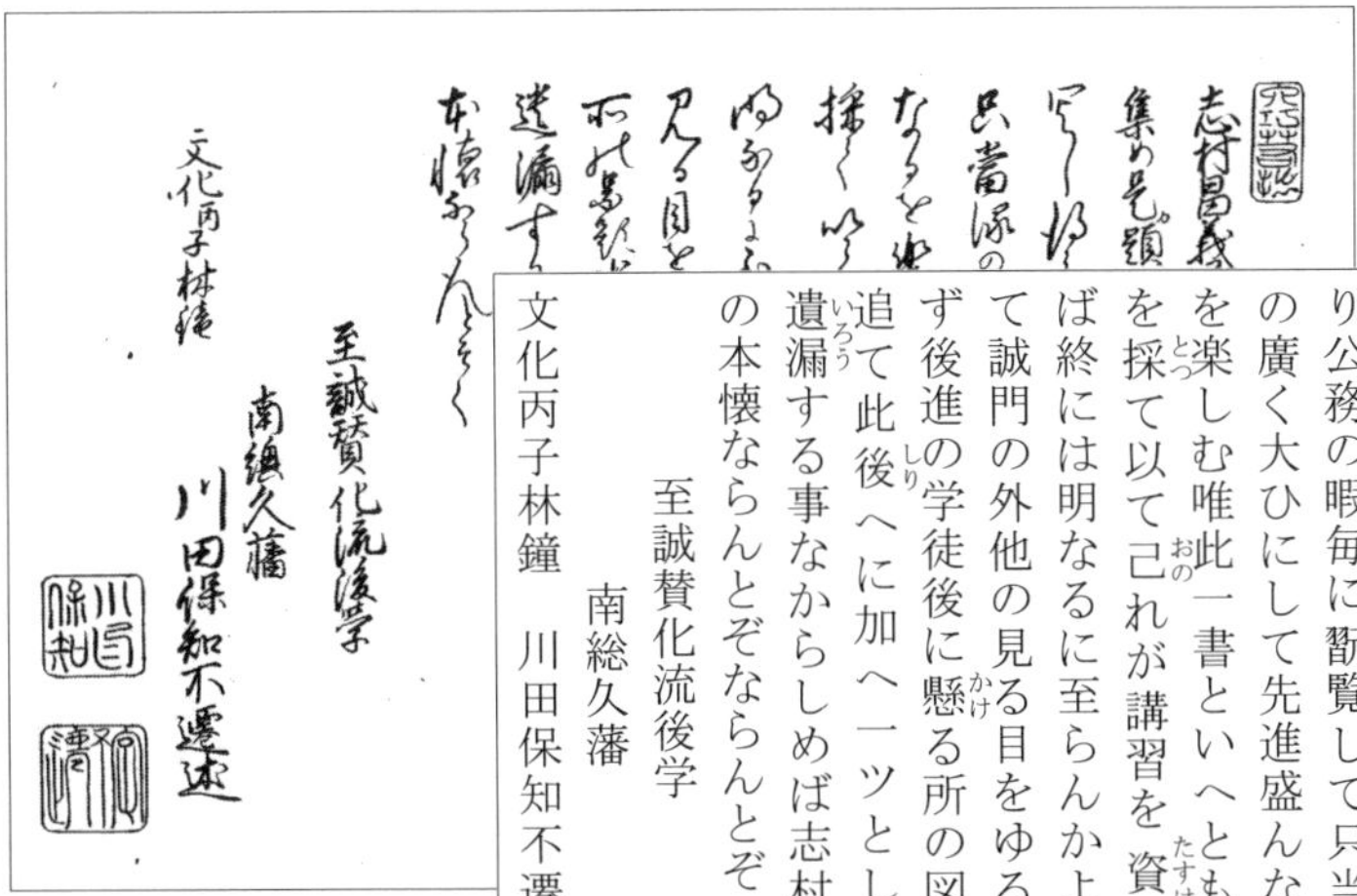

志村昌義君　当流学板の算題をことごとく集め是が題号を淇澳集と名づく余乞請《こいうけ》て写し得之より公務の暇毎に翫覧《がんらん》して只当流の廣く大ひにして先進盛んなるを楽しむ唯此一書といへとも是を採《とつ》て以て己《おの》れが講習を資《たすけ》なば終には明なるに至らんかよって誠門の外他の見る目をゆるさず後進の学徒後に懸《かけ》る所の図題追て此後《しり》へに加へ一ツとして遺漏《いろう》する事なからしめば志村君の本懐ならんとぞならんとぞ

至誠賛化流後学

南総久藩

文化丙子林鐘　川田保知不遷述

図3-4-5　『淇澳集』にある川田保知の文（11巻の最後）

保則等、文政十二年）は文化十三年～文政三年の問題（五巻十冊）、『増続淇澳集』（中村時万編）は文政四年～同十二年の問題が掲載されている。[7] ともに至誠賛化流の人々の名が多く載っているが、「題術近易にして賞すべき者少きに似たれども、同門の盛況と、その方法の美なるの一斑を知るに足る者乎」[8]との評価でもある。

淇澳集・続淇澳集には「川田弥一郎保知」が扱った問題が十問以上出てくる。また淇澳集には川田保知の文章がある。

一方、続淇澳集の序は川田保則によるもので、先師（古川氏清）の規矩にならい学板に諸生が問題を書いて勉強した様子や、久保寺君履（正福）家に蔵していた問題をまとめたことが記されている。次のような内容である。

続淇澳集序
向ニ淇澳集前編成テ吾輩以テ帳秘ト
ス、続編ハ文化丙子《13年》ノ秋、先師《氏清子ヲ云》大司農《勘定奉行》ト
ナル　公事ニ鞅掌タルヲ以テ貫衆
久保寺《通称忠太夫》君履（正福）先生ニ門人ノ教育ヲ託セラ
ル、是ニ於テ　君履先生函丈ニ座シ其教
ヲ掌ルコト凡六年ナリ、文政庚辰《3年》六月
先師下世ス、明年辛巳督学ノ事ヲ嗣

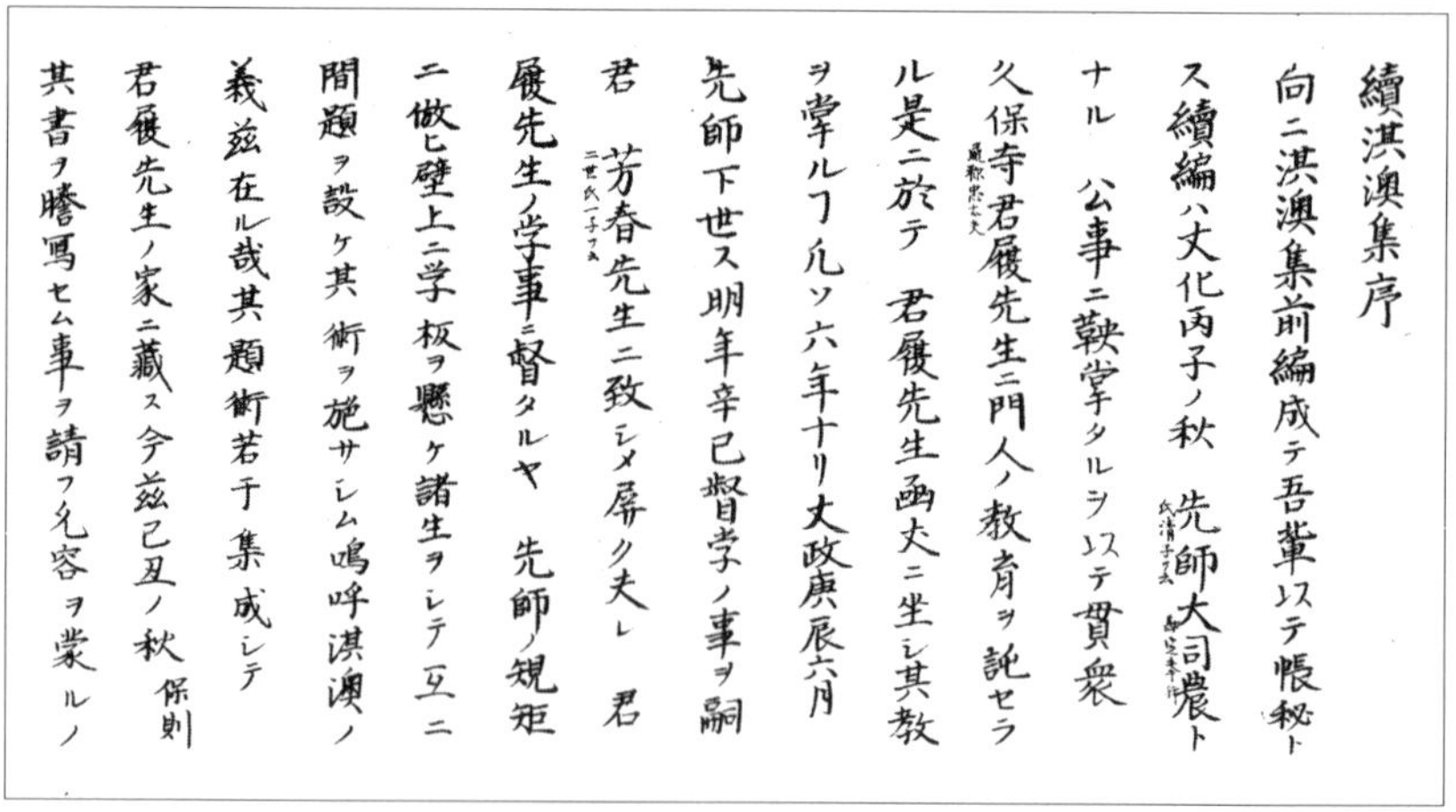
續淇澳集序
向ニ淇澳集前編成テ吾輩以テ帳秘ト
ス續編ハ文化丙子ノ秋　先師《氏清子云》大司農《勘定奉行》ト
ナル　公事ニ鞅掌タルヲ以テ貫衆
久保寺《通称忠太夫》君履先生ニ門人ノ教育ヲ託セラ
ル是ニ於テ　君履先生函丈ニ坐シ其教
ヲ掌ルコト凡ソ六年ナリ文政庚辰六月
先師下世ス明年辛巳督学ノ事ヲ嗣
君　芳春先生《二世氏一子ヲ云》ニ致シメ辱ク夫レ　君
履先生ノ学事ヲ督タルヤ　先師ノ規矩
ニ倣ヒ壁上ニ学板ヲ懸ケ諸生ヲシテ互ニ
問題ヲ設ケ其術ヲ施サシム嗚呼淇澳ノ
義茲ニ在ル哉其題術若干集成シテ
君履先生ノ家ニ藏ス今茲己丑ノ秋　保則
其書ヲ謄写セム事ヲ請フ允容ヲ蒙ルノ

図3-4-6　『続淇澳集』にある川田保則の序（1/2）

君　芳春先生ニ致シメ屏ク夫レ　君
履先生《二世氏一子ヲ云》ノ学事ニ督タルヤ　先師ノ規矩
ニ倣ヒ、壁上ニ学板ヲ懸ケ諸生ヲシテ互ニ
問題ヲ設ケ其術ヲ施サシム、嗚呼淇澳ノ
義茲ニ在ル哉、其題術若干集成シテ
君履先生ノ家ニ蔵ス、今茲己丑《文政12》ノ秋、保則
其書ヲ謄写セム事ヲ請フ、允容ヲ蒙ルノ
日　先生ノ令弟正久《久保寺》君亦命曰、前集既ニ
松本重幾子其巻端ニ題シテ淇澳集ト號ク、
続集豈其レ一言無ランヤ、請フ子コレニ序
セヨ、保則コレヲ聞テ曰、今ヤ導場豪傑富メ
リ、吾輩何ソ其仁ニ當ランヤ、又曰子カ言、
然リ然リト雖トモ、子ヤ此編ノ首唱タリ、コレ
一言ヲ求ムル所以ナリト命ス、肯ハス予ヤ
隔ニシテ且ツ固言フ所ヲ知ラス、唯此言ヲ
以テ巻首ニ冠ラシム、嗚呼後進ノ士此ニ集
ニ依テ切磋スルノ一助トシ、加ルニ　芳春
先生ノ教育ヲ以ラセハ、何ソ来者ノ今ニ如
サル事ヲ知ラン
文政己丑首秋　九仭　川田保則謹識　印　印

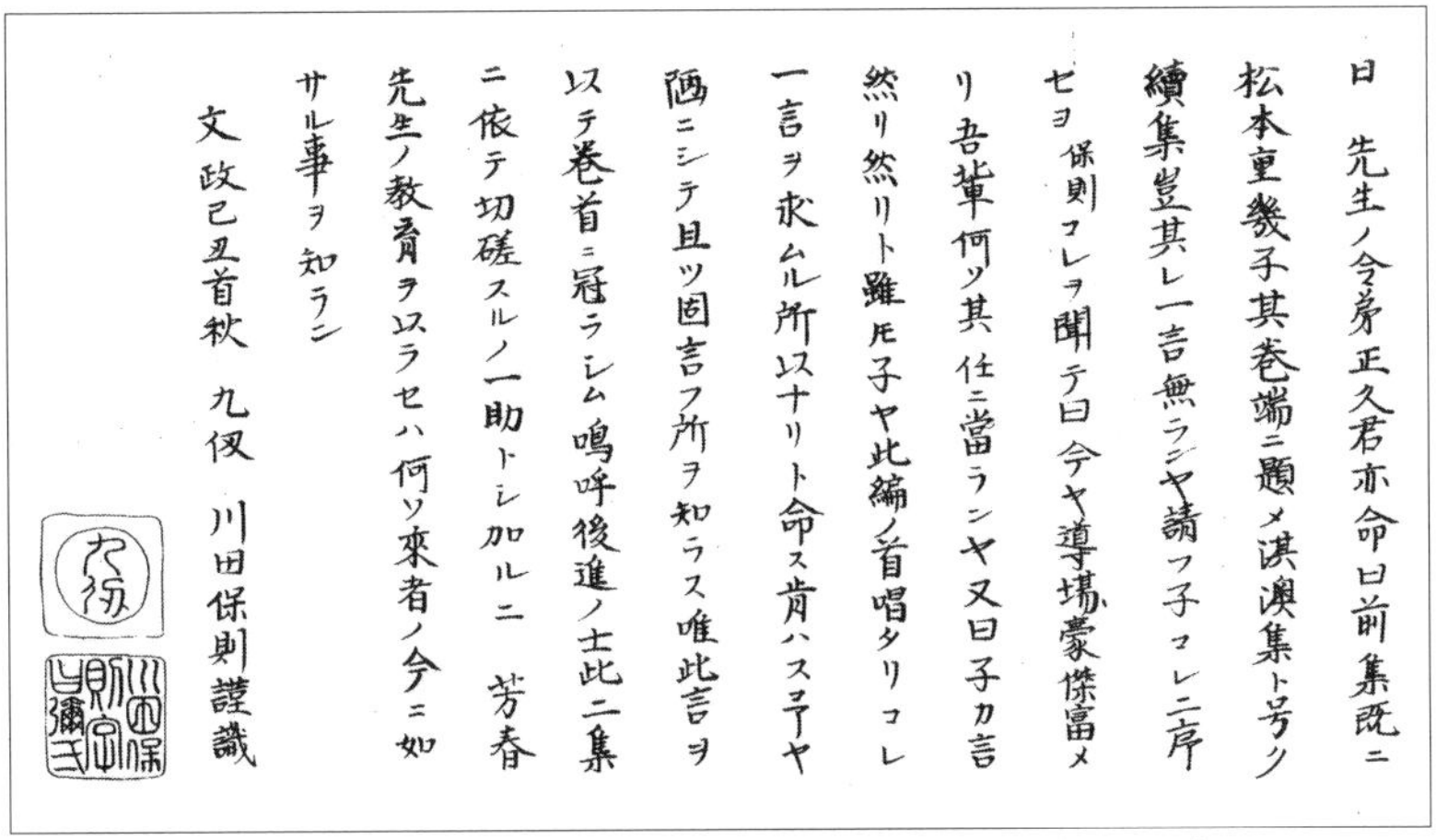
日　先生ノ令弟正久君亦命曰前集既ニ
松本重幾子其巻端ニ題メ淇澳集ト号ク
續集豈其レ一言無ランヤ請フ子コレニ序
セヨ　保則コレヲ聞テ曰今ヤ導場豪傑富メ
リ吾輩何ソ其仁ニ當ランヤ又曰子カ言
然リ然リト雖モ子ヤ此編ノ首唱タリコレ
一言ヲ求ムル所以ナリト命ス肯ハス予ヤ
陋ニシテ且ツ固言フ所ヲ知ラス唯此言ヲ
以テ巻首ニ冠ラシム嗚呼後進ノ士此ニ集
ニ依テ切磋スルノ一助トシ加ルニ　芳春
先生ノ教育ヲ以ラセハ何ソ來者ノ今ニ如
サル事ヲ知ラン
文政己丑首秋　九仭　川田保則謹識

図3-4-7　『続淇澳集』にある川田保則の序（2/2）

また、保知は『久留里社算題集』[7]（文化十四年）に文化十三、十四年に一問づつ解いた記載がある。「所掲于武州榛沢郡間《岡か》村稲荷社算題」[7]（表題は「稲荷額写」）によれば、現在の深谷市岡の寅稲荷神社に奉額されたようである。文化十三年の問題は円の内に直角三角形と九つの円が接するようにあり、丁円が四寸、戊円が三寸のとき、己円の大きさを問うものである。術文は丁円から戊円を引いたものが己円の大きさとある（全て直径、図3-4-8）。

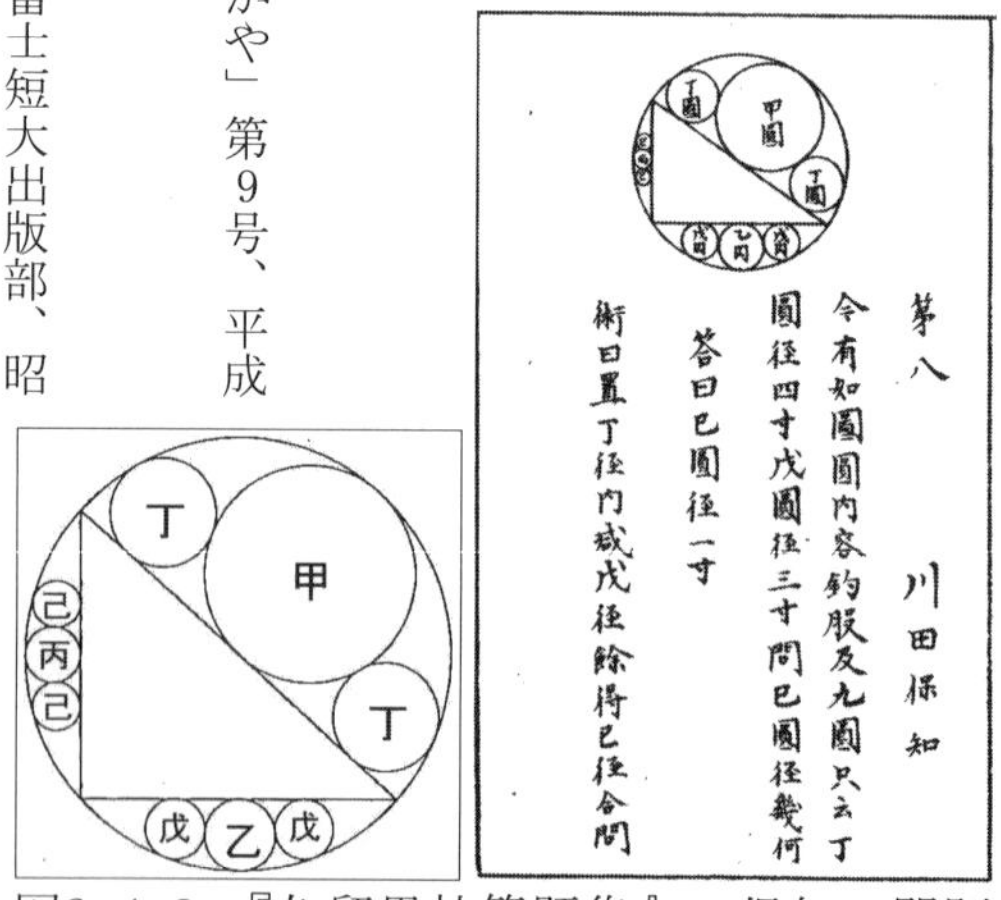

図3-4-8　『久留里社算題集』の保知の問題

参考文献

（1）吉橋孝治「虚心高節の生涯―川田保則―」（深谷郷土文化保存会「ふかや」第9号、平成8年）
（2）加藤三吾『埼玉県人物誌』（大正11年発行、昭和51年復刊版）
（3）三上義夫「北武蔵の数学」（『郷土数学の文献集（2）』萩野公剛編、富士短大出版部、昭和41年）
（4）高橋大人『剣持章行と旅日記』（平成11年、私家版）
（5）編者未詳『数暦叢記』（国会図書館ＨＰ）
（6）日本学士院『明治前日本数学史　第五巻』（岩波書店）
（7）『淇澳集』『続淇澳集』『増続淇澳集』『久留里社算題集』『算法開蘊』『所掲于武州榛沢郡間村稲荷社算題』（東北大学和算ポータルサイト）
（8）遠藤利貞遺著・三上義夫編『増修日本数学史』（恒星社厚生閣、昭和56年）
（9）川田保知『算法極数小補解義』（国会図書館）

三・五章　その他の和算家（本庄市・深谷市）

（一）中原九平（寛政六年（一七九四）～文久二年（一八六二））六十九歳　（本庄市）

中原九平[1][2]は本庄宿の人で名を韜之と称し、三代目吉郎兵衛を襲名して薬種商酢屋を営んでいた。安原千方に学び、『数理神篇』によれば安政五年六十五歳のときに中仙道本庄駅の金鑚神社に算額を奉納している。九平は隠居後九兵衛を名乗ってからのものといわれる。文久二年（一八六二）に没し法名は興道恵齋居士で、安養院に葬られた。『数理神篇』にある算額の問題は次に示すように、大円内に中円と黒円四個とがあり、上矢が一寸、中円径が四寸のときに下矢は幾つか、というものだが問題の条件が不足しているように思える。

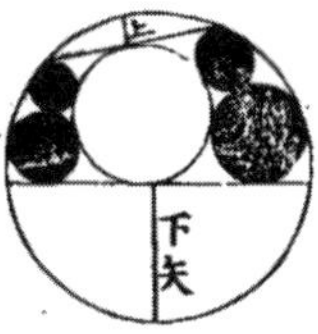

所掲于中仙道本庄驛金讃明神社者一事
今有如図圓内容隔中圓黒圓四個
上矢一寸中圓徑四寸問下矢幾何
答曰下矢四寸
術曰置中徑半之自之以上矢除之
得下矢合問
安原千方門人
武州本庄宿
中原九平韜之
安政五年戊午九月

図3-5-1　『数理神篇』の中原九平の問題

（二）子安唯夫（天保十二年（一八四一）～大正六年（一九一七）七十七歳　（本庄市）

子安唯夫（唯次郎）の墓は本庄市児玉町の玉蓮寺にあり、石碑（過去誌）に「顕正院教廣日実居士　大正六年八月二十五日　俗名子安唯次郎七十七才」とある。傍らにある小さな石碑には次のように生い立ちなどが簡潔に記されている。

> 子安唯次郎天保十二年十二月二日千葉県山武郡正氣村大字大沼に生る幼少より算聖関孝和先生の後継者八代小川七左衛門東庵先生に就而関流の蘊奥を極め九傳の印授を受く明治十三年當地に着土児玉数学館を開塾数多くの門弟を育成大正三年門人有志によって新里光明寺に掲額し後世に傳える

ここで、子安は小川七左衛門を師としたとあるが、七左衛門の師は植松是勝（号は五瀬）である。植松英三郎是勝（上総東金）については浅草・浅草寺に「五瀬植松先生明数碑」（安政五年）がある。植松の師は日下誠であり伝系は、

日下誠 ― 植松是勝 ― 小川七左衛門 ― 子安唯夫

ということになる。ただ、子安唯夫は算額で九伝を名乗っていて、七左衛門は碑文によれば八代（八伝）とあるから矛盾はないが、日下誠は五伝なので、植松是勝は六伝、七左衛門は七伝、子安は八伝となる筈だが……。日下と七左衛門の間には植松以外にもう一人いるということになるのか不明である。なお、明数碑の裏面には子安義知、小安是房、子安泰根などの名が見える（増修日本数学史）。

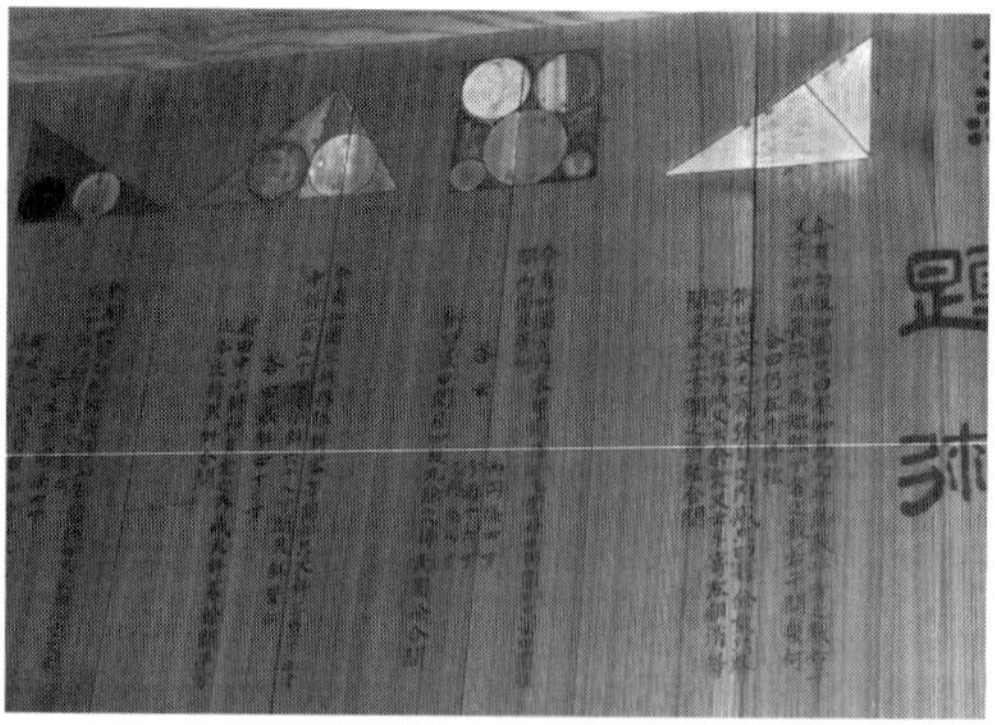

図3-5-2 光明寺算額
（部分、口絵写真参照、275×100cm、2015年5月）

【算額】

子安と門人達は大正三年四月に神川町の光明寺に大きな算額を奉納している。算額の内容は、前文に続き「兒玉町關流九傳子安唯夫源義一印　子安宰司義猛　孫子安昌之助義次」とあり、題術として九問あり各々答と術文がある。問題の下には二列に渡って百一名の門人名と五名の発起人、四名の世話人、それに大工一名の名があり、後文の最後に「大正三年四月十二日　高橋春齋敬書　印印」とある。前文と後文は次のようなものである。

〔前文〕
夫数者與天地共生者也無天地則己苟モ
有天地則無不有数焉故ニ学テ可也蓋数之
於世用関係最大豈一日可缺哉
〔後文〕
茲ニ予カ門人等所掲題術ハ點竄術也元祖關先生發明セル所初メ皈源整法ト云
後岩城侯命蒙其臣松永良弼ニ至リ點竄術ト改称ス但傍書ノ筆算用ヒ乗
除加減ハ勿論都テ矩合的當ノ解義ヲ明瞭スル良法ニメ数学上典則也夫レ
然リ焉國家緊要勉学セサル可ラス得テ自己ノ鴻寶也且我國ノ珠算ノ加減
乗除ニ至テ便捷最冝敷皇國特譽ト謂サル可ラス因テ此道統ニ就キ會得スルハ少年未来
光榮也右捧クル所額ハ古風廃シ共同ニテ撰擇スル所ナリ見ル者咎ルコト勿
大正三年四月十二日　高橋春齋敬書　印印

大正時代であるが、点竄術や珠算の便捷(捷)さを称え、「此道統ニ就キ会得スルハ少年未来光栄也」といい、「掲げた額は古風を廃して選択したもので、見る者は咎《とがめ》ること勿れ」と言っている。

【算額の問題】

九問ある問題は、七問が容題で三角形や円の内外に円を容れた問題で恐らく既知の問題であろう。現に『賽祠神算』や他の算額に載っている問題もある。また他の二問は円柱を円で突き抜ける穿去問題と十字環の問題で、高度な問題だが和算では有名な問題でもある。子安唯夫が解いた訳ではないと思われる。

ここでは三問目の問題について少し述べる。下図のような問題である。

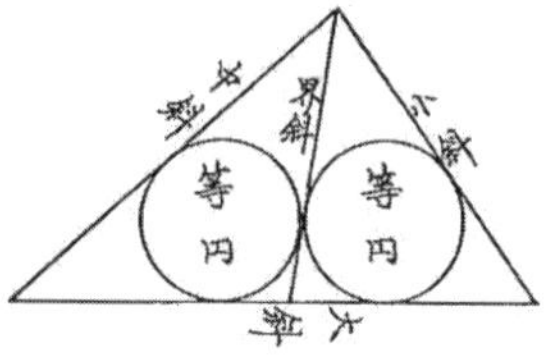

今有如図三斜内隔斜容等円個二只云大斜三百一十五寸中斜二百五十七寸小斜六十八寸問界斜幾何

答曰　界斜四十〇寸

術曰中小斜和自乗之内減大斜冪余開平方之半之得界斜合問

図3-5-3 三問目の問題

この術文は（式１）のようになる。これと同じような問題は文献(3)によれば、伊丹市昆陽寺の算額（嘉永年間）、成田市新勝寺の算額（明治三十年）などにある。

以上は界斜や大斜を求めるものだが等円径も求められる。その一般解は（式２）のようなもので簡潔な結論となっている。既に天保十二年（一八四一）の『算法助術』（山本安之）には公式として載っている。それどころか、安島直円は『不朽算法』（寛政十一年（一七九九））の第十二問で等円n個を容れた場合に、（式３）のように求めている。そして、この計算を行うために安島は対数を説いている。

$$界斜=\frac{1}{2}\sqrt{(中+小)^2-大^2}$$
$$=\frac{1}{2}\sqrt{(257+68)^2-315^2}$$
$$=40$$

（式１）

三角形の内接円を大、頂点を通る線で三角形を分け、各々の内接円を中、小とし、高さをhとすれば

$$(中+小)h=大h+中小$$

（式２）

内接円の直径をD、高さをh、等円数をnとすれば（$m=n-1$）

$$d=h\left(1-\sqrt[m]{1-\frac{D}{h}}\right)$$

（式３）

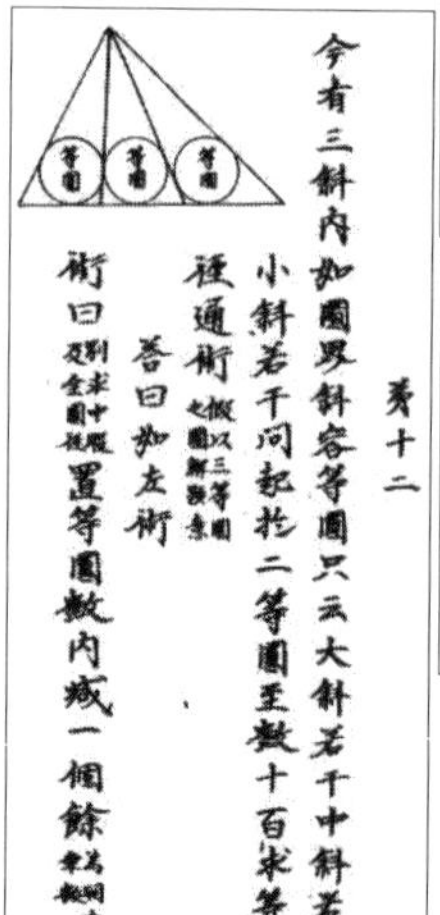

図3-5-4 『不朽算法』の第十二問

（三）清水吉弥（文政二年（一八一九）～明治二五年（一八九二））七十四歳　（深谷市）

義明、清竹、瓢金舎、竹次郎

深谷市人見の人で、数学を熊谷市三ケ尻の権田彁九郎正賢（義長）に学んでいる。碑文などによれば、測量術に優れ、測量器を作り隣村の地図を作製、明治九年地租改正委員となる。醤油販売がてら滞在して教授した。門人の齊藤半次郎が楡山神社に献額した算額には「関流六伝　清水吉弥」の文字がある。権田義長が関流五伝と称しているから六伝なのだろう。門弟は東京・群馬にまで及んでいる。三ヶ尻の龍泉寺の権田の算額中に一問あり、この算額には門人百十二人ともある。(4) 人見にあるという碑の概要は文献(5)によれば次のようにある（裏には遺歌と賛助員約二百名の氏名があるという（筆者未確認））。

清水吉弥翁碑

翁諱義明字清竹号瓢金舎幼名竹次郎後称吉弥清水氏遠祖源義綱仕頼朝住伊豆其孫義廣徙武蔵深谷仕上杉氏後裔（略）

父諱義治母齋藤氏翁其長子也幼好学従清水充敷学漢籍及数術従権田正賢盡傳関派算法受國典和歌於太田恆正弓術於新田道純俊純及洋算傳我邦又学之後歴訪諸名家質疑遂究数学蘊奥或應四方招或受来学授業者千百人然平居執吏務服農桑又釀豆油不少懈明治五年受入間縣命測量郡界八年創製測量器九年熊谷縣命爲陸地測量地租改正委員二十五年十一月十二日歿距生文政二年三月享年七十有四（略）

（四）原常吉（天保十一年（一八四〇）～大正十四年（一九二五））(6) 八十四歳　（深谷市）

深谷市の旧東方村に生まれ、幡羅村の原家の養子となる。医師江森善兵衛に学び、長じて数学を代島久兵衛に学ぶ。代島の墓の台座にその名が見える（四・一章）。明治六年の地租改正の際に活躍したといわれる。

（五）斎藤半次郎（弘化四年（一八四七）～昭和九年（一九三四））八十八歳　（深谷市）

幡羅村の人で清水吉弥から学び、測量技術に優れ、測量器械も作り地方の人に教授し、田畑山林を測量した。明治三十四年四月に斎藤の生家に「師恩碑」が建てられた。文献（7）によれば次のようなものである。

……（略）……武蔵國大里郡子弟就齋藤翁
受教者数十人皆能成業焉翁姓齋藤名半次郎大里郡幡羅
村人以弘化四年十二月生家世業農父藤五郎翁其長子也
年十八喪父扶祖父執業勤勉不倦家道加盛翁爲人謹厚温
順事母能孝交人有信闔郷其篤行翁年少受業於西嶋琉《瑠?》（瑠璃光寺）
璃光寺僧正綱漸長入藤澤村清水吉弥之門而修算学専心
講究造詣頗深及中年學業愈進遂極蘊奥卓然成一家矣
至測地之技製圖之術則特推檀長稱先輩亦不可及焉明治
九年以熊谷縣命擔當地租改正事務林野田疇區界雑然者
一経其檢覈則精明詳確無復所遺漏近郡當改租事務者皆
以翁為模範云翁之教子弟指導諄愛撫如兒孫今茲翁年
五十五弟子成業者曰小子有…（略）
明治三十四年四月　小室重弘撰并書

図3-5-5 師恩碑
（葉類が覆っている。深谷市原郷、2014年10月）

【算額】

齊藤半次郎は、原郷の楡山神社に大正五年四月三日に三問解いた算額を奉納している。[5][8] この算額は今も（平成二十五年現在）神社本殿の軒下に掲げられている（文字は滲んでいて判然としない）。「関流六傳　清水吉弥直傳　齊藤半次郎」と冒頭にあるこの算額の三問の内容を文献(8)から引用して次頁に示す。平易な問題である。カナ交じりの文章は気になる。

術文の次には、社総代・後見・親戚・門人・世話人など計二百十六名（重複が数名あり）の名前が記されている。この算額の問題は難しいものではなく、且つ文献(9)には次のような評価がある。

> 方程式の次数から云ふと一次、二次、三次と次第に高くなっている。形式も明治及び其以前と異なり、仮名文を交へ、問題は平凡であり、術文に於ても第二問の如き甚だ迂遠なる算式であって、総ての点に於て和算時代より余程見劣りがする。和算の特徴は殆ど失われている。只過去の遺物として僅かに其面影を留めるという感じである。勿論、此頃都市に於ては和算の内容を知る者殆ど稀であって、かかる地方の算額に依て当時の状況を僅かに窺う事が出来るのである。

図3-5-6 楡山神社軒下の算額

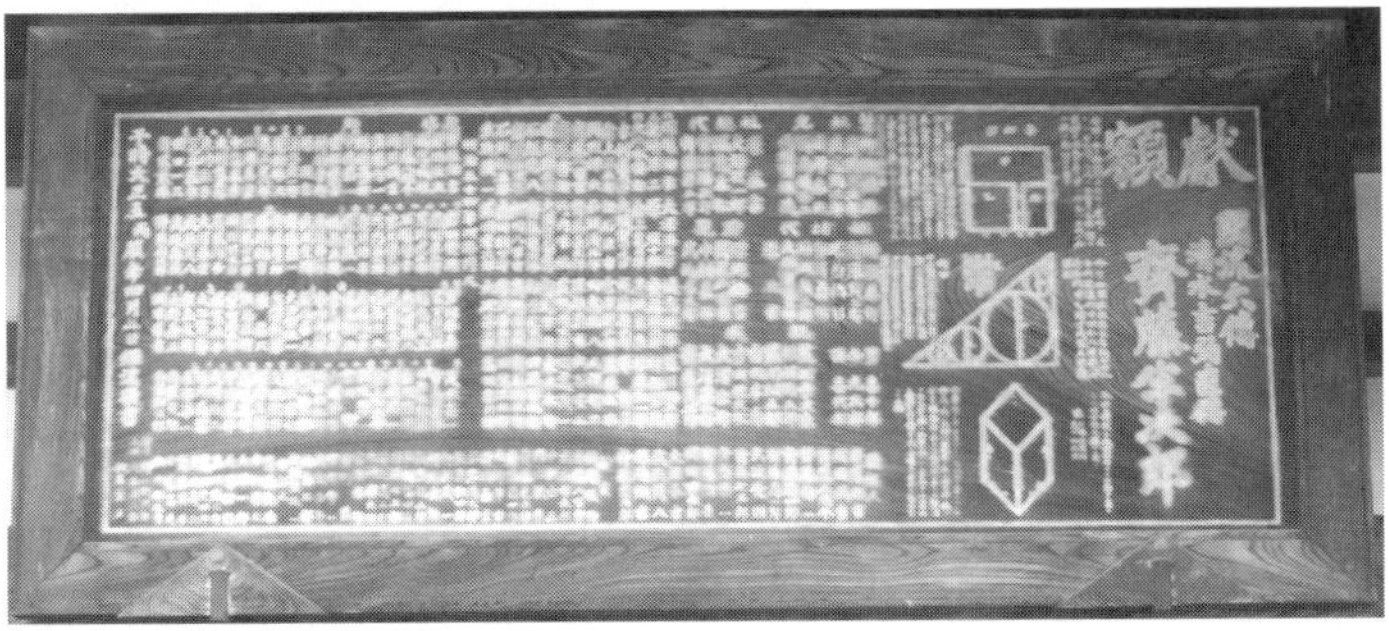

図3-5-7　楡山神社の算額（文字に滲みあり。268×100cm。2013年3月）

今図ノ如ク拾八間正方形ノ宅地アリ是レヲ甲乙丙ノ三人ニ分筆ス乙丙ノ間ニ貳間ノ馬入ヲ立テ甲ハ七乙ハ五丙ハ三ヲ取ル各々切口ヲ問フ

答　如図

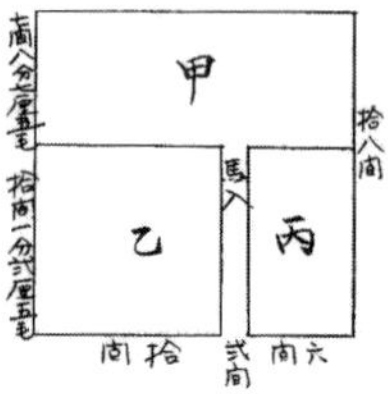

術ニ曰ク甲ノ所得七分ヲ置キ乙丙ノ所得八分ヲ以テ除シ八分七厘五毛トナルニ方面ノ内馬入ヲ減ジタルモノヲ乗ジ拾四間トナル之ヲ方面ニ加ヘ参拾貳間トアルヲ法トス以テ全積ヲ除シ乙丙ノ長サヲ得ル別ニ方面ヲ置キ乙丙ノ長サヲ減ジ甲ノ横トス又別ニ方面ヨリ馬入貳間ヲ減ジ八分ヲ以テ割レバ商弐ヲ得ル之レニ五ヲ乗ジ乙ノ横トス又弐ヲ置キ参ヲ乗ジ丙ノ横トス

今有如図鈎股弦只言鈎四寸八分六厘股六寸四分八厘弦八寸壱分内甲乙丙丁戊容五圓各問圓径

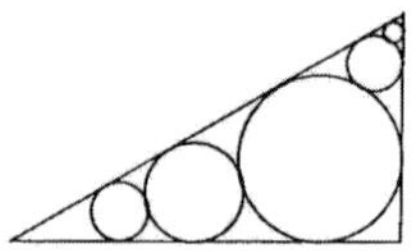

答

甲圓径参寸弐分四厘

乙圓径壱寸六分貳厘

丙圓径壹寸貳分壹厘五分《ママ》

丁圓径八分壹厘

戊圓径四分〇五毛

術（略）

今茲ニ積貳千参百四坪アリ方面ヨリ高キコト四間方面及高サヲ問フ

答　方面拾貳間
　高サ拾六間

術曰ク積ヲ置キ立方法ニヨリ商拾間ヲ立テ一一ノ千坪ヲ減ジ別ニ（以下略）

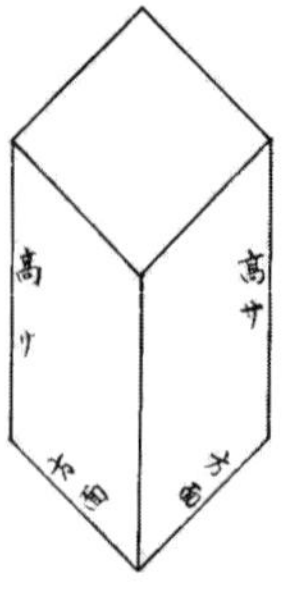

（社総代・後見・親戚・門人名）

于時大正五丙辰年四月三日煙波敬書

（六）松本源七（嘉永六年（一八五三）～大正八年（一九一九））六十七歳　（深谷市）

松本源七は深谷市山河《やまが》の人で川田保則の門人である。地租改正の功労者（岡部町人物誌）で文献（7）によれば岡部町山河に大正十年の次のような碑がある。

松本源七翁武蔵國大里郡本郷村大字山河人也父榮治郎母某氏其長
男以嘉永六年八月卅日生妻某氏挙三男三女（略）翁資性質朴壯而学
算法於黒田豊後守臣郡奉行川田梧岡與其高弟福島某窮其蘊奥明治之
初有地租改正之事爲之助手勵精製圖現存山河地圖蓋係其記念屢々被擧村
會議員区長及氏子総代等盡力閭里功績可見者不爲少也三十余集子弟教
算法頗殷勤門弟随少長（略）大正八年六月一日病没享年六十七（略）

明治四十四年十月、山河の伊奈利大神社に算額（円周率の諸率）を奉納しているが[12]、探せず現在不明のようだ。

（七）その他の算者（本庄市）

金井保吉[2]は宮戸の人で通称は弥市。剣持章行に同じ宮戸の金井稠共と一緒に学び、剣持の試問にも合格している。『算法約術新編[10]（下巻）』に「武州榛澤郡宮戸村　金井弥市保吉」とある。内容は利息算の問題である。**塩原内蔵助静栄**は沼和田の人で、安政五年（一八五八）に宝輪寺に算額を奉納している（文献(11)に算額の内容の記述があるが一部文章の抜けがある）。**塩原豊作正義**も沼和田の人で和漢の学を修め博学の人物とあり、明治二十七年に宝輪寺に算額を奉納している（簡単な面積などの問題だが文章は長い）。**宮下藤三郎**は新井の人で、安原千方の門人十名が嘉永二年（一八四九）に群馬県富岡市神成の新堀神社に奉納した算額の中にその名が見える。その他に**大塚権兵衛**（幕末期）、**諸井孝次郎**（幕末・明治期）等がいる。碓氷峠の熊野神社（群馬側）の明治五年の算額は六問あるが、五問目の問題には「武州本庄驛　**諸井孝二郎**」とある。

（八）その他の算者（深谷市）

吉岡廣助は血洗島村（深谷市血洗島）の人で剣持の試問に合格しているが、人物像は不明。『算法約術新編（下巻）』に名がある。阿賀野村（深谷市北阿賀野）の**富田七郎衛門**も剣持の試問に合格していて、『算法約術新編（下巻）』にその名が見える。

参考文献

（1）『本庄市史　通史編Ⅱ』（平成元年）
（2）柴崎起三雄『本庄人物事典』（平成15年）
（3）米山忠興「等円術Ⅱ」（東洋大学）
（4）野口泰助『熊谷市の算額』（熊谷市立熊谷図書館、昭和37年）
（5）『深谷市史』（昭和44年12月）
（6）埼玉県立熊谷中学校「武州熊谷地方和算家別伝輯録」（発行年不明）
（7）埼玉県教育委員会『埼玉県教育史金石文集（下）』（昭和43年）
（8）埼玉県立図書館『埼玉の算額』（埼玉県史料集第二集、昭和44年、No.109）
（9）細井淙『和算思想の特質』（共立社、昭和16年）P244
（10）『算法約術新編』（東北大学和算ポータルサイト）
（11）『本庄市史　資料編』（昭和51年）
（12）深川英俊『例題で知る日本の数学と算額』（森北出版、1998年）

四章　熊谷市の和算家

熊谷には和算家が多い。上州の和算家の影響を受けるとともに、隣の忍藩の数学の影響も見受けられる。代島久兵衛は上州の小野栄重に学び、門人に鈴木仙蔵、明野栄章、納見平五郎などがいる。明野栄章は剣持章行にも学び、剣持から見題・隠題・伏題の三巻の免状を受けている。代島や鈴木・明野の算額や碑には多くの門人名が記されていて隆盛が偲ばれる。

黒沢重栄・勢登亀之進は、共に久下の人で上州の市川行英の門人であった。共に忍藩士だが、忍藩の至誠賛化流の影響は不明である。

戸根木格斎は藤田貞升（貞資孫）に学び、忍藩進修館の至誠賛化流の平井尚休から初伝を受けている。また剣持章行とも交流があった。門人に石川弥一郎、内田祐五郎（嵐山町）がいる。

権田義長は桜沢英季の門人でもあるが、桜井正一との関係などはよく理解できない。門人に清水吉弥（深谷市）がいる。

その他に、藤井保(安)次郎、高橋祐之助、小林金左衛門、石川弥一郎等多くの和算家がいる。

四・一章　代島久兵衛

安永八年（一七七九）～文久三年（一八六三）　八十五歳
亮長　（熊谷市）

【人物】[1]

安永八年熊谷市代の宮前に生まれ、文久三年七月二十四日八十五歳で没している。富田姓であったが、後同地の東善寺の山号代島を名乗っている。『埼玉苗字辞典』に、「大里郡代村、当村に此氏多く存す。和算家富田久兵衛は代島山東善寺の山号を名乗り代島氏を称す。古代以来居住の代島氏とは別流にて他村出身か。文政六年大麻生村地図に富田久兵衛亮長と見ゆ。以後、代島久兵衛を称す。八幡社弘化四年水鉢に代島勘左衛門・代島平蔵…代島久兵衛、同年算額に代島久兵衛亮長」との記述がある。

墓碑によれば、はじめ佐倉藩の某に算学を学び、のち上州板鼻の小野栄重の門弟となって、その蘊奥を極めた。奈良、玉井、大麻生の三堰の図を作って忍侯に献じたりしている。また三上義夫の資料[2]によれば、「御大典記念町村人物誌」に「(久兵衛) 翁ハ算術ノ達人タルコト奈良村吉田市右衛門宗敏ノ知ルトコロトナリ用水路備前渠仁手堰ノ工事設計並ニ丁場割等ノ監督を依セラレ同堰将来ニ大ニ便益ヲ與ヘタリ後又千葉県印旛沼ノ排水法ヲ行ヒ沼地ヲ耕作地ニ変換セシメント其調査ヲ藩主ヨリ命ヲ受ケ直チニ同地ニ出張シ土地ノ高低満渠ノ開鑿等ニツキ踏査シ遂ニ排水ノ不可能ナルコトノ設計図案ヲ知藩ニ献上ス藩主其製図□見シ大ニ感賞セラレシト云フ」とある。その他同文献には久兵衛のエピソードが幾つか書かれていて興味深い。

門人に鈴木仙蔵・明野栄章・納見平五郎・嶋田角三郎など多数いる。墓碑には門人五百人ともある。

図4-1-1 代島久兵衛の墓碑（2012年10月）

【墓碑】

熊谷市の大幡公民館の近くに代島久兵衛の墓碑がある。墓碑の正面には、三つ巴の家紋とともに「永壽院代翁量算居士之墓」とある。左右と裏面に釋明辨による碑文があり、また台座にはこの墓碑を建てた関係者（門人・世話人等）五十六名の名前が刻まれている。この内わかる範囲では、二十名が弘化四年の算額に出てくる門人名でもある。碑文と台座の人名は次の通りである（撮影した写真と文献(3)などから忠実に再現した）。

右側面（読み下しは文献(4)を参照した）

代島翁墓碣銘　　釋明辨撰文并書
翁諱亮長通稱久兵代島氏武州大里郡
代村人也天資寛厚自幼好算術無他嗜
好初従佐倉藩某游後住上毛板鼻驛師
小野良佐先生苦学有年遂究其蘊奥焉
於是始製州之奈良玉井大麻生三堰圖
獻之於忍侯有司稱善繇是名始顕嗣後
製其村及諸村之圖展之則土壌之高低

代島翁の墓碣銘　　釋明辨が撰文し並びに書く
翁の諱は亮長、通稱は久兵(衛)なり、代島氏にして武州大里郡代村の人なり、天資寛厚にして幼より算術を好み他嗜好なし、初め佐倉藩某に従いて游ぶ、後、上毛板鼻驛に住む、小野良佐先生を師とし、苦学有年、遂に其の蘊奥《うんおう》を究めたり、是に於いて始めて(武)州の奈良、玉井、大麻生の三堰図を製し、忍侯に於いて之を獻ず、有司が善繇《ぜんよう》と稱える、是より名を始めて顕る、嗣後、其村及諸村の図を製し、之を展ぐ、則ち土壌の高低

裏面

溝瀆之廣狭林藪之大小民屋之多寡如
視之掌観者莫不嘆稱矣於是名益高
邑宰某君令翁作其邸圖大蒙褒賜其它
存口碑者不遑録也翁誨其徒不倦循々

溝瀆の廣狭、林藪之大小、民屋の多寡は掌を之視る如し、観る者は嘆稱せざるはなし、是に於いて名は益ます高し、邑の宰の某君が翁に其邸図を作らしむ、大いに褒賜を蒙むる、其他口碑する者存す、録していとまあらず、翁は其徒を誨《おし》えて倦《うま》ず、循々

善誘以故弟子及五百人云文久三年癸
亥七月二十四日嬰病溘然歿得年八十
有五葬先塋之側東善寺主太春禅師贈
法謚曰永壽院特報其功也配稲村氏生

左側面

一男三女男満尊嗣三女適塚田氏見内
氏大岡氏今茲甲子門人胥議立碣乞余
銘余乃作銘曰
　數學巨擘奄然遠徂識與不識孰
　弗長吁
　　于時元治元年四月廿四日立

と善誘す、この故に弟子は五百人に及ぶと云う、文久三年癸亥
七月二十四日病にかかり溘然《こうぜん》として歿す、得年八十有五なり、
先の塋の側に葬る、東善寺主太春禅師は法謚を贈る、
曰く永壽院、特に其の功を報ず、配は稲村氏、
一男三女を生む、男満尊が嗣ぐ、三女は塚田氏、見内
氏、大岡氏に適ぐ、今茲に甲子門人みな議を(謀りて)碣を立つ、
余に銘を乞う、余、銘を作りて曰く
　數學巨擘なり、奄然として遠くにゆく、識るは識らざるに與ず、
　ああ、たれか長い嘆息をしない者があるか。
　　于時元治元（一八六四）年四月廿四日立

（語句）蘊奥《うんおう》＝奥義、有司《ゆうじ》＝役人、善繇《ぜんよう》＝よく茂ること、溝瀆《こうとく》＝溝、多寡《たか》＝多少、莫不矣＝せざるはなし、不遑＝いとまあらず、誨えて倦ず＝おしえてうまず、循　々《じゅんじゅん》＝穏やかに、
溘然《こうぜん》＝たちまちに、塋《えい》＝墓、胥《みな》＝すべて、巨擘《きょはく》＝優れた人、奄然《えんぜん》＝にわかに、
孰《たれ》＝誰か～か・疑問、弗＝ズ・ザル、長吁《ちょうく》＝長い嘆息

台座には次に示す人名が刻まれている。権田礩九郎（義長）・原常吉・鈴木仙蔵・島田角次郎・明野信右衛門（栄章）らの名前が見える。

竹井新右衛門
八木原三郎右衛門
・森田三右衛門
・東　清太郎
・飯塚吉五郎
石坂金右衛門
・仝　喜兵衛
北□善右衛門
長島作左衛門
・中島儀右衛門
・吉田三郎右衛門
・大岡岩蔵
権田礩九郎
□村千□
小沼十五郎
□田善右衛門
梅澤房五郎
斎藤源吉
仝　□□□
橋本□次郎
岩崎三右衛門

右側面台座

□□□吉
森田金□
・中澤久次郎
北　□□
□□義太
・塚田定五郎
・納見平五郎
・井上栄次郎
中野庄三郎
茂木長六□□
・栗原□三郎
高橋□
原　常吉
清水吉衛□
代島□□□
□田金□七
□□□衛門
□井右衛門
田口義吉
・田中多十郎
・清水建三郎

裏面台座

発願主
藤井源兵衛
・鈴木仙蔵
・高田甚之丞
横倉彌右衛門
島田角次郎
明野信右衛門
施主
代島萬次郎
世話人
田島與兵衛
・里見新蔵
・仝　音八
・塚田幸吉
・代島勘左衛門
仝泰助
仝　幸次郎

左側面台座

（・は弘化四年の算額に出てくる門人名）

【算額】

住いの近くの諏訪神社へ弘化四年算額を奉納、この社は後に八幡境内に移され算額も社内にあったが、現在は代島家に保存されている(189×84㎝)。熊谷市の文化財に指定されている。算額の内容は次のようなものである。[5]「関流七伝」とあるから、見題・隠題・伏題の免許は受けていたのだろう。

關流七傳　代嶋久兵衛亮長
小野良佐榮重受業

奉

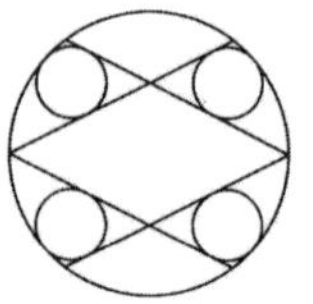

今有如圖員内設四斜容
等員四箇外員径一寸六
歩欲等員最多問等員径
幾何
答曰等員四歩
術曰置外径四歸之得等
径合問

献

弘化四丁未三月吉日

門人名249名、世話人8名の名前

（読下し）

図の如く円内に四つの線があり等円四個が接するようにある。外円の直径が一寸六歩のとき等円を最も大きくしたとき等円の径は幾つか。

答、等円は四歩

計算方法は外径を四で割り等円の径が得られ問に合う。

（員＝円。斜＝直線。帰＝一桁の数で割ること）

この解法の一例を次に示す。

次に、この算額に出てくる門人名（門人二百四十九名と世話人六名）を次ページ以降に示す(7)。近在の各村はもとより、館林・萱野などの上州の村の人も含まれている。久下村の黒澤良八は、黒沢重栄のことであり市川行英の門人でもあった（四・四章参照）。

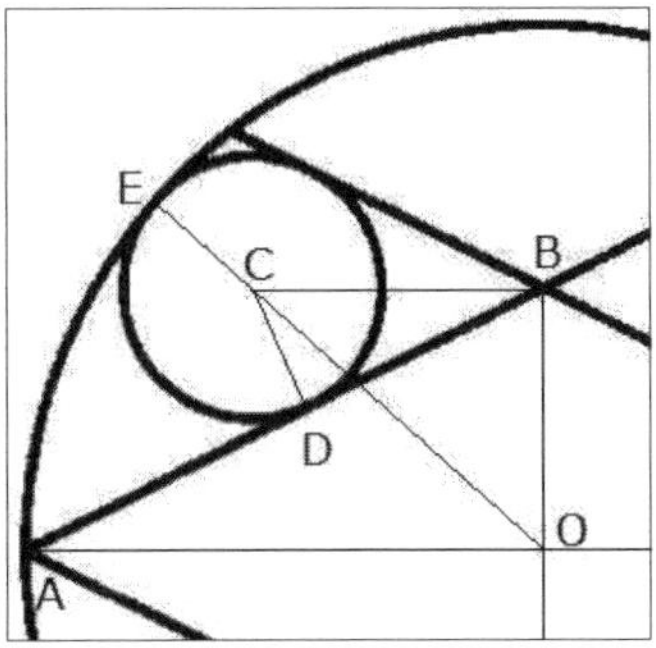

図4-1-2 算額の図

$EC = CD = x$ 、 $BO = y$ 、$AO = r$ 　とすれば、

$CO = r - x$ だから　　$CB = \sqrt{(r-x)^2 - y^2}$

また　$AB = \sqrt{r^2 + y^2}$

$\triangle BAO$ と $\triangle CBD$ は相似形だから

$AB:BO = CB:CD \quad \therefore \sqrt{r^2 + y^2} : y = \sqrt{(r-x)^{12} - y^2} : x$

$$x\sqrt{r^2 + y^2} = y\sqrt{(r-x)^2 - y^2}$$

$$x^2(r^2 + y^2) = y^2\{(r-x)^2 - y^2\}$$

$$r^2x^2 = r^2y^2 - 2rxy^2 - y^4$$

$$r\,x^2 + 2ry^2x - r^2y^2 + y^4 = 0$$

$$x = \frac{-2ry^2 \pm \sqrt{4r^2y^4 - 4r^2(y^4 - r^2y^2)}}{2r^2}$$

$$= \frac{-2ry^2 \pm 2r^2y}{2r^2} = \frac{y}{r}(-y \pm r)$$

±は+のみ採用して、x の解を変形する

$$x = y - \frac{y^2}{r} = \frac{r}{4} - \frac{1}{r}\left(\frac{r}{2} - y\right)^2$$

従って、$y = \dfrac{r}{2}$ のとき x は最大となる。このとき

$x = \dfrac{r}{4}$ 　つまり $2x = \dfrac{2r}{4} = \dfrac{1寸6歩}{4} = 4$歩

（文献(6)を参考にさせていただきました）

図4-1-3 算額の解法

一段目

肥塚村

東清太郎
飯田瀧次郎
納見重五郎
渡辺休右衛門
同良助
同秦之助
東才助
江森覚次郎
東芳次郎
中野文右衛門
北万太郎

下奈良村

飯塚吉五郎
小林亀吉
栗原半三郎
飯塚六三郎
松村要助
小林畑次郎
同田之助
飯塚七之助
吉田三郎右衛門
飯塚清左衛門
同辨蔵
吉田恒七
同文右衛門
栗原廣三郎
同信次郎
山川才八郎
飯塚以九女
吉田万女
栗原政女

柿沼村

四分一政吉
同助次郎

中澤宇之助
同寅之助
同京蔵
同久次郎
同房次郎
荻原孝五郎

原嶋村

新嶋喜右衛門
志村源蔵
多田仙助
新嶋清三郎
清水平吉
同徳蔵
植野清蔵
井上松之助
多田貞則
同正三郎
塚田幸吉
同民蔵
新嶋安吉
志村仙三郎
同竹次郎
井上栄次郎
清水友次郎
瀬戸政蔵
塚田定次郎

小嶋村

飯田市太郎
岩崎由五郎
瀧澤仁助
田口八太郎
高橋良助
田中万五郎
瀧澤辨蔵
田中濱次郎
塩田長松

二段目

中奈良村

南光院
野中彦兵衛
同政右衛門
石坂善兵衛
萩原平右衛門
小嶋禄蔵
野中彦八郎
同春吉
石坂茂一郎
鯨井栄八
冨岡久次郎
笠原小平次
門倉金左衛門
同政五郎
野中政次郎
萩原友次郎
岡田久兵衛
加藤孫右衛門
須永三郎兵衛

大麻生村

高田豊吉
伊佐山亀次郎
齋藤儀五郎
高田佐吉
伊佐山勝次郎
高田政吉
馬場徳次郎

高嶋村

梅澤房次郎
古郡庄左衛門
梅澤儀吉
同市次郎
同兵太郎
古郡豊五郎
金井澤次郎

間々田村

栗原栄助

八木田村

大岡岩蔵
同荒次郎

玉井村

並木源左衛門
新井仙右衛門
鈴木米三郎
同忠次郎
同寅蔵
腰塚真吉
鯨井房五郎
石関春三郎
同栄助
清水政蔵
冨田勝太郎
小林金左衛門
冨田秀次郎
西田栄蔵
鈴木万右衛門
西田鉄五郎
鈴木森太郎
今村末吉
大濱唯助
神山由太郎
須藤源之助
秋谷秀八
石関伴次郎
並木愛之助
中嶋又八
並木勝之助
清水忠五郎
渡辺彦兵衛
並木瀧蔵
吉岡初五郎

三段目

三ヶ尻村　小泉儀右衛門
権田源之助
伊高彦次郎
嶋野徳太郎
河原明戸村　中嶋儀右衛門
同　直右衛門
来間庄太夫
上川上村　稲村彌五右衛門
八木原市三郎
大嶋浅五郎
石川邦一郎
稲村台三郎
池上村　新井又助
今井村　納見平五郎
……村　内田七郎右衛門
稲村半次郎
同　元次郎
同　作次郎
井桁豊蔵
上中条村　横山巻三郎
嶋野徳次郎
南河原村　今村新五郎
……寺村　高柳喜三郎
吉岡勝太郎
同　勘蔵
……瀬村　嶋田八右衛門
齋藤宗八
葛和田村　嶋田七郎兵衛
……村　小嶋傳三郎
……村　長嶋長五郎
高橋新右衛門

……村　小林荒助
…………　鈴木勝右衛門
小林藤次郎
森谷龍吉
長嶋政五郎
同　常三郎
同　仲次郎
同　倉之丞
奈良新田　福田市左衛門
同　喜兵衛
高橋仁左衛門
箕田傳蔵
……瀬村　江原啓助
福田友次郎
高橋千蔵
同　栄蔵
上奈良　冨岡権右衛門
萩原幸七
同　周蔵
南　新太郎
羽取又蔵
権田寅五郎
冨岡長五郎
玉置長吉
江戸　鴻田愛之助
林　久蔵
河野喜代介
金子鍋吉

四段目

新堀村　森田三右衛門
同　文右衛門
中村伊右衛門
同　染次郎
同　與三郎
同　定次郎
久保嶋村　清水清八
同　小四郎
上敷免村　高田甚之丞
栗田□右衛門
同　友次郎
井田徳次郎
高田瀧次郎
井田勘次郎
同　伊三郎
高田才次郎
熊谷宿　玉田屋儀右衛門
同　源次郎
久下村　黒澤良八
福嶋友吉
西別府村　清水長太郎
東別府村　柿沼金左衛門
新井友右衛門
宮谷戸村　小柴彌市郎
八技田　倉上国太郎
新嶋村　内田勘次郎
関根喜三郎
高柳村　小池礒五郎
東方村　小林政五郎
茂木姫蔵
中瀬村　齋藤八兵衛
前小屋村　青木忠太郎

飯塚村　岩崎三右衛門
西城村　青木勇吉
田沼村　荻野勘蔵
広瀬村　吉村友吉
同　浅五郎
高橋竹次郎
同　富五郎
根岸八百吉
村田竹次郎
十六間村　落合由右衛門
中村金蔵
粕川村　糟川宗三郎
富岡半兵衛
小泉村　久保田岩助
萱野村　松澤栄蔵
館林町　青木彦三郎
岡野村　岡村国蔵
当所　里見力次郎
鯨井栄蔵
田口八重吉
田中多十郎
嶋田金七
同　菊次郎
金子竹次郎
清水重次郎
同　建三郎

世話人
当所嶋　里見音八
同　新蔵
田中喜代八
氏子中
藤井保次郎
玉井村　鈴木仙蔵
当所　代嶋勘左衛門

【絵図面】

天保七年の絵図面の大きさは、目検討で幅六尺弱、縦七～八尺の大きなものである。右下に次のような記述がある。天保七年は五十七歳の頃であり、絵図師とも称していたようである。組頭喜代八、新蔵、音八などは、墓碑の台座や算額の門人名にも出て来る名前であり、凡例には縮尺などが書かれている。この絵図について文献(8)は、「最大の特徴は、曲線の道路を直線で把握して一本の道路をいくつかに分割し、距離数と方角を正確に測っている。この測量方法は阿蘭陀《おらんだ》流の測量術で道線法《どうせんほう》という方法を用いて描かれている。当時の測量技術の粋がわかる絵図として大変貴重である」と述べている。

分間村絵図凡例
━ 境筋　━ 道筋
━ 堀筋　━ 縄筋
━ 原嶋採地　━ 原地色
此図曲尺五寸ヲ以テ百間トス五厘ヲ以テ壹間トス然トモ其實ヲ以図スル時ハ毫髪ノ如ニシテ其趣ヲナサズ道幅堀幅等ハ壹番ノ所ニ幅ヲ印置神社仏閣民家等ハ凡図ス

武州大里郡代村
絵図師
組頭　久兵衛亮長
門弟
代山　安治郎
組頭　直次郎
同　久兵衛
同　喜代八
同　新蔵
同　音八
名主　與兵衛
天保七丙申年三月日

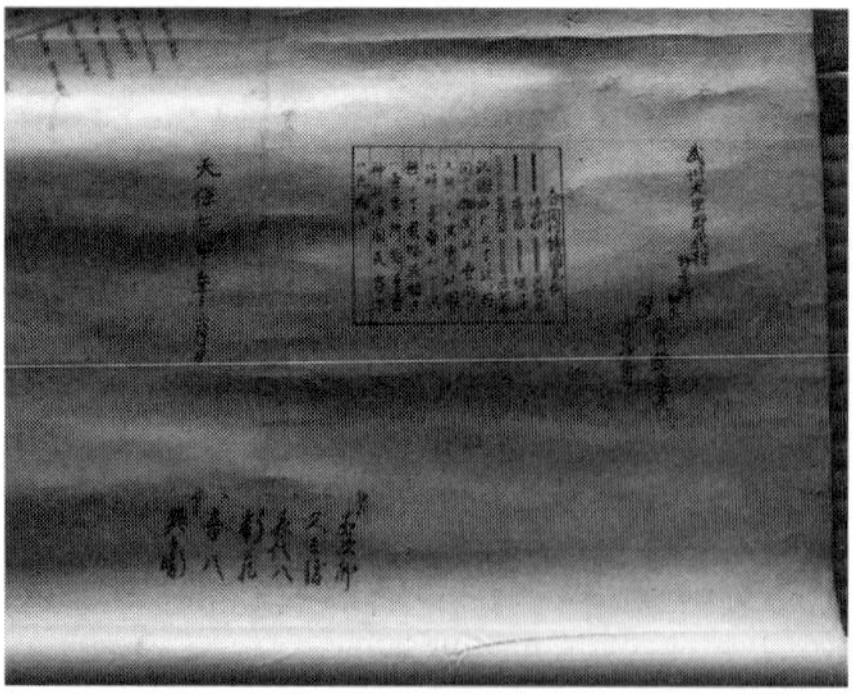

図4-1-4　天保７年絵図面（部分）(2012年10月)

他に、文政六年三月の「武州大里郡大麻生村絵図面」があり、それには次のようにあったという。

武州大里郡代村　　算者　富田久兵衛亮長
同州旛羅郡玉ノ井村　　門弟　鈴木仙蔵
同州大里郡代村　　同　　藤井安次郎

鈴木仙蔵は次章の人であり、藤井安次郎は算額の世話人に出てくる藤井保次郎のことであろう。

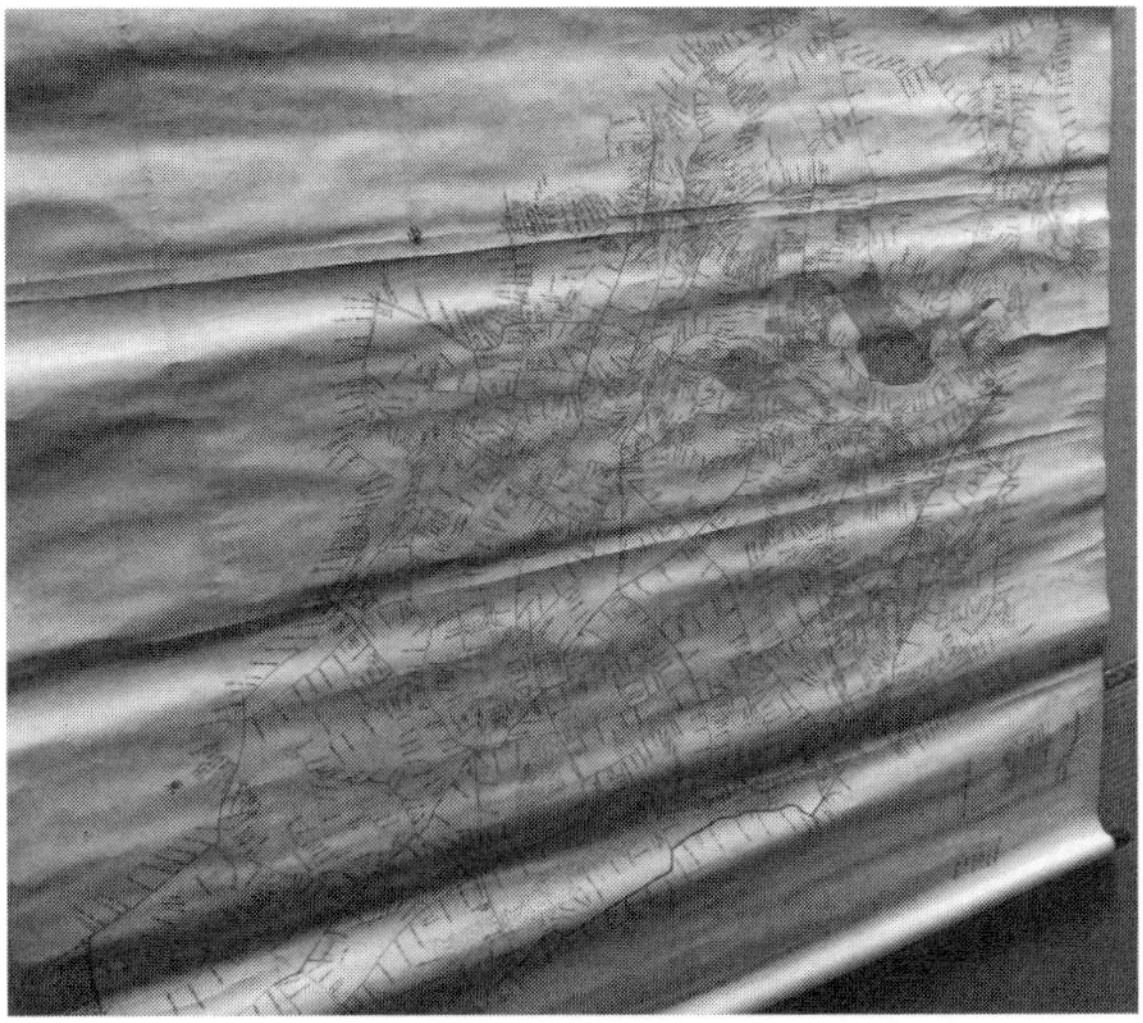
図4-1-5　天保７年絵図面（2012年10月）

参考文献

（1）『熊谷市史』（昭和39年）他
（2）三上義夫「武州熊谷地方の数学」
（3）野口泰助「熊谷の数学者　代島久兵衛とその門弟たち」（熊谷市郷土文化会誌、第44号、平成元年）
（4）「2012年10月31日代島久輝氏より頂いた資料（新島養平氏のものか）」
（5）野口泰助『熊谷市の算額』（熊谷市立図書館、昭和37年）
（6）大谷恒蔵「熊谷市代諏訪神社の算額」（『郷土数学の文献集（２）』萩野公剛編、富士短大出版部、昭和41年）
（7）埼玉県立深谷女子高校数学部編「代島久兵衛亮長とその算額」（昭和38年）
（8）熊谷市立熊谷図書館主催「絵図に見る熊谷展」（平成27年10月～11月）

四・二章　鈴木仙蔵

安永元年（一七七二）～安政元年（一八五四）　八十三歳
補寿　（熊谷市）

【人物】(1)～(4)

鈴木仙蔵補寿は安永元年に熊谷市玉井字柵に生まれ、近くの代島久兵衛から算学を習う。師より七歳の年長で、代島が富田姓を名乗っていた文政六年頃すでに同門の藤井保次郎と共に大麻生の地図を、又近郷の地図も作っている。代島久兵衛の算額には世話人として、また、久兵衛の墓碑には発願主として名がある。嘉永元年（一八四八）玉井神社に算額を奉納している。この算額には門人百三十五名と世話人十名が名を連ねている。安政元年八月に八十三歳にて没す。八十二歳の時に自分で書いた碑文が軸にしてある。

【墓碑】

墓碑は熊谷市玉井の光福寺（廃寺か）にある。正面は「算翁道潮居士」がかろうじて読めるが、右側面の碑文は風化のため幾つかの文字は判読できるが、全体としてはほとんど読めない。幸い文献(5)には碑文が掲載されている（「台石には約五十名の氏名を記す」とある）。また文献(6)には仙蔵が八十二歳の時に自身で書いた類似の文面が鈴木家に軸にして残されているということで紹介されている。いまこれを左に示すが難しく理解できない部分もある。勿論享年没日は空白になっている。なお文献(5)の文章は「翁」の部分が「居士」で、且つ享年の部分が「享年八十有三以安政元年秋八月望」となっている。

図4-2-1　鈴木仙蔵墓
（光福寺、2012年10月）

法翁算論道潮補寿鈴木翁墓碑
翁姓鈴木氏諱補寿称仙蔵世家玉井邨、翁
初受算学田亮長以為大之日月周天行度之
数、古之周官九章然共非富世之急務、且
東西殊命豈得為書算博士哉、只急民用田
金二三暫之間一向足耳矣、将与其所慣絶
之己身也、若博論後進以淑人之為愈邪蓋
翁素志也、有引以間業或肆及夜深諄々乎

算　翁　道　潮　居　士

未嘗見有倦色即是門弟子曰滋而於其歿
也哀慕不已所以、胥謀琢石以計俾翁身後
名永無、即翁資性惇朴疎財以算学為娯
享年以　　　某歳終配吉田
氏先逝男長五郎嗣家塡蒼梧謡以換、銘曰
羸幾算乗除画錦栄貧奚恨鐫做不刊石
　　武陽茫方撰　八十二翁補寿謹書

【算額】

嘉永元年（一八四八）の玉井神社の算額は正五角形の面積三等分の問題であり、鈴木仙蔵七十七歳のときのものである。前文とその問題は次のようなものである。(7)

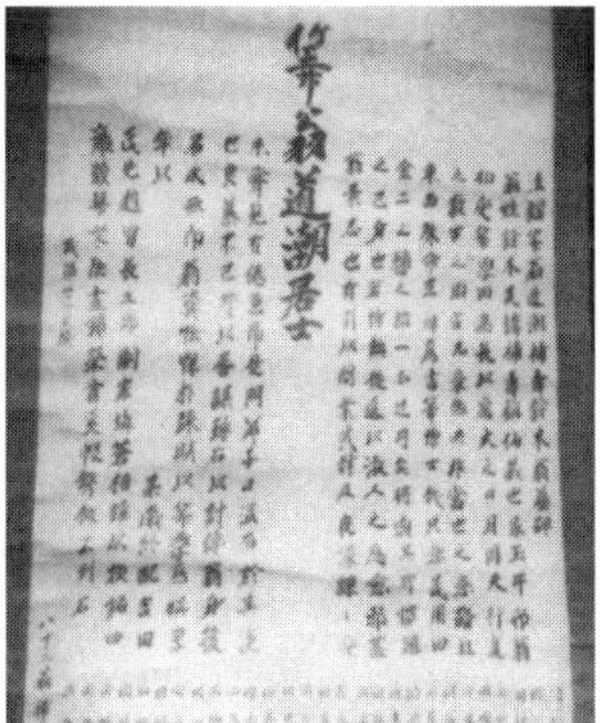
図4-2-2 鈴木仙蔵碑文の稿軸の写真（野口泰助氏）

図4-2-3 玉井神社（2012年11月）

僕自少小好数學覃思研精蓋有年矣然天資癡鈍
毫不能進歩焉於是壹心盡誠黙禱吾玉井神祠冀
依神之恵以有所大成也既而豁然如有進乗如莫
不如意放今表所發揮之術併門人記姓名以掲示
詞前庶幾報神之徳豈敢炫名之爲観音察之
上野國碓氷郡板鼻駅
小野良佐栄重
武蔵國大里郡代村
代島久兵衛亮長
仝國播羅郡玉井村鈴木仙蔵補壽

奉

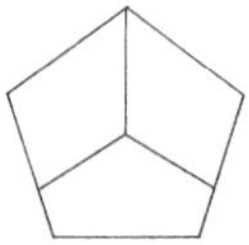

一今有五角面壹寸
是三等分ニシテ截面ヲ問
答　截面三分三厘三毫三絲
本術曰面ヲ置三分之
得截面ヲ問ニ合

嘉永元年申六月十五日

献

門人名135名と
世話人10名の名がある

図4-2-4　玉井神社の算額
図形と問題の文章は上段中央に小さく、左中段から下には門人名などが続くが、既に風化が進んでいる。（120×150cm、2012年11月）

門人百三十五名と世話人十名の名は次の通りで、近在の村の外に上州や館林の名もある。また女性七名の名も見える。

（一段）

玉井　鈴木米三郎
仝　森太郎
西田長兵衛
鈴木忠次郎
仝　□次郎
仝　寅蔵
腰塚直吉
秋谷秀八
大濱央蔵
須藤久次郎
神山米四郎
石関伴次郎
仝　春三郎
鯨井房次郎
中島又八
并木愛之助
渡邉凌兵衛
并木瀧蔵
江□　長島政五郎
仝　恒三郎
仝　沖次郎
玉井　富田勝太郎
并木勝之助
□□□　林　久蔵
□□□　玉越志津摩
□□□　嶋田愛之助
□□□　河野金吾
□□□　三田倉次郎
□□　金子鍋吉

（二段）

下□□　栗原半三郎
吉田三郎右衛門
飯塚六三郎
栗原廣三郎
飯塚七之助
吉田恒七郎
飯塚國□
松村要助
飯塚弁蔵
松□儀吉
仝　弁蔵
青木吉太郎
吉田文五郎
山川才八
上州□　糟川宗三郎
上州□　久保田岩助
館林□　青山□□□
久下□　福島友三郎
中奈良　小島録蔵
坂田佐五郎
塚本米吉
小嶋龍蔵
坂田伴八
秋山松次郎
中嶋朝之助
奈良新田　高橋仁左衛門
福田喜一郎
木村助七
上州　□川半兵衛
廣瀬　村田竹次郎

（三段）

下□□　飯塚□九女
赤岩　□□地萬女
下□□　栗原政女
中□□　小島麻野女
玉井　鈴木以與女
大濱婦喜女
□□　竹内鶴女
玉井　鈴木倉吉
西田清吉
鈴木定八
今村政次郎
仝　□吉
上奈良　冨岡権左衛門
萩原幸七
冨岡伊勢五郎
萩原周蔵
南　新太郎
金子勇吉
矢田□長五郎
権田重蔵
冨田長五郎
玉置長吉
権田寅蔵
代　里見新蔵
妻沼　小林藤次郎
森屋龍吉
江波　内田七郎右衛門
仝　軍蔵
小嶋傳三郎
□□　松澤栄蔵

（四段）

玉井　小林金左衛門
門人持
上奈良　羽鳥又蔵
門人持
新堀　中村定次郎
玉井　清水忠五郎
□□　小林政五郎
新堀　中村染次郎
玉井　清水政蔵
須藤源之助
下奈良　栗原信次郎
新井　福嶋也蔵
新堀　森田□□衛門
玉井　吉岡初五郎
高柳　小池儀五郎
□□□　小柴彌一郎
入合田　倉上國太郎
新島　藤野竹蔵
関根□三郎
内田勘次郎
原島　西村佐吉
上須戸　戸井田佐五郎
□□□　島田七郎兵衛
大麻生　高田佐吉
馬場徳次郎
高田佐源太
四方□　高柳喜三郎
吉田勝太郎
吉田官蔵
行□　萩原孝五郎

（五段）

玉井　西田金蔵
鈴木與兵衛
西城　青木與惣治
上州□　飯田市太郎
瀧澤仁助
田口惣左衛門
仝　八太郎
仝　忠蔵
東□□　新井友右衛門
小暮常次郎
柳沼金左衛門
十六□　落合由右衛門
□□□　鈴木忠兵衛
□□　鈴木彌助
岡野　岡村國蔵
鈴木萬右衛門
新井仙右衛門
西田鉄五郎
鈴木源次郎
セ　矢島彦七
新井傳次郎
鈴木忠次郎
ハ　仝　房五郎
新井兵吉
西田金六
人　鈴木定八
仝　廉次郎
今村末吉

問題の読み下しは次のようになる。

今（正）五角形の一辺が一寸のとき、この面積を三等分にするときの截面《せつめん》（一辺の分割した長さ）を問う。

答は截面は三分三厘三毫三絲。

術は面を置き之を三つに分け問に合う截面を得る。

解法例を図4-2-5に示す。

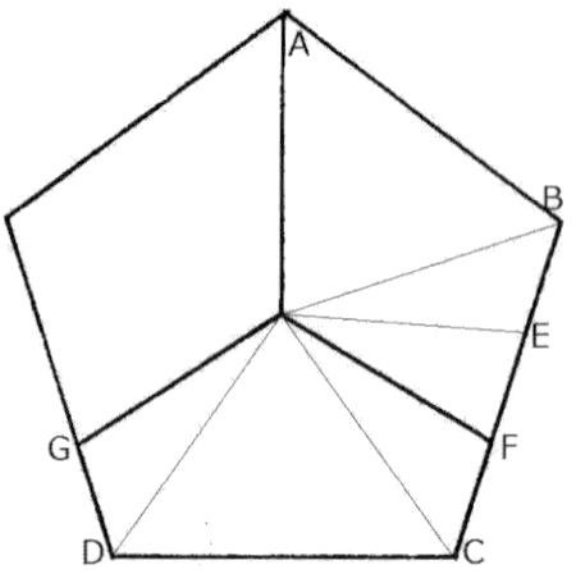

台形$ABFO = \triangle ABO + \triangle BOF$

五角形$OFCDG = \triangle CDO + \triangle FOC + \triangle DOG$

$= \triangle CDO + 2\triangle FOC$

$\triangle ABO = \triangle CDO$だから

$\triangle BOF = 2\triangle FOC$であらねばならぬ

$\therefore BE = EF = FC$

$FC = \frac{1}{3}BC$

図4-2-5　算額の解法

参考文献

（1）野口泰助「熊谷の数学者　代島久兵衛とその門弟たち」（熊谷市郷土文化会誌、第44号、平成元年）
（2）三上義夫「武州熊谷地方の数学」
（3）『熊谷市史　後編』（昭和39年）
（4）野口泰助『埼玉県数学者人名小辞典』（昭和36年、私家版）
（5）埼玉県教育委員会『埼玉県教育史金石文集（下）』（昭和43年）
（6）野口泰助「北武の算家落穂拾い」（『埼玉史談』第12巻第1号、1965年5月号）
（7）埼玉県立図書館『埼玉の算額』（埼玉県史料集第二集、昭和44年）

四・三章　明野栄章

天保六年（一八三五）～明治三十七年（一九〇四）　七十歳
明数堂、極老翁、延右衛門　（熊谷市）

【人物】(1)～(3)

延右衛門は信右衛門とも。天保六年熊谷市小島に生まれ、明治三十七年十二月に七十歳で没す。明治三十年、六十三歳のときに門人達が建てた「明野《あけの》氏寿蔵碑」や文献によると次のように説明される。

諱は栄章、十五歳で代島久兵衛に数学を学び、文久三年に代島が没すると群馬の剣持章行について学び、明治三年剣持章行より上（見題）中（隠題）下（伏題）の三巻の免状を受け関流八伝となる。碑文には「天資温厚幼より数学を好む」とある。書物を著し名声四方に流れ、教えを乞うもの門前踵を接し、其の他郡内の田圃・山林・道路・溝（用水路）等の測量製図を行い鴻益をはかった。執レ贄《しをとる》者（門人）二百有余人という。明治元年に剣持から『円理弧背真術』を受け、九年『正弧斜弧三角形詳解』（小野栄重より出る）を得ている。『算法顆籌《かちゅう》運筆』（明治七年、最上流の大川栄助門人根岸茂吉著、顆は珠算、籌は算木術を表す）や剣持章行自筆の『角術捷《しょう》径』等の蔵書があったが、故林鶴一博士の蔵書となり今は東北大図書館にある。

明野家に栄章が作成した二つの地図があり、それには「関流宗統八傳」、あるいは「関流宗統算学士」とある。碑面の裏には寄付人名として門人等百十四名の名が刻まれている。上州の中曽根慎吾の名が筆頭にある。栄章の戒名は明徳院珠算延章居士。(3)

図4-3-1　明野栄章が受けた免状三巻
（明野家、2013年10月）

図4-3-2『角術捷径』にある自筆と関流八傳の蔵書印(5)

なお、代島久兵衛の墓碑の台座に発願主の一人として「明野信右衛門」の名前がある（四・一章）。

【寿蔵碑】

熊谷市小島の明野家内にある石碑は、明治三十年に門弟たちによって建てられた。時に栄章は六十三歳で、亡くなる七年前だった。碑文は明確に読め、次のようなものである。

明野氏寿蔵碑

君諱栄章称延右衛門以天保六年生武州大里郡大麻生
村天資温厚幼好数学年甫十五入於同郡大幡村関派七
伝代島久兵衛之門居者十余年孜々如一日及文久三年
師易簀就上毛吾妻郡同派剣持要七研究廿余年学術大
進遂窮其蘊奥至明治三年得八伝之伝其刻苦勉励可想
矣曽対門生某質義就乎日月躔度之如何著一冊子講述
明晰大啓発諸生之蒙於是乎名声流四方請本書者門前
接踵其他製於郡内田圃山林道路溝洫等之製図伝鴻益
於後世者不為鮮允不易得士也執贄者前後二百有余人
矣配本村田中氏挙男四女二長子甚太郎嗣焉今年六十
三於世无妄頃者門弟子相謀醵金以立一小碑欲報其徳
恩盖在換封樹之営於溘焉之日而明野氏亦所望也乃応
乞誌其顚末云明治三十年四月五日

正六位勛四等志村徳行撰並書及篆額[印]

図4-3-3 明野氏寿蔵碑
（明野家、2013年10月）

裏面には寄付人名があり、二十二人づつ四段と、五段目には十五人、六段には幹事九名と発起人二名の名がある。発起人の一人は代島久義にして師代島久兵衛の家であるが[3]、後述の起請文によれば栄章に入門している。

寄付人名

中曽根慎吾
中山重兵エ
岩崎為三郎
中島千縷
黒沢九平
柳沢長八
石丸春庵
長谷川宗治
柴田忠明
新井繁雄
古沢花三郎
齊藤保三
飯塚紋三郎
根岸大二五郎
石川照運
能[因]題有
根岸有証
持田良恭
清水善三郎
同　新七
北爪茂重郎
長嶋作八郎

秋山伊三郎
清水彦平
滝沢善次郎
高柳藤吉
馬場惣助
西山梅吉
齊藤亥蔵
奥野斧五郎
古沢太嘉助
仝　勝助
権田栄五郎
小林熊一郎
新井清五郎
鈴木松五郎
細野伊之松
滝沢文八
清水周助
栗原桂一郎
滝沢清吉
仝　栄太郎
深沢栄作
田中亀太郎

冨田徳右エ門
佐々木勝蔵
中村定一
根岸萬五郎
田中壽仙
田嶋宇一
笠原庄五郎
大原郡平
荒川藤太郎
内田文平
仝　萬平
田中甲子太郎
掛川類三郎
箕村信實
小山新七
齊藤助重
仝　清重
新井琴之助
中島半蔵
根岸彌平
並木源三郎
仝　弥一郎

大久保早之助
滝沢佐一郎
仝　陽作
小林角吉
岩崎なを
金井秀次
小暮七郎次
森田和平次
大嶋又一
古川長次郎
田島信徳
小島禄弥
小池清太郎
森田道五郎
黒沢藤吉
井上良太郎
奥野宅三
大野多吉
清水重太郎
仝　七右エ門
小嶌二郎
松崎萬造

松寄芳五郎
仝　又五郎
塩田長松
仝　政三
新嶋辰次郎
仝　吉五郎
根岸元之助
嶋田久蔵
新嶌貞助
仝　のぶ
明野した
仝　安三
仝　善作
松岡今助
松崎　百
石工　神嶋傳次郎
山工　飯田作平

幹事
飯田龍
清水民蔵
柴田清一
馬場竜八
笠原金三郎
松本彦次郎
篠塚與三郎
田中勘差エ門
滝澤亀之助

発起者
嶋田豊蔵
代島久義

【起請文】

明野家に残されている起請文（神文前書之事）には二十名の門人が署名しているものがある。その時期は明治四年（栄章三十六歳頃）から明治三十四年（同六十六歳頃）に及ぶもので、飯田冨士太郎・瀧澤亀之輔・笠原金三郎・柴田清一・清水□次郎・代島久義・中島半六・小林角吉・黒澤九平・鈴木松五郎・奥野斧五郎・馬場龍八・新島吉五郎・清水民蔵・小林和三郎・瀧澤陽作・高橋常松・田中芳保・武田國太郎・武田正勝である。晩年まで門人を育成していたことがわかる（図4-3-4）。

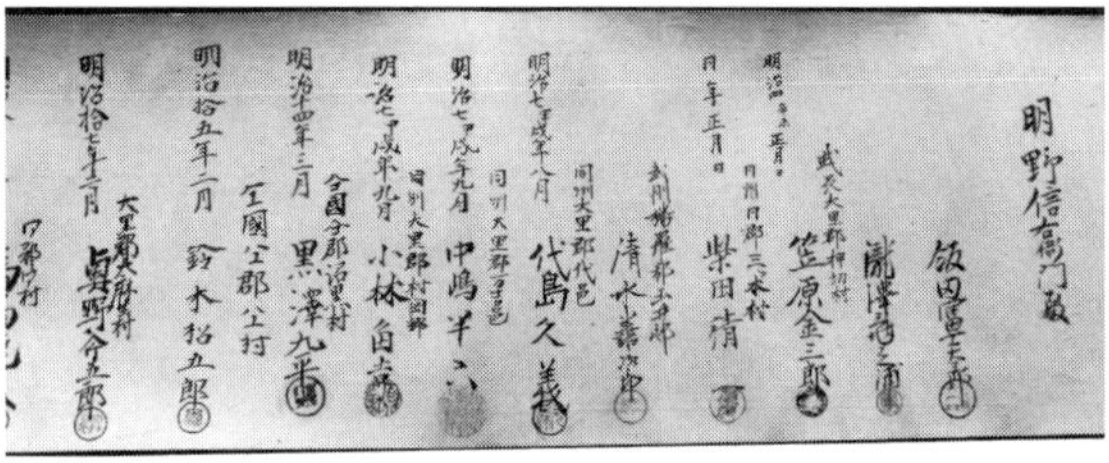

図4-3-4　神文前書之事（明野家、2013年10月）

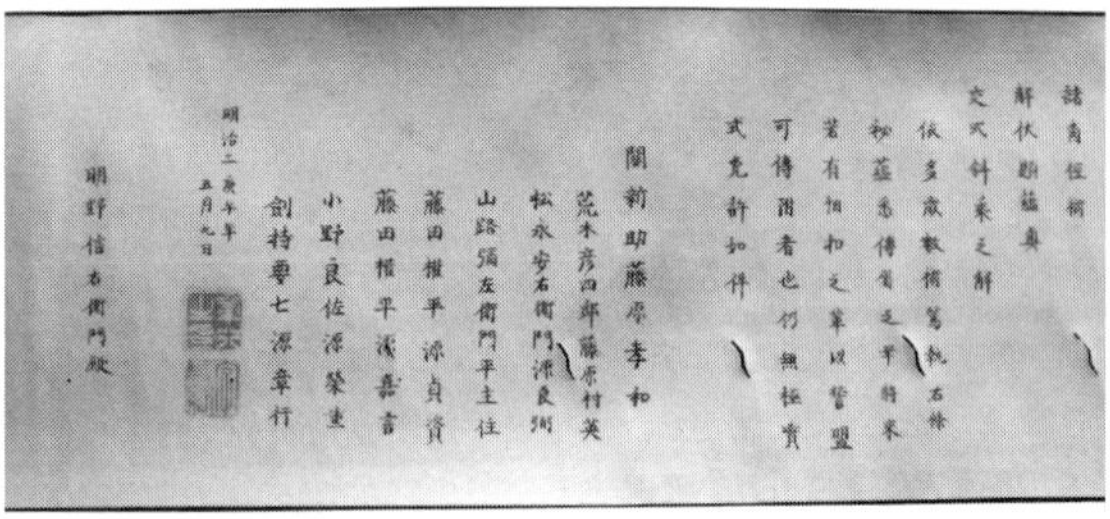

図4-3-5 明野信右衛門宛伏題免状（明野家、2013年10月）

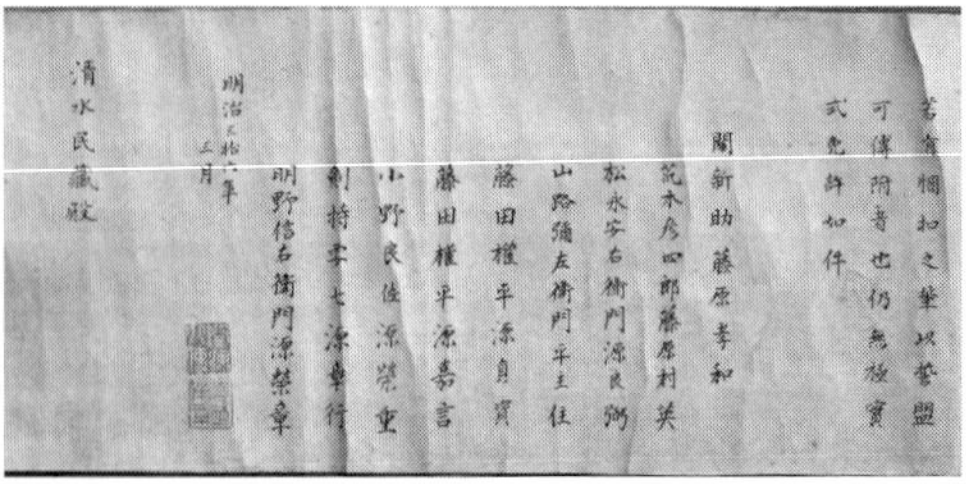

図4-3-6　清水民蔵宛伏題免状（野口泰助氏）

【算術】

明野栄章は、明治三年五月九日の同じ日付で上(見題)・中(隠題)・下(伏題)の三巻の免状を剣持章行から受けている。宛先は「明野信右衛門殿」である（図4-3-5）。免状の内容は安原千方が天保十一年八月に斎藤宜長から受けたものと全く同じである（二・三章参照）。これを受けてか栄章は「関流八伝」を名乗っている。

剣持章行の「旅日記」にはこの免状授与に関して、明治三年四月二十七日から五月九日まで小島村明野延右衛門に止宿し三分三朱百文、外に免許祝いに千疋受領した旨の記述がある。具体的には次のようにある。(4)

（四月）廿七日　出立　岩崎（三右衛門）氏の門人に送りを得新嶋へ出小嶋村明野氏ニ至着止宿　出立の砌綿入二ツ明野氏に頼置　五月十日　出立　熊谷へ送りを（得）戸根木氏ニ着止宿

五月五日三分三朱百文小島村明野信右衛門　十日金千疋　免許祝儀　同人

旅日記をみると、剣持が精力的に各地の門人に会っていることもわかる。なお、明野栄章が門人の清水民蔵に授けた免状がある（図4-3-6）。先の起請文によれば清水民蔵は明治20年4月に入門しており、見題・伏題の免状の日付は明治36年3月とあるので、その間は16年である。

群馬の中曽根慎吾宗邡《むねよし》（一八二四～一九〇六）が明治十三年に著した『測量全書』（全三巻）には、四名の校訂者の一人として「明野栄章」の名がある。測量全書は上・中巻は平面三角法を用いた測量を述べ、下巻は球面三角法を用いたより高度な内容である。栄章はこのような活動を経て後述の地図を作成しているのではないかと思

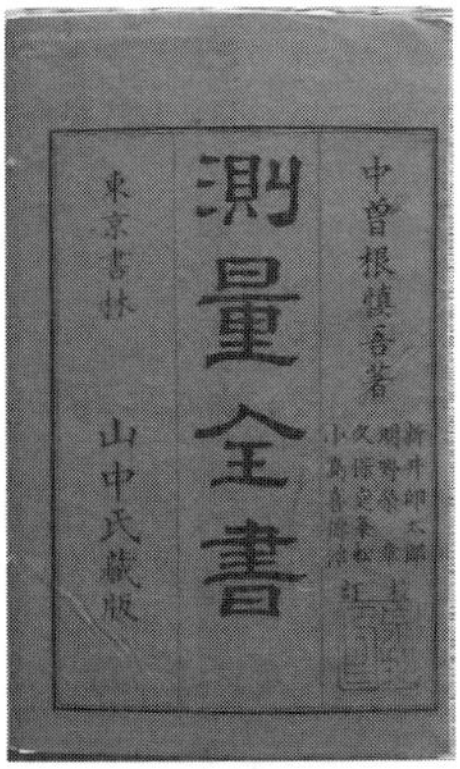

図4-3-7『測量全書』の内表紙（野口泰助氏）

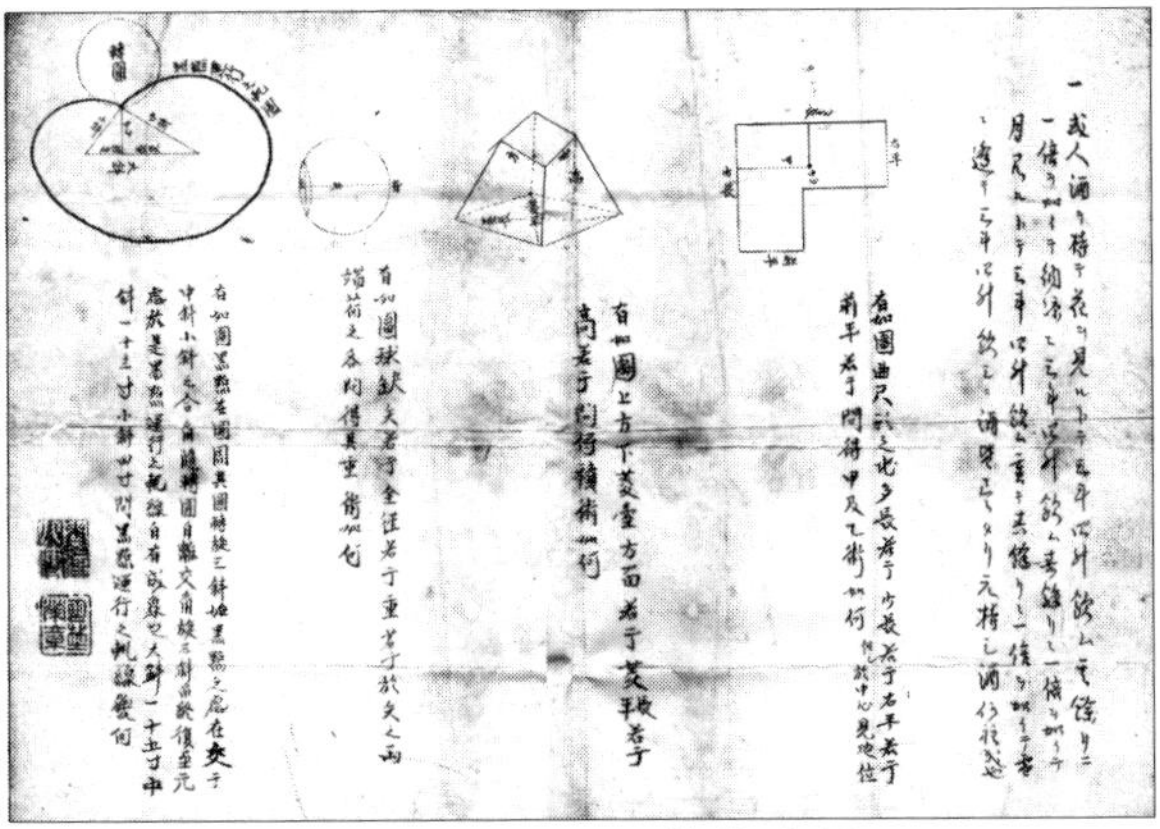
図4-3-8　明野栄章印のある算術史料（野口泰助氏）

われる。

また、図4-3-8のような栄章の直筆と思われる算術史料がある。五問書かれているが、四問目は球の一部を切断したときの重心の位置を求めるもので、これと類似のものが船戸悟兵衛の問題にある（船戸のは球ではなく楕円体、七・一章参照）。五問目は三角形の辺上を転円が回転するとき、転円上の一点が描く軌跡の長さを求めるもので、同様な問題が『算法開蘊』の附録にある。推測するに栄章が算法開蘊などの刊本を利用して勉強したものであろうか。

【明野が写した算書】

既述の林鶴一の蔵書の中から明野が写した算書は次のようなものである（東北大林文庫）。

1西洋八線表用法
2遠西観象図説抜書（吉雄尚貞口授・草野実筆記）
3月食帯食（外題・帯食法）
4円理弧背真術解（小泉則之等、明治初年写）
5立円率起解
6綴術詳解
7方台垜直台垜算日家栄(策)
8混沌累裁方程招差法
9累裁招差法
10約術雑題
11一算盈朒（山路連貝軒）
12約術二辞不足題（剣持章行）
13雑題詳術
14一辞及二辞不足・物数得約術・鉤股欠及弧積・得中心
15演段両式
16截篭積解
17変商（膝（藤田）定資編）
18関流算法百題
19算法開式
20正弧斜弧三角形詳解（藤茂喬、明治九年写）

21正弧斜弧三角形（東岡先生伝）　22両処軽重距中心
23四斜及三斜中心　24算法解見（松岡能一、慶応四年）

【地図】

明野家に栄章が作製した二つの立派な地図がある。一つは長さ二間に余る大きな小島地区の地図であり、それには「埼玉縣武蔵國大里郡小嶋村全図」として田畑宅地等一筆毎に地番、面積等が記入され、「于時、明治十七甲申秋製之　関流宗統八傳　明野延右エ門栄章」と記されている。もう一つは半間強の大きさで「埼玉縣大里郡大麻生聯合部内及大麻生堰組合全図　縮尺百間ヲ以テ曲尺壱寸トス」とあり、「明治十八乙酉初夏製之　大里郡小嶋村　関流宗統算学士　明野延右エ門」とある。次頁に写真を示す。

参考文献

（1）田島基治「小島の数学者　明野延右衛門（栄章）について」（熊谷市郷土文化会誌43号、昭和64年）
（2）野口泰助『埼玉県数学者人名小辞典』（昭和36年、私家版）
（3）三上義夫「武州熊谷地方の数学」
（4）高橋大人『剣持章行と旅日記』（平成11年、私家版）
（5）『角術捷径』（東北大学和算ポータルサイト）

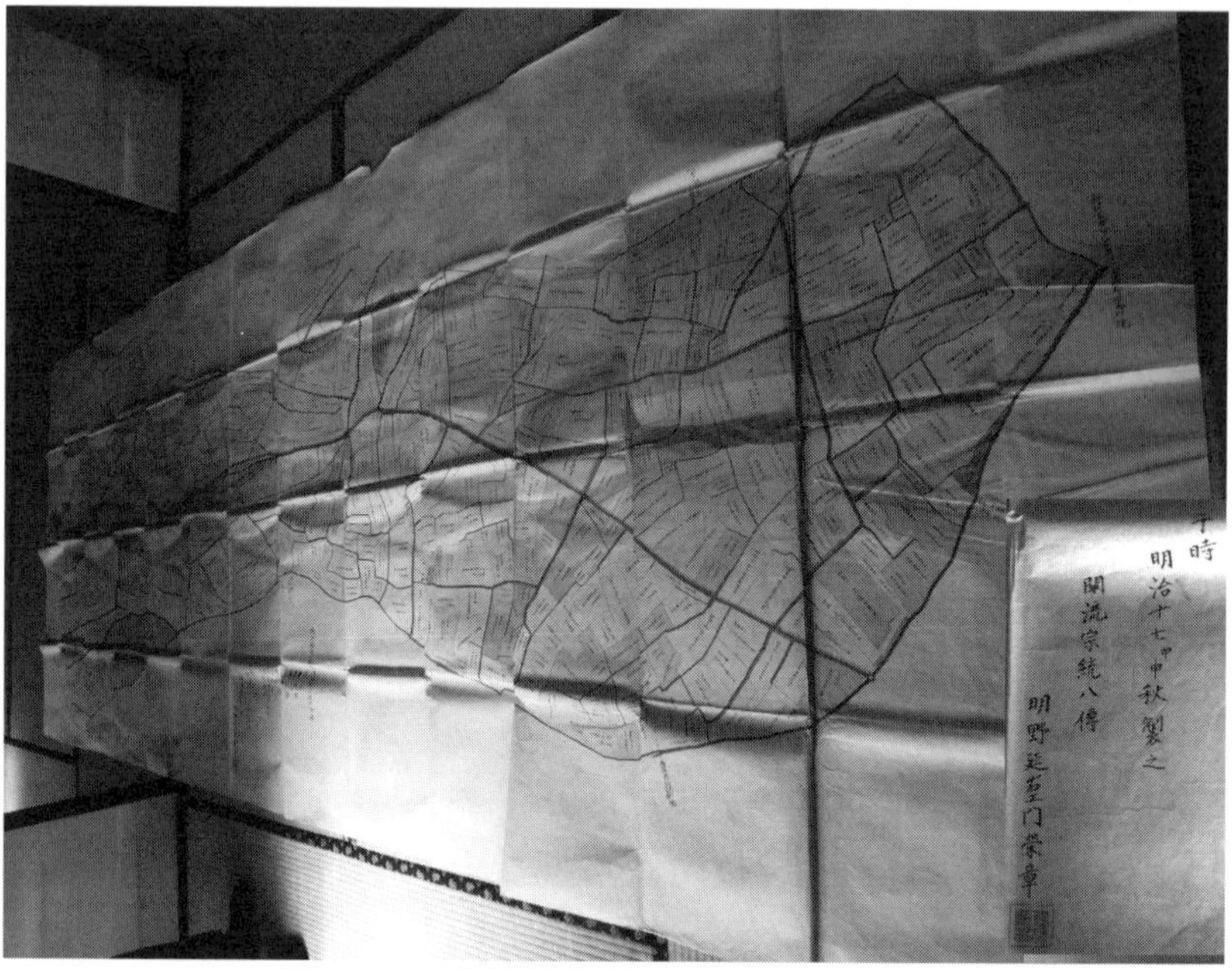

図4-3-9　小嶋村全図(明野家、2013年10月)

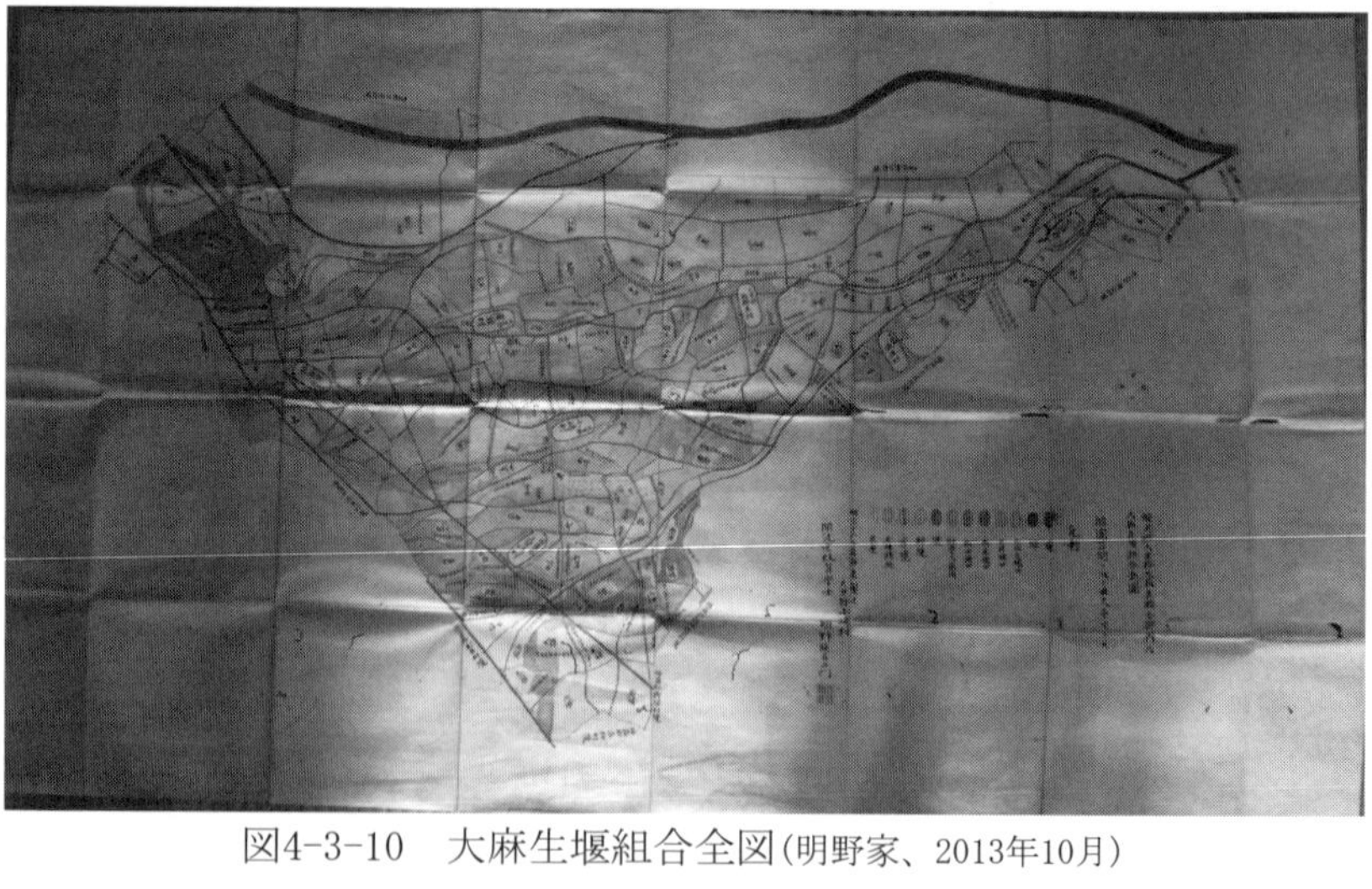

図4-3-10　大麻生堰組合全図(明野家、2013年10月)

四・四章　黒沢重栄

文化六年（一八〇九）～明治二十一年（一八八八）　七十七歳
理八郎、良八、褒高　（熊谷市）

【人物】[1][2]

熊谷市久下《くげ》の人。重栄は忍藩に勤め、市川行英に師事、天保六年（一八三五）三月同門の勢登亀之進重羽と大宮の氷川神社に奉額[3]している。天保七年市川行英の著した『合類算法』[3]は黒沢重栄と勢登の訂となっている。なお、『合類算法』の序は芳川波山が書き、内容は複雑な求積や方陣問題で難度の高いものである。

天保八年久下の東竹院の堤防決壊のとき、地図を作製し大いに活躍したといわれる。明治二十一年七十七歳にて没。法名は徳翁良寿居士。理八郎は合類算法に出てくる名だが良八とも称した。代島久兵衛が弘化四年三月に諏訪神社に奉額した算額の中に二四九名の門弟名が列記されているが、その中に「黒澤良八」の名があることから代島にも学んでいることがわかる（四・一章参照）。

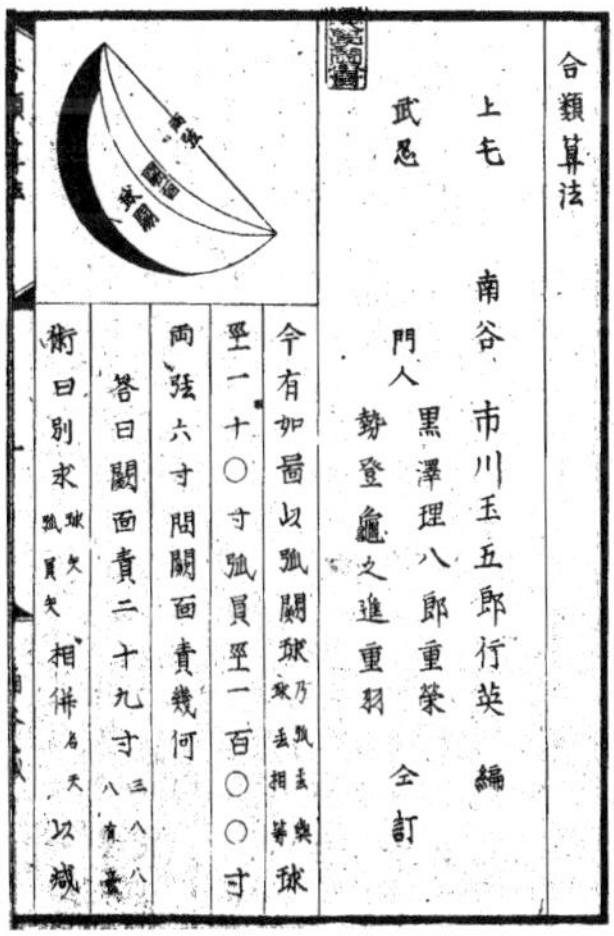
合類算法
上毛　南谷　市川玉五郎行英　編
武忍　門人　黒澤理八郎重榮
勢登龜之進重羽　仝訂
今有如圖以弧關球
竪一十〇寸弧員竪一百〇〇寸
両弦六寸問關面責幾何
答曰關面責二十九寸
術曰別求

図4-4-1『合類算法』（東北大）

嗣子黒沢荒次郎も重栄の諱を用いている。三ヶ尻の権田義長の門人で、三ヶ尻竜泉寺の権田の算額（明治十一年夏）でも一問を解いていて、それには「黒澤荒治郎重榮」とある[4]。明治三十八年五月に六十三歳で亡くなる。

【墓碑】

黒沢重栄の墓は、熊谷市久下の医王寺にある。大きな石碑の正面には「先祖」と上段に横書し、その下に「徳翁良壽居士」「大圓妙鏡大姉」とある。裏に碑文があるが、読めない個所は文献(5)により補って次に示す。

翁諱重榮俗称良八大里郡久下村産也本性黒
澤父曰長左衛門金祐翁其二男也以文化六年
四月生配古世比企郡古里村安藤祭八之女翁
為人篤實至孝励精勤苦助乃父之業最有功焉
乃父賞其志與田宅為支家實天保九戊戌年也
爾来奮理家事遂克成創業之蹟《績》以答乃父之恩
賜亦可謂勉矣翁天性温雅而長于数学関氏孝
和七世之再傳受業於市川某氏己而通于點竄
圓理起源術等後著合類算法是以乞業者多矣
明治廿一年一月十二日病卒享壽七十有七法
謚曰徳翁良壽居士葬於東竹院先塋之側嗣子
黒沢荒次郎記翁生前之事蹟而垂不朽云爾
　　明治廿二年一月十二日建焉

図4-4-2 黒沢重栄の墓
（医王寺、2013年10月）

荒次郎の墓も良八の墓と並んでいて、「明治三十八年　俗名黒沢荒次郎　享年六十三　徹叟無底居士」とある。

【算術】

天保六年三月勢登亀之進重羽と大宮の氷川神社に奉額した内容を図4-4-3に示す(3)。この内、一問目は旁弧円錐の体積を求めるもので、現代解法を図4-4-4に示す(6)。なお、「所掲武蔵国一宮氷川社算題三条」(3)には一問目の問題

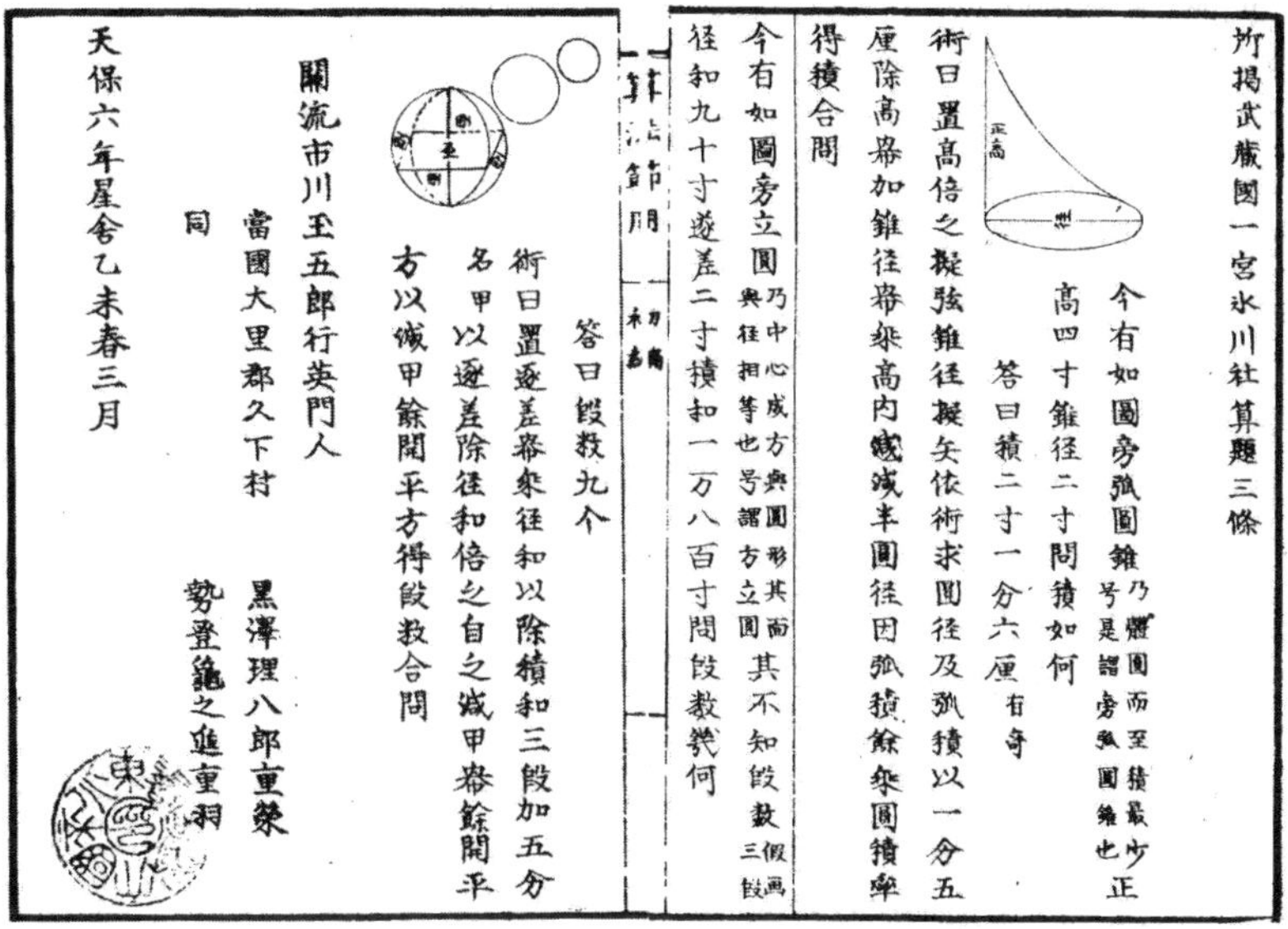
所掲武蔵國一宮氷川社算題三條
今有如圖旁弧圓錐乃嚮圓而至積最少正号是謂旁弧圓錐也
高四寸錐径二寸問積如何
答曰積二寸一分六厘有奇
術曰置高倍之擬弦錐径擬矢依術求圓径及弧積以一分五厘除高幂加錐径幂乘高内減減半圓径因弧積餘乘圓積率得積合問
今有如圖旁立圓乃中心成方與圓形其面與径相等也号謂方立圓其不知段数假画三段
径和九十寸逓差二寸積和一万八百寸問段数幾何
答曰段数九个
術曰置逓差幂乘径和以除積和三段加五分名甲以逓差除径和倍之自之減甲幂餘開平方以減甲餘開平方得段数合問
關流市川玉五郎行英門人
當國大里郡久下村
黒澤理八郎重榮
同
勢登龜之進重羽
天保六年星舎乙未春三月

図4-4-3　所掲武蔵国一宮氷川社（大宮氷川神社）算題（東北大）

が和算によって解かれている。

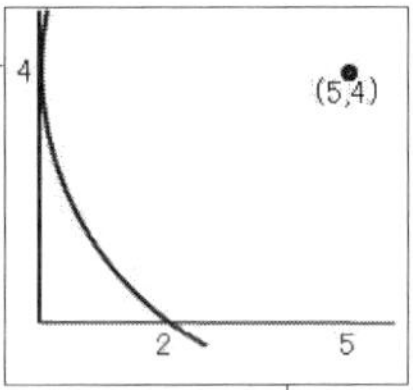

旁弧円錐は円錐の特殊なもので、側面から見ると片側は円弧になる錐体と思われる。錐体の頂点で円と高さは接することになる。
高さに垂直な平面で切断した断面は円になる。
旁弧の半径をRとして、図のように座標をとれば、
旁弧の円の式は
$(x-R)^2+(y-4)^2=R^2$
これが、$(2,0)$を通るから$R=5$、すなわち
$(x-5)^2+(y-4)^2=5^2$　　これから　$x^2-10x+(y-4)^2=0$
ゆえに　$x=5\pm\sqrt{9+8y-y^2}$　（但し＋は不適）　従って求める体積は

$$V=\pi\int_0^4\left(\frac{5-\sqrt{9+8y-y^2}}{2}\right)^2dy=\frac{\pi}{4}\int_0^4\left(34+8y-y^2-10\sqrt{9+8y-y^2}\right)dy$$

$$=\frac{\pi}{4}\left[\left(34y+\frac{8}{2}y^2-\frac{1}{3}y^3\right)-10\left(\frac{1}{2}(y-4)\sqrt{9+8y-y^2}+\frac{5^2}{2}\sin^{-1}\frac{y-4}{5}\right)\right]_0^4$$

$$=2.1635\cdots$$

図4-4-4　一問目の現代解法

参考文献
（1）野口泰助『埼玉県数学者人名小辞典』（昭和36年）
（2）『熊谷市史　後編』（昭和39年）
（3）「合類算法」「所掲武蔵国一宮氷川社算題三条」（東北大学和算ポータルサイト）
（4）野口泰助『熊谷市の算額』（熊谷市立図書館、昭和37年）
（5）野口泰助「北武の算家落穂拾い」（『埼玉史談』12巻1号）
（6）この問題の題意と解法には松本登志雄様に教示頂きました。

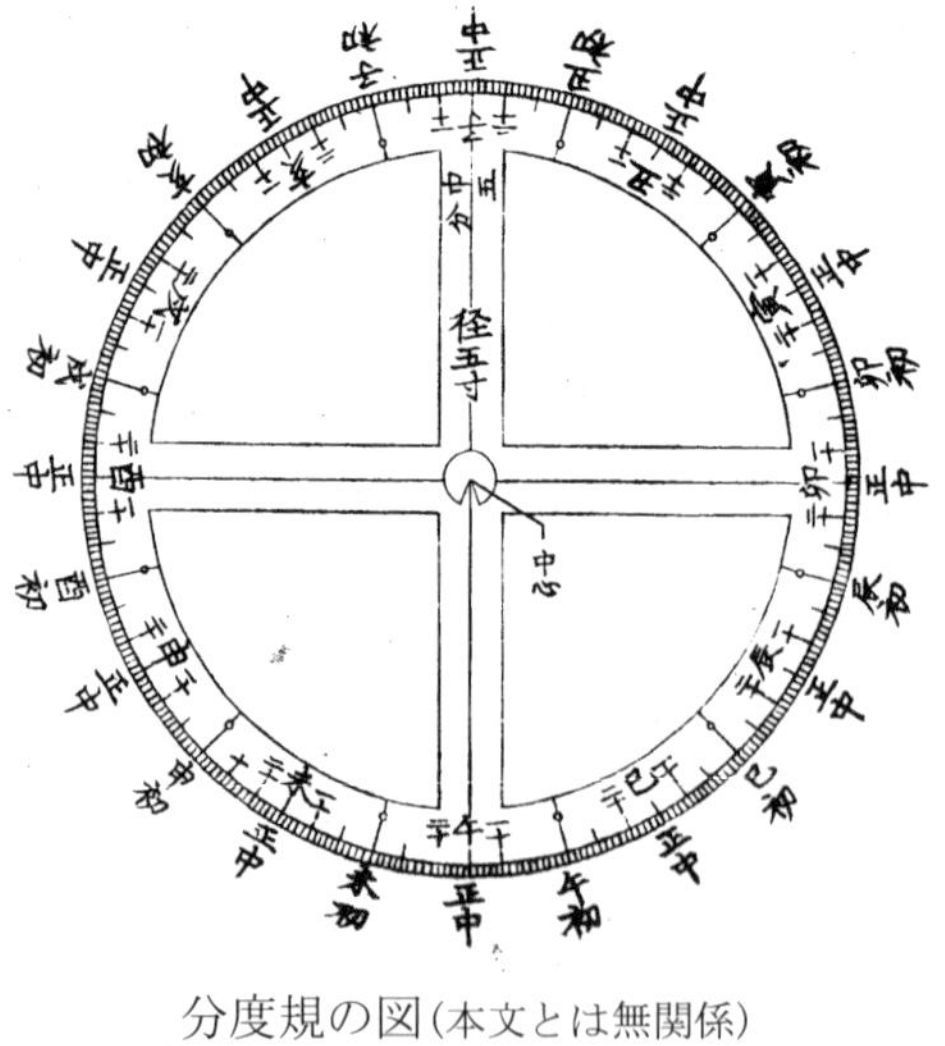

分度規の図（本文とは無関係）
（『算法地方大成』天保8年、筆者蔵）

四・五章　権田義長

文化四年（一八〇七）？～明治十四年（一八八一）　七十五歳？
礩久郎・正賢・桃寿　（熊谷市）

【人物】[1][2]

権田義長は熊谷市三ヶ尻の人で、家は地元の有力家であった。三ヶ尻の龍泉寺千手観音堂の明治十一年戊寅孟夏とある算額は、権田義長とその門弟達のものだが、その自序には川本村本田の鯨井一興に習い、後、関流四伝の桜井正一に師事し、剣持章行を尋ねるも遂に会えず師事出来なかった、というようなことが述べられている（鯨井一興、桜井正一はどのような人物か不明）。またこの算額では関流五伝を称している（五伝については桜井正一の四伝と併せて何故なのか不明）。自序には村吏事務に奉職とあるが、一説には僧職にもあったという。門人に深谷市人見の清水吉弥がいる。なお、権田礩九郎の名前は代島久兵衛の墓碑の台座にも見える。代島が亡くなった時に五十七歳だが代島の門人でもあったのだろうか。また後述のように桜沢英季の門人でもあった。

【石碑】

熊谷市三ヶ尻の幸安寺には「徳行之表」と題する石碑がある[3][4]。慶応二年に門人等が建てたものである。裏面には書数門人約二百名、外遠近六五名の名がある。

図4-5-1　徳行之表
（三ヶ尻の幸安寺）
（2012年10月）

【算額】

龍泉寺千手観音堂の算額の自序の一部は次のようなものである[5]。（この算額は拝見することができませんでした）

（前略）愚老目幼志于此道而其初随従于本田邨鯨井一興者受業焉雖然稟質魯而以漸留於地方一算而已後關流之四傳師事櫻井正一者而不甘食勞身焦心而多年也及於天元演段點竄諸約剰一朒一招差翦管綴術圓理弧背等之術焉正一没而獨學固陋力微而遅疑者乎於是發憤而入劍持先生之門而欲究極蘊奥先生者上毛吾妻郡澤渡人也負笈而遥訪先生不在而不得其志慷慨而歸矣爾来奉職村吏事務層々而豈遂青雲之志哉（後略）

關流五傳　當所權田入道義長

この自序には「天元演段點竄諸約剰一（一元一次不定式）朒一（剰一に同じ、過不足式）招差（一定条件下での係数を求める）翦管（不定方程式）綴術（冪級数展開）圓理弧背等之術」とあるから、権田義長は当時の算術を一通り理解していたのだろう。算額には小此木隆眞、田沼忠三郎、清水吉弥（三・五章(三)参照）、柳沢長八、福島弁蔵、黒澤荒治郎重栄（理八郎重栄の嗣子、四・四章参照）、嶋野義智など十名の問題がある。

なお、深谷市畠山の満福寺の算額[2][6]（明治十一年）の冒頭には、

関流五傳　権田入道義長（花押）
権田健長
権田昌豊
小此木隆眞（花押）

とあり、続いて上段に三ヶ尻の小此木隆眞・柳澤長八・嶋野義智・黒田利輔（四名とも三ヶ尻の人）の問題がある。

また七段に渡って多くの（数百人）門人等の名がある。そして後文があり、

明治十一戊寅孟夏　嶋野義智書

とある。龍泉寺の算額と全く同時期のものである。

また、二・四章（一）で前橋下大屋町の産泰《さんたい》神社の算額に「桜沢門人　武州幡《はた》羅郡三箇尾村　権田源之助正賢」の問題のあることを述べたが、その問題は次のようなものである。(7)

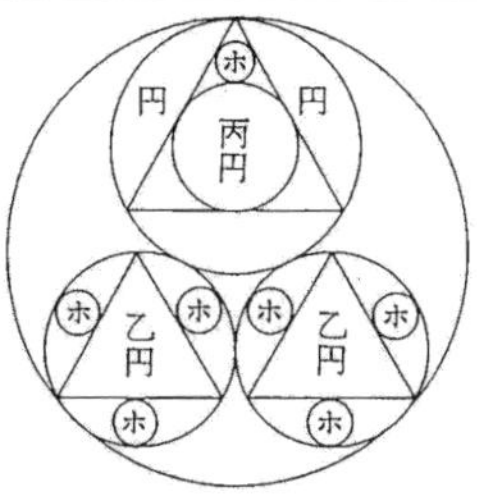

今有如図円内容甲円一個乙円二個丙円一個等円七個就三角外円径九寸問等円径若干

答曰　等円径一寸

術曰　置外円径九除之得等円径

合問

桜沢門人

武州幡羅郡三箇尾村　権田源之助正賢

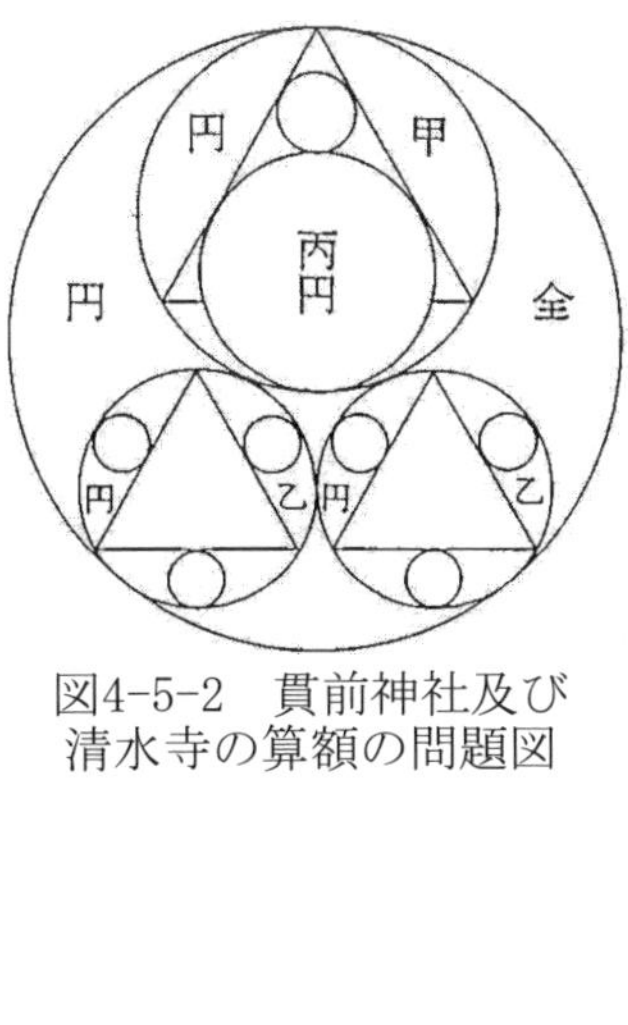

図4-5-2　貫前神社及び清水寺の算額の問題図

図で、外円径が9寸のときに等(ホ)円径を問うものだが、文献(8)によれば答が合っていない。よく似た問題が貫前神社の算額（安政五年三月）、及び清水寺の算額（安政五年十一月、『数理神篇』による）にもあるが丙円の位置が異なる。権田のものはこれらの算額と数値も同じだから、図を書き間違えた可能性があるが、既存の算額を知って同じ内容のものをどのような気持ちで掲額したのだろうか。

今有如圖圓内容甲圓一个乙圓二个等圓七个三角三个丙圓一个外圓径九寸問等圓径幾何

答曰等圓径一寸

術曰置外径九除之得等径合

問

安原千方門人

武州賀美郡勅使川原村　塚越久米蔵廣成

同村　清水郷八好述

安政五戊午十一月

図4-5-3『数理神篇』の清水寺の算額の問題(9)

参考文献

（1）野口泰助『熊谷市の算額』（熊谷市立図書館、昭和37年）
（2）野口泰助「熊谷の数学者拾遺」（熊谷市郷土文化会誌29号、昭和50年）
（3）埼玉県教育委員会『埼玉県教育史金石文集（下）』（昭和43年）
（4）嶋田文夫『三尻の石碑漫歩』（平成11年）
（5）埼玉県立図書館『埼玉の算額』（埼玉県史料集第二集、昭和44年）
（6）群馬県和算研究会のＨＰ
（7）群馬県和算研究会『群馬の算額』（昭和62年）
（8）群馬県和算研究会『群馬の算額解法』（平成19年）、『続　群馬の算額解法』（平成27年）
（9）『数理神篇』（東北大学和算ポータルサイト）

算術の教授風景（本文とは無関係）
（『広用算法大全』文政9年、筆者蔵）

四・六章　戸根木格斎

文化四年（一八〇七）～明治七年（一八七四）　六十八歳
貞一、士静、留五郎、対林堂、乗整、木練、頤楽　（熊谷市）

【人物】(1)～(3)

戸根木與右衛門格斎は文化四年に生まれ、明治七年に亡くなった。数学を藤田貞升（貞資の孫、久留米藩士）に学び、また至誠賛化流の平井尚休にも学び初伝を受け、剣持章行にも学んでいる。実家は絹布の商家で錬屋と言っていた。「熊谷市史」(3)には格斎のことが比較的詳しく次のように記載されている。

算則六十巻、後改訂して算籍七十五巻の伝書を始め「乗除」前後編、「町見術」「天元術演段」「天竄百二十問解義」「約術」「剰一術」「異乗同除」前後、「田圃分割術」「平等問」「差分」「田畑求積問」「開平帯縦相応」「開立方定卒」「適等初伝」「求積問」「普請方雑問」「截術」前後篇、「矩合適等」「幼学算梯」「幼学和算」「幼学算顆盤」「点竄両題解義」「算籌扱」「解方雑聚」「野原文殊寺掲額解義括術」「暦算寛政暦后訂」等の写本を弟子達に与えている。この内の『算則』は古川氏清の著十四冊又は二十八巻で、戸根木がその中から抄録した物で、『算籍』も二百二十二巻から七十五巻を抜いて作った物で、標題と各頁の枠のみ印刷し、筆写して門人に与えたものであって、平井尚休から伝授されたのであろう。

天保十年（一八三九）に平井尚休から至誠賛化流数学初伝を受けている。藤田貞升とは貞一とは兄茂兵が江戸の藤田某の従者であった関係で入門したと思われる。又、別に学んだ剣持章行は熊谷に出向い

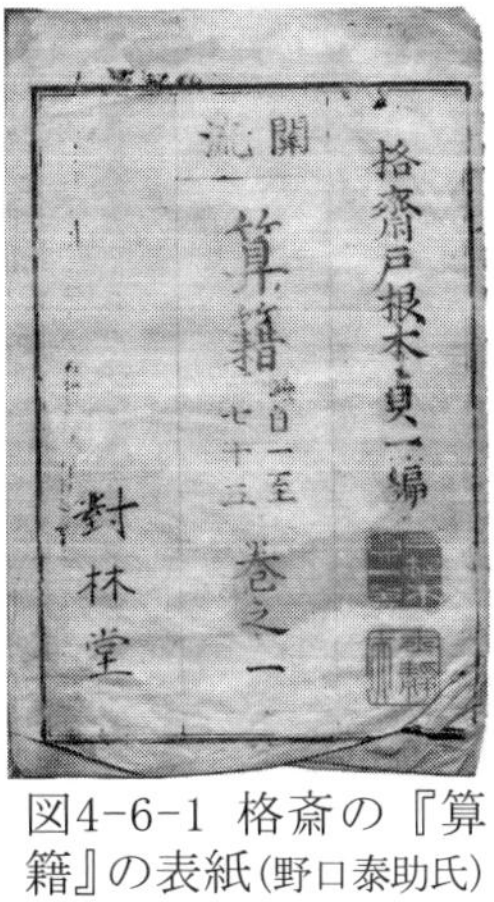

図4-6-1　格斎の『算籍』の表紙（野口泰助氏）

て教わっていて、剣持が文久二年（一八六二）に著わした『算法約術新編』に、又、嘉永元年《嘉永二年か》（一八四八）の著『算法開蘊』等に戸根木の名が数ヶ所見える。剣持の門人菅谷村越畑の船戸悟兵衛の紹介によって戸根木に入門した内田往延や町内の石川弥一郎、林有章、等門弟多く、また測量家玉井の小林金左衛門も門弟の一人であった。松枝誠斎等とも連絡があった様である。剣持と岡部の川田保則と別懇であるから川田と戸根木も何等かの繋りが有ったかも知れない。戸根木家に残っている和算書は『半梯和截積解義共』『弧矢弦積真術』『検地田畑截歩和積略図抄』『異乗同除前後篇適等』『倍埰法』『一算盈朒（山路連貝軒遍述）』『算籍』七巻、『統術秘伝』『方程中集』『算法開蘊中員数』『量地図説（長谷川弘著）』『算法地方大成（長谷川弘著）』『量地弧度算法』（内田恭著）『算法側円詳解』（村田恒光著）等があり、自作の骨石に刻んだ印数個、算盤氏、免許状等があった。

格斎は数学のみでなく、書も又礼法も長じ、書道は武田司馬に学び、武田の著『書学鑑要』の序を書いている。法名は、礼誉数翁頤楽居士と云い、礼法と数学の文字が含まれる。

門人の内田祐五郎往延が東松山の岩殿観音に掲げた算額には、「関流七傳　格齋戸根木與右衛門貞一　門人　武州比企郡　杉山村　内田祐五郎往延」とあり、格斎は関流七伝を称していた（七・二章参照）。

【石碑】

戸根木格斎の石碑はもとは熊谷駅近くの久山寺にあったが、今は熊谷市鎌倉町の石上寺境内にある。門人石川弥一郎が大正五年五月に建てたもので、格斎がどのように生きたかわかる碑文である。以降に碑文を示すが、上段は筆者が碑の文章を確認しながら記述したものであり、下段は『熊谷の先覚者と金石文』[7]によった。

図4-6-2　格齋先生碑銘
（石上寺、2012年10月）

格齋先生碑銘

余幼時入格齋先生之門學算數先生手書算籍授之了一巻又一巻而其書體以至圖形宛然如版刻本當時童蒙視以為常今而思之其忠於所學乃有足稱述者可謂篤學之士矣先生戸根木氏武州熊谷人家世以賣絹布為業號練屋稱與右衛門諱貞一字士静初稱留五郎後襲家稱格齋其號也少小嗜書道好謡曲習小笠原流禮式而受數學於關流六傳藤田貞升翁極其蘊奥初編算則六十巻後改訂以爲算籍七十五巻授之於及門領主忍侯屢賞其篤志明治七年十一月二日病歿享年六十有八葬於久山寺先塋之次法名禮誉數翁頤楽居士此先生所豫刻石也先生不飲酒不喫煙資性温厚言動有規坐作中矩誨人懇切絶無倦色蓋其意志超出時俗以斯學為終生頤楽也銘曰

生長市井　意志超卓　少小多能　尤精數學
孳孳研鑽　諄諄誨人　是頤是楽　斯學日新
名聲遠聞　藩侯褒奨　儀刑長存　後學景仰。

大正五年五月　門人正四位勲三等石川弥一郎拝撰
従六位林有章篆額并書

余、幼時格斎先生の門に入りて算数を学ぶ。先生手づから算籍を書し、之を授く。一巻を了れば又一巻。而して其の書体より以て図形に至るまで、宛然版刻本の如し。当時の童蒙視て常と為す。今にして之を思えば、其の学ぶ所に忠なること、乃ち称述に足る者あり。篤学の士と謂うべし。先生は戸根木氏。武州熊谷の人なり。家世々絹布を売るを以て業と為し、練屋と号し、与右衛門と称す。諱は貞一、字は士静、初め留五郎と称し、後、家を襲いて格斎と称せしは其の号なり。少小にして書道を嗜み、謡曲を好み、小笠原流禮式を習う。而して数学を関流六伝藤田貞升に受け、翁は其の蘊奥を極む。初め算則六十巻を編す。後改訂して以て算籍七十五巻と為し、之を及門に授く。領主忍侯屢々其々篤志を賞す。明治七年十一月二日病歿す。享年六十有八。久山寺の先塋の次に葬る。法名禮誉数翁頤楽居士、此れ先生の予て石に刻せし所なり。先生飲酒せず、喫煙せず、資性温厚にして言動規あり。坐作矩に中る。人を誨ふるに懇切にして、絶えて倦色なし。蓋し其の意志時俗に超出し、斯学を以て終生の頤楽と為せばなり。銘曰、

市井に生長し意志超卓、
少小多能にして、尤も数学に精し。
孳孳研鑽、諄諄として人に誨ふ。
是れ頤、是れ楽、斯学日に新たなり。
名声遠く聞え、藩侯褒奨す。
儀刑長へに存し、後学景仰す。

【免状】

至誠賛化流の平井尚休から受けた初伝の免状は次のようなものである（野口泰助氏模写資料より）。なお、同様な免状に坂口元太郎が受けたものがある（五・三章）。

夫欲解難問者先収其心
玩覽其問意而所難其解
者立天元一命之而求寄
消式而後成開方式而定
見商者也矣唯雖此一事
其術枝千變萬化而不一
譬臨兵而如察強弱設奇
正之別而如伏彼嗟心術
奇哉学者謹而悟其眞秘
則至于妙處也矣誠臨機
應變之神術也猶術路口
傳

無極
太極○
両儀◎
三才天地人
天元一
寄左
相消
開方
飜狂
眞術
行術
草術

右當流初傳心法口决雖
爲秘傳令相傳畢堅不可
觸他其目者也
古川山城守　氏清
古川新之丞　氏一
平井八十右衛門
天保十己亥年　尚休印
九月
戸根木與右衛門殿

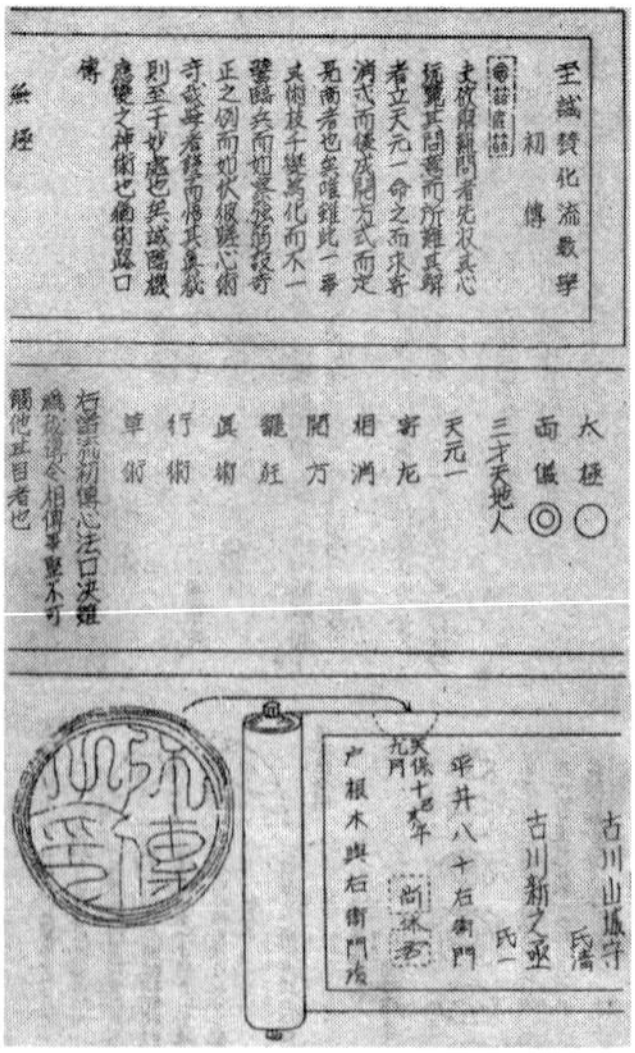

図4-6-3　免状（野口泰助氏模写）

【門人帳】

この「門人帳」（入門性名録）の表紙には、「萬延二年歳辛酉正月　式禮数学　入門性名録　貳番　対林堂」とある。数学の他に書学数・書数・礼容・筆学・書稽などの言葉と共に人名が百三十名近く書かれている。数学を学ぶ人の数が圧倒的に多いが、書や礼法などの門人帳も兼ねていたようである。

門人名に続き、個人毎にどのようなことを学んだか、「礼数書物門人江渡記　素読共但し傳書之類ハ別冊江出ス」と書かれた後に、例えば次のように書かれている。これにより学んだ内容がある程度わかる資料である。

主な門人にはこの他に、武田與七(恩田村)・小林勇吉(大芦村)・石川弥一郎(熊谷、四・七章)・吉田令輔(本田村)・斎藤吉十郎(箱田村)・吉原栄次郎(佐谷田村)・小高喜左衛門(松山町)・内田祐五郎(杉山村、七・二章)・澤五郎(志賀村)・筑城源右衛門(鴻巣在、下種足邨)・寺田準作(中里村)等がいる。ここで筑城源右衛門には、「慶応丁卯仲春　点竄両題解義　号昇齋」とあり、筑城源右衛門は都築源右衛門利治の可能性がある(八・四章(四)参照)。

后篇
乗除壱冊
一町見術（見盤定木 渾発之扱 壱冊）　万吉村　渡辺権之丞
前術ハ初冊江出ス
天元術演段　共三冊　玉井村
一點竄百二十問解義
約術剰一術　共五冊　小林后金左衛門
町見術　二冊
同断
一異乗同除前后共三冊
田圃分間術合冊壱
平等問壱冊　梶塚芳三郎
差分問弐冊

下の図4-6-5の左側の解読
なお、町見術は測量術のこと

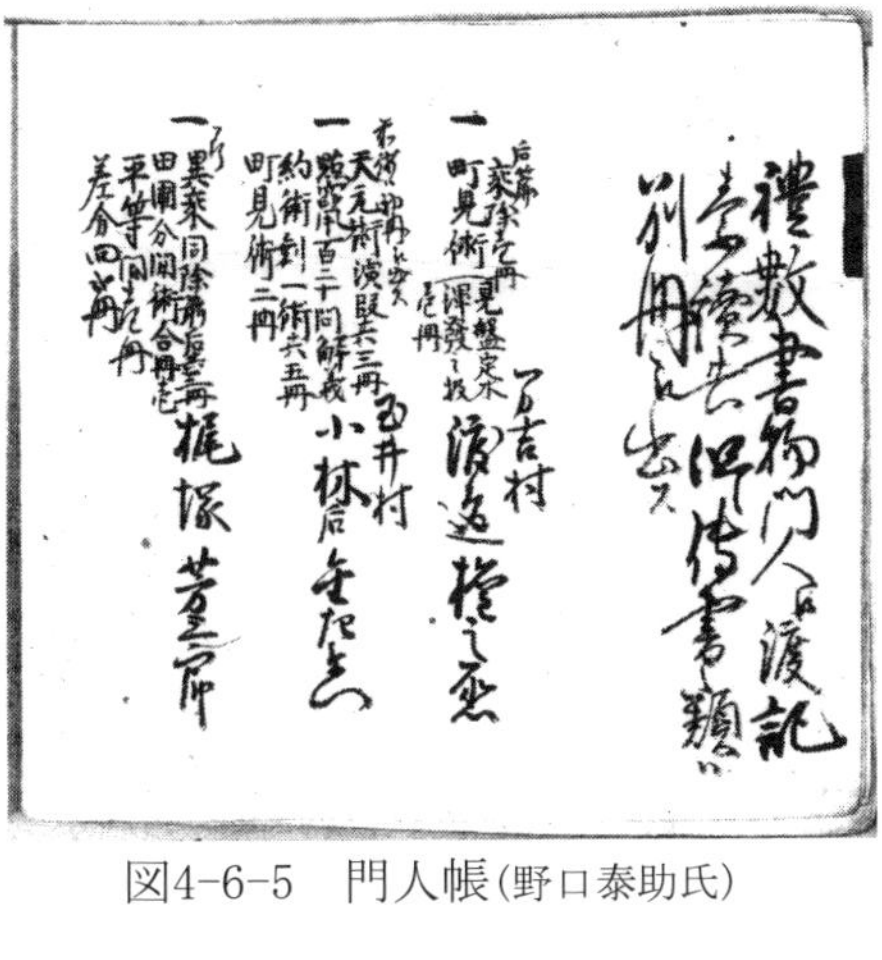

図4-6-5　門人帳(野口泰助氏)

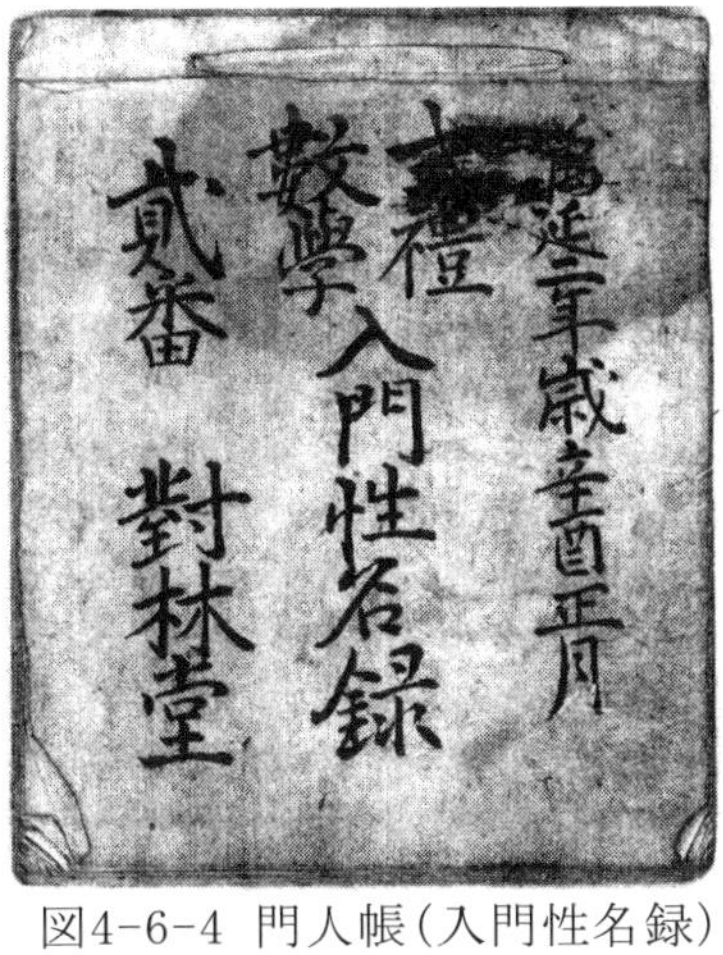

図4-6-4　門人帳(入門性名録)
(野口泰助氏)

なお、『剣持章行と旅日記』には戸根木宅へ頻繁に止宿したことが述べられている。

【算術】

戸根木格斎の著述等は記述したが、格斎が扱った問題は剣持章行の『算法開蘊』（嘉永二年）の巻二に干支の計算一問と附録に二問、また同じく剣持の『算法約術新編』（文久二年）に一問掲載されている。『算法開蘊』の附録の一つはエピ（外）サイクロイドの問題である。

（注）『算法開蘊』は日曜算から軌跡問題までを、『算法約術新編』は三巻で上巻は整数論・零約術から下巻は軌跡問題まである。

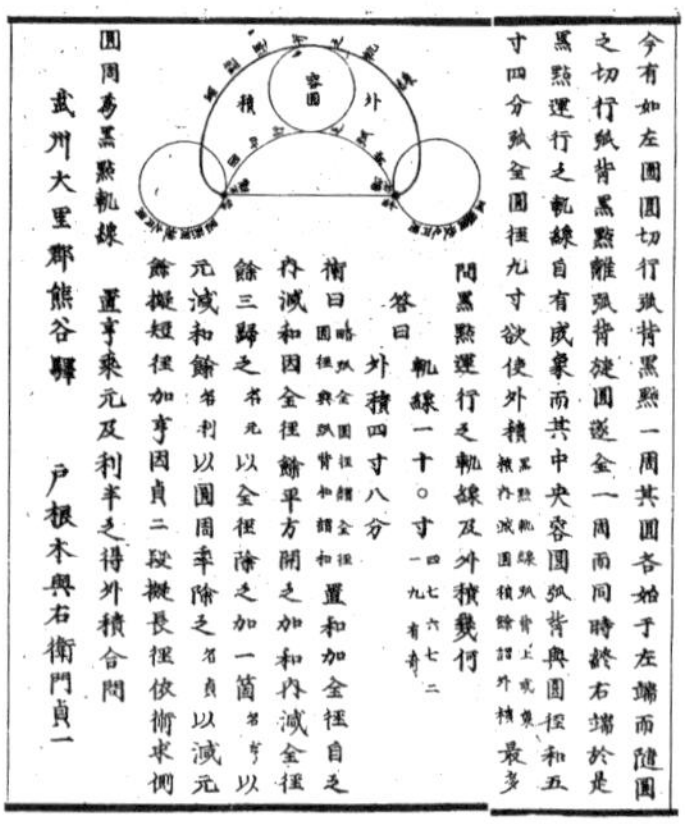
今有如左圓圓切行弧背黒點一周其圓各始于左端而随圓
之切行紙背黒點離弧背旋圓遂全一周而同時終右端於是
黒點運行之軌線自有成象而其中央容圓弧背與圓径和五
寸四分弧全圓径九寸欲使外積最多
問黒點運行之軌線及外積幾何
答曰　軌線一十〇寸
外積四寸八分
術曰　置和加全径自之
内減和因全径餘平方開之加和内減全径
餘三歸之以全径除之加一箇以
元減和餘以圓周率除之以減元
餘擬短径加亨因貞二段擬長径依術求橢
圓周為黒點軌線　置亨乗元及利半之得外積合問
武州大里郡熊谷驛　戸根木與右衛門貞一

図4-6-6『算法開蘊』の戸根木格斎の問題（6）

参考文献

（1）野口泰助「熊谷の数学者　代島久兵衛とその門弟たち」（熊谷市郷土文化会誌　第44号、平成元年）
（2）三上義夫「武州熊谷地方の数学」
（3）『熊谷市史　後編』（昭和39年）
（4）野口泰助『埼玉県数学者人名小辞典』（昭和36年、私家版）
（5）野口泰助「北武の算家落穂拾い」（『埼玉史談』第12巻第1号　1965年5月号）
（6）『算法開蘊』（東北大学和算ポータルサイト）
（7）熊谷市立図書館発行『熊谷の先覚者と金石文』（平成3年）

四・七章　その他の和算家（熊谷市）

（一）納見[1]～[4]平五郎佑武《かれたけ》（文化五年（一八〇八）～明治二十七年（一八九四））

熊谷市今井の赤城神社近くの人。文化五年の生まれで明治二十七年三月十日八十七歳で他界。法名を物故心山一宝禅定門という（『熊谷市の算額』では「明治七年一月二十九日七十七歳で他界」とある）。代島久兵衛の門弟で、地租改正の時も今井の丈量（測量）を担当、もと名主を勤め名字帯刀御免であった。隣村の地図も作ったというが現存しない。門弟に稲村八左衛門、栗原安雄等がいる。

赤城神社に明治五年四月に算額を奉納した。この算額は『川越の算額と和算家』[2]によれば、佚亡とあり現存しないが、『熊谷市の算額』[3]（昭和37年）に詳細に転記されている。が、この時点で既に「風雨に晒され判読困難」ともある。また『埼玉の算額』にも書き写したものが載っているが、これは『熊谷市の算額』からもってきているようである。が、門人名は略されている。

問題は四問あり、納見佑武のものは三問あるが、一部は読み取れていない。題意も今一つ不明である。もう一問を掲げたのは「當所　井上一才、同　曽根長次郎、上之郷　稲村八左衛門」とあり、この三名は納見の門人であったのだろう。三問の下には門人二十五名の名がある。その名は次のようにある[3]。

當村 曽根□□、関口清五郎、曽根平次郎、曽根作十郎、伊藤藤之助、大野留五郎、川柳□□、柳□□郎、納見長太郎、関口新三郎、米澤長吉、藤野弥八郎、鈴木□平、□藤正治郎、小澤虎之助、青木和[?]吉、新井五郎、新井伊勢五郎、新井良助、下川上村 橋本平□郎、小曽根村 鯨井彦三郎、山田□□郎、南河原村 新嶌□□八、上□□ 納見□□吉、上川上村 山□常五郎

（二）勢登亀之進重羽(4)　市川行英門人

熊谷市久下に住んでいた忍藩士で、同じ久下の黒沢重栄（四・四章）と共に市川行英の高弟である。天保六年三月二人により一問づつ円理の問題を解き大宮の氷川神社へ奉額した記録がある（「所掲武蔵国一宮氷川社算題」）。また市川行英が天保七年に著わした『合類算法』の訂はこの二人である。

（三）小林金左衛門（?～万延二年（一八六〇））代島久兵衛門人

代島久兵衛・鈴木仙蔵・戸根木格斎から学んでいる。戸根木の門人帳（図4-6-5参照）によれば、「天元術演段」「點竄百二十問解義」「約術剰一術」「町見術」などの書を受けている。(6)特に測量術に優れ、鈴木仙蔵・明野延右衛門らと玉井・大麻生・奈良の地図を作ったという。万延二年正月二十八日没。幽居動等信士。

（四）藤井保（安）次郎(4)　代島久兵衛門人

熊谷市代の人で、同じ代の代島久兵衛の高弟の一人である。文政六年二月の大麻生の地図は代島が旧姓の富田であるが、玉井の鈴木仙蔵等と藤井が並べて書かれている（四・一章）。天保から慶応の頃活躍した事が門弟の高橋祐之助の碑文にある。

（五）高橋祐之助(5)　通称祐五郎　藤井保次郎門人

熊谷市広瀬字屋敷の人で、家の前に大正二年二月に建てた碑があるという（筆者未見）。代島の門人藤井保次郎に文久四年正月に数学を師事した。明治五年の地券発行の時は群馬県新田郡岩松を初め県内では入間郡の上奥富（狭山市）、横見郡古名及び丸貫（吉見町）、熊谷市肥塚等の地図を作り、同八年地租改正の時も活躍した。

（六）清水定次郎鎮義

熊谷市川原明戸の人。与野市の正野友三郎定堅に学び、飯田重太郎等の門人がいる。相上《あいあげ》の吉見神社に明治九年二月、門人十七名の名で算額を奉納（現在見ることはできないようです）。図で大中小の径が与えられたときに外円径を求めるものである。[7]

今有如図円内容大小圓各一個中円二個大円徑三十五寸中円徑十七寸六分小円徑一十五寸問外円徑幾何　　答曰外円徑五十五寸〇分

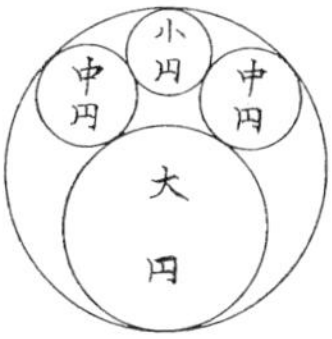

術曰立天元一為外徑加中徑乗大徑及小径加外徑再冪寄左列外徑冪乗大中小径和与寄左相消得開方式立方開之得外徑合問

得外徑式

龍躔明治萬千丙子二月吉辰

前文と門人名等を省略

術文の意訳は次のようなものである。

（大中小の径をそれぞれk l mとする）

外円の直径をxとし、xにlを加えたものにkとmを乗じ、それにxの３乗を加える。

次にxの二乗にkとlとmを加えたものを乗じる。

後者から前者を引いて３次式をたてこれを解くと次のようになる。

$$-klm-kmx+(k+l+m)x^2-x^3=0$$

（これは上記の得外径式）

この式に、$k=35,\ l=17.6,\ m=15$ を代入して

$$x^3-67.6\,x^2+525\,x+9240=0$$

従って

$$(x-55)(x^2-12.6\,x-168)=0 \qquad \therefore\ x=55$$

（文献(8)を参考にしました）

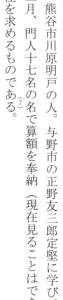

（七）石川弥一郎（嘉永五年（一八五二）～昭和五年（一九三〇））

熊谷市本町の北石川の家で嘉永五年九月に生れ、寺門静軒（儒学者）に学び、数学は戸根木格斎から習い、門人帳によれば「幼学算梯」「乗除問」「幼学和算」「異乗同除」「算籍」などの書を受けている。[6] 明治六年熊谷県より南八大区学区取締を申し付けられている。昭和五年二月没す。七十八歳

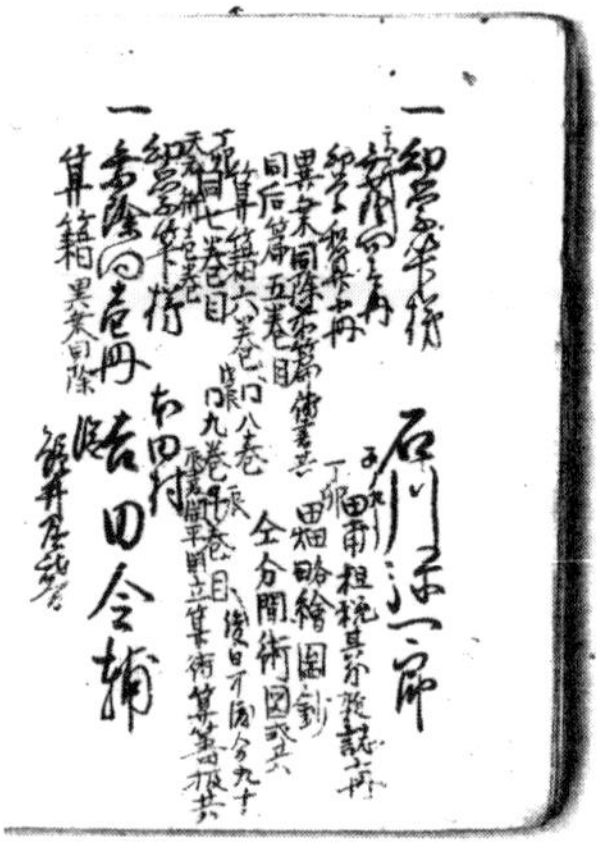

図4-7-1　石川弥一郎の記述
（戸根木の入門性名録[6]）

（八）茂木惣平美雅

熊谷市樋春の人。昭和十三年十二月には八十四歳の高齢で存命だったという。斎藤四郎右衛門という大工の棟梁から算学を学んだという。[9] 野原の文殊寺に明治二十四年九月、門人の名を以て算額を奉納したが、昭和十一年八月の火災で焼失。原稿が残っていて模写したものを図4-7-2に示す。二問とその解法、及び門人三十名と発起人二名の名がある。一問目は六個の大円（円径一寸）と三個の小円が図のようにあるときに小円径を求めるもの、二問目は一個の大円と四個の甲円（円径一寸）と八個の乙円があるときに乙円径を求めるものである（図4-7-3）。この問題と解法は『算法點竄指南』（大原利明、文化七年（一八一〇））に既にあるもので文面も同じである。一問目の内容（問文・答・術文・解文）は次のようなものである。[7]

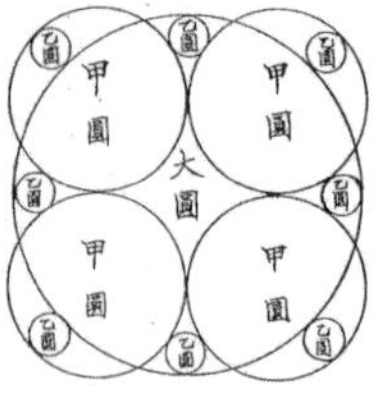

図4-7-3　文殊寺算額の二問目

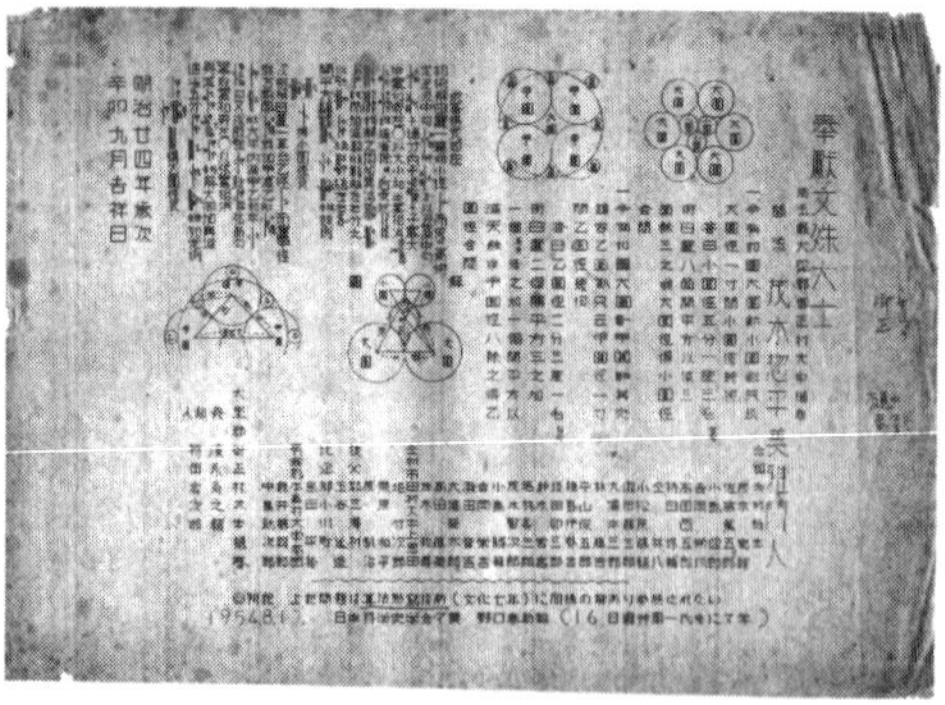

図4-7-2　文殊寺の算額（模写）
（昭和29年、野口泰助氏模写）

奉献文殊大士

埼玉県大里郡御正村大字樋春

関流　茂木惣平美雅門人

今有如圖大圓六個小圓三個只云

大圓径一寸問小圓徑幾何

答曰小圓徑五分一厘三毛有奇

術曰置八箇開平方以減三

箇餘三之乗大圓徑得小圓徑合問

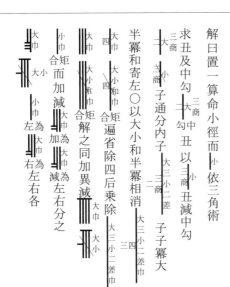

解曰置一算命小徑而依三角術

求丑及中勾 三商 大　二 中勾 丑 以 三商 小 丑減中勾

二 大 三商 小 子通分内子 大三小二差 三商 二 子子冪大

半冪和寄左〇以大小和半冪相消 大三小二差巾 三四

大巾 四 大小和巾 四 矩合遍省除四后乗除 大三小二差巾

大巾 大小和巾 矩合解之同加異減 大巾 大小

小巾 矩合而加減 大巾 加為 大巾 減為 左右分之

大巾 大小 小巾 左為 大巾 右為 左右各

開平方左商寄左右商相消 大 小 八商 大 矩合如例

八商 大 得小圓徑式

未知数の小径をx、大径をkとすると概略以下のようになる。

$$\frac{\sqrt{3}k}{2}=\text{中勾、}\ \frac{x}{\sqrt{3}}=\text{丑、}\ \frac{\sqrt{3}k}{2}-\frac{x}{\sqrt{3}}=\frac{3k-2x}{2\sqrt{3}}=\text{子}$$

$$\left(\frac{3k-2x}{2\sqrt{3}}\right)^2+\left(\frac{k}{2}\right)^2-\left(\frac{k+x}{2}\right)^2=\frac{(3k-2x)^2}{3\cdot 4}+\frac{k^2}{4}-\frac{(k+x)^2}{4}=0$$

$$\therefore\ (3k-2x)^2+3k^2-3(k+x)^2=9k^2-18k\,x+x^2=0$$

両辺に$72k^2$を加えると、

$$81k^2-18k\,x+x^2=(9k-x)^2=72k^2$$

$$\therefore 9k-x-3\sqrt{8}k=(9k-3\sqrt{8})-x=0$$

$$x=(9-3\sqrt{8})k$$

$$=9-3\sqrt{8}=0.5147\cdots\ (k=1\text{のとき})$$

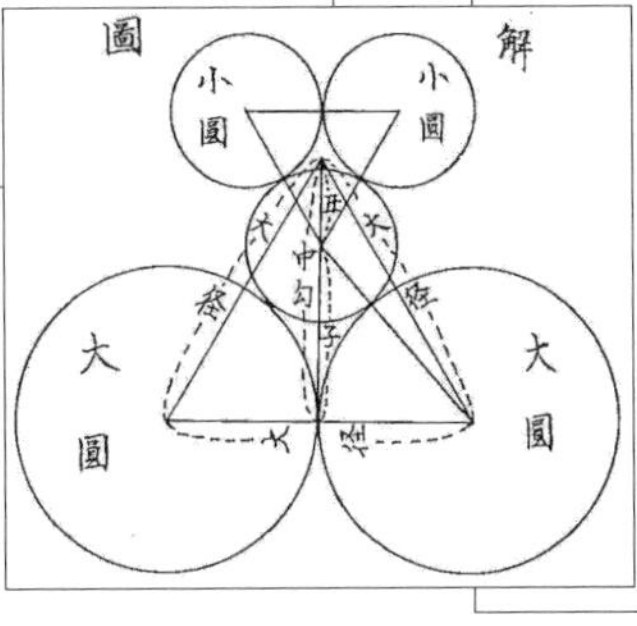

（九）その他

嶋田角三郎（代島久兵衛門人）、**大野留五郎・又五郎**（納見平五郎門人）、**稲村八郎右衛門**（納見門人）、**田沼忠三郎・嶋野義智・柳沢長八**（ともに権田義長の門弟）等がいる。また、長谷川弘の系統に**夏目善右衛門算儀**（天保三年～明治四十年）、その門人に**内田馬次郎**等がいる。夏目は明治四年池上の古宮神社に、内田は明治十五年下川上の愛染堂に算額を奉納している。

参考文献

（1）三上義夫「武州熊谷地方の数学」
（2）川越市立博物館『川越の算額と和算家』（平成15年）
（3）野口泰助『熊谷市の算額』（熊谷市立図書館、昭和37年）
（4）野口泰助『埼玉県数学者人名小辞典』（昭和36年、私家版）
（5）埼玉県教育委員会『埼玉県教育史金石文集（下）』（昭和43年）
　及び『熊谷市史　後編』（昭和39年）
（6）戸根木格斎（＝対林堂）「入門性名録」（万延二年、野口泰助氏資料）
（7）埼玉県立図書館『埼玉の算額』（埼玉県史料集第二集、昭和44年）
（8）大原茂『算額を解く』（さきたま出版会、平成10年）
（9）三上義夫「武蔵比企郡の諸算者10」1940年

ソロバンの稽古（本文とは無関係）
（『改算塵劫記』安永2年、筆者蔵）

五章　行田市の和算家

行田の和算家は忍藩の藩校進修館と密接に結びついている。

伊勢桑名藩の第五代藩主松平忠和《ただとも》は寛政十年（一七九八）、学問の振興のため昌平坂学問所の儒者平井澹所《ちんしょ》を招いて藩校進修館を創設した。その後、六代藩主忠翼《ただすけ》の時代の文化十年には進修館・医学館・兵法館の三館になっている。そして七代藩主松平忠堯《ただたか》の時代の文政六年（一八二三）、忍藩・桑名藩・白河藩の三方領知替えにより桑名藩は忍藩に移封となる。忠堯は当時名声のあった近藤棠軒《とうけん》や芳川波山《はざん》（一七九四～一八四六）を招き一時衰えた進修館を再興している。また慶応四年（明治元年）には培根堂・国学館・洋学館が設立された。

（参考：市川行英の『合類算法』の序は芳川波山が書いている。四・四章）

そして、藩主忠和は至誠賛化流の古川氏清の門人でもあった。文献（1）には和算の性格とその地位に関して、「上層階級に位する人々には、有馬頼徸、内藤政樹、松平忠和がある。有馬頼徸は久留米藩主、内藤政樹は延岡藩主、松平忠和は桑名藩主であった。数学の軽んぜられた当時にあって、数学を嗜んでその研究に従った。以上三侯のごときは、実に異例中の異例であった」とある。このようなことから次に述べるように、進修館の算術科が至誠賛化流となった。

この進修館で教える学科は『忍藩校進修館沿革略記』[2]によれば、「漢学、軍学、算術、習字ノ四科トシ此中ニ就キ最モ重キヲ置クモノハ漢学ニシテ之ニ次グモノハ軍学ナリ算術習字ノ二科ハ御馬廻リト称スル士分以上ノモノゝ必須ノ学科ニアラズシテ簿書会計ノ任務ニ従事スル御切米取ト云ヘル士分以下ノモノゝ練習スベキ学科ト定メラレ」とあり、その職員等は、「儒者二～三人、代講者一人、長取《ヲサドリ》（正教員）四人、…算術教師二～四人、助教二人…」

とある。算術科についての具体的記述は次のようにある。

忍藩校進修館沿革略記の算術科

算術ハ御切米取ト稱スル階級ノ藩士ハ職務上之ヲ練習スルノ必要アルヲ以テ古来ヨリ算術ニ熟達シ會計ノ任ニ適スルモノ尠カラズ故ヲ以テ其子弟モ競フテ本科ヲ専攻スルモノアルニ至レリ此教授ニ関シテハ別段ノ規定ナキモ古川山城守吉十郎(注)ノ至誠賛化流ト稱スル流派ニ據リ教師ト生徒ハ日々出席シ教師ハ生徒一人ツヽ着席ノ順次ニ依リ教授スルモノニシテ殊ニ加減乗除ニ重キヲ置キ進テ開平開立迄ヲ修了シタルモノヲ補助教員ト為シ天元ト点竄ノ初歩ヲ習得シタルモノハ助教ヲ命ジ長取《ヲサドリ》又ハ世話役ト云ヘルモノハ特別ニ任命セラレ点竄其他数理ノ奥義ヲ教授スルコトヽ定マレリ本科ニ関スル藩令ハ僅々左ノ一項アルノミナルガ如シ

　算術長取中絶之處此度平井八十右衛門、石垣宇右衛門へ稽古長取被仰付候間御切米取稽古可被致候尤右之外望之面々は稽古可致候事

　文政十一年子七月

本科ノ教師ニシテ最モ著名ナルモノハ左記ノ田中富五郎一名トス同氏ハ数学ノ蘊奥ヲ窮メシノミナラズ國学ニ精シク和歌ヲ能クシ天文、地理、韻鏡ノ諸学ニ通曉セリ其他ハ概ネ會計吏員中算数ニ練達セルモノヨリ撰任シタル教員ナレバ其氏名ヲ掲載セズ

長取格　教師　田中富五郎　雅号ヲ千村ト稱ス

(注)吉十郎は吉次郎の間違いと思われる。

田中富五郎（算翁）は若い頃江戸に出て至誠賛化流を学んでいる。行田の和算は田中算翁・吉田庸徳・平井八十右衛門（尚休）・石垣宇右衛門・伊藤慎平・妹尾金八郎・坂口元太郎らを輩出している。

（参考）

五代藩主忠和が実際どのような数学を扱ったかは不明だが、文献（3）には次のような記述がある。三上義夫の注である。

不朽算法評林に曰く、紀州只之進より藤田貞資へ対数の起源を問われ、藤田はこれを安島に托せしが、安島の解法を得て自作として報告し、これより二人の間柄は不和となれりと言う。只之進は後の桑名侯松平忠和なり。

この記述によれば、松平忠和は対数のことまで興味を示しているので、和算についてはかなりの知識を持っていたことが推測できる。

なお、『不朽算法』は安島直円の遺稿を日下誠がまとめたもので穿去問題や対数の研究がある。『不朽算法評林』は会田安明が前著に評言を加えたものである。参考までに『不朽算法評林』(4)に既述の藤田と安島の確執は具体的にどの様に表現されているか次に示すが、何処までが真実かは不明である。

此安嶋氏ノ術ハ先年紀州ノ只之進殿「此人後ニ松平下総守ト云フ」ヨリ藤田貞資ニ其起源ノ術ヲ問ハル然ルニ藤田カ算術是ヲ得ルコト能ハス故ニ貞資ヒソカニ安島氏ニ相談ス於是直円コレヲ考ヒ得タリト云フ其后貞資ヨリ只之進殿ヘ呈進ス其時貞資己レ一人カ工夫ヲ以テ得タルヤウニ申送ルト云フ其後安島氏此事ヲ聞テ大キニ憤リテ曰ク兼テ貞資ハ不實モノナレトモ此一事ハ大人ヨリノ御好ナレハ少シハ我ト相談セシコトヲフヒ

テヤウスヘキコトナリト甚タウラミ夫ヨリ後ハ不和トナリテ生涯出入りヲヤメ其後安嶋氏カ病死セシトキモ
貞資ヨリクヤミノ使ヒノ来ラスト云フ

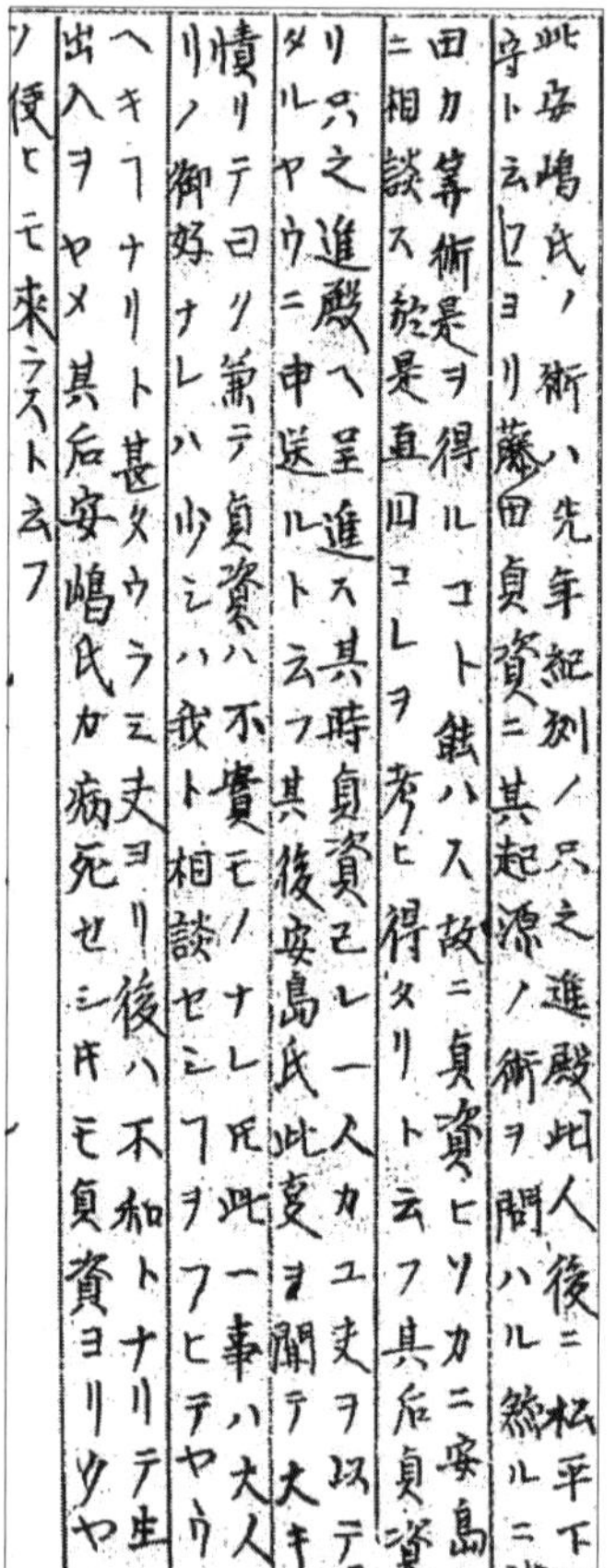
此安嶋氏ノ術ハ先年紀州ノ只之進殿此人後ニ松平下総
守ト云ヒヨリ藤田貞資ニ其起源ノ術ヲ問ハル忩ルニ藤
田カ算術是ヲ得ルコト能ハス故ニ貞資ヒソカニ安島氏
ニ相談ス於是直ニコレヲ考ヒ得タリト云フ其后貞資ヲ
リ只之進殿ヘ呈進ス其時貞資已レ一人カユ夫ヲ以テ得
タルヤウニ申送ルト云フ其後安島氏此事ヲ聞テ大キニ
憤リテヨリ兼テ貞資ハ不實モノナレ氏此一事ハ大人式
リノ御好ナレハ少シハ我ト相談セシヿヲフヒテヤウス
ヘキヿナリト甚タウラミ夫ヨリ後ハ不和トナリテ生涯
出入ヲヤメ其后安嶋氏カ病死セシ時モ貞資ヨリクヤミ
ノ使ヒモ来ラストテ云フ

図5-0　『不朽算法評林』の
藤田と安島の既述部分
（山形大佐久間文庫）

参考文献

（1）日本学士院『明治前日本数学史　第四巻』（岩波書店）
（2）古市直之進『忍藩校進修館沿革略記』（大正15年）
（3）遠藤利貞遺著・三上義夫編『増修日本数学史』（恒星社厚生閣、昭和56年）P425
（4）会田安明『不朽算法評林』（山形大学附属図書館佐久間文庫）

五・一章　田中算翁

享和二年(一八〇二)~明治六年(一八七三)　七十二歳
富五郎　昌言　方円堂　玉廼屋　千村　(行田市)

【人物】

田中算翁《さんおう》は享和二年桑名（三重県）の生まれ。通称は富五郎、字を昌言または千村《ちむら》といい、算翁と号し、別に方円堂、玉廼屋とも号した。代々藩に仕えたが家格は低く、文化十年(一八一三)表坊主（給仕する剃髪者）となり、文政四年(一八二一)家督を継ぐとともに奥坊主となった。文政六年二十一歳のとき職を辞して江戸に出て和算・国学をきわめ、嘉永六年(一八五三)忍藩の算術師範に任命され、のち藩校の培根堂及び国学館で教えた。明治六年六月に没し遍照院に葬られた。

桑名から松平忠堯《ただたか》が忍藩に入封したのは文政六年だが、同年に桑名から江戸に出た田中算翁は古川氏清の至誠賛化流を修め、黒沢翁満《おきなまろ》に国学を学び、算術・天文・暦・地理・測量の術に優れていた。文政十一年三月に黒沢翁満が忍藩へ連れて来た。関流の法道寺和十郎（善）(内田五観の門人で遊歴算家）と交わったり、関流の剣持章行とも交わった。著書に算学や天文の稿本があったが、刊行には至らなかった。藩学培根堂の教授は明治元年から四年までを勤めた（以上文献(1)）。

図5-1-1　田中千村(算翁)の像(『行田史譚』より)

また文献(2)には次のようにあり、人柄が少しわかる。

田中千村。（略）性頴敏にして学を好み。和漢の典籍に渉り。最も数学を善し。天文暦数地理測量の術の如きは其蘊奥を究めたりといふ。また韻鏡の学にも通じ字音濁反切の方に詳なり。かつ黒沢翁満の門人にして和歌を善せり。明治六年癸酉六月七日病没す。享年七十有二。辞世の歌あり（後述）。遺言により神式を以て葬儀を行ひ。北埼玉郡下忍村薬師堂の側に葬る。忍藩の儒員芳川襄斎は墓碑銘を撰み。藩の書家梅坡寺崎利憲これを書せり。

【墓碑】

田中算翁の墓碑は行田市駒形の遍照院（駒形薬師）にある。表は「方円堂田中算翁塚」とある。裏面は「算翁田中先生墓銘」と横書があり、その下に辞世と碑文がある。文献(3)(4)を頼りに読むと次のようなものである。

（前文あり）

よの中の　月より花に　あかねとも　まかせぬものは　命なりけり

翁名昌言一名千村号算翁方円堂玉廼屋皆其別号姓田中氏通称富五郎故忍藩人頴敏好学稍渉和漢典籍通韻鏡明字音清濁反切之方最善数学天文暦数地理測量之術深造精攷竟窮其蘊奥矣擢算学教師能誘掖後進傍嗜和歌詳萬葉集吟詠頗多矣翁無子嚮養玉岡利剛二男千縣為嗣更養山内務之長女以為之配明治六年癸酉六月七日以病歿享年七十二遺言葬於下忍薬師堂側翁素忌佛迨病革曰吾死必勿用佛法至此殯殮皆由所謂神道之式千縣将營墓碣請文於余乃為之銘銘曰。

図5-1-2　方円堂田中算翁塚（2013年3月）

資稟穎悟　文籍是好　算術精竅　竟窮蘊奥
毎嗜和歌　吟詠自適　奄然長逝　俯仰維械
明治七年甲戌五月　　襄斎芳川俊遂撰
梅坡寺崎利憲謹書
孝子　千縣建石

【著書と算術】

田中算翁について、文献(3)で三上義夫は、「遊歴算家法道寺和十郎の『算家系譜』に、『武州ヲシ、ギヨヲダ藩士タリ、算法ニ妙ヲ得タリ』と記す。和十郎の此の評言は其人の人物を思はしむるに足ると思ふ」と述べている。

(1) 田中算翁は古川氏清の後裔の家にあった安政四年の「先師尊霊算法」という稿本の中で、図5-1-3に示すような式で円積率（π/4）を無限乗積で二通り出していて、①を従強漸親之円積率、②を従弱漸親之円積率と呼んでいた[5]。後述する『算法諸国奉額集』に載っている算翁（富五郎）の問題の中にも同じ内容のものがある。これはウォリスの公式で既に二・三章で述べたものであるが、算翁が導いた式ではないと思われる。

① $$\frac{\pi}{4}=1\times\frac{2\cdot4}{3^2}\times\frac{4\cdot6}{5^2}\times\frac{6\cdot8}{7^2}\times\frac{8\cdot10}{9^2}\times\cdots$$

② $$\frac{\pi}{4}=\frac{2}{3}\times\frac{4^2}{3\cdot5}\times\frac{6^2}{5\cdot7}\times\frac{8^2}{7\cdot9}\times\cdots$$

図5-1-3　ウォリスの公式
（図2-3-6も参照）

(2)『掌中圓理表』[6]は、6.2×15㎝の折り畳み式の著作である。序文には「天保甲辰(十五年)歳南至日(冬至日)　方円堂　田中昌言編」とある。上編の内容は、綴術開差、乾坤偶乗表、乾坤奇乗表、畳法、各種畳数表、円理之法（平円法、全円法）など積分の導入としての説明があり（用語は「算法求積通考」（天保一五年）など関流の用語とは微妙に異なるように見受ける）、その後《あと》用表法（問題例）として設例が五例記載されている。その内三例が円柱を別の円柱で抜き去る穿去問題、最後のものは楕円の周を求めるものである。

これらの問題は『算法円理冰釈』（天保八年、岩井重遠・剣持章行）などで解説されているもので、当時すでに既知の内容であるが、和算では高度な内容である。田中算翁はこれらの内容を理解していて、応用しようとしていたのではないかと思われる。

中編では截弦法、截矢法で各種畳数表を記載している。用表法では円柱を半円で穿去した場合や、楕円の一部

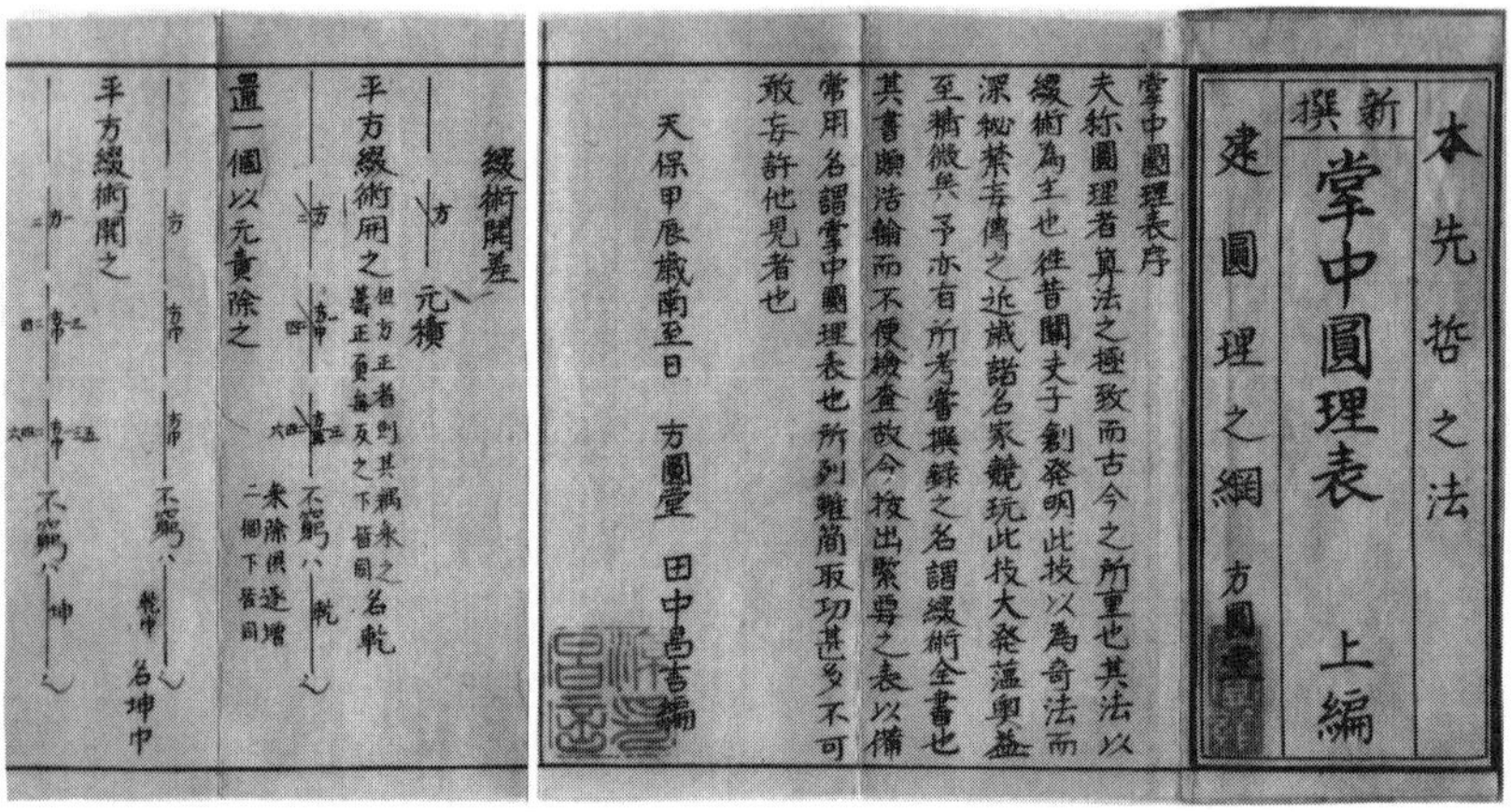
本先哲之法
新撰 掌中圓理表 上編
建圓理之綱 方圓堂

掌中圓理表序
夫弥圓理者算法之極致而古今之所重也其法以綴術為主也往昔關夫子創発明此技以為奇法而深秘禁妄傳之近歳諸名家競玩此技大発蘊奥益至精微矣予亦有所考審撰録之名謂綴術全書也其書雖活輪而不便檢査故今抜出緊要之表以備常用名謂掌中圓理表也所列雖簡取功甚多不可敢妄許他見者也
天保甲辰歳南至日　方圓堂　田中昌吉編

図5-1-4　『掌中圓理表』の序（野口泰助氏）

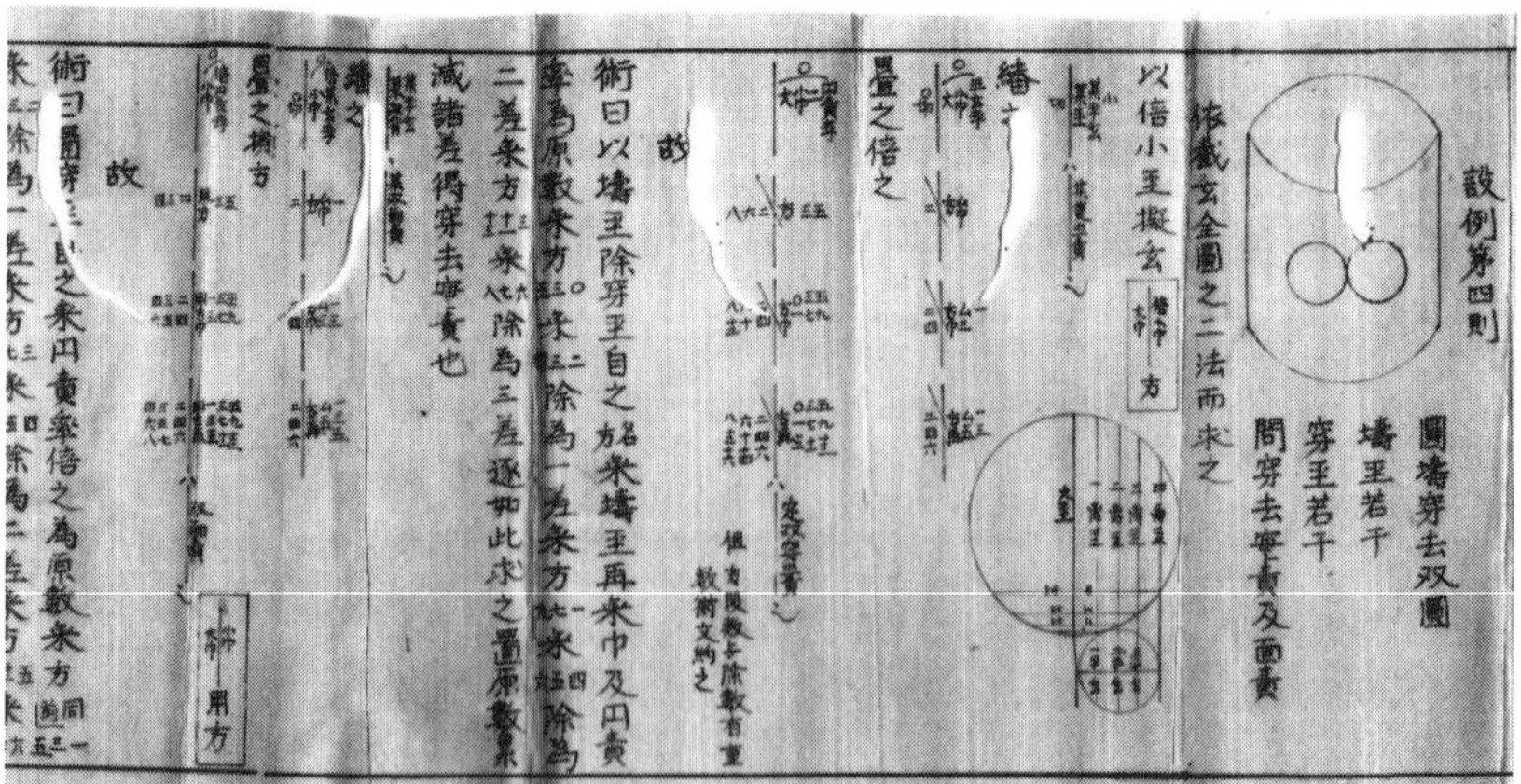

図5-1-5　『掌中圓理表』の設例第四則（この問題は円柱を別の二つの等しい円柱で図のように穿去したときの体積を求めるもの）（野口泰助氏）

の周（正背）を求めている。

（３）『算法諸国奉額集』[7]は、肥前長崎から羽前（山形）までの天保五年から明治十年までの九十六問の算額の問題を集めている。他に「関先生就千百五十四忌追善手向之算題」として九問が載せてある。佐久間纉《つづき》自筆といわれる。この算法諸国奉額集に、「武州忍藩　田中冨五郎昌言」が安政四丁巳歳秋八月に、勢州縄生《なお》村天満宮（三重県朝日町）に五問掲げていることが掲載されている。安政四年は算翁五十五歳の時である。縄生村は算翁の出身地だったのだろうか。

問題の一問目は円内に一つの側円（楕円）と四つの等しい小側円が対称的に配置された時の幾何問題である。五問目は加減を用いぬ既述（図5-1-3の①式）のウォリスの公式のもので次のように書かれている。

今有綴術之法欲不用加減而求円積率
問其術如何　答曰如左
術曰置一個二四乗三冪除四六乗五冪除六八
乗七冪除八十乗九冪除逐如此而得従強
漸親之円積率合問
又術曰置二個三歸之四冪乗

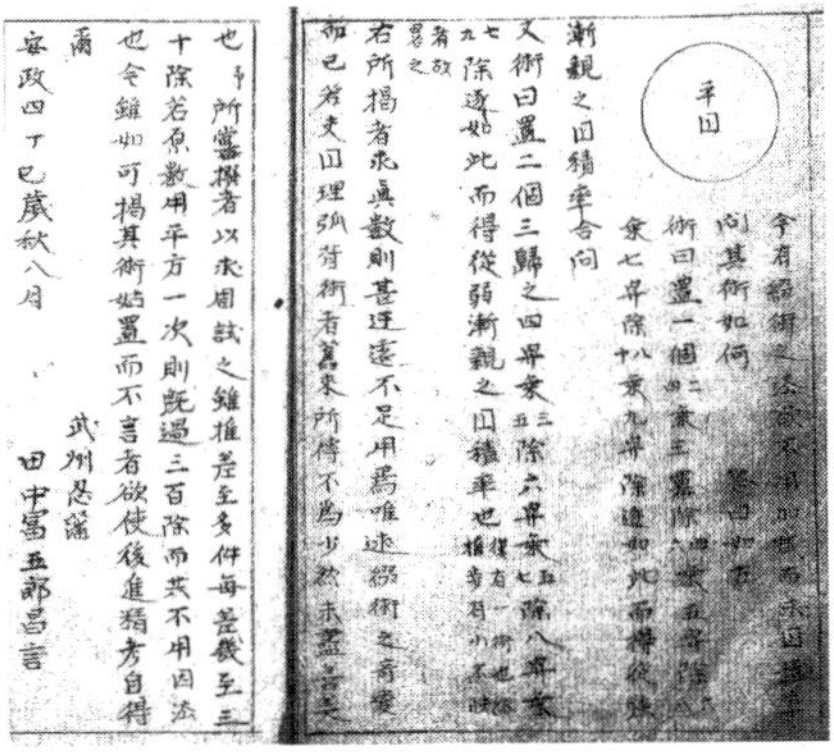

図5-1-6　『算法諸国奉額集』の田中冨五郎の問題

（４）『近世名家算題集』[8]は福田理軒が編集し明治十二年に出版したもので、佐久間纉・萩原禎助など、それに忍藩の平井尚休・伊藤時方・妹尾直則・田中昌言（算翁）の撰題と解術が掲載されている。凡例に「此編録スル所ハ皇法及ヒ西式トモ題術ノ浅深ヲ論セス投寄ノ順次ニ就テ之ヲ記ス」とあるが、算翁は既に明治六年に亡くなっているから誰かが寄せたのだろう。忍藩の人達はいずれも「故」が冠せられている（伊藤時方（慎平）はこの時存命だから何かの間違いだろう）。田中昌言の算題は二問あるが、これは『算法諸国奉額集』に掲載されている五問のうちの三問と同じ内容である。

【門人起請文】

田村庭雪という門人が慶応年間に師の田中冨五郎に提出した起請文（下書か）がある（図5-1-7）。時期は「慶応」のみだが、算翁六十代半ばの頃である。

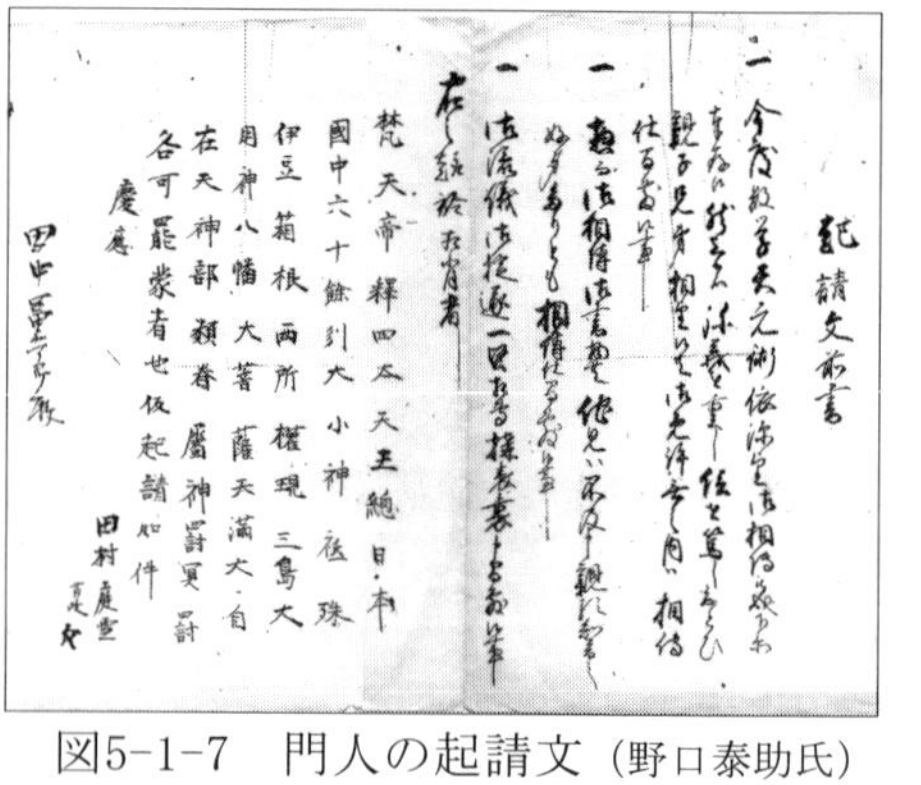
起請文前書
梵天帝釈四大天王総日本国中六十余州大小神祇殊伊豆箱根両所権現三島大明神八幡大菩薩天満大自在天神部類眷属神罰冥罰各可罷蒙者也仍起請如件
慶應
田村庭雪
田中冨五郎殿

図5-1-7　門人の起請文（野口泰助氏）

参考文献

（1）埼玉県教育委員会『埼玉県教育史　第一、二巻』（昭和44年）
（2）加藤三吾『埼玉県人物誌』（大正11年、昭和51年復刊版、歴史図書社）
（3）三上義夫「北武蔵の数学」（『郷土数学の文献集（2）』萩野公剛編、富士短大出版部、昭和41年）p102
（4）埼玉県教育委員会『埼玉県教育史金石文集（下）』（昭和43年）
（5）三上義夫「科学史研究　第三号」（三上義夫の「算額雑攷」、昭和17年）
（6）田中昌言『掌中圓理表』（野口泰助氏蔵）
（7）佐久間纉『算法諸国奉額集』（山形大学附属図書館佐久間文庫）
（8）福田理軒『近世名家算題集』（東北大学和算ポータルサイト）

五・二章　吉田庸徳

弘化元年（一八四四）～明治十三年（一八八〇）　三十七歳
虎之助　（行田市）

【人物】

吉田庸徳《ようとく》は忍藩士吉田庸易（八十五郎）の長男として、弘化元年五月十二日行田市佐間に生まれた。幼名は虎之助。芳川春涛《しゅんとう》（芳川波山の子で洋学館で英語を教えた）から英語を学び、田中算翁に数学を習い、東京本所緑町二丁目、後三丁目に寄留。大鳥圭助（幕末の軍人、明治の官僚）にも学ぶ。文久元年（一八六一）、十八歳で算術書を著作し培根堂の教授となる。算術書はよく売れ本所に学校設立を計画したが、三十七歳の若さで明治十三年六月二十七日東京にて病没した。祖父は八五郎といい忍領秩父陣屋に勤め、父八十五郎は代官手付を勤めたが田中算翁に和算を学び、また測量術も学んで見沼水路の樋普請、妻沼百間出しの護岸工事、糠田村の荒川水防工事等の事業を成就した人である。[1]

著述に『西洋度量早見』（明治四年）、『洋算早学』（明治六年）、『筆算楷梯』（明治六年）、『中外度量早見』、『算術教授書』、『開化算法大成』（明治十三年）、『和算通書』（明治十八年）・『算則解術記』などの数学書を著した。明治初期に洋算の算術書を多く出版したことにより、日本の数学教育の発展に大きな功績を残した人物として評価されている。他に『横

図5-2-1　吉田庸徳の写真[2]
ガラス湿板、慶應４年下岡蓮杖の撮影。

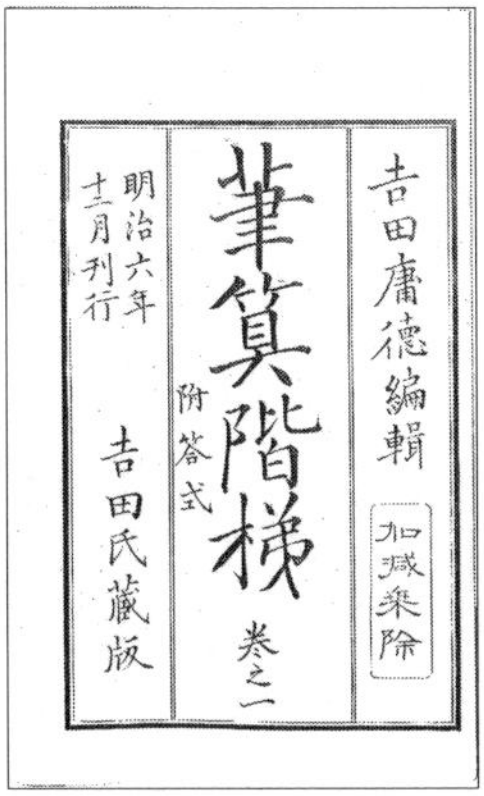

図5-2-2『筆算階梯』
（野口泰助氏）

文字運筆自在』『袖珍英和節用集』等の洋学書も著している[以上(2〜4)]。

【墓】

行田市佐間の清善寺にある。法名は真隣常栄居士。

【著書】

『西洋度量早見』[5]（明治四年）は、長さや貨幣に関する度量の換算表であり、比例表として各中間値の値の表も用意されている。亜米利加《アメリカ》・英吉利《イギリス》・法朗私《フランス》の度量に対応している。

『洋算早学』[6]（明治六年）は二編から成り、第一編は用算の数字・位名・記号・九九・加減乗除などの初歩的記述、第二編は度数・町間・田畝・衡数・量数・貨幣・時刻・角度・諸数変化、それに問題集となっている。諸数変化では、3里18丁15間3尺が何尺になるかを示している。

『開化早割新撰算法』[6]（明治十一年出版）は、ごく初歩的な内容から始まり十露盤の使い方（ここまでが21項目）、具体的な実用算として米・味噌・醤油・塩・酒・薪・炭・水油・蝋燭・茶煙草・紙・砂糖・鰹節・薬種・絹布・糸綿・割増割減《わりべり》・地代・利息・材木・求積

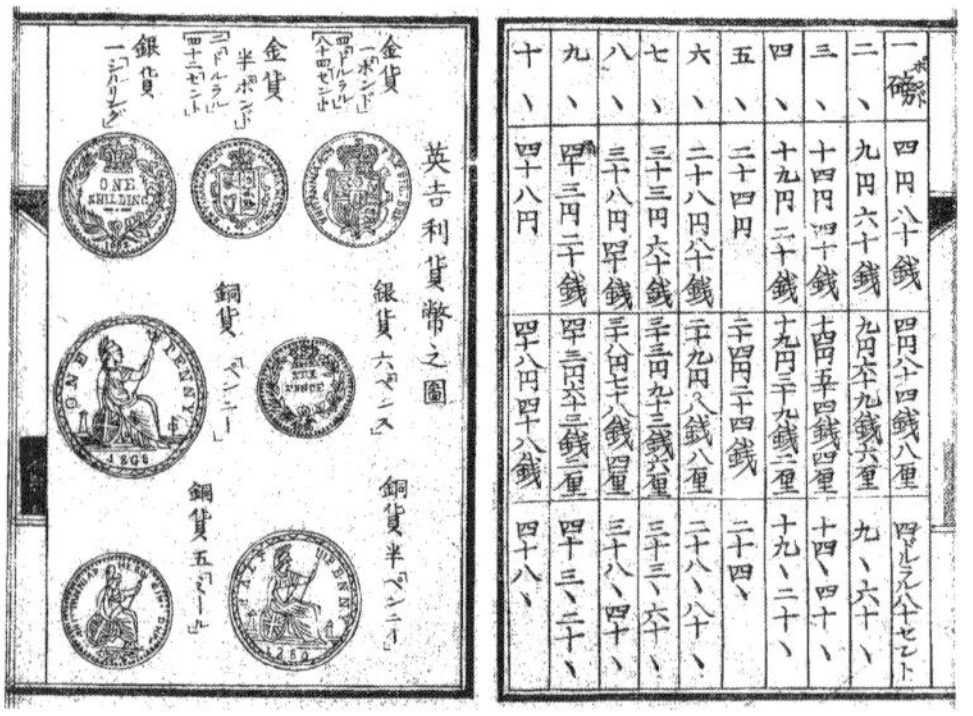

図5-2-4『西洋度量早見』（東北大）

図5-2-3 吉田庸徳墓
（行田市清善寺、2013年3月）

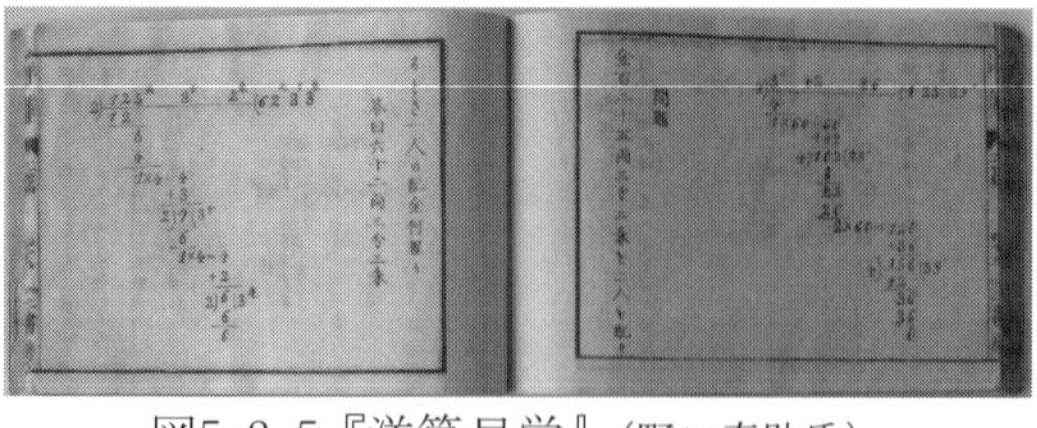

図5-2-5『洋算早学』（野口泰助氏）

があり、附録として銀目早見と金利早見がある。求積の項では様々図形を用いている。円積率（π/4）は0.78539を用いている。

明治十八年刊の『和算通書』は『新撰算法』の初めから砂糖までの内容と同じである。

『開化算法新書』(6)巻之上下（明治十二年出版）は須田光義編輯・吉田庸徳校正となっているが、須田光義の人物像は不明。上巻は『新撰算法』とほぼ同じような内容だがより詳しく書いてある部分もある。圭垜《けいだ》・梯垜《ていだ》などの記述もある。下巻は上級になり、盈朒・開平方・開立方・勾股弦・容術・算盤図・天元術・傍書略字解・筆算問題・点竄術などである。具体的な容術問題を扱っている。

『開化算法大成』(6)上中下（明治十三年出版）は吉田庸徳編輯・須田光義校正となっている。『開化算法新書』と同じような内容である。

その他に『日用往来』（明治六年、大須賀龍潭著・吉田庸徳校）、『洋算獨稽古』（二編）（大須賀龍潭著、吉田庸徳校）、『算則解術記』がある。

また算書ではないが、『横文字運筆自在』(7)（明治六年）、『袖珍英和節用集』(7)（明治四年）は左綴じの英和辞典である。

図5-2-8『開化算法大成』（野口泰助氏）

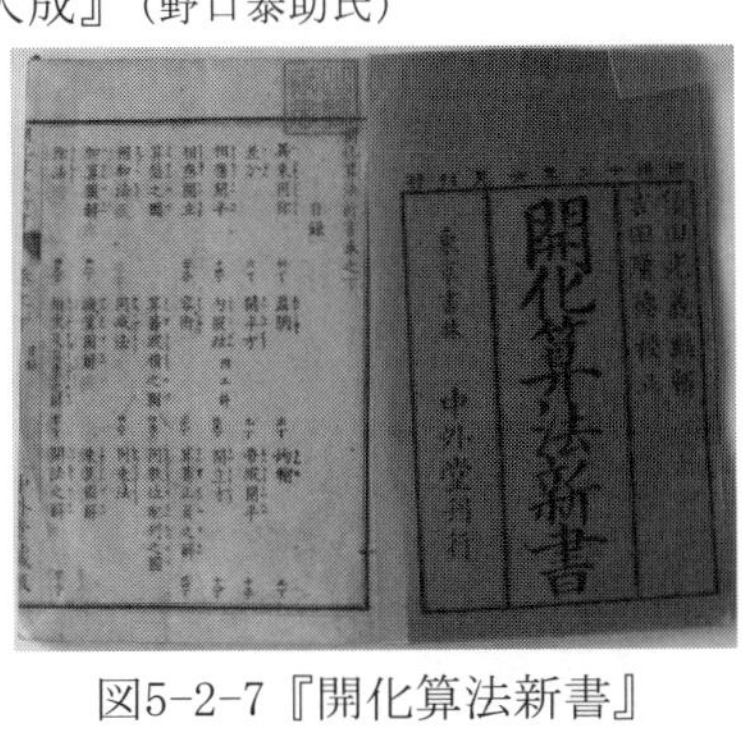

図5-2-7『開化算法新書』（野口泰助氏）

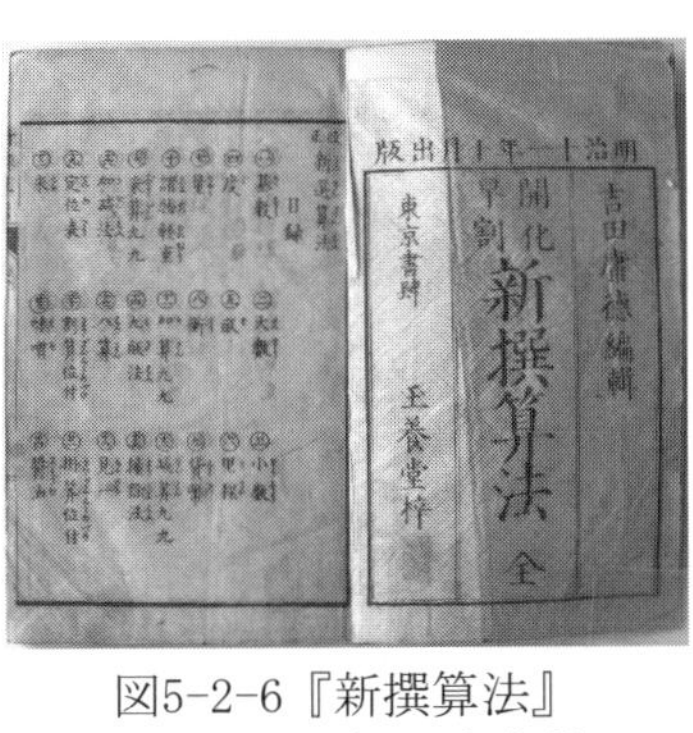

図5-2-6『新撰算法』（野口泰助氏）

参考文献

（1）行田市『行田史譚』（昭和33年）
（2）行田市郷土博物館「行田の教育200年史」（平成24年）
（3）野口泰助『埼玉県数学者人名小辞典』（昭和36年、私家版）
（4）埼玉新聞社『埼玉大百科事典』
（5）『西洋度量早見』（東北大学和算ポータルサイト）
（6）『洋算早学』『新撰算法』『開化算法新書』『開化算法』『開化早割新撰算法』（野口泰助氏蔵資料）
（7）『袖珍英和節用集』『横文字運筆自在』（早大古典籍総合データベース）

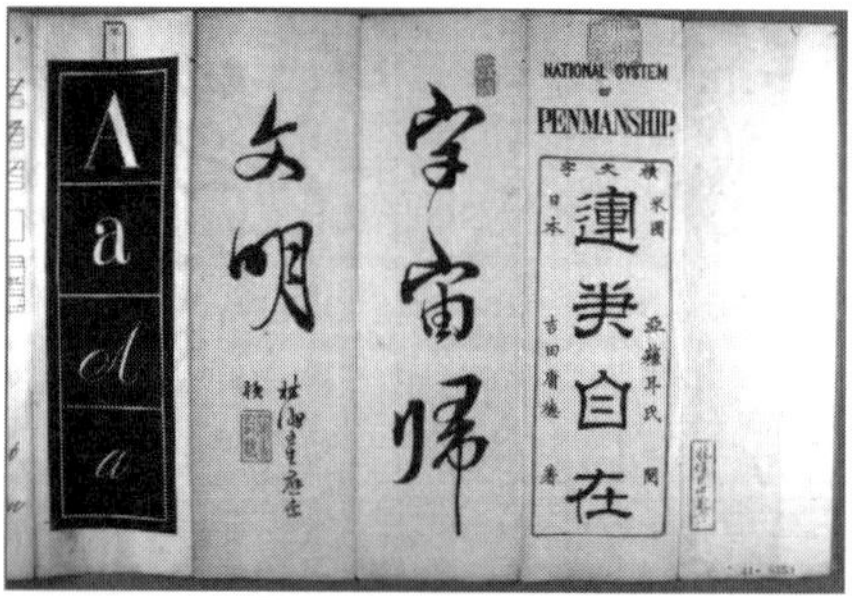

図5-2-9『横文字運筆自在』（早大）

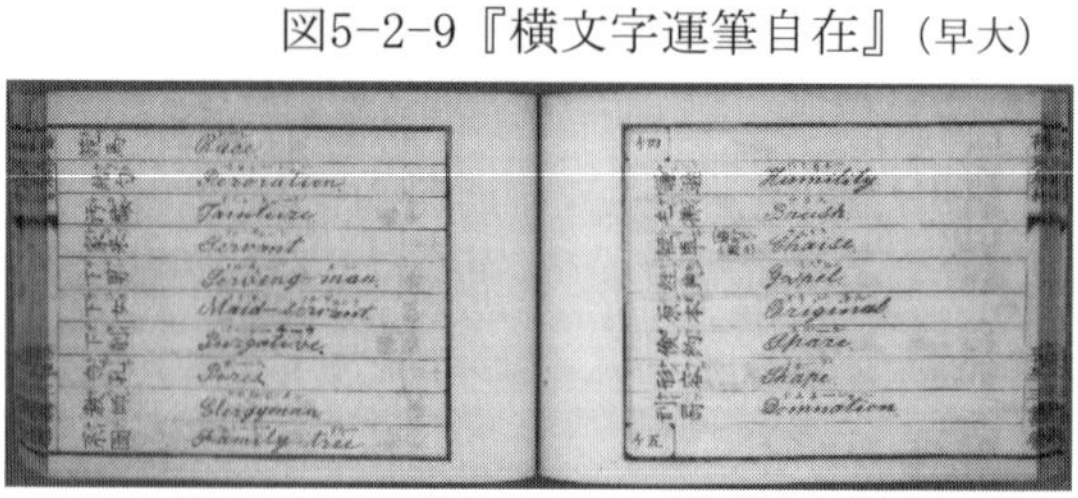
図5-2-10『袖珍英和節用集』（早大）

五・三章　伊藤慎平

文化六年（一八〇九）～明治二八年（一八九五）　八十七歳
六之助、時方、定敬、精斎
（行田市）

【人物】[1][2]

伊藤慎平は、文化六年八月桑名藩士伊藤時敏の四男として桑名に生れ、五才で父と別れ、文政六年（一八二三）三月、松平忠堯《ただたか》が忍城に移った際、兄に従って忍に来る。同時代に共に移った藩校の進修館に伝わった至誠賛化流の数学を平井八十右衛門尚久に学んだ。苦学力行専ら算術を修め、藩より厚く用いられた。

天保三年（一八三二）に分家独立し、算術師範として勘定方試補から累進、勘定方組頭となっている。嘉永元年（一八四八）には伊藤慎平とその門弟妹尾金八郎と田村伝蔵の三名で、『側円類集解義』上下二巻を著している。同書は太田保明の著『（自問自答）側円類集』（天保十四年）の解義である。

後、隠退して熊谷市肥塚に邸宅を新築し、門弟の指導をしていた。明治二十八年二月二十四日、八十七歳にて没し肥塚成就院に葬る。法名は慎證院釋家興平等居士。

【墓碑】

熊谷市肥塚の成就院にある。正面には「慎證院釋家興平等居士」「速證院釋尼榮信大姉」とある。右側面に次の碑文がある。[3]

君諱慎平幼名稱六之助元桑名藩士伊藤時敏之四男文化六年歳在己巳八月生于伊勢國桑名城内君年五歳喪其父文政六年藩主

図5-3-1　伊藤慎平の墓
（2014年10月）

移于武蔵國忍城與長兄等倶従之當時家計粟窶無充学資者君艱
難立志有少暇則脩学専研究算術徒歩往来于江戸就其師天保三
年分家獨立以算術師範為勘定方試補藩主肇賜禄米累進至勘定
組頭明治維新藩政釐革擢任権大属又補埼玉縣十二等出仕明年
辞職而後退隠明治二十八年二月二十四日年八十有七而歿焉君夙
勤倹貯蓄新築邸宅以創家門之基礎其功績可謂偉且大也刻以
垂不朽　明治二十九年二月二十四日　孫伊藤光造建之
友人華石渡辺雄書

伊藤光造は、慎平の次女古春に行田の中村定右衛門庫助を養子に迎え、明治二十七年庫助五十歳で没した後を継いだ人という。

【著書と算術】

（1）『近世名家算題集』

『近世名家算題集』については五・一章で述べた。

この書に伊藤時方(慎平)の問題は二問あり、一つ目は図のように互いの二円に接線があり、四円の径が与えられたときに中央の容円の径を求めるものである。二問目は正四面体を円柱で穿去したときの体積を求める問題のようだが筆者は未解読である。

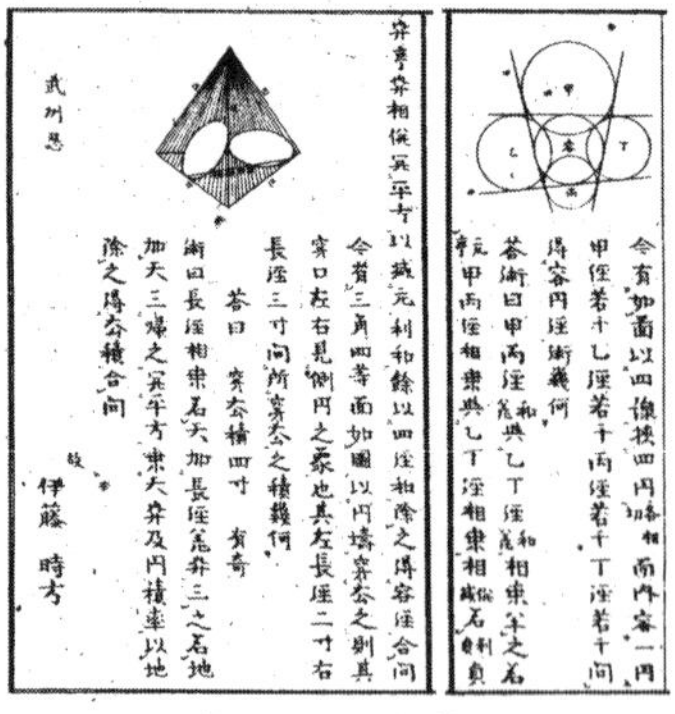

図5-3-2『近世名家算題集』の伊藤時方(慎平)の問題（東北大）

（２）『側円類集解義』

太田保明（古川氏清門人）は天保十四年（一八四三）に『（自問自答）側円類集』を著す。後文に「通計三十條者境内稲荷ノ社ニ歳々掲ル内ヨリ側円ノ題ヲ拾取テ以テ之ヲ集ム所謂全クノ類集ニシテ同形ナリ素ヨリ拙シト雖トモ籠中ニ捨レンヨリハ今是ヲ寫シテ導場ノ一笑ニ備ル而已」[4]とある。同書は「問題集の一小冊子に過ぎざれども、選法大いに良し。これ故に学習問題として頗る算者間に行わる」[5]と言われる。嘉永元年（一八四八）、伊藤定敬（慎平）及びその門人妹尾金八郎・田村伝蔵（門人か?）は側円類集の問題を解き『側円類集解義』を著している。三十問を、伊藤が六問、妹尾が十四問、田村が十問解いている。

伊藤の解いた一例は、円内に図5-3-3のように三つの等しい側円があるときに、円の径を知って側円の短径を求めるものである。

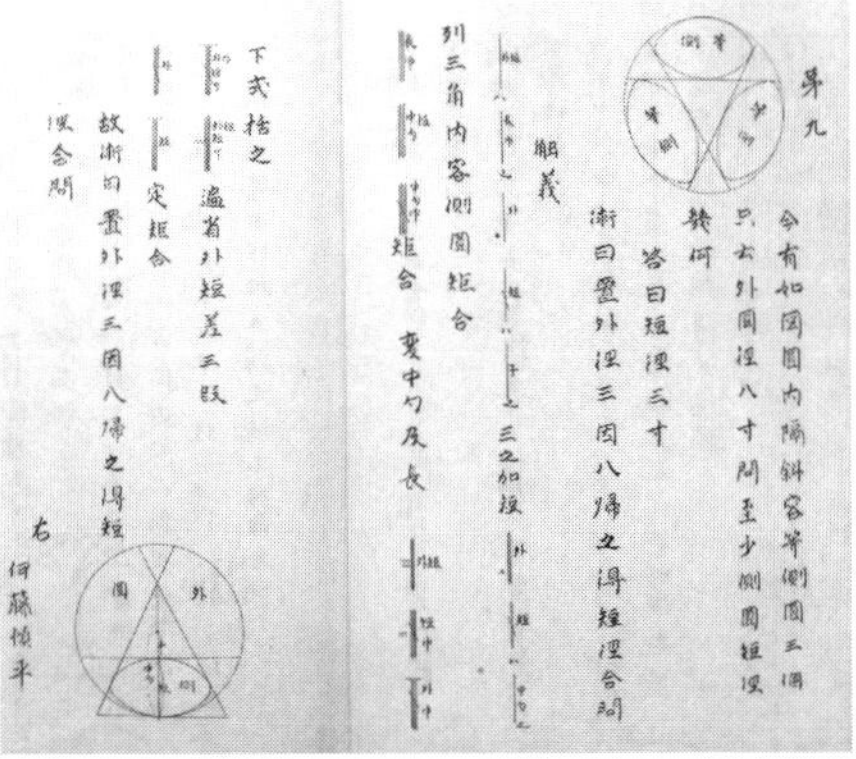

図5-3-3『側円類集解義』の伊藤慎平の解いた問題[6]

（３）『算籍便覧』

『算籍便覧』三巻は、古川氏清の著『算籍』二百二十巻を氏一（氏清男）門人伊藤慎平が分類別に編輯した物を同門の田中算翁が筆写したものといわれる。算籍便覧序の内容は次のようなものである。

珺璋古川先生算法之書其術皆極精」密而先生精力尤在算籍嗚呼此書也」
往年先生所發明也爾後數年勞心力」裒輯之功全備焉然先生生前不敢示」
門人韞於匱藏焉是非堅秘於世乃先」生謙讓辞退遜之志也易簀之後男」
先生授諸予師平井尚休以其精忠篤」志持有功於師門也門生之幸何如之」

哉然算籍之為書也数百巻題数之多」不可勝言故探索之時茫然恰如望洋」
故今選抜題目為三巻名曰算籍便覧」後之欲見算籍者就於此書求則鹿幾」
無拮据之勞云嘉永辛亥夏日」　伊藤定敬謹撰」

此書嘉永四年伊藤氏之所撰也其」意具見自序然其書也逐巻而記之」
是以探索之際猶有不或便也故今」寫之粗分部類而記之為益省勞而」
巳時慶應二丙辰《ママ》之歳五月」　方圓堂」

『算籍便覧』の内容は広範囲で、それまでの和算の図形問題の内容を網羅的にまとめているようでもある。上巻が四十六丁で問題数七百四問、中巻が四十七丁で問題数六百八十三問、下巻が四十二丁で問題数三百九十三問、計百三十五丁で問題数は千七百八十問にも及ぶ。一頁に四問から九問位あるが、必ずしも題意や答術が全文書いてあるわけではないようである。分類は次のようになっている。

- 勾股之部（直角三角形と円の組合せ問題）
- 三斜之部（不等辺三角形と円の組合せ問題）
- 線之部（直線と円の組合せ問題）
- 方直之部（正四角形と円の組合せ問題）
- 菱之部（菱形・台形と円の組合せ問題）
- 角形之部（多角形と円の組合せ問題）

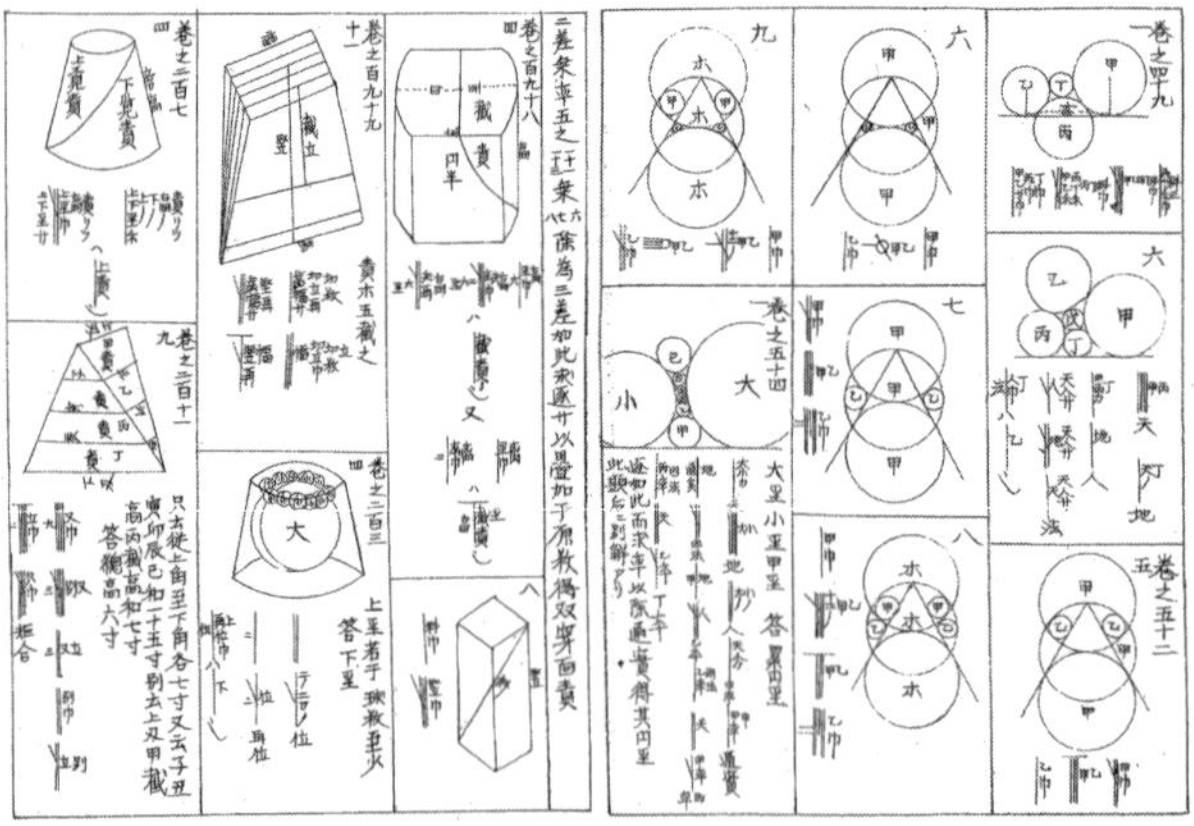

図5-3-4　『算籍便覧』の一部（野口泰助氏）

・平圓之部（円と円の組合せ問題）
・楕圓之部（楕円と円・多角形の組合せ問題）
・長矮立圓之部（楕円体の組合せ問題）
・立圓之部（球に関する組合せ問題）
・立形之部（立方体に関する組合せ問題）
・辭題之部（文章による問題）

【免状】

図5-3-5（次頁）は至誠賛化流の初伝の免状（写し）で、古川氏清→古川氏一→平井尚休→伊藤慎平→妹尾金八郎→坂口元太郎の伝系を示すものである。伊藤慎平の門人・妹尾金八郎が、その門人の坂口元太郎に嘉永三年（一八五〇）に与えた免状であり、形式は四・六章で示した平井尚休が戸根木格斎に与えたものと同様である。

参考文献

（1）野口泰助『埼玉県数学者人名小辞典』（昭和36年、私家版）
（2）『熊谷市史後編』（昭和39年）
（3）野口泰助「北武の算家落穂拾い」（『埼玉史談』第12巻第1号　1965年5月号）
（4）太田保明『（自問自答）側円類集』日本学士院所蔵和算資料4875）
（5）遠藤利貞遺著・三上義夫編『増修日本数学史』（恒星社厚生閣、昭和56年）
（6）伊藤・妹尾・他村『側円類集解義』（日本学士院所蔵和算資料4876）

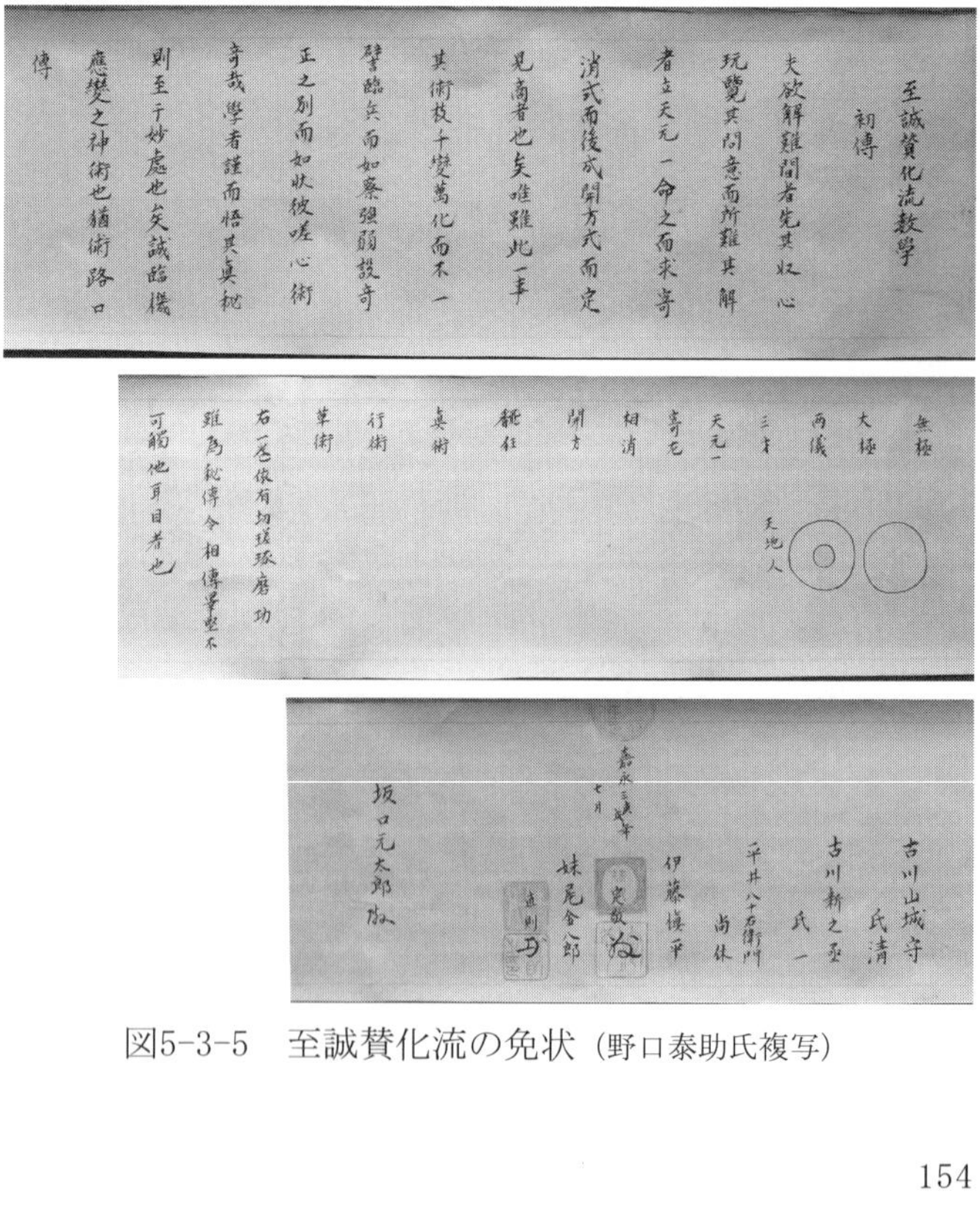

図5-3-5　至誠賛化流の免状（野口泰助氏複写）

五・四章　その他の和算家（行田市）

（一）平井八十右衛門尚休（久）

平井尚休の生没年は不明だが、古川氏一に至誠賛化流を習っていることは、尚休が天保十年に戸根木格斎に至誠賛化流の初伝免許を与えている内容からわかる(1)（四・六章）。同免状の師の順番が古川氏清・古川氏一・平井尚休となっていることから尚休の師は氏一であることがわかる。また『忍藩校進修館沿革略記』(2)に、「算術長取《おさどり》中絶之處此度平井八十右衛門、石垣宇右衛門へ稽古長取被㆓仰付㆒候間御切米取稽古可㆑被㆑致候尤右之外望之面々は稽古可致候事、文政十一年子七月」とあることから進修館の長取（正教員）になっていることがわかる。田中算翁とも関係があったようである。

尚休の算学に関するものでは『算法雑問集』（石垣和義・平井尚休・川佐常久の共著）があり、また福田理軒の『近世名家算題集』（明治十二年）に二問掲載されている。『算法雑問集』の序文には次のようにある。

此頃三子算題易問ヲ設テ互ニ討論シ不曰シテ答術ヲ施シ得タリ然リト雖トモ理ハ無量術モ又限ナシ此書遅速ノ勝劣ヲ旨トシ幼学一偏ノ術路ニシテ精シカラス願ハクハ同志ノ輩是ヲ改正シテ全キニ至ラシメ日ヲ逐月ヲ累子錬磨ノ

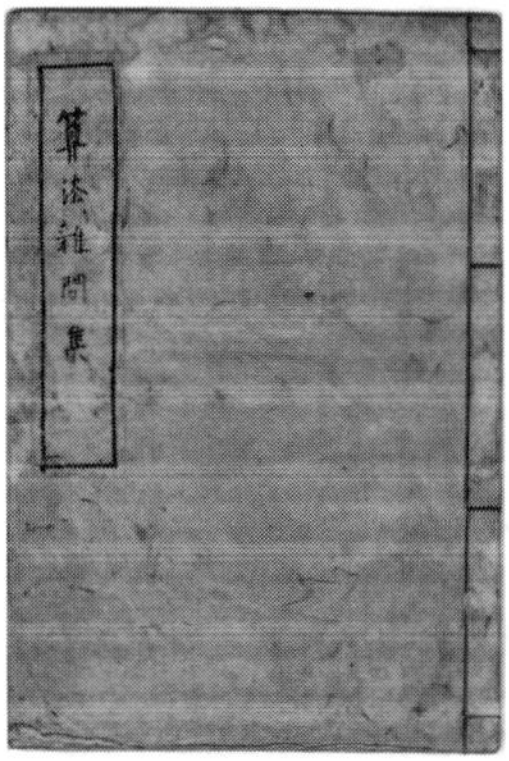

図5-4-1『算法雑問集』の表紙（野口泰助氏）

功ヲ積テ造化ノ妙用ニ復《かえ》ラン事ヲ要トス
固ヨリ初学ノ贈答ナレハ達算ノ見ル
モノニアラス唯同志幼学ノ輩是ヲ弁追テ
題問ヲ顕シ答術ノ勝劣ヲ競精妙ニ至ラハ
幸甚ニて亦楽シカラスヤ
文化甲戌《文化十一年（一八一四）》歳正月

そして最初の頁に、「天 石垣和義、地 平井尚休、人 川佐常久 謹識」とある。この内、川佐常久はどのような人物か不明。問題は三人が出していて、複数の円を様々に組み合わせた平面幾何の問題がほとんどで計五十四問あり、中には難問もある。石垣和義が十五問、平井尚休が十六問、川佐常久が二十三問出している。

『近世名家算題集』の二問の内、一問は下のような図形で、中央の小側円の長短径と二つの等しい大側円の短径が与えられた時に、大側円の長径を求めるものである（側円とは楕円のこと）。

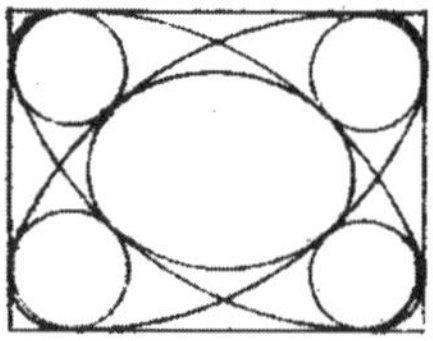

（二）石垣宇右衛門和義

石垣宇右衛門和義のことは、『忍藩校進修館沿革略記』にあるように文政十一年に尚休とともに長取を命ぜられている。また、算学では『算法雑問集』に

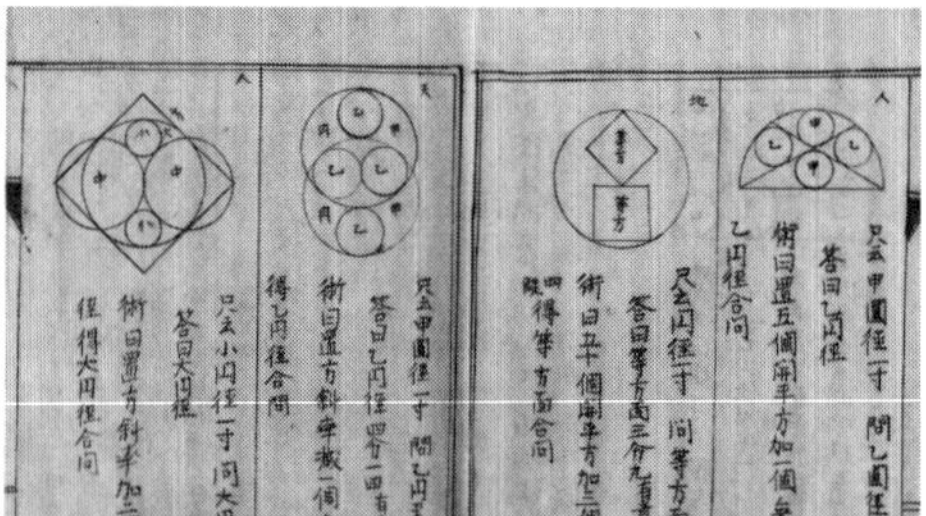

図5-4-2　『算法雑問集』の一部（野口泰助氏）

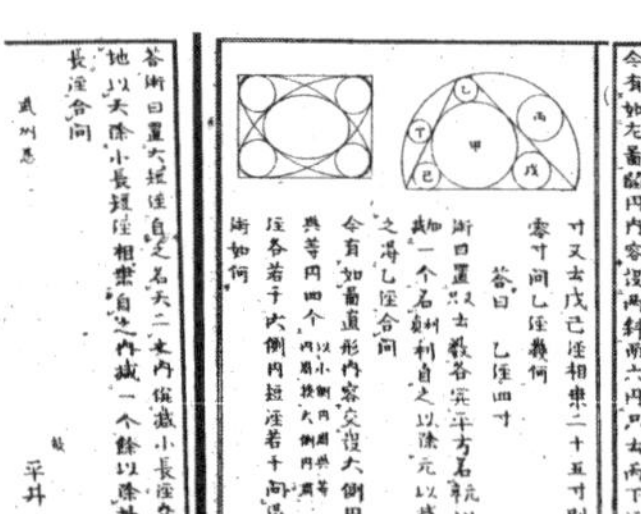

図5-4-3　『近世名家算題集』の尚休の問題（東北大）

十五問を掲げている。

なお、石垣和義の門人「柳川安左衛門」は、天保十五年に三重県四日市市川島の神明社に算額を奉納している[6]。この算額には、「武州忍藩　石垣宇左衛門知義門人　柳川安左衛門知弘(花押)　天保十五甲辰孟春」とあり、若干文字が異なる。何れが正しいか不明だが、桑名藩が忍に移封する前に師弟関係があったことを示すものだろう。算額の内容は次のように累円術（容術）に関するものである。裏面に門人清水中治の解答（文久四年）があるという。

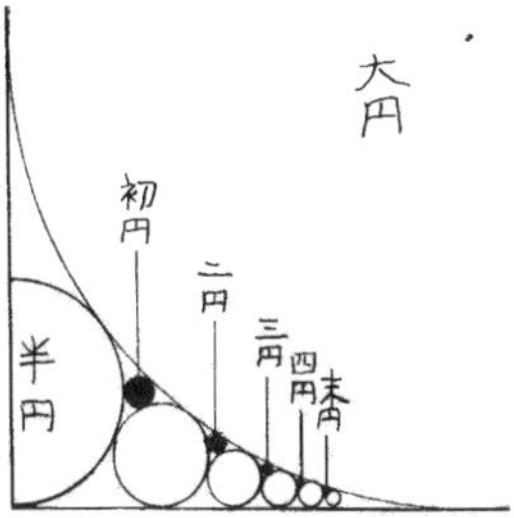

今有如圖畫累圓與狭圓假至五圓者為末圓圖之大圓径一百二十一寸八分末圓径壹分問う従初圓至末圓總計

答曰一十六個

術曰置大圓径以末圓径四段除之開平方不盡棄之減一個得圓数合問

武州忍藩　石垣宇左衛門知義門人

願主　柳川安左衛門

天保十五甲辰孟春

知弘　花押

術文は次のようになる。

$$n=\sqrt{\frac{D}{4d_n}}-1$$

$D=11.8$, $d_n=0.1$ を代入して

$n=16.449\cdots$

図5-4-4　柳川安左衛門の算額
（「和算の館」のHPより）

（三）妹尾金八郎直則

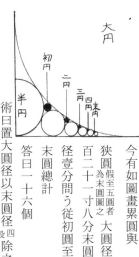

忍藩の家臣で、嘉永六年忍藩分限帳に「御勘定方・八石三人扶持・妹尾金八郎」（『埼玉苗字辞典』）とある。

五・三章で述べた嘉永三年七月の免状によれば、妹尾は伊藤慎平の門人であり、妹尾の門人に坂口元太郎のいたことがわかる。また免状によれば妹尾は直則と言ったことがわかる。『近世名家算題集』には妹尾直則の問題が二問ある。側円偏錐内に等球二つを容れた問題と、下図において東西南の円径が与えられた時に北の径を求めるものである。

また『側円類集解義』（嘉永元年）では十四問解いているが、一例は下図のように大円の中に中円と二つの側円、それに四つの等円がある時に等円の径を求めるものである。

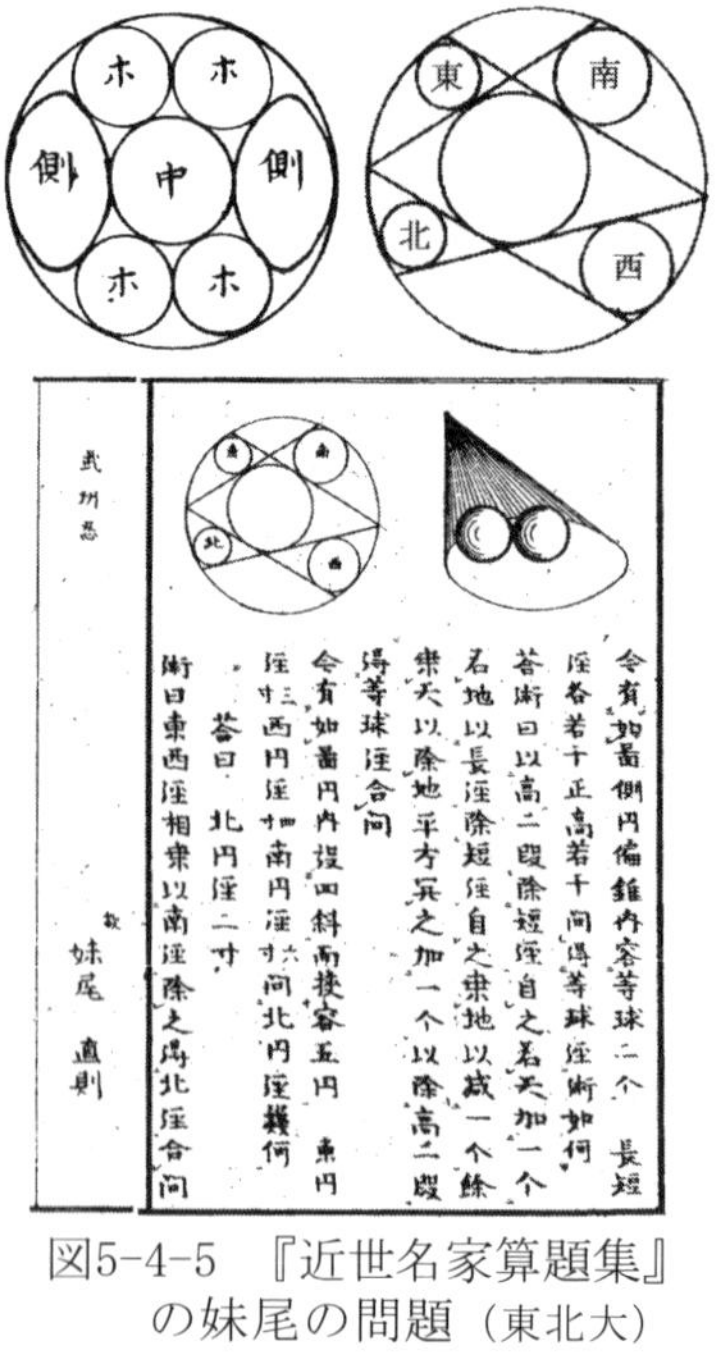

図5-4-5　『近世名家算題集』の妹尾の問題（東北大）

（四）坂口元太郎直清（文政十一年（一八二八）〜安政三年（一八五六））二十八歳

忍藩の家臣で、嘉永七年忍藩分限帳に「御勘定方見習・二人扶持・坂口元太郎」（『埼玉苗字辞典』）とある。

五・三章の嘉永三年七月の免状によれば妹尾金八郎の門人である（五・三章参照）。免状は二十二歳頃授かったものである。墓は三重県大矢知村の真西寺にある(3)。

『自問自答算題集』(4)というのがあり、それによれば「元太郎は算学の研究に熱がはいると寝食を忘れて開拓に没頭するので父親の気に入らず、桑名の勤番を命ぜられてからは桑名に嫁いだ叔母の家において勉学した。二十八歳の若さで安政三年に病に倒れたが、その枕辺にあった遺稿は反古紙同様にまるめられて叔母から忍の家へ送られたが焼き捨てられる事もなく、手をふれる人もなく百余年が過ぎた」とある。

（五）飯島平之亟秀勝と荒井丑太郎宗朝

二人とも平井尚休の門人だが詳細は不明。行田市下忍の上分神社（下忍地区の琴平神社（下忍神社に合祀））へ天保八年九月に算額を奉納。

二人の問題はいずれもそれ以前の算学書に現れているものである。飯島の問題（一問目）は村田恒光（長谷川寛の門人）が天保五年に著わした『算法側円詳解』（実の著者は長谷川寛とも）の第十八問と同一であり、荒井の問題（二問目）は石黒信由が文政二年に著した『算学鈎致』巻之下二十四丁表と同問である。荒井の問題の術文は『算学鈎致』のものと比べてみると理解に苦しむものである。書き間違えたのだろうか。

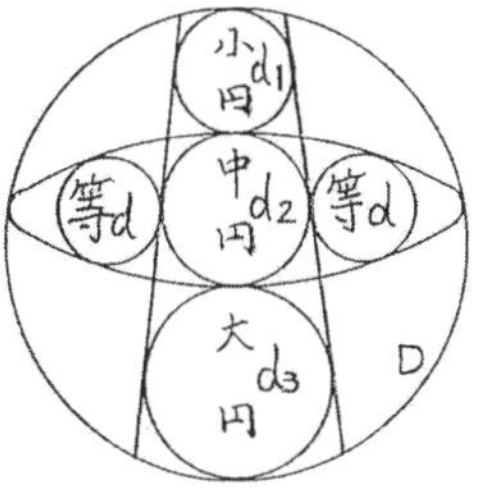

今有如圖圓内二線與側圓相交容大中小圓各周相切挟側圓周及二等圓外圓径一百零五寸中圓径七寸問等圓径幾何

答曰等圓径五寸

術曰置外圓径加中圓径以除中圓径開平方八之加五個以除中圓径倍之以減中圓径餘得等圓径合問

飯島秀勝の問題の術文

$$d = d_2 - \frac{2d_2}{8\sqrt{\frac{d_2}{D+d_2}}+5}$$

$D=105, d_2=7$ を代入して $d=5$

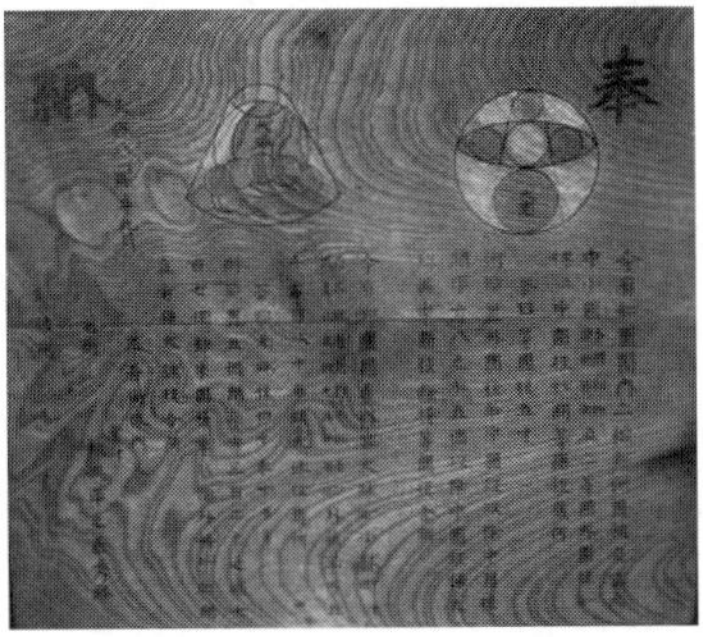

図5-4-6　下忍神社算額
（行田市HPより）

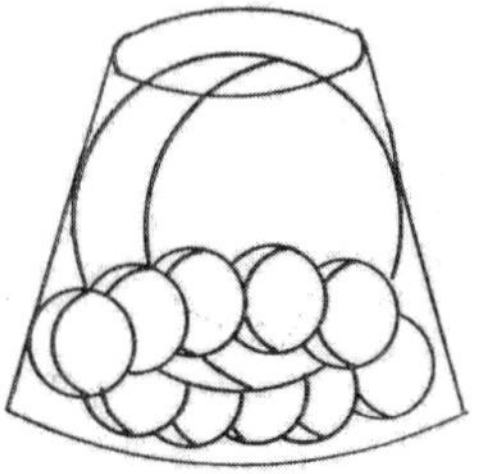

今有如圖圓臺内容大球一個小球一十個（乃大球者充内小球者切圓臺二處與大球與隣球）外積三万五千七百八十歩問大球径幾何

答曰大球径四十零寸有奇

術曰置五個開平方三百二十之減七百七個餘乗圓積率以除外積一十二段開立方得大球径合問

天保八丁酉年九月　平井尚休門人

前術　當村飯島平之亟秀勝

後術　當村荒井丑太郎宗朝

『算学鈎致』の術文

術曰置五箇開平方商[注]三千八百四十段與八千四百八十四箇相併乗外餘積以圓積率一万二千一百五十一除之得数立方開之得大球径合問

注：商は平方根のこと

（『埼玉の算額』より）

荒井と同問の「算学鈎致」の術文

$$d=\sqrt[3]{\frac{\left(\sqrt{5}\times 3840+8484\right)外積}{12151\left(\pi/4\right)}}$$

$$=40.00014539 \qquad (外積=35780)$$

（六）磯川半兵衛徳英（文政二年（一八一九）～明治十五年（一八八二））

北埼郡南河原村（行田市）の旧家に生まれ斎藤宜義について数学を学び、安政三年八月大里郡妻沼町（熊谷市）の聖天宮社へ算額を奉納（非現存）。『数理神篇（下巻）』（表2-3-1(2/2)）に載っているのは二問あり、その内の一問は円台（円錐台）を円で穿去したときの交周（二つの立体が交わったときにできる面）を求めるもので難題である（図5-4-7）。文献(5)には「これは実力以上の高度の問題である処、斉藤が解いた物を磯川の名で掲げたと考えられる」とある。

また、万延二年三月に郷里の河原神社と観福寺に算額を奉納している。河原神社の算額は二問あり、その内の一問は菱形の中に円が入った平面図形の問題で、菱長と平

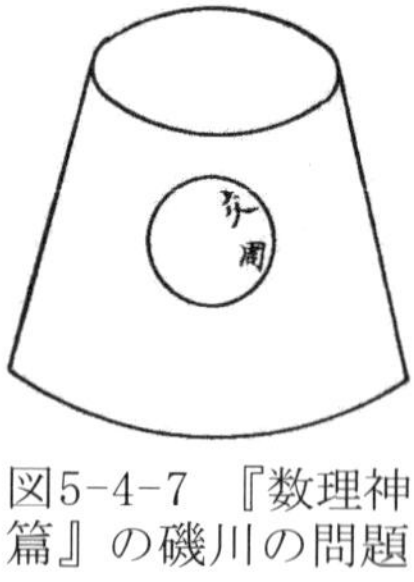

図5-4-7『数理神篇』の磯川の問題

が与えられた時に小円径を求めるもので次のようなものである。下に術文の式を示す。

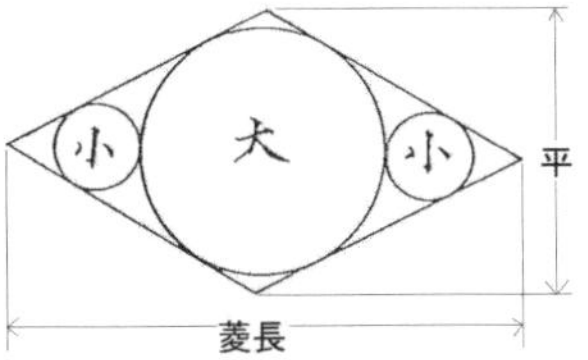

有如図菱内大小三円菱長
二十寸平一十五寸小円径
問如何
答曰小円径三寸
術曰置長自之加平冪
平方開之名天内減加平
名人地以地除人乗長及平
以天除之得小径合問

$\sqrt{長^2+平^2}$を天とし、「天＋平」を地、「天－平」を人と名付けると、

$$小円径=\frac{人}{地}\times長\times平\div天$$

$$=\frac{\sqrt{長^2+平^2}-平}{\sqrt{長^2+平^2}+平}\cdot\frac{長\cdot平}{\sqrt{長^2+平^2}}$$

二問目も容易なものであり点竄術が書かれている。最後に、「萬延二年歳在辛酉　春三月吉日令辰　上州群馬郡板井邑　齋藤宣義門人　當處　磯川半兵衛　徳英印　印　南峨川軌重謹書印　印」とある。四十二歳頃のものである。

観福寺の算額も全く同時期のものでやはり二問ある。一問目は、

當山淡談ニ付寺内普請ニ而諸職人雇入候時大工十六人ニ而二十日左官八人ニ而十五日屋根屋五人ニ而十三日平人足二十ニ而二十五日右作料銀貳貫五百拾五匁也但シ壹人ニ付大工ヨリ左官壹匁落屋根屋五分落平人足壹匁七分落〆各壹人分ニ作料何程ト問

図5-4-9 観福寺の算額
（73×36.2cm、2015年8月）

図5-4-8 河原神社の算額
（81.5×53.5cm、2015年8月）

というもので、大工・左官・屋根屋・平人足の稼働と総費用、及び日当の関係が示されている時に各日当を求める一次式の簡単な問題である（下の式）。二問目も容易なものであるがやはり点竄術が書かれている。

河原神社・観福寺とも『数理神篇』に掲載された問題とは質的に低い内容のものである。

大工の日当をxとすると条件から

$$16\times 20x+8\times 15(x-1)+5\times 13(x-0.5)$$
$$+20\times 25(x-1.7)=2515$$
$$\therefore x=3.5$$

参考文献

（1）野口泰助『忍の数学』（昭和37年）
（2）古市直之進『忍藩校進修館沿革略記』（大正15年）
（3）埼玉新聞「四日市に忍藩士の墓」（昭和39年10月3日）
（4）大谷恒蔵編「自問自答算題集」
（5）野口泰助『埼玉県数学者人名小辞典』（昭和36年、私家版）
（6）深川英俊「三重県川島村　川島御厨神明社の算額」

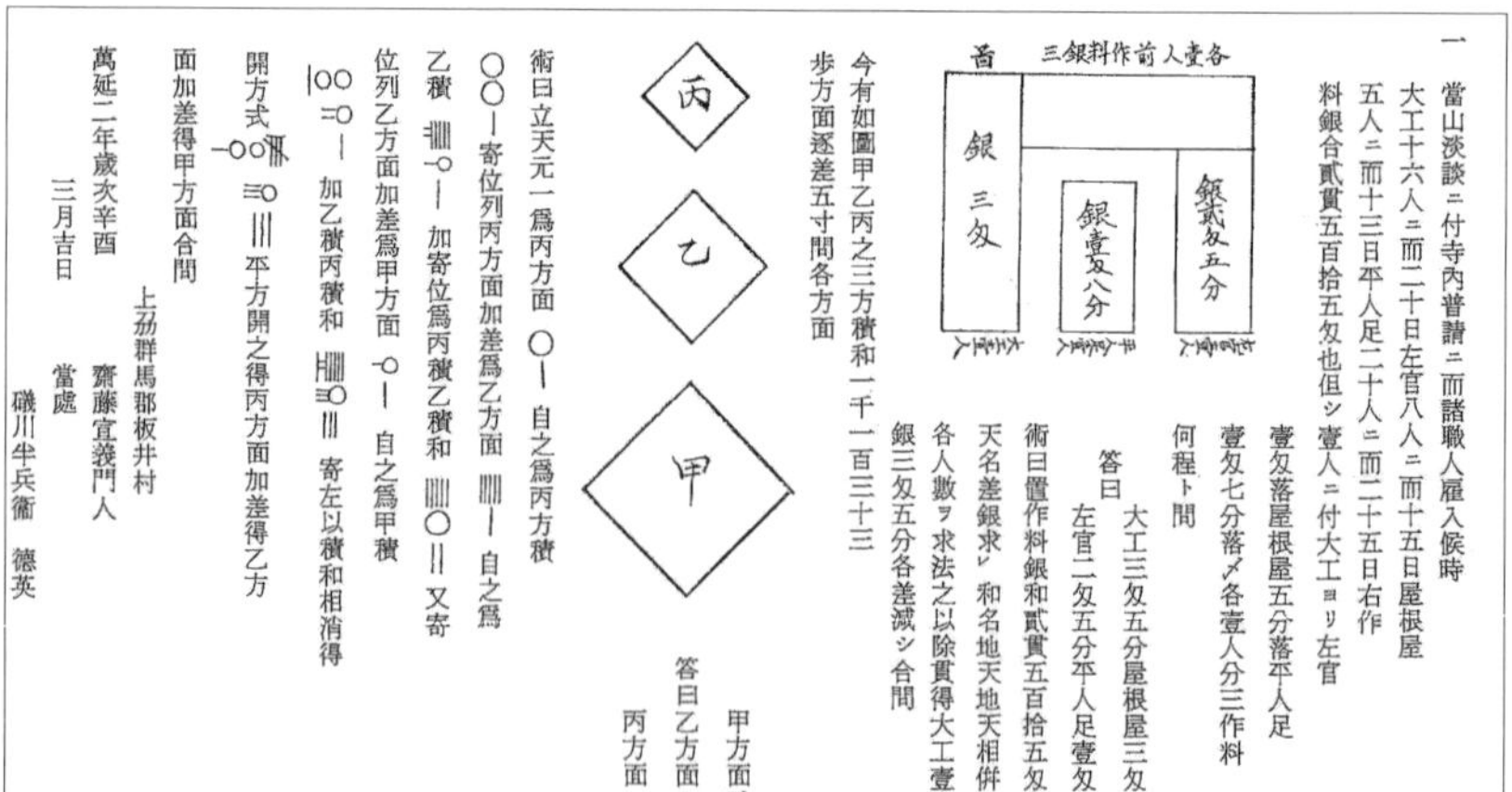
一
當山淡談ニ付寺内普請ニ而諸職人雇入候時
大工十六人ニ而二十日左官八人ニ而十五日屋根屋
五人ニ而十三日平人足二十人ニ而二十五日右作
料銀合貳貫五百拾五匁也但シ壹人ニ付大工ヨリ左官
壹匁落屋根屋五分落平人足
壹匁七分落〆各壹人分三作料
何程ト問
答曰
大工三匁五分屋根屋三匁
左官二匁五分平人足壹匁八分
術曰置作料銀和貳貫五百拾五匁名
天名差銀求レ和名地天地天相併テ爲實
各人數ヲ求法之以除貫得大工壹人作料
銀三匁五分各差減シ合問

今有如圖甲乙丙之三方積和一千一百三十三
歩方面逐差五寸問各方面

答曰
甲方面二十四寸
乙方面一十九寸
丙方面一十四寸

術曰立天元一爲丙方面　自之爲丙方積
寄位列丙方面加差爲乙方面　自之爲
乙積　加寄位爲丙積乙積和　又寄
位列乙方面加差爲甲方面　自之爲甲積
加乙積丙積和　寄左以積和相消得
開方式　平方開之得丙方面加差得乙方
面加差得甲方面合問

上刕群馬郡板井村
齋藤宣義門人
當處
磯川半兵衛　德英
萬延二年歳次辛酉
三月吉日

図5-4-10 観福寺の算額（『埼玉の算額』より）

六章　小川町の和算家

小川町には和算家が多かった。それは遊歴和算家市川行英の影響でその門人が多かったことにもよるが、元々小川は地理的に比企郡西部の中心的な町であり、江戸あるいは川越と秩父を結ぶ往還が町の中心部を通り、古くから六斎市が立つなど、この地域の中心であったことが影響しているのかも知れない。杉田久右衛門や吉田勝品のことを知るとそのようなことが理解できるようである。

小川町には、至誠賛化流古川氏清門人の杉田久右衛門が、また杉田の門人に吉田勝品（「吉田勝品一代誌」を著す）がいる。吉田は市川行英門人の福田重蔵にも算術を習っている。市川行英門人には他に松本（栗島）寅右衛門・田中與八郎・馬場與右衛門・久田善八郎がいる。なお、細井長次郎は伝系が不明である。

杉田久右衛門・吉田勝品・福田重蔵・松本寅右衛門らの関係について、三上義夫は文献（1）で次のように述べている。

今の比企郡竹澤村の内には、木呂子に松本寅右衛門が居って、上州の関流市川行英の門人であり、十余町を隔てた勝呂には吉田源兵衛勝品が居り、勝呂から山越しに十町許り、山下を廻って約二十町の笠原の栃本に福田重蔵が居ったが、源兵衛は文政十年十九歳にして、特に福田の教を受け、更に進んでは一里を隔つる小川の富豪杉田久右衛門へ無理に頼んで教を受けたのである。然るに源兵衛と寅右衛門との間には、数学上の交渉は生じなかったやうであり、福田と松本とも亦関係はないのである。（略）隣接した地域内の諸算家の間にも、こう云ふ有様であったと云ふのは、不思議と云ふよりも却って有勝《ありがち》の事であったらしい。けれども吉田源兵衛の如きは、松本寅右衛門の教を受けたならば、今少しは便宜があったらうし、学力も上達したのではないかとも思はれる。文政十年に寅右衛門は二十六歳であった（市川行英とは同世代）。（略）重蔵は市川よりも殆んど四十歳の年長と云ふ事になる。たとひ重蔵は市川から学んだとしても、全く老後の事でなければならぬ、其学ぶ所も亦甚だ限られたものであったらう。従って重蔵が源兵衛へ傳授したのも、亦甚だ限られた知識に過ぎないのである。（略）吉田源兵衛は福田重蔵から数日の傳授を受けて免許を得た上で、更に杉田久右衛門の免許をも得たのであるが、晩年作るところの巻物と冊子本の草稿を披見するに、其算法の諸術は程度の左まで高いものでなく、（後略）昭和十一年十二月十八日稿

つまり、「吉田勝品一代誌」によるのだろうが、吉田・福田・杉田の関係はあるものの、市川同門の松本との接点はないのである。それでは市川同門の田中・馬場・久田らとの関係はどうだったのだろうか、不明である。ただ、「算法雑俎」によれば文政十三年という同じ時期に、松本は箭弓稲荷に、田中・馬場・久田は慈光寺に奉額しているので、少なくとも師の市川行英を通じてその存在は互いに知っていたのではないだろうか。

参考文献

(1)三上義夫「武州比企郡竹澤小川の諸算者」（加藤玄智編『日本文化史論纂』中文館書店、1937年）

六・一章　杉田久右衛門

？～安政二年（一八五五）
藤吉(郎)

（小川町）

【人物】

文献(1)等によれば小川町小川の人で、江戸の古川氏清に学んだ至誠賛化流の和算家。古川に入門するきっかけは前の師である滑川村福田の栗原辰右衛門の紹介であるという。幼い頃から数学を好み、門弟吉田勝品の一代誌に川田弥一右衛門（保則）と肩を並べての数学者であったが、家は裕福で教授はしなかったという。安政二年三月十三日に没す。幼名を藤吉(郎)といい、家は酒造（「力石」という酒造家で杉久と言われていた）と質業とを営んで裕福に暮らし、弟子は取らなかったともある。しかし、久右衛門の詳細は今一つ不明である。

「吉田勝品一代誌」（六・二章参照でも述べる）には久右衛門について次のようにある[2]（原文）。

夫より猶算法奥儀只管覚度朝暮念願処ニ小川下宿杉田久右衛門ト云者若年ゟ算術ヲ好江戸表　公方様江算法御指南五百石頂戴黒川（古川の誤り）山城守門弟ニ〆武蔵国田舎ニハ岡陣屋川田弥一右衛門両人ト被レ称程ノ達人ト聞此人其頃質酒造家内上下三十人余大家富繁ニ〆算法教ルコトナシ然共予朝暮傾葵《ママ》ノ余リ同年正月廿五日小川村名主笠間庄左衛門ヲ依頼〆申入門弟トナルト

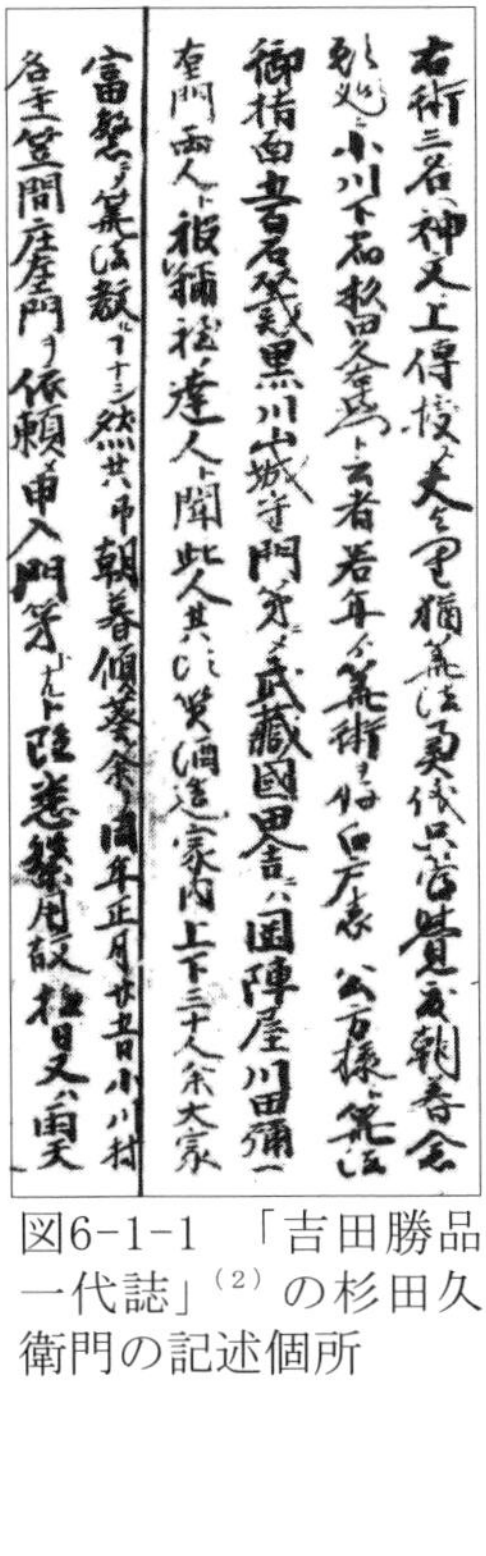

図6-1-1　「吉田勝品一代誌」[2]の杉田久衛門の記述個所

波線部分の信憑性は不明である。川田弥一右衛門は上総久留里藩の武州岡の陣屋に勤仕する川田保則（三・四章参照）のことであり、至誠賛化流の有力な算者であった。また栗原辰右衛門は文献（3）によれば概略次のようにある。

川越市御城内在仕の杉田まさ子を訪ふて位碑を拝したところ、幸に其の前師の位碑が見出されたのである。

（表）　文化十癸酉歳
　　　道光覺算庵主
　　　　二月十三日　栗原氏

（裏）　道光覺算者武州福田村之姓ナリ、往古
　　　白木屋ニ勤仕シ者ナリ、藤吉郎始メノ
　　　算師ナリ、此者ノ手引ヲ以、東都古川
　　　和泉守エ門入ス、夫ヨリ又、至誠賛化
　　　流申算術修行仕候以上
　　　　　俗名　栗原辰右衛門

と記るされて居る。杉田久右衛門は前の師栗原辰右衛門の手引きで古川和泉守へ門入したと云ふが、其門入後に改めて古川の至誠賛化流と云ふ算術を修行したと云えば、栗原は此派の算者ではなかったと見える。

久右衛門は川田保則と肩を並べてとあるが、保則については『淇澳《ぎおう》集』（三・四章参照）などが参考になるものの、久右衛門が実際どのような和算の問題を扱ったかは不明である。

【墓】

杉田久右衛門の墓は小川町大字小川の高西寺にあり、下図のようなものである。久右衛門（東方之月清信士）は既述のように安政二年三月十三日に亡くなっている。杉田彌十郎は久右衛門の子（嗣子）であり、その子の為吉は旗本となり、後の小川興郷(椙太)である。彰義隊生き残り隊士で上野彰義隊の墓造りに貢献したといわれる。

「東方之月清信士」という戒名について、文献(4)では「住職の談では、東方之月と云ふのは真言宗の戒名らしくないし、禅門の命名のやうに思はれるが、過去帳に見えない事と云ひ、江戸へでも出て没したのであらうと云ふ。其れは至当の見解であらう」と述べている。

安政二乙卯年三月十三日
東方之月清信士　霊位 高観妙性清信女
嘉永二己酉年七月十五日 杉田彌十郎

図6-1-2 杉田久右衛門の墓（高西寺、2012年12月）

参考文献

(1)野口泰助『埼玉県数学者人名小辞典』(昭和36年、私家版)
(2)小川町教育委員会「吉田勝品一代誌全」(勝呂吉田武文家文書48)
(3)三上義夫「武蔵比企郡の諸算者(二)」(『埼玉史談』11巻6号 1940年(昭和15)7月)
(4)三上義夫「武州比企郡竹澤小川の諸算者」(加藤玄智編『日本文化史論纂』中文館書店、1937年)

六・二章　吉田勝品

文化六年（一八〇九）〜明治二十三年（一八九〇）　八十二歳
幼名朝治郎　（小川町）

【人物】

吉田源兵衛勝品、通称源兵衛。文化六年十月三十日生まれ。男衾《おぶすま》郡竹沢村勝呂《すぐろ》（小川町勝呂）の名主。明治二十三年八月二日死去。八十二歳。
戒名は眞譽豁然勝品清信士。

幼少の頃漢学を学び、文政五年父について算学を学びはじめた。同十年には上州の市川行英の門人福田重蔵に入門し関流九伝を受け（「吉田勝品一代誌」に九伝とあることに依るが、市川行英は八伝、福田重蔵は九伝（六・三章参照）だから勝品は十伝の筈だが・・・）、のち、杉田久右衛門に至誠賛化流を学び、天元、演段、諸役術まで習得した。天保三年頃から仕事の合間に算学の教授を始めたが、維新後は隠居して本格的に教授に打ち込んだ。門弟の数も多く五百人程（「算法九章名義記秘術帳」）いたといわれる。明治十一年門弟たちが勝品の七十歳を祝して寿蔵碑を建てた（勝品の吉田家宅地内）。義太夫や和歌を好み旅行好きで、また生花や三味線もよくした。

図6-2-1
吉田勝品自画像[6]

勝品は明治維新後、「吉田勝品一代誌」と題した自伝をまとめている。この一代誌について三上義夫は、「一代誌と云ふ如きものを書き遺した算者は、世にも誠に珍らしい。（中略）数学教育史上の珍史料とも言ふべきであらう。吉田源兵衛の一代誌は文飾など更に試むる事をせず、卒直質実に、資財の事などをも取交ぜて、無造作に記録してあるのが却って嬉しいのである」と述べている。[1] 一代誌には多くの和歌が載せてある。

勝呂の吉田家には、この「吉田勝品一代誌」の他に「吉田氏系圖」や「算法九章名義記秘術帳」などの算術草稿

があり、これにより勝品の経歴が判明する。(1) 吉田勝品一代誌によれば勝品のことは概略次のようにある。(2)

勝品の生家である吉田家は、祖父勝正の代までは代々勝呂村の村役人を勤める家柄であったが、勝正が早世したため次第に暮し向きが傾き始め、早くも父の代には生活が困窮した。勝品は、この吉田家の子として生まれ、幼名を朝治郎、長じて源兵衛を襲名。三歳のとき、疱瘡《ほうそう》が目に入るという不運に見舞われるが、両親による青山村薬師如来への信心と手厚い治療の結果全快したという。文化十一年正月、六歳の勝品は火焚庵里白《ひたきあんりはく》和尚へ入門、次の年には名主吉田金右衛門の三男織平のもとに入学、四書などを修めた。

　勝品の算術稽古は、父の勝吉の手ほどきで始まり、文政六年正月までには算盤で行う割り算である八算《はっさん》・見一《けんいち》を始め相場割も習得した。基本的な算術を習得した勝品は、父にともなわれて毎年年貢勘定に出向いている。勝品は、開平や開立など、より高い算術知識を学ぼうと笠原村の福田重蔵（六・三章参照）への入門を熱望した。福田は関流八伝市川行英の門人で門弟を多く抱えていた。費用は、門人神文料金一〇〇疋《ひき》（銭一貫文＝金一分）をはじめ開平法伝授料金一〇〇疋、開立法伝授料金二〇〇疋、合計金四〇〇疋（金一両）、伝授には四日を要するため一日あたり金一〇〇疋という負担で、勝品の入門を阻んだ。

　算術への熱意を諦めきれない息子のために父は、自らの門弟や友人たちに勝品の意欲と現状を相談した。そして入門により伝授された算術をさらに勝品から伝授を受けることを条件に、三人が金一〇〇疋ずつの援助を申し出た。この結果、勝品十九歳の文政十年正月七日、福田重蔵への入門がようやく叶い、当日開平術をまず伝授された。福田の指南は同月十二日・十五日と続き、算木や算盤を使った開立・三乗・四乗から九乗までの算術や天元術を伝授され、ほぼ三日で関孝和による九伝免許書を授与された。そして、三人へ習いたての算術を勝品は伝授した。

　さらに勝品は文政十年正月二十五日、小川村名主の笠間庄左衛門の口利きで小川村下宿の杉田久右衛門（六・

一章参照）の門弟となる。勝品が久右衛門宅へ行けるのは日々の商いで忙しい師匠の指示もあり、休日や雨の日に限られていたが、そこで算術関係書籍を読みふけり、直々に口伝を受けたりした。算術書は写して持ち帰り帰宅後にその復習に終夜没頭し、次の日には田畑での農作業に勤しむ日々であったが、どれもおろそかにはせず天元術・演段諸役術を熱心に勉強したという。

ところがそうした無理が嵩じ、入門八か月後の同年八月に頭部の激痛に苛まれた。医師の診たては、この病は算術に心惑わされ、気根を失ったのが原因で、「算術を捨て薬用保養しなければ命も危険だ」と忠告される。これにより一命には換え難いと、算木と算盤を氏神へ奉納し、算術を捨てることを誓ったという。保養の日々を送る勝品の無聊を慰めたのは、当時流行していた義太夫であった。その一方で農業にも精励し、家業は決して怠らなかったという。その甲斐もあって、徐々に田畑を増やし家産を積んだ勝品は、天保三年（一八三二）に勝呂村の組頭に任命された。同七年正月、算法指南の腕を請われ、靱負《ゆきえ》村の吉田広治良ら七人が勝品の門弟となっている。ところが、同年十月、靱負村で領主の検見が実施されることになり、事前に作物の作柄調査を行い、毛揃《けぞろえ》帳面を調製しなければならなくなった。本来ならば、村役人が実地に調査して書類を作成すべき作業であったが、あいにく名主が不在であったため、その作業を実際に勝品の門弟たちが行い、彼らの活躍により検見役人へ毛揃帳面を無事に提出できたという。このとき勝品は二十三歳、門弟らは十四、五歳であった。以降、その名声が高まるとともに弘化二年（一八四五）名主役となり、領主の旗本大嶋氏から苗字帯刀を許された。さらに同四年、名主給米と合わせて四俵を拝領、次いで嘉永二年（一八四九）には、山方《やまかた》知行地十一か村の取締頭取名主に任命され中小姓格となった。同四年病のため名主を退役したが、旗本役人としての扶持米は引き続き拝領を受けた。安政二年（一八五五）、知行地の摂津国豊島郡野田村（大阪府豊中市）へ出張を命じられ、翌年には扶持米一俵が加増された。文久二年（一八六二）には、領主が経済的に逼迫したため勝品の扶持米を借り受けたいとの依頼があり、さらに慶応三年（一八六七）献米を申し出たところ、褒美として下田一反歩が下賜されたという。

【吉田勝品一代誌】

「吉田勝品一代誌」は八十七丁にも及ぶ長文である。ここでは初めの部分の原文と、そのあとの要約を示したい。原文は文献(3)を元にし(4)を参考にした。そのあとの要約は(4)を元にし（1)を参考にした。

(初めの部分の原文)

吉田勝品一代誌全

吉田勝品一代誌　明治十四辛巳南呂　識之

一武蔵国男衾郡竹沢郷勝呂村吉田源兵衛平勝品、生立素性ハ則人王五十代桓武天王第五皇子葛原親王一品太宰帥嫡子高棟王正三位大納言、天長二年七月平姓ヲ給ル十三代孫秩父十良平武綱四代平重能秩父庄司三男平武重吉田三良十一代吉田重邦釆女正ト云　天正十八年五月鉢形落城討死重邦三男平重莫吉田小三良後釆女ト言八歳ニシテ家老小沢喜兵衛ト言者召連、母諸共勝呂村大楽寺宗鑑《清川郡司》宅隠居住シテ百姓トナリ、同九代目勝吉吉田源兵衛祖父平勝正吉田伊右衛門迄代々村吏也、父平勝氏吉田源兵衛早世焼失孤子故平勝吉至極窮ス、嫡子文化六己巳年十月二十日早朝誕生幼名森木姓吉田朝治良生ニ窮巷中ニ長ニ蓬茨下ニ、同八辛未年三才ニシテ疱瘡目ニ入、両親青山村薬師如来信心医療全快、同十一年戊正月六才ニシテ火焚庵里白和尚へ入学昼寝小僧ト云

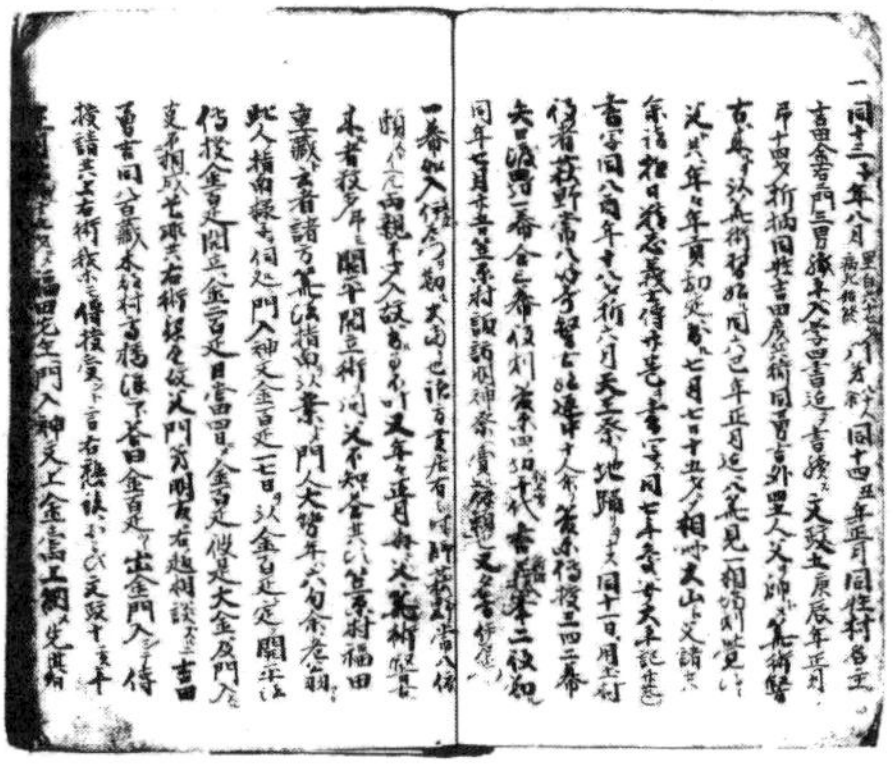

図6-2-2　「吉田勝品一代誌」(4)

一同十三子年八月里白六十七才病死始終門弟八十人余同十四丑年正月同性村名主吉田金右衛門三男織平へ入学、四書迄ニシテ書続《読カ》ス、文政五庚辰《文政五年は壬午》年正月予十四才折柄同姓吉田彦兵衛・同勇吉外四・五人、父ヲ師トシテ算術稽古シ来ルヲ以、算術習始ル、同六巳年正月迄ニ八算・見一・相場割覚えて父ト共ニ年々年貢勘定ニ出ル、七月七日十五才ニシテ相州大山江父諸共参詣、遊日精忠義士伝廿巻ヲ書写ス、同七年慶安大平記廿巻書写、同八酉年十八才折六月天王祭リ地踊リヲナス、同十一日ニ用土村役者萩野常八呼寄稽古始、連中十人余リ管《菅》原伝授三四二幕・矢口渡四ノ切一幕合三幕、役割管《菅》原四ノ切千代《松王妻》・矢口《新田》義峯《岑》二役勤ル、同年七月廿五日笠原村諏訪明神祭へ売ル二依頼一也、又夕雰《霧》伊左衛門ヲ一幕加入、伊《藤屋》左衛門ヲ勤ル、大当り也、諸方芝居有之時師萩野常八依頼ストイヘトモ両親不聞入故ニ出ル事不叶、又年々正月毎ニ父ニ算術稽古ニ来ル者数多、予モ開平・開立術ヲ問、父不知ト答、其頃笠原村福田重蔵ト云者諸方算法指南ヲ以業トシテ門人大勢、年ハ六旬余ノ老翁アリ、此人ノ指南ノ様子ヲ伺処ニ、門入神文金百疋、一七日ヲ以金百疋ト定メ、開平法伝授金百疋、開立ハ金二百疋、日当四日ニシテ金百疋、彼是大金ニ及門入スル事不二相成一、是非共右術懇望故、父門弟朋友ニ右ノ趣相談ズルニ、吉田勇吉・同八百蔵・木部村高橋浪二郎答曰、金百疋ツヽ出金門入シテ伝授請、其上右術我等モ伝授受ント言、右熟談ニおよび文政十亥年正月七日十九才ニシテ福田先生へ門入、神文ノ上金壱両上納シテ先其日開平術ヲ覚、同十二日私宅へ先生来ル役《約》定故、酒肴菱《蕎麦カ》切等拵相待処ニ午時ニナレ共不来、漸々八ツ時来ル、先酒食出シ二三術指南受先生帰宅ト言、何卒四日ハ泊留御指南受度ト願不聞入帰ルト言ニ付、十五日ニハ推参仕筈ニシテ役《約》定シテ俄ニ算木・算盤ヲ拵へ、十五日早朝弁当持参シテ先生宅へ行、開立・三乗・四乗・九乗迄開コト安シ、夫ヨリ天元秘術問、最早教ル術無キ趣ヲ以、唯凡半日余リツヽ三日ニシテ関孝和大先生九伝免許書頂戴ス、右ニ付右術三名へ神文上伝授ス、夫より猶算法奥儀只管覚度朝暮念願スル処ニ、小川下宿杉田久右衛門ト云者若年より算術ヲ好、江戸表　公方様江算法御指南、五百石頂戴黒《古カ》川山城守門弟ニシテ、武蔵国田舎ニハ岡陣屋川田弥一右衛門両人ト被レ称程ノ達人ト聞、此人其頃質・酒造家内上下三十人余大家富繁ニシテ算法教ルコトナシ、然共予朝暮傾葵《ママ》ノ余リ同年正月廿五日小川村名主笠間庄左衛門ヲ依頼シテ申入、門弟トナルト雖悉繁用故遊日又ハ雨天等ニ可来ト云、算書代価金九十両余モ求買置趣ニシテ算書種々披見、数日口伝受、術書印シ帰宅シテ又清算スルニ鶏鳴ヲ不知、終夜算考シテ明レハ又農業丹精不致ハ活計不相立、両様心苦ヲ不厭弁強スル事天元・演段諸役術別書通リ、然ルニ同年八月ニ相成病症頭上ニ盤石ヲ置如ク、両親驚入角山村医師栗生田元伯ニ係リ、是ハ算術ニ悶《心マドヒ》気根ヲ失ヒ、夫故ニ算術ヲ捨、薬用保養不致時ハ一命ニ抱ト言、両親・予モ一命ニハ難レ換ト存、依之算木・算盤等ハ氏神江納算術相止、日々薬用保養ヨリ外他事ナシ、其頃村々義太夫流行ニ付、為保養奥沢村三味源蔵依頼シテ義太夫三味線稽古始、夫より江戸女芸者竹本粂之助或ハ大西泉糸・豊竹入太夫・竹本九重太夫・鶴沢仲七小川村居住スル故札ニシテ稽古ス札金百疋ニ四十枚、右様稽古致候ヘ共農事家業抔ニ少も怠ル事なく、文政十二丑年靭負村岡野清兵衛より猫岩ニシテ下田七畝歩質地ニ買、天保元庚寅年廿二才ニシテ原川村尾上団治郎女、母方嫁願ニ付両親意ニ任セ娵、然ル処母気ニ入ズ和セズ、間もなく家出離縁となる、同二卯年九月鎮守祭礼として芝居稽古ス、孰も八月十五日より始メ師匠ハ鉢形村嵐森蔵・用土村萩野常八両人、九月廿日相成村和熟セズ、依之又上勝呂より若者四・五人出ス、夫迄下勝呂・木部・角山等若衆也、其時又予モ被レ誘出ル、先ノ仕組又管《菅》原ニ幕・安達三切・あこき平治住家合五幕、又新ニ箱根権現二幕・餞別滝場二幕加入、先仕組平治母・浜夕、又磯右衛門・初花四役廿二日より出稽古ス、其節舞台幕間十三間大仕掛ニシテ興行也、同年河原畑源六方より請戻ス、天保三壬辰年廿四才村方組頭役被 仰付、同四月能増村小林作兵衛女媒有テ妻トス、天保六未年三月野竹坂口田八畝三歩、靭負村吉田藤蔵より譲地買取、同七年正月靭負村江算法指南被頼行、吉田広治良後ニ次郎右衛門ト云始門弟七人、五月六日男子出生、国太良云、同十月靭負村田方御検見ニ付毛揃帳面拵様、名主竹沢善蔵ハ他出、本田名主依頼本田村名主来、此人ニ不構而予門弟ノ者ニシテ右帳算量ス、本田名主立服シテ帰ル、跡ニシテ毛揃帳面不残出来、組頭岡野清兵衛古寺村役人泊リ持参ス、無異儀納ル、其年六歩御引方ニ相成予ハ廿三才、外ハ右吉田広治良コト次郎右衛門始右善蔵嫡子竹沢常次良外十四才・十五六才ノ幼若者四・五人也、依之名主善蔵歓御礼ニ預ル

文献(3)はここまでであるが、三上の(1)によれば、この後のことが要約的に書かれているのでそれと原文を参考にして以下簡単に追記する。但し勤務と和算関係を中心とし家庭の事情等は略した。

・「弘化二乙巳年三十七歳名主役被仰付、同年八月吉見柚沢村黒岩村二ヶ村江御林見分柴山定右衛門両人ニシテ出役名字帯刀御免、同三年四月仕農家普請、同九月吉見四ヶ村恩田三ヶ村田方検見被二仰付一金二百疋頂戴也、同四年正月十一日三十九歳名主給米四俵書付ヲ頂戴也」

・「嘉永二酉年十一ヶ村取締頭取名主中小姓格被仰付」

・「安政二乙卯年九月廿三日四十七才御殿様与里被仰付摂州豊嶋郡野田村（豊中市野田）ヘ出役也支度金トシテ五百疋被レ下雑用金二十五両相役柴山定右エ門供辰之助三吉両人帳面二札御渡シ一札ハ雑用扣帳一札ハ名所旧跡書印可申趣被仰付候故左ニ…」とあり、その出立に際して次の二首を詠んでいる。

　有可たや君のおふせをきく月夜晴てうれしき旅の出立

　秋風に晴て嬉しき旅のそら心にかかるうき雲もなく

この出張は、九月二十三日に出発し中山道の各宿場を通って、十月九日に野田村に着いている。用事を済ませて帰りは同二十四日に野田村を出立し、伊勢二見浦に寄り東海道を経て十一月十四日に江戸屋敷に戻っている。江戸には大地震（安政二年十月二日の安政大地震）があったが、「江戸表大地震焼失死人等夥《おびただ》しく当家上下無事」であったので、即興の歌を次のように詠んで殿様大嶋主税へ献じた。これに対して「御殿様ヨリ金二百疋頂」とある。

　大地震お家にうさはよもあらじお神の主税武運長久　　吉田源兵衛平勝品

・「安政三辰正月前々頂戴御扶持米外米一俵加増候也」

・「文久二年三月妻召連御江戸見物万吉方江行夫ゟ横濱鎌倉板東札所相模八ヶ所…」、「同十二月十五日伊勢太々出

立也」。伊勢太々出立とは伊勢詣のこと、講元の一人であったようだ。

・維新以後には算法指南の記事が見えるようになるが、勝品は明治元年に六十歳である。明治七年の個所には維新以降、「隠居以来、明治二年二月算術指南小川村永井永五郎、大塚村伊藤政七開平迄傳授、同四年未八月小川村白木屋廣森藤吉免許出す、同五年申正月小川村笠間茂兵衛外にも門弟大勢あれ共、開平法以上高弟而已書す。同年七月平山村山三良、同久平、同八月青山村恩田與兵衛、……同七年十月増尾村宮澤郡治郎、同浅次郎、同濱三郎、同八年亥小川村松本清三郎」といったような人達に算法を伝授したとの記述がある。

・そして明治十一年の・条には、「明治十一年寅十月卅日生日刻七十賀ヲ祝ス右算術高弟三十五人切付石碑ヲ拵高弟親類与盃ヲ引候事」とあり、これは七十歳の賀を祝して碑を建てた事を述べている。高弟三十五人とあるが、後述の寿蔵碑に名を刻したのは三十人である。

・明治十五年の項には、算法免許次第と題して次の諸人を記している。

明治四年未八月　小川村　廣森藤吉　算法免許
明治八年亥六月二日　川越藩　小川平三良　同断
明治十二卯年一月廿五日　小川村　町田千代女　同断
同年十月廿日　同　笠間常吉　同断
明治十丑年三月二日　平山村　平山山三良　同断
同十四年巳十二月　増尾村、宮澤福太郎、同彦太郎両人ニ免許、

・「明治十四年巳八月廿五日、人力車ニシテ古里村へ行、算術門弟、百足屋内、飯島國造、同安輔右兄弟、畠山村瀧澤與太郎、三人開立開平」ともあり、さらに次のようにもある。

・「九章名義傳授、爲謝礼金五圓、手拭一筋、予和歌、（筆者注：後述の「算法九章名義記秘術帳」のことか）
算法ハ実に飯島國のため安くおぼへて末の与太かな

諸秘術おしへさとして身も吉田足そ勝呂と思ふ勝品」

・「同年九月廿八日青山村恩田勘兵衛宅へ算術指南、門弟ハ同人長男歌之助、娘志な、三田杢三郎三人」

・同年十月吉田勝品は病気してか次のような記述が見える。

「辞世トシテ長兵衛代筆　　吉田勝品詠

年を経てうき世の中に住んより一時もはやく彌陀の浄土へ

便りなき我身の上や秋霜の今ぞおかなん白菊の花と　　二句続」

・「同年十一月三日床上病気全快」

・「十五年四月十一日小川村笠間嘉八妻たけ女倅笠間林五良門入算法」、「小川石川長吉、同かね女門入、同福島とよ女、松本馬二郎門入、笠間林五良金四円礼、吉田林春吉門入金二十銭、裏物一反長吉かね女礼、福田豊女金四十銭手拭一筋、などなど

・「十七年四月廿四日　石屋比企郡遠山村池田善司刊之」、として「想遺碑曰」の文を記している。

・明治十八年四月二十一日、小川村清水善八より「算術指南依頼、手拭一筋」と記す。

・最後に次のようにもある。

「明治廿三年第八月十七日吉田勝品二男相続吉田藤三良記、謹テ曰父勝品當廿三年八月二日於テ死去候処・・・」

【寿蔵碑】

明治十一年門弟たちが勝品の七十歳を祝して建てた生前碑である。

碑の表面には「菊に一の字」の家紋を刻し、その下に家系の略記（摂州野田村への出張も記述あり）、夫婦の戒名、辞世、それに「算法関孝和先生九傳門数多内」として、「高弟連名次第不同」と横書して、三段に門人三十名の姓名などが賑やかに書かれている。（先頭の平山山三良については、七・八章(三)参照）

人王五十代桓武天王皇孫正三位大納言平高棟
苗裔吉田三良武重末孫吉田源兵衛平勝品
文化六巳十月誕生弘化二巳名主勤役嘉永二
酉年十一ヶ村支配中小性格安政二卯年摂州野
田村出役文久二年講元　伊勢太口修行
空　眞譽豁然勝品清信士
辞世
限りなき营の浮世の壽に
弥陀の浄土の法やゆかしき(1)より
空　最譽勝隋清信女
慈恩寺二十世空外算術爲師恩金剛経及書之于時明治十一寅季天壽七秩存命中建之

筭法關孝和先生九傳門数多内
高弟連名次第不同
免許岩井 平山山三良　平山 恩田与兵エ　□川 町田正三
全川越 小川平三良　全尾高竜太良　関根長三良
全小川 廣森藤吉　全同　敬造　全同清兵良
全笠間蔵□　全大木□吉　全酒井邦太良
全同平右エ門　全秋山由太良　全宮沢浅次良
全同　常七　全同長次良　全中村空外
全同　岩吉　全同長太良　全石川郡次良
全永井永五良　全馬場吉十良　全高橋浪次良
全松本清五良　全青木要吉　全吉田勇吉
伊藤政七　全土屋平次良　全同八百蔵

想　遺　碑　曰

夫大哉一天四海日月星辰幽則爲鬼神復明人也此理莫足怪天地道
三正人道五常是守者昌長命背者貧若短命是有參關天地化好悪也
不佞生窮巷中長蓬茨下無學文旨莫有廣観遊覧智至愚唯心天地道
莫他叓従若年蒙身格重祿及耳順隠居以来算術門人數多七秩賀祝
其上表碑造當七有六句先祖廟大日佛前埋葬願書戸長成川公達
天廳御採用大願成就諒生涯安楽保身命嗟呼皆天神地祇守道冥助
爲報恩萬代不朽遺想徳奨叓踈意存命中識立置也
明治十七甲申年　七十六翁
右寄和歌　天地や人たる道を守なハ　第五月吉日　吉田源兵衛
神の恵に福壽圓満　平勝品

裏面には「想遺碑曰」と横書した下に、以下の碑文がある。(1)（裏面の碑文は数年後、明治十七年に成る）

この碑文について三上義夫は「漢文らしくて、而も漢文ではなく、句読の試みも困難であるが、併し大體の意味は通ずる」として次のように返り点などの補足を行っている。(1)

夫大哉。一天四海。日月星辰。幽則爲二鬼神一。復明人也。此理莫レ足レ怪。天地道三正。人道五常。是守者昌長命。背者貧若二短命一。是有下參二闕天地一化中好悪上也。不佞生二窮巷中一。長二蓬茨下一。無學文盲。莫レ有二廣観遊覧一。智至愚唯心二天地道一莫二他吏一。従二若年一蒙二身格重祿一。及二耳順一隠居以来算術門人數多。七秩賀祝。其上表碑造。當二七有六句一。先祖廟大日佛前埋葬願書。戸長成川公達二　天廰一。御採用。大願成就。諒生涯安楽保二身命一。嗟呼皆天神地祇。守道冥助爲二報恩一。萬代不朽。遺想徳奨吏。踈意存命中。識立置也。

そして次のような「感想」を述べている。(1)

今、竹澤村勝呂の此碑を見るに、其家の主であった吉田源兵衛平勝品は、關孝和を流祖とする關流数學九傳の算者であって、門人も数多あり、其門人等が師恩を報ぜんが爲めに此碑を立てたのであり、源兵衛は神佛をも厚く信じ、和歌をも詠み、天地や人の道を守る事を心掛け、地位なき農家に生れながら、領主の爲めに名主役を命ぜられ、十一ヶ村を支配して、中小性格を授けられた事などをも満悦し、年耳順に及んで隠居してからは、算術の門人が多く薫陶を受け、古稀の祝をして呉れたり、生前に碑を立てて呉れたりするのを、此上もなく喜んだものと見える。

図6-2-3　寿蔵碑（2013年4月）

【門人神文】

吉田家文書には次のような「誓詞神文證[5]」がある。これは明治十七年十月に西大塚緑町（小川町大塚か）の村山米造・新左エ門が勝品（当時七十六歳）に提出した神文である。「吉田勝品一代誌」にはこのことは記載はないが、次に述べる「算法九章名義記秘術帳」の自序の末尾に「関流算術深秘、堅他見不可為、執心ノ者有之、誓詞神文之上相伝可致者也」とあるから、これを実現した神文のようである。但し、このような神文が明治半ばになってもまじめに書かれていたことに驚くが、形式的なものであった可能性も高い。

誓詞神文證

一今般私義算法御傳授候
ニ付秘術之儀ハ譬《たとえ》何程入魂ノ
者タリトモ猥リニ他傳仕間鋪
筈神明奉祈誓□　捐
印仕候處實正也若於相背
全国中大小神祇加蒙神
罪者乙依之差出申誓詞神
文如件

比企郡西大塚緑町
明治拾七年　村山米造
第十月
十二日　村山新左エ門

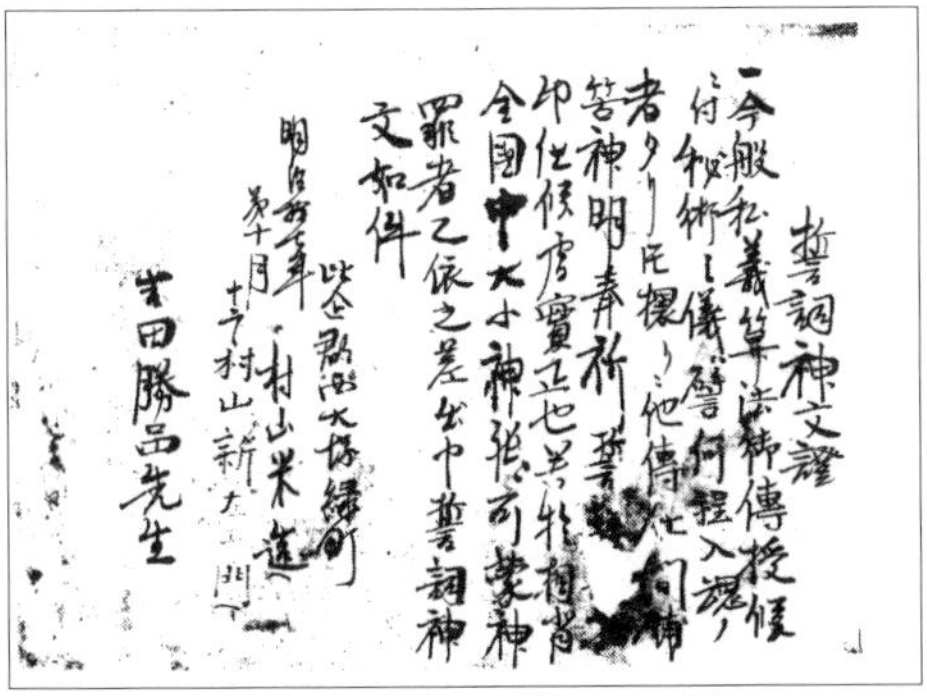

図6-2-4　誓詞神文証[5]

吉田勝品先生

【算法九章名義記秘術帳】

「算法九章名義記秘術帳」は明治十六年、勝品が七十五歳の時に著したものである。この史料を筆者は実見していないが、文献(1)には次のように算術書に巻子本一巻と稿本の二種類があり、巻物の方が四百二十五問、稿本の方は五百三十五問がある（巻物の方が「算法九章名義記秘術帳」）ということや、福田重蔵から免許を受けたことなどが述べられている。

吉田勝品の遺品の中には、算法の巻物一軸と、「算法實術解」一冊と、測量の寫本一冊とがあるが、（略）巻物と稿本とは其内容略々相一致するのであるが、巻物の方は明治十六癸未年第二月七十五歳の作であり、「惣術教四百二十有五術」とあるが、稿本の方は明治十七年甲申第三月大吉日、天壽七十六歳と誌るし、五百三十五術を包含する。今巻物に依って序文を抄出すれば、

夫算法ハ六藝長、数量根原也、天地未分、天元一ト称ス、開闢乾坤、両儀陰陽、……

と書き起して、

先師關孝和大先生算法ノ神仙ニシテ、則大極下ニト建、問トスルヲ以天元ノ一ト称シ、是ヲ加減乗除シテ其問ヲ得、故ニ天元術ト言、……不佞難二此道志一、……無学文盲、……然レ共關孝和先生九傳免許受、門弟数多、直順、隠居以来保二身命一、我門ヘ入子弟ヘ一向勉強ス、算術大意、第一ニ正五常十義、九章名義、身分分限揆事、首トシテ地理天宜明察ス、豈千里路モ一歩始トス、……

雄二貧賤一算術文学勉強無二怠惰一時ハ、其身光栄爲二富貴一、……

と説き、

読書と禮義算術知らざるは人と生れて人の甲斐なし、

闕流算術深秘、堅他見不レ可レ爲、執心之者有レ之、誓詞神文之上、相傳可レ致者也、

と言って居る。そして終りに

右秘術元祖闕孝和大先生九傳ノ免許」と記るし、「文政十丁亥年正月十五日、師笠原村福田先生ヨリ免許申受ル、同年八月十五日、同小川村杉田先生ヨリ免許申受ル」と言ひ、更に「不佞門弟五百有餘人、内上達高弟五十有五人」と唱へ、明治四年末八月十五日、免許、小川村廣森藤吉郎以下七人の免許を記るす。

と述べている。

つまり、「関流算術深秘、堅他見不可為、執心ノ者有之、誓詞神文之上相伝可致者也」の具体例が前述の神文と考えて良いだろう。巻子本である「算法九章名義記秘術帳」は文献(7)に前文とともに、二百三十六問目までが載っているので、以下それに沿って幾つか説明したい。秘術帳（諸秘術・三斜法・開平帯縦算・同相応・開立相応秘術等）の部分百八十余問は割愛されている。

まず、九章とは、方田《ほうでん》・粟米《ぞくべい》・衰分《すいぶん》・少広《しょうこう》・商功《しょうこう》・均輸《きんゆ》・盈《えい》不足・方程・勾股《こうこ》の諸術であり、これは古代中国の数学書である「九章算術」（二百四十六問）の九章の分類と同じである。各章の概説は次のようなものである。（ ）内は算法九章名義記秘術帳の説明である。

方田：方田とは正方形の田のこと。年貢のために主に田畑の面積計算を扱う。正方形だけでなく長方形・三角形・台形・円・環田なども扱っている（地方検地求積術、23問。他に器物求積術として13問がある）。

粟米：粟や米などの売買・両替・交換に関する算法。比例や比率の問題。相場割ともいう。（俗に曰く相場算法。47問）

衰分：金銭に関する分配の問題で、比例按分・利息などの計算。等比級数や等差級数を含む。（貴賤厚税差分多少理会求術とある。30問ある）

少広：測量の問題で面積・体積から辺の長さを求めたりする。（積巾方円平法立方面求法とある。42問で開平開立九々併開平開立法とある）

商功：城・運河・家屋などに関係する土木や建設関係の計算。（普請算法。30問）

均輸：租税の計算で比例問題。（遠近労費傭直求法、29問）

盈不足：盈不足とは過不足のことで鶴亀算なども含む。（隠数《雑》互見其数隠雑求法。15問）

方程：方程とは未知数を求める方法で方程式のこと。二元または三元の一次連立方程式の問題。（正負俗組合算術とある。16問）

勾股：直角三角形のピタゴラスの定理に関する問題。（高深廣遠、是則無量至極ノ算法、諸術明訣前八章此ニ籠ル、とある。21問）

算術としてはこれら九章の術の他に、容題（容術＝円・多角形などに一つ以上の円・多角形を内接した問題）の題術等もあるし、諸約術（互減・遍約・互約・逐約・斉約・自約などの整数の性質を扱った術）、翦管術（不定方程式の解法）など一通りの術を扱っているが、[1] 廉術・円理などはやっていないようである。

「算法九章名義記秘術帳」の一部は次のようなものである。序文と目次を示す。

算法九章名義記秘術帳（抄）　吉田勝品

（巻子本包首）
算法九章名義記秘術帳全

算法序　　吉田勝品謹曰

夫算法ハ六藝長数量根原也、天地未分天元一ト称ス、開闢乾坤両儀陽陰和シテ萬霊蒸現□□（欠損）三才四大五行六義七曜八卦九疇十于《（ママ）》ヲ以数便トシテ、百千万無量不可測ニ至、是ヲ以文字無時ヨリ祖起、則大唐蒼龍伏義氏河図ノ象ヲ以〇大極ト号、身極ニ象リ一ヲ単ト号、小陽象リ□折ト号、小陰象リ日ヲ重ト云、老陽象×ヲ交トシテ老陰ニ象、命二国官保氏一隷首吉凶吝悔優《（ママ）》害兵疑ト八卦トス、又五行兄弟ト分十于《干》トス、三才再四十二支トス、是則算術起□、五帝三王及太公望・黄石公・孔明・孫呉・孔孟専算術ヲ以揆計ス、周公旦ハ又左ニ著通九章ニ別シテ以名義ト称ス天朝ニシテモ東方発生、木徳風姓五行始顕、従二神代一専世ニ行ル重術也、諒ニ算要タル事ハ第一百姓導、謂所円長方田開平開立、遠山高下海川淵深、広野遠長不レ行シテ爰ニシテ揆又諸物入目、天問地理日月行道、運気或ハ軍ヲナシ賦ナスニ士ヲ引、歩卒交ル事及巫医、百巧類孰モ算法ニシテ相生相剋、吉凶知萬端理ヲ喩神通不測ノ算法也、先師関孝和大先生算法ノ神仙ニシテ、則大極下ニ一ト建問トスルヲ以天元ノ一ト称シ、是ヲ加減乗除シテ其問ヲ得、故ニ天元術ト言、實ハ天地共ニ円ナレ共、天ヲ円、地ヲ方ト号、是ヲ以天地四方和シテ六ノ数ヲ以地方大法トス、一ハ萬物首一ヲ以万ヲ知ル算法ノ秘術也、然レトモ不レ知二其正一不レ能二得事《ルコト》一入二聖門一違闕糺時ハ生涯一助ナラン、不佞雖二此道志ト一素ヨリ生二窮巷中一長二蓬茨下一、無学文盲故莫レ有二広観遊覧智一、至愚ニシテ有二終身累一、然レ共関孝和先生九伝免許受門弟数多、耳順隠居以来保二身命一我門ニ入、子弟ヘ一向勉強ス、算術大意第一ニ三正五常十義、九章名義身分限揆事、首トシテ地ノ理天宣明察ス、豈千里路モ一足始トス、工先乾坤通二幽微一思案唯心有二好望スル所一、天地感シテ萬物生、算術諸藝各一体□能々可レ為二算考一、右序トシテ陣二見疎意一只管此道誘勧奨事、庶幾不レ省二智人笑一識著スル也

諺曰成就ハ艱苦賞典也、悪ヲナセハ罰ヲ受ル、善行セバ賞得ル、怠惰放逸ナレハ雖二富貴一必不レ能二其身保ル事一、雖二貧賎一算術文学勉強無二怠惰一時ハ其身光栄為二富貴一、玉不レ磨不二光輝一人不レ学不レ能二知事一、不レ知二藝道一則愚ナル、予曰

読書と礼義算術知らざるハ人と生れて人の甲斐なし

関流算術深秘、堅他見不可為、執心ノ者有之、誓詞神文之
上相伝可致者也
関孝和先生九伝
惣術数四百二十有五術
算法誌
吉田原兵衛平勝品
七十有五是ヲ識ス

（目次）
九章名義曰
一、第一　方田門　以御ニ疇《田疇》界城《域》一地方検地求積術
一、第二　粟布門　以御ニ交易変易一俗曰相場算法
一、第三　衰分門　以御ニ貴賎厚税一差分多少理会求術
一、第四　少廣門　以御ニ積巾方円一歩数還原 平法立方面求法
一、第五　商功門　以御ニ功程實積《積実》一商ハ度功ハ業普請算法
一、第六　均輸門　以御ニ遠近労費一均ハ平輸ハ送 儱直ヲ求ル法
一、第七　盈朒門　以御ニ隠数《雑》互見一其数隠雑求ル法
一、第八　方程門　以御ニ錯揉《雑揉》正負一正ハ正数負ハ欠数 俗組合算術
一、第九　鈎股門　以郷ニ高深廣遠一是則無量至極ノ算法諸術明訣前八章此ニ籠ル
本文（「第一方田門」から始まる）

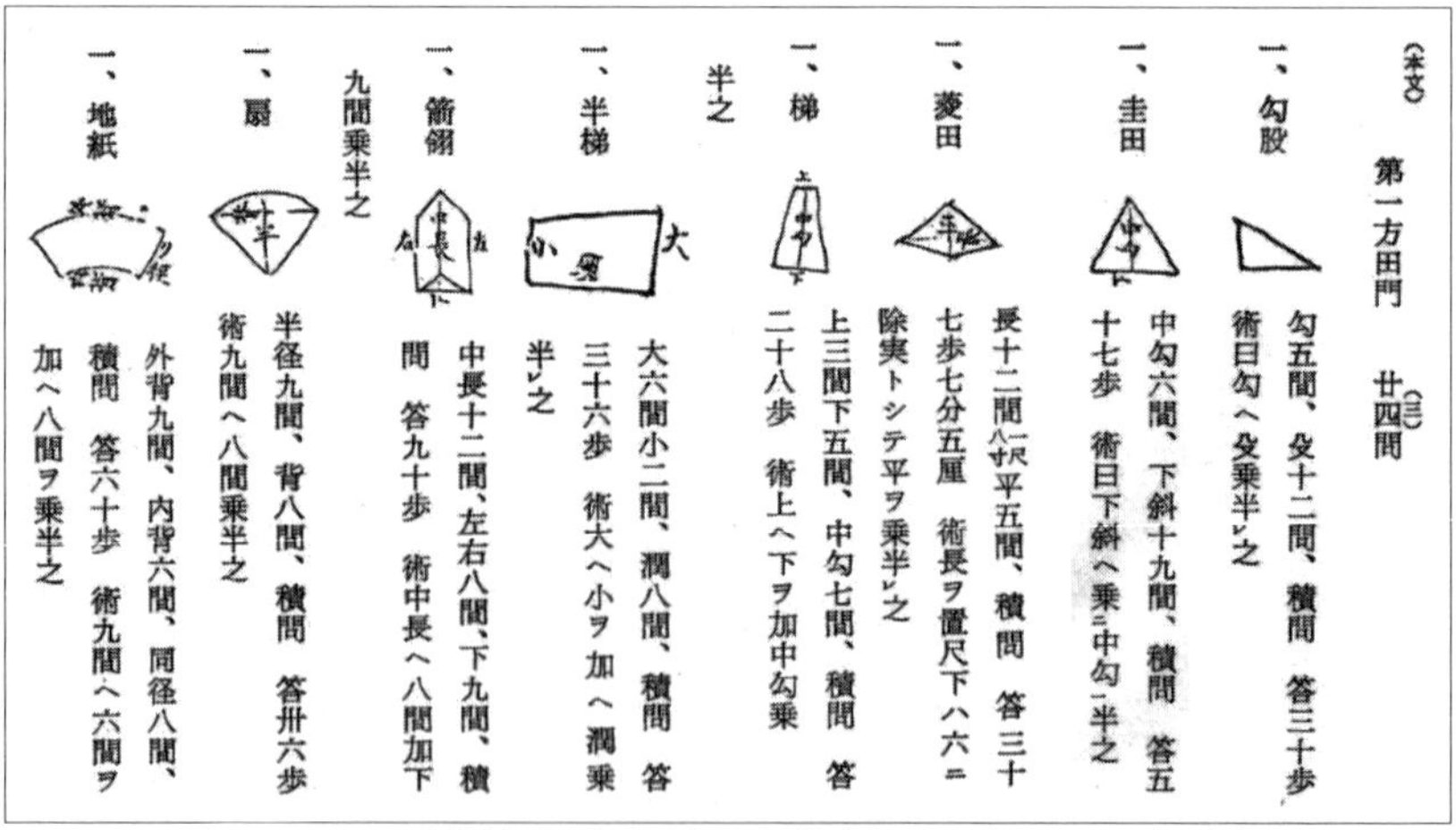
（本文）
第一方田門　廿四間（三）
一、勾股　勾五間、殳十二間、積間　答三十歩　術曰勾ヘ殳乗半レ之
一、圭田　中勾六間、下斜十九間、積間　答五十七歩　術曰下斜ヘ乗ニ中勾一半之
一、菱田　長十二間一尺八寸平五間、積間　答三十七歩七分五厘　術長ヲ置尺下ハ六ニ除実トシテ平ヲ乗半レ之
一、梯　上三間下五間、中勾七間、積間　答二十八歩　術上ヘ下ヲ加中勾乗半之
一、半梯　大六間小二間、濶八間、積間　答三十六歩　術大ヘ小ヲ加ヘ濶乗半レ之
一、箭翎　中長十二間、左右八間、下九間、積間　答九十歩　術中長ヘ八間加下九間乗半之
一、扇　半径九間、背八間、積間　答卅六歩　術九間ヘ八間乗半之
一、地紙　外背九間、内背六間、同径八間、積間　答六十歩　術九間ヘ六間ヲ加ヘ八間ヲ乗半之

図6-2-5　「算法九章名義記秘術帳」の方田の一部[7]

参考文献
（1）三上義夫「武州比企郡竹澤小川の諸算者」（加藤玄智編『日本文化史論纂』中文館書店、1937年）
（2）『小川町の歴史　通史編上巻』（平成15年より抜粋）
（3）『小川町の歴史　資料編5近世Ⅱ』（平成13年）
（4）小川町教育委員会「吉田勝品一代誌全」（勝呂吉田武文家文書48）
（5）小川町教育委員会「誓詞神文証（算法秘術伝授ニ付）」（勝呂吉田武文家文書44）
（6）小川町教育委員会「（吉田勝品自画像）」（勝呂吉田武文家文書56）
（7）『新編埼玉県史』（資料編12）

算術の教授風景（本文とは無関係）
（『算学稽古大全』天保4年、筆者蔵）

六・三章　福田重蔵

明和五年（一七六八）～弘化四年（一八四七）　八十歳
竹算　（小川町）

【人物】

福田重蔵は小川町笠原（栃本）の人である。市川行英に関流を学び関流九伝と称したという。重蔵は行英より三十七歳も年上であった。入門に際して行英に提出した神文には文政九年とあり五十八歳のときということになる。竹算という号は師の市川行英に提出した神文や遺品の教授本の中に見られる。また福田家の墓地の墓誌には、「法算重輪居士　重蔵　茂三郎父　弘化四年七月四日没　八十才」とあるので生年がわかる。なお、重蔵の家では其孫藤太郎父子なども教授を続けていたといわれる。

勝呂村の吉田勝品の師でもあったことは「吉田勝品一代誌」[1][2]にある。勝品の父勝吉は多少は算法を教授したが、開平開立までは教へられないので、父の門人等と相談して、謝礼を出し合せて、勝品が福田重蔵の伝授を受け、それを直ちに学友等へ伝える事にした。其れは文政十年（一八二七）、十九歳の時であったが、このとき重蔵は六十歳ばかりであったと「吉田勝品一代誌」にある。それは後述の神文によれば重蔵が行英に入門した一年後位のことであった。具体的には次のようにある（六・二章参照、一部重複）。

又年々正月毎ニ父ニ算術稽古ニ来ル者数多、予モ開平・開立術ヲ問、父不知ト答、其頃笠原村福田重蔵ト云者諸方算法指南ヲ以業トシテ門人大勢、年ハ六旬余ノ老翁アリ、此人ノ指南ノ様子ヲ伺処ニ、門入神文金百疋、一七日ヲ以金百疋ト定メ、開平法伝授金百疋、開立ハ金二百疋、日当四日ニシテ金百疋、彼是大金ニ及門入スル事不㆓相成㆒、是非共右術懇望故、父門弟朋友ニ右ノ趣相談スルニ、吉田勇吉・同八百蔵・木部村高橋浪二郎答曰、金百疋ツヽ出金門入シテ伝授請、其上右術我等モ伝授受ント言、右熟談ニおよび文政十亥年正月七日十九才ニシテ福田先生へ門入、神文ノ上金壱両上納シテ先其日開平術ヲ覚、同十二日私宅へ先生来ル役《約》定故、酒肴菱《蕎麦カ》切等拵相待処ニ午時ニナレ共不来、漸々八ツ時来ル、先酒食出シ二三術指南受先生帰宅ト言、何卒四日ハ泊留御指南受度ト願不聞入帰ルト言ニ付、十五日ニハ推参仕筈ニシテ役《約》定シテ俄ニ算木・算盤ヲ拵へ、十五日早朝弁当持参シテ先生宅へ行、開立・三乗・四乗・九乗迄開コト安シ、夫ヨリ天元秘術問、最早教ル術無キ趣ヲ以、唯凡半日余リツヽ三日ニシテ関孝和大先生九伝免許書頂戴ス、右ニ付右術三名へ神文上伝授ス、夫より猶算法奥儀只管覚度朝暮念願スル処ニ・・・

【遺品と職業】

三上義夫は遺品について次のように述べているが[3]、筆者が平成二十五年四月に実家を訪ねたときは既に何も残っていないとのことだった。算術指南の外に田地の検見や年貢取立・計算整理等に従事したようである。

遺品中には流布の刊行諸算書若干があり、地方検見の書類若干もあるが、稿本算書類は殆んど見られぬ。「算學案内記」と題する教授本らしいものの尾に「文政十一年戊子春、笠原村福田竹算書」とあるが、竹算は雅号であらう。算木を使って算法を行ふと云ふ意味で竹算と号したのではないかとも想像される。赤黒の算木と、小形のものと、赤色で中部を黒く染ったものの三種が現存する。此第三種は計算用ではないから、易占類似のものか何かであらう。私は其用法を了解せぬ。畳二枚くらいの算木の盤もあったと云ふが、今は無い。重蔵が算木使用の算者であった事には、疑ひはない。文化癸酉新刻の「ト筮早考」と云ふ書物も遺存する。「日月蝕算…」だの、文化十四年、文政六年、天保十三年などの「見行草」も有り、暦術にも心得があったらしい。「文政四年辛巳十一月吉日、原川、笠原、田方町歩納米改寫」、「角山村之分文政八年石高承永覚帳」、「天保七年丙申十一月日、田方御検見内見帳、角山村分田主越石、笠原村栃本、重蔵」、「新組分天保十二年辛巳十一月吉日、御年貢取立覚帳」など云ふ帳簿は幾らもあり、記載の区城は勿論重蔵の私有でないのは明らかであり、重蔵は其筋の依頼を受けては田地の検見若くは年貢取立、計算整理等に従事したのであったらう。其れも職業であったと思はれる。重蔵は算術指南が専門であったらしく、百姓をもしたかは明らかでないと云ふ。算術の指南も兼ねて、今言ふ如き地方《ちかた》の用務を所辨したと見える。

【神文】

文政九年に師の市川行英に提出した「神文一札之事[4]」は次のようなもので、五十八歳位のときのものである。

神文一札之事
一御當流新撰之術一源之明算他言
仕間鋪候
一御傳授之筭書之内他言申間鋪事
一御指南筭書開板仕間鋪候事
右之條々於違反者大日本国中
大小神祇可蒙泰山府君御罰者也
依而神文血判如件
文政九丙戌年
二月日
武蔵國比企郡笠原村

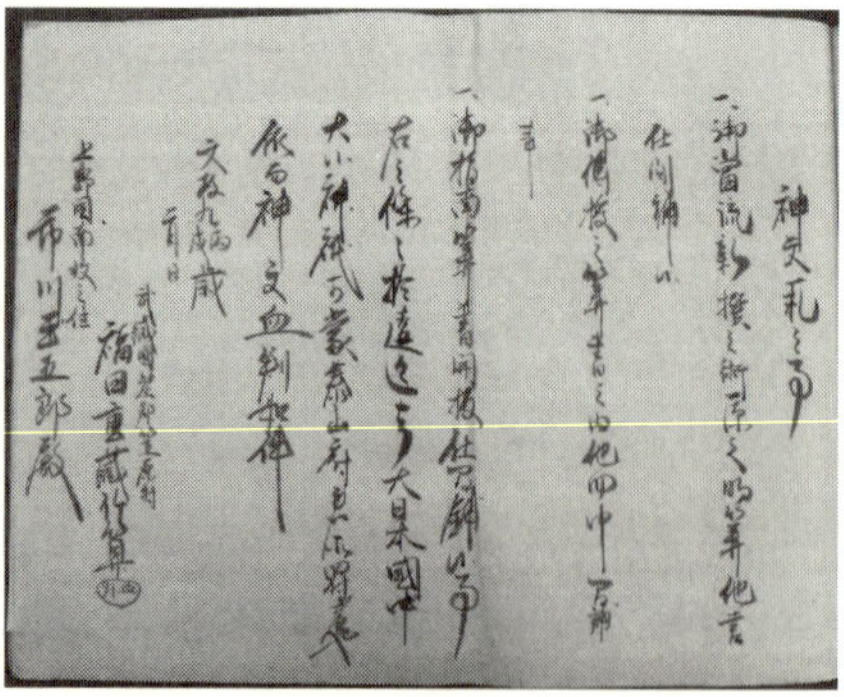
神文一札之事
一御當流新撰之術一源之明算他言
仕間鋪候
一御傳授之筭書之内他言申間鋪事
一御指南筭書開板仕間鋪候事
右之條々於違反者大日本國中
大小神祇可蒙泰山府君御罰者也
依而神文血判如件
文政九丙戌
二月日
武蔵國比企郡笠原村
福田重蔵
市川玉五郎殿

図6-3-1　福田重蔵の神文[4]
（大正8年の写、日本学士院）

福田重蔵竹算　[血判]
上野国南牧之住
市川玉五郎殿

【墓】

重蔵の墓は明治四十三年の山崩れで埋没し、後に再建したものがあると言われるが、[3] 現在の福田家の墓地には重蔵に関しては次のようにある。まず福田家先祖代々精霊之墓には、

法算重輪居士　重三　弘化四年七月四日没　（台石に「昭和九年七月　福田重治建」とある）

とあり、その脇にある墓誌には、

法算重輪居士　重蔵　茂三郎父　弘化四年七月四日没　八十才

とあり、更に先祖代々受賞之記録（比較的新しく建立されたもの）には、

法算重輪居士　和算学者関流八伝市川玉五郎行英門人関流九伝免許皆伝

とある。

三上の論文には、「再建墓石の後ろに高さ約二尺の下図のような小さな墓があり、これは再建かどうか不明」ともある。

弘化四未天七月四日
法算重輪信士
昌山妙光信女
弘化元巳當九月八日

福田重蔵の享年は墓誌によれば八十才とあるから、逆算すれば明和五年生まれとなる。文政十亥年、吉田勝品が師事した頃に「六旬余の老翁」であったとあるから合致する。

【免許の疑問】

「吉田勝品一代誌」によれば、わずか数日の教習で吉田勝品は「関孝和大先生九伝免許書頂戴ス」と言っている。関流免許は江戸末期になると、見題・隠題・伏題の三免許（皆伝）を受けたのみで関流幾伝と称するようになるが、ここで言う「九伝」は三免許も受けているとは思えない。福田重蔵自身も「八伝」と言っているが、そのことも含めて疑問が残る。

参考文献

（1）小川町教育委員会「吉田勝品一代誌全」（勝呂　吉田武文家文書48）
（2）小川町教育委員会『小川町の歴史　資料編5　近世Ⅱ』
（3）三上義夫「武州比企郡竹澤小川の諸算者」（加藤玄智編『日本文化史論纂』中文館書店、1937年）
（4）「市川行英文書」（日本学士院所蔵和算資料5657）（これは大正時代の写しである）

六・四章　松本(栗島)寅右衛門

享和二年(一八〇二)〜明治十五年(一八八二)
精弥　八十一歳
(小川町)

【人物】(1)(2)

木呂子の名主松本吉兵衛の次男として享和二年に生れ、精弥《きよみつ》と称し、算学を市川行英に学んだ。行英に代って教授した事もありその優秀さが知られる。栗島氏の養子となり栗島寅右衛門となるが、妻が二十四歳で没したので実家に帰り、文政十二年に一族である松本安兵衛が江戸に出たので、養子となり跡を継いだ。寅右衛門は知行主であった山岡鉄舟の父小野長右衛門の紹介で市川行英に就いたといわれる。明治十五年五月一日、八十一歳で没す。墓は木呂子にあり「松本寅右衛門墓」とある。『算法雑俎』によれば、文政十三年東松山市の箭弓稲荷に「栗島寅右衛門精彌」の名で奉額する（この算額は現存せず）。神文など多数あったというが、平成二十五年四月に伺ったときには何も残っていないと言われた。門人は比企・大里・秩父三郡に渡り三百名に及ぶともいう。

松本寅右衛門のことは文献(1)(2)などに詳しい。いま文献(1)から遺品や行英に師事した経緯、それに門人などについて述べている個所を、少し長文になるが抜粋して示したい。当時の様子がわかる好資料である。

私の披見した神文四十余通の中にて、天保三年の二通も、弘化三年の二通も、安政七年のものも明治十五年午一月即ち病没の年のものも、其他多数と共に何れも栗島姓宛であり、松本姓宛のものは至って少ない。之に反して松本姓宛になって居るのは、明治二年、六年、九年、十四年等の数通だけに過ぎない。

此等神文の中にて、天保三年辰正月六日西澤和助、同年六月に藤元次郎の差出したものには、市川玉五郎殿代栗島寅右衛門殿と宛てられて居る。此れで、其師上州人市川行英に代って教授した事も知られるのであり、川越へ行って居たと云ふのも市川が川越藩に関係があったと云ふから、矢張り市川に関係して何かの事情があったやうにも思はれる。

松本匡吉氏の談に、旗本小野長右衛門(山岡鉄舟の父)の知行で松本吉兵衛はその名主をして居り、寅右衛門は次男であったが、吉兵衛は江戸へ出て小野の為めに暮の買物などしてやる例であり、さう云ふ機会に小野から尋ねられて、寅右衛門は十露盤(そろばん)が一番好きであることを答へ、それでは良い先生を紹介しようと云ふので、上州の先生を紹介して呉れられた。小野とは懇意であったと見える。余程えらい先生であったと云ふ事である。寅右衛門には弟子は方々にあった。八十になっても、教へて書いた。他村から習ひに来たものもあるが、教へに行ったのが多い。弟子の中にも出来た人が大分あったと云ふ。地租改正の時には寅右衛門は出なかったが、弟子が関係した。一こくな人で、思う事を押通すと云ふ風であった。若い時には宮大工をして、居村吉野神社の建築をもした。木の曲ったのは真直に直して使ふと云ふ風なので、木が小さくなるのを人に嫌はれた。併し教へるのは余り厳しくないで、弟子から嫌はれるやうな事はなかった。

松本市平氏並に老母の談にも、いつとして、いい加減の事が嫌ひで堅い人であり、よく調べて来るのが好きであった。御上手を言ふなどは嫌ひであった。神文に記載の弟子の居村を言へば、富田村、小前田村、御堂村、青山村、角山村、安戸村、小川村、奥澤村、笠原村、大塚村、風布村、泉井村、玉川郷等があり、比企、大里、秩父の三郡に亘っては居るが、遠くも二三里を隔つるに過ぎない。郷村の記るしてないのもある。中に就いて明治十五年一月、東京愛宕町三丁目一番地平野文吾娘、同奈美、奥州安達郡二本松三ノ町、岸東崗母、同登利と云ふのがある。此れは東京へ出た時に教へたものか。吉田勝品の門人に小川の町

図6-4-1　吉野神社（2013年4月）

田千代女があるなどと共に、珍しいものである。

此等諸門人に就いて具さに彩訪したならば、中には教授に当った人々も恐らく数多く見出されるのではないかと思はれる。

【碑文撰文】

文献(2)によれば、「大正二年没後三十年にして故舊の者集りて碑を建てんとし、碑文も作られたけれども遂に着手せずに終った」とある。その撰文は次のようなものである[2]。

翁諱は精彌と称す。武陽男衾郡木呂子村の人松本吉兵衛の次子也。資性穎敏、幼少にして書を読み、殊に珠算を能くす。乃父即ち其性の好む處を察し、上州の人南谷市川行英に就き其算法を習はしむ。翁踴躍師に従ひ、螢雪多年圓理起原の法を受け其堂奥に入り、冕許皆傳を得たり。郷に歸りて名聲大に揚る。翁常に所謂く、已でに天地あれば則ち數あり、其數を究むるに術あり。之の術たるや森羅萬象を包括し、非理を推す時は則ち其數自ら明かなり。蓋數学は国家の大用、一日も缺くべからざる者にして、之を私すべきに非ずと。遂に帷を垂れて子弟に教授す。遠近風を望んで来往、業を受くる者數百人、皆地方知名の士なり。是に於て斯道大に闢け、弾玉の聲途に聞ゆ。明治初年地租改正の際の如き、門弟各郷里に在りて其技を展べ、大に其慶に頼ると云ふ。是より先、翁年二十八にして出でて同村川窪安兵衛の後を嗣ぎ、一家を成す。生活澹如たり。翁は享和三年二月に生れ、明治十五年一月殂す。享年八十有一・曾孫彌之輔、門弟胥と謀り之を石に刻し、以て翁の遺徳に答へんと欲し、余に銘を徴す。余亦翁と縁あり、敢て誌して銘せざらん耶。銘曰。

惟レ古ノ郷先生。究理通ニ自然一。業精徳化洽シ。今人求ニ之躅一。

悠々松本匡撰

文献(2)はこの撰文について、「撰文者は生家の當主松本匡吉氏である。碑文稿には享和三年生とあるが、墓には行年八十一歳とあることから、恐らく享和二年生であらう」、「碑文稿には上州の市川行英に學び、郷に隔って教授したやうに記るされて居るが、撰文者松本匡吉氏の談では、市川が来て教へたのだか、行って習ったのだかは判然せぬと云ふ事であった。市川は故あって郷里を出て、他郷で教授したと云ふ事であるし、竹澤の松本以外にも門人中の古寺村、腰越の人の奉額も記るされて於るのであり、此地方へも教授に来たものであらうと想像する」(要約)と述べられている。「古寺村、腰越の人の奉額」とは、慈光寺の算額の田中與八郎・馬場與右衛門・久田善八郎を指している。(六・五章参照)

【神文】
文献(3)には神文のことが幾つか書かれているが、その内の一つは次のようなものである。

神文前書之事
一當流新撰之術一源明算他言仕間敷事、尤御免許以前指南仕間敷事。
一御傳授之算書之内他論申間敷事。學他流候者、御傳授書写置候者、
無残取集返進之上、返二神文一可レ致事。
右之條々於二異變一者、可レ蒙二大日本國中大小之神祇泰山府君御罸一者也。
天保三年辰正月六日　西澤和助
市川玉五郎殿
代
栗島寅右衛門殿

【墓】

実家は木呂子の吉野神社の近くにあり、墓は木呂子川を挟んだ反対側にある。正面に「松本寅右衛門、同　やす墓」とあり、右側面に「明治十五年五月一日歿　行年八十一歳、同三年十二月十六日歿　行年六十三歳」、左側面に「大正十三年二月九日建之　松本彌之輔」とある。

図6-4-2 松本寅右衛門の墓（木呂子、2013年4月）

【算額】

文献(2)には、「遺蔵の算書類も多くあったと云ふが、門人等が持って行って散逸し、現存のものは乏しい。而も圓理の表など遺ったものもあり、造詣は明らかに優れて居たやうに見える」とあり、円理のことなどは箭弓稲荷神社（東松山市箭弓町）に掲額した算額内容（穿去問題）を裏付けるかのようである。この算額内容は『算法雑俎』の他に『額題術』という書物にも記載されている。前者は文政十三年三月の日付があるが、後者は九月となっている。また楕円体の図形も前者が縦長に書いてあるのに後者は横長に書いてある。その他文章も微妙に異なる。『額題術』はいつ頃書かれたか定かでないが、同書には亀井戸天神の算額（寛政九年）と西窪八幡（現・武蔵野市緑町か）の算額（享和二年）も書かれていることや、慈光寺の算額（六・五章）では『算法雑俎』の記述と実見で日付の違いのあることが指摘されていることなどから推測すると、箭弓稲荷の算額内容は『額題術』のもので あった可能性がある。なお、『額題術』には傍書法による解法も載っている。

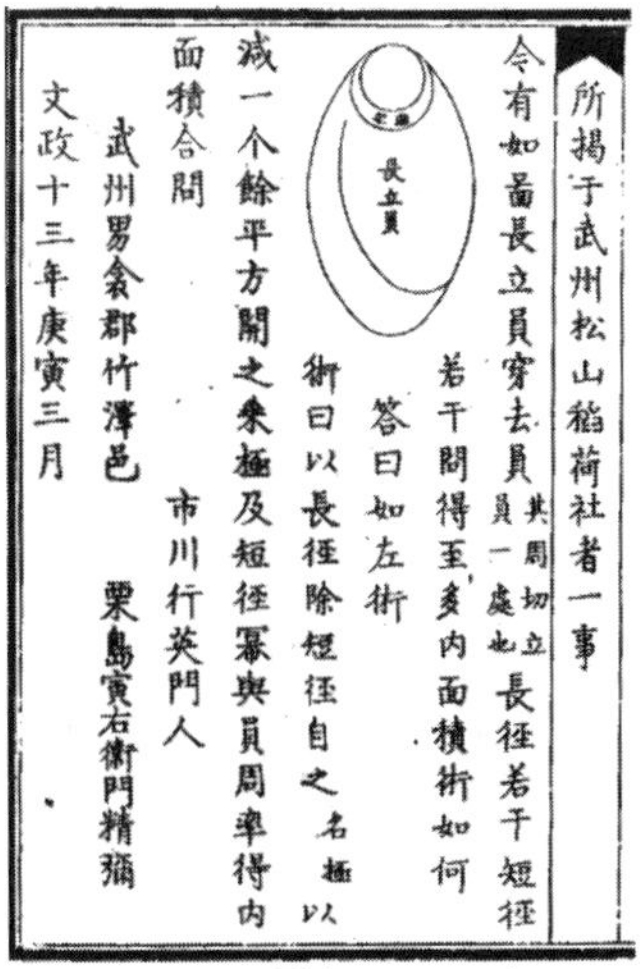

所掲于武州松山稲荷社者一事

令有如圖長立員穿去員共周切立員一處也長径若干短径若干問得至多内面積術如何

答曰如左術

術曰以長径除短径自之名極以減一个餘平方開之乗極及短径冪與員周率得内面積合問

市川行英門人

栗島寅右衛門精猶

武州男衾郡竹澤邑

文政十三年庚寅三月

図6-4-3 『算法雑俎』の箭弓稲荷の算額[4]

次に両者を記述してみる。

所掲于武州松山稲荷社者一事　【算法雑俎】
今有如畐長立員穿去員 其周切立員一處也 長径若干短径
若干問得至多内面積術如何
答曰如左術

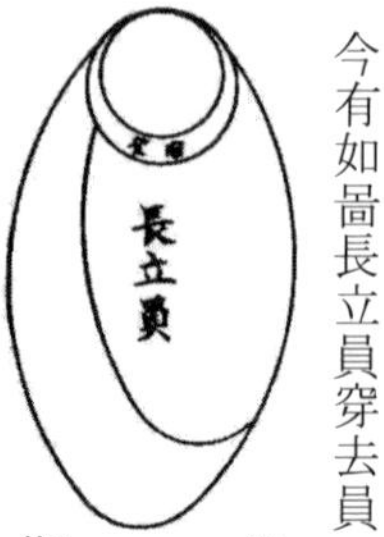

術曰以長径除短径自之名極以
減一个餘平方開之乗極及短径冪與員周率得内
面積合問
市川行英門人
武州男衾郡竹澤邑
栗島寅右衛門精彌
文政十三年庚寅三月

武州松山箭弓稲荷社懸額一事　【額題術】

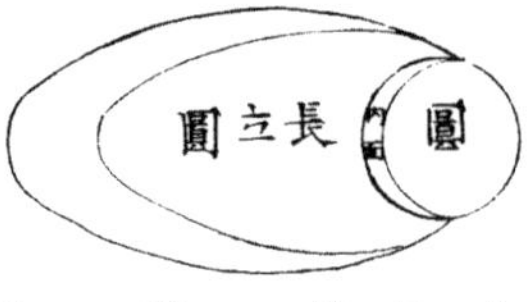

今有如圖長立圓穿去 乃円周者切長径端一所
只云長径若干短径若干問得欲
使圓至多内面積術如何
答曰如左文
術曰置短径除長径自之名天以減
一個餘開平方乗天及短径冪因
圓周率得内面積合問
關流　市川玉五郎行英門人
當國男衾郡伴《ママ》澤
栗島寅右衛門源精弥
文政十三年庚寅九月

（注）伴澤は竹澤の間違いだろう。

内容はどちらも同じで、『算法雑俎』を例にとれば解読は次のようなものである。

今図のように長立円〔長径に関して回転して得られる楕円体〕を円（楕円体の頂点でのみ接する最大の円〔円柱〕）で穿《うが》ち去る場合、楕円の長径と短径が与えられたとき、穿ち去られた楕円体の面積を求める方法はいかに。

答に曰く左の方法

計算方法は、長径を以て短径を除し之を自乗し極と名付け、一を以て減じ余りを平方に開き、之に極及び短径の二乗と円周率を乗じ、問に合う内面積を得る。

これは下図のような式で表わされるものである。

なお、『算法円理冰釈』(天保八年、岩井重遠・剣持章行)、『算法雑俎解』(明治三年、梅村重得)にこの問題の和算による解き方がある。

長径をa、短径をbとすれば

極 $k=\left(\dfrac{b}{a}\right)^2$ であり、

求める面積Sは、

$$S=(\sqrt{1-k})\,k\,b^2\pi$$

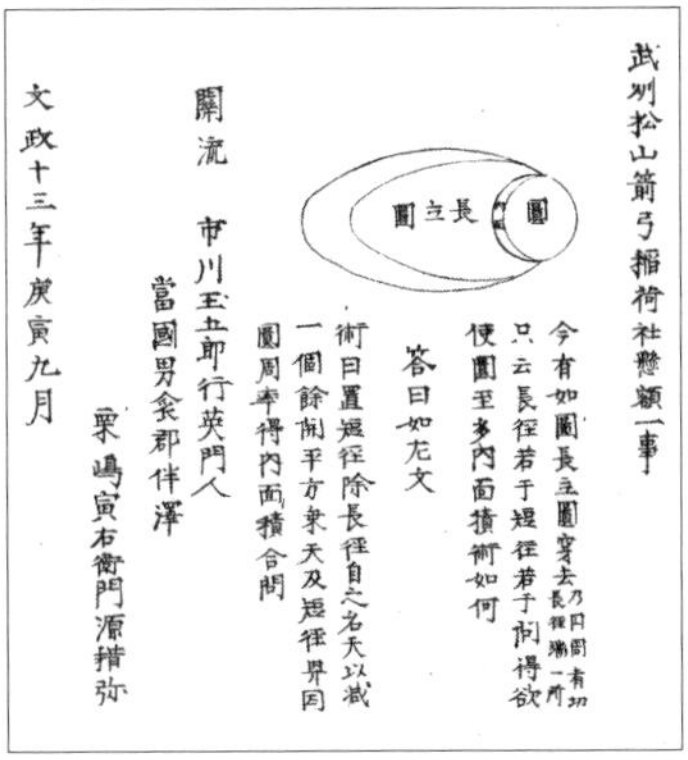

図6-4-4 『額題術』の内容(4)

参考文献

（1）三上義夫「武蔵比企郡の諸算者」(『埼玉史談』11巻5号(1940年5月）p39～43

（2）三上義夫「武州比企郡竹澤小川の諸算者」（加藤玄智編『日本文化史論纂』中文館書店、1937年）

（3）三上義夫「北武蔵の数学(上)」(『埼玉史談』11巻1号(1939年9月))

（4）『算法雑俎』『額題術』『算法雑俎解』（東北大学ポータルサイト）

箭弓稲荷神社

六・五章　田中與八郎信直
馬場與右衛門安信
久田善八郎儀知

？～？
文化二年（一八〇五）～弘化二年（一八四五）四十一歳
？～嘉永四年（一八五一）
（小川町）

【人物】

この三名は現在の小川町の人で、文政十三年に、ときがわ町西平の慈光寺観音堂に算額を奉納している。この算額は現存するが風化が進み非公開である。しかし、『算法雑俎』[1]にその記述がある。三名とも市川行英の門人である。

田中與八郎は算額に古寺邑とあり、また師の市川行英に提出した神文には文政十一年とあるが、それ以上のことは不明。この人の算額の問題と同じ内容のものが『算法点竄手引草』[2]付録（小樽謙編・長谷川寛閲・付秋田義蕃編、天保四年序）に記載され解かれている。算額の掲額から三年後である。

馬場與右衛門は小川町腰越根古屋の人。文献(3)によれば根古屋の馬場氏であり位牌に、

弘化二乙巳年七月念有八日、關山惠通居士位
馬場友八倅、俗名與右衛門行年四十一歳

とあるという。市川行英に提出した神文には文政九年とあるから二十二歳頃のことで、算額には文政十三年とあ

るから二十六歳のときに掲額したことになる。この人の算額の問題は『算法求積通考』[4] 巻之二（長谷川弘閲・内田久命編、弘化元年）で解答している。

久田善八郎は小川町腰越小貝戸の人。市川行英の門人だが神文は残されていない。久田の問題は『算法求積通考』巻之二で取り上げ解いている。生年は不明だが嘉永四年四月二十四日に没していることが墓石から確認できる。

なお、これら三問の解法は『算法雑俎解』[5]（梅村重得訂、明治三年）にも述べられている。

【神文】

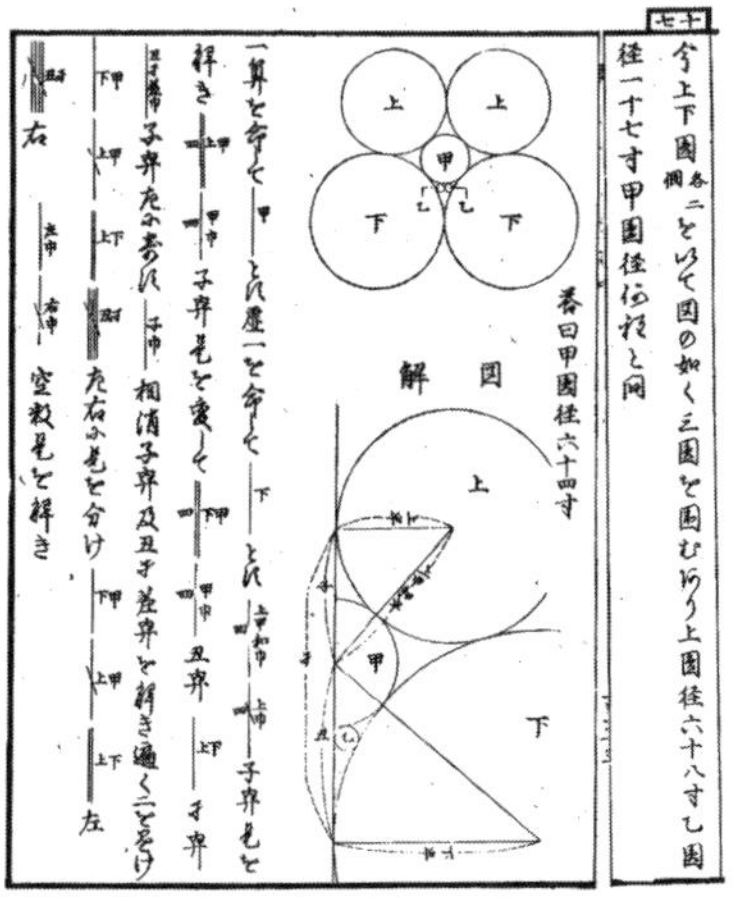

図6-5-1　『算法点竄手引草』[2] の田中の問題の解法

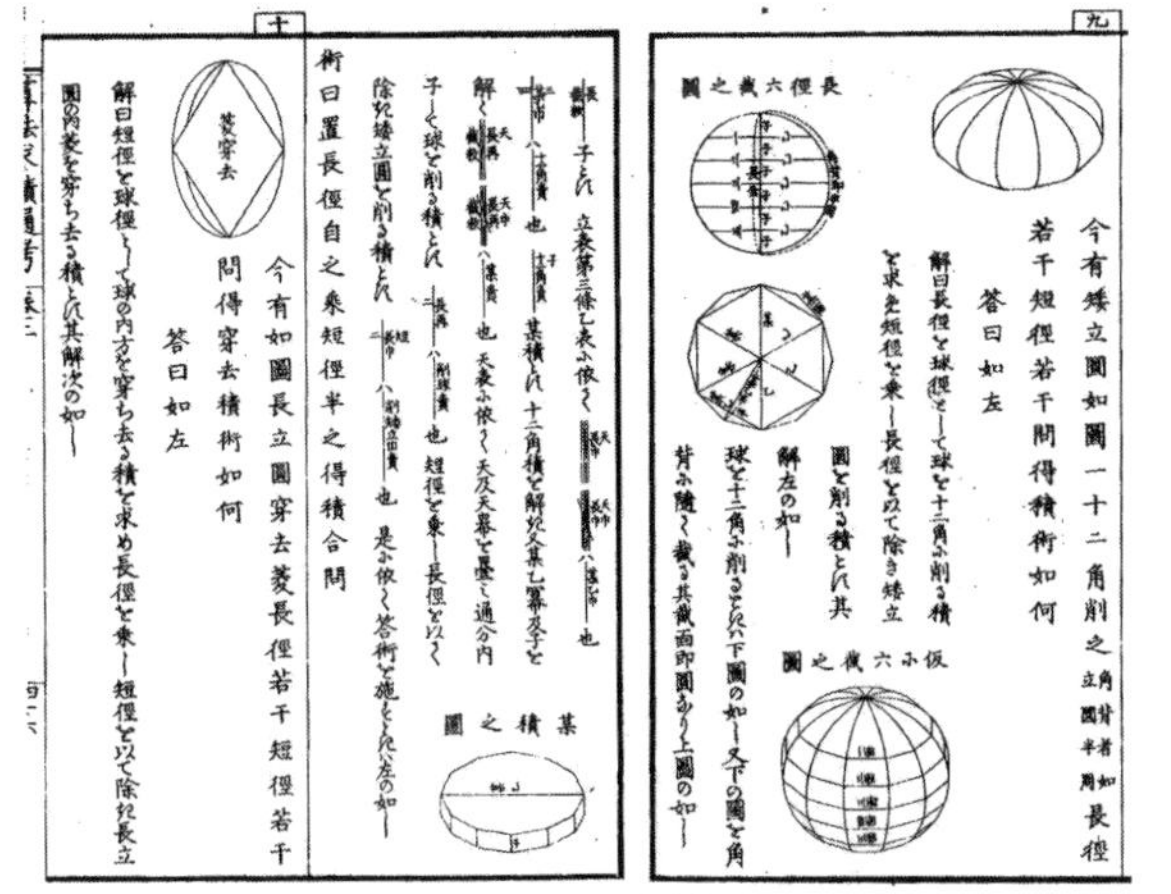

図6-5-2　『算法求積通考』[4] の久田と馬場の問題の解法（馬場の問題は一部）

「市川行英文書」(6)は大正八年の写しであるが田中與八郎と馬場與右衛門の神文がある。田中のものは文政十一年の日付があり次のようなものである。馬場のものは文政九年だが内容はほぼ同じで、形式化されていることを伺わせる。

神文前書之事

一當流新撰之術一源之明算他言仕間鋪候
尤御免許以前指南仕間鋪事
一御傳授之算書之内他言申間鋪事
別而仕物替等仕間鋪候
一御指南之算書開板仕間鋪事学
他流仕候ハヽ御傳授之書写置候ハヽ不
残取集返進之上返神文可致事
右之條々於違犯者可蒙大日本
国中大小之神祇泰山府君御
罰者也
文政十一歳子ノ八月日
新田　若松萬次郎内
中武陽　下古寺村
田中與八郎源信直　花押
市川玉五郎殿

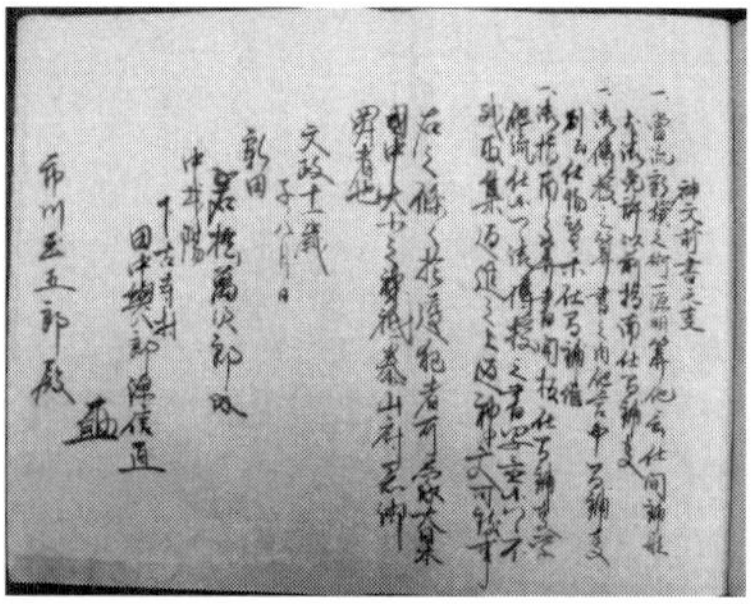
図6-5-3 田中與八郎の神文
（大正8年の写、日本学士院）

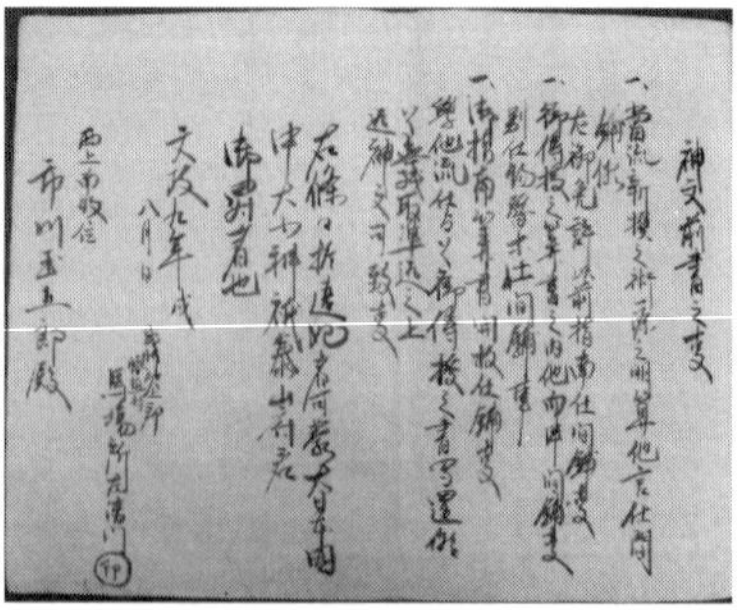
図6-5-4 馬場與右衛門の神文
（大正8年の写、日本学士院）

（注）開板＝木版時代の出版。泰山府君＝中国で泰山の山神

【墓】

久田善八郎儀知の墓は小川町腰越に現存し、「嘉永四亥年四月廿四日　俗名久田善八郎儀知　見譽淨嚴居士」とある。筆者は子孫の方に案内して頂き拝見しているが、その際、「善八郎は玉ねぎ形のものを計算した」と聞いていると言われていた。慈光寺の算額のまさに三問目のことである。

嘉永四亥年四月廿四日 俗名久田善八郎儀知	見譽淨嚴居士	施主同苗頂太郎

図6-5-5　久田善八郎の墓（2009年6月）

【算額】

慈光寺観音堂の算額は傷みがひどく文字も読めない状態のため、今は化学処理を行って宝物殿金蓮蔵に保存されているが公開はされていない。文献(7)には図のように算額が掲げられている写真が載っているが、いつごろのことか不明である。

『算法雑俎』[1]に記載されている算額の日付は「文政十三年庚寅三

図6-5-6　観音堂に掛かっていた算額[7]

月」とあるが、文献(8)では実見として「文政十三年九月」であるとしている。これは算法雑組が現物を見て記録したのではなく、原稿をもとにしているからであろう。また序文があるというが内容は判明出来なかった。算法雑組に記載されている内容は次のようなものである。阪東九番は慈光寺観音堂のことである。

所掲于阪東九番観音堂者一事

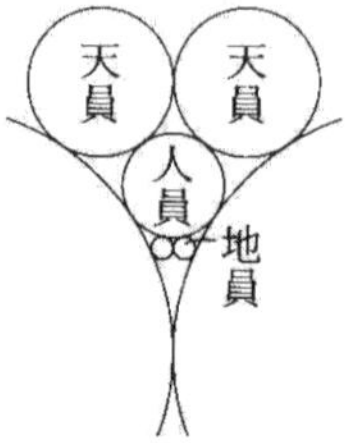

今有如圖以等弧背抱五員天員徑六十八寸地員徑一十七寸問人員徑幾何

答曰人員徑六十四寸

術曰以地徑除天徑名極平方開之

六之加極及一个以除天徑一十六之得人徑合問

今有如圖長立員穿去梭長徑若干短徑若干問得穿去積術如何

答曰如左術

術曰置三个一分二釐五毫平方開之内減一个餘

乘長徑及短徑冪與球積率得穿去積合問

所掲于阪東九番観音堂者一事
今有如圖以等弧背抱五員天員徑六十八寸地員徑一十七寸問人員徑幾何
答曰人員徑六十四寸
術曰以地徑除天徑名極平方開之
六之加極及一个以除天徑一十六之得人徑合問
今有如圖長立員穿去梭長徑若干短徑若干問得穿去積術如何
答曰如左術
術曰置三个一分二釐五毫平方開之内減一个餘
乘長徑及短徑冪與球積率得穿去積合問
今有如圖削梭立員一十二角面背切立員周長徑若干短徑若干問得積術如何
答曰如左術
術曰置長徑自之乘短徑半之得積合問
市川行英門人
武州比企郡古寺邑　田中與八郎信直
同郡腰越邑　馬場與右衛門安信
同邑　久田善八郎儀知
文政十三年庚寅三月

図6-5-7 『算法雑組』[1]の慈光寺観音堂の算額

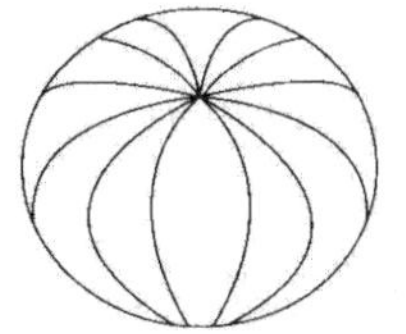

今有如圖削矮立員一十二角角背切立員周長徑若干短徑若干問得積術如何
答曰如左術
術曰置長徑自之乗短徑半之得積合問
市川行英門人
武州比企郡古寺邑　田中與八郎信直
同郡腰越邑　馬場與右衛門安信
同邑　久田善八郎儀知
文政十三年庚寅三月

図6-5-8　慈光寺の算額（『郷土数学の文献集(2)』より、昭和31年7月撮影とのこと。調査した中ではこの写真が一番鮮明。僅かに序文らしきものと文政十三年次庚寅九月が見える）。200×80cm

〔解読〕
一問目
今図のように互いに接する等しい円の円弧（等弧背）の間に五つの円を接するようにして、天円の直径が六十八寸、地円の直径が十七寸のとき、人円の直径はどれほどか。
答に曰く人円の直径は六十四寸
計算方法は、地径（地円の直径）で天径（天円の直径）を割り極と名づける。之を平方開し六倍し極及び一を加えたもので天徑の十六倍を割ると問に合う人径（人円の直径）を得る。
この計算方法は式1のようなものであり、勾股弦の理（三平方の理）と三角形の比例関係を使えば解けるが、この式を導き出すまでは面倒な計算が必要である。

二問目

今図のように楕円体を底面が菱形（菱形の対角線がそれぞれ楕円の長軸と短軸に等しい）の角柱で穿《うが》ち去るとき、穿ち去った楕円体の体積を求める方法はいかに。

答に曰く左の方法

計算方法は、三个一分二釐五毫（3.125）を平方開し一を減じたものに長径と短径を二乗したものを掛け球積率（$\pi/6$）を掛けて問に合う穿ち去った体積を得る。これは式2のようなものである。

三問目

今図のように矮立円（楕円体）を十二個に分割してその面を削る。削る角の背は楕円周上にある。（楕円の）長径・短径から残った体積を求める方法はいかに。

答に曰く左の方法

計算方法は、長径の二乗と短径を掛け之を半分にして問に合う体積を得る。

これは式3のようなものである。

これらの問題の解き方は『算法雑俎解』（梅村重得、明治三年）にも記載されている。

さて、この算額について三上義夫は「この額は市川行英門人三人の名で奉納してあるが、その三人共にその名は

天円、人円、地円の直径をそれぞれk、x、lとし、

$h=\dfrac{k}{l}$としたとき、$x=\dfrac{16k}{6\sqrt{h}+h+1}$ となる。

今、$k=68$、$l=17$、$h=68/17=4$とおけば、

$x=\dfrac{16\times 68}{6\sqrt{4}+4+1}=\dfrac{1088}{17}=64$(寸) となる。

式1　一問目の計算式

楕円体の長径、短径をそれぞれd_1、d_2とすれば求める体積Vは

$V=(\sqrt{3.125}-1)\,d_1\,d_2^2\,\dfrac{\pi}{6}=\dfrac{5\sqrt{2}-4}{4}d_1 d_2^2\dfrac{\pi}{6}$ となる。

式2　二問目の計算式

楕円体の長径、短径をそれぞれd_1、d_2とすれば求める体積Vは、　$V=\dfrac{d_1^2\,d_2}{2}$ となる。

式3　三問目の計算式

余り知られておらぬ。この額が恐らく県内幾多の現存算額中の白眉といってもよいものであろう[8]」と述べている。また「(比企郡の) 現在の算額では、慈光寺のものが最も内容の優れたものであるが、其れは師匠たる市川行英が有力者であった賜ものである。之れに名を署した三人の門弟が、殆んど事蹟の知られないのは惜しい[3]」とも述べている。

付録七に解法の一例を示す。

慈光寺観音堂

参考文献

(1)『算法雑俎』(岩井重遠編集・市川行英訂・白石長忠閲、東北大学和算ポータルサイト)

(2)『算法点竄手引草』(小博謙編・長谷川寛閲・付秋田義蕃編、東北大学和算ポータルサイト)

(3) 三上義夫「武蔵比企郡の諸算者(5)」(『埼玉史談』1941年1月号)

(4)『算法求積通考』(内田久命、天保15年、筆者蔵)

(5)『算法雑俎解』(梅村重得訂、東北大学和算ポータルサイト)

(6)「市川行英文書」(日本学士院所蔵和算資料5657)

(7) 深川英俊『例題で知る日本の数学と算額』(森北出版　1998年)

(8) 三上義夫「算額雑攷」(『文化史上より見たる日本の数学』恒星社厚生閣、昭和59年)

六・六章　細井長次郎

寛政十二年（一八〇〇）～安政七年（一八六〇）　六十一歳
恵長　（小川町）

【人物】

細井長次郎恵長は小川町中爪の人で、嘉永五年（一八五二）二月に近くの天台宗普光寺の本堂へ算額を掲げている。この算額は現存しないが、この控とも考えられる「舌換」と題する文書が残っている。その文書には門人も記載されていて、小川町菅谷村方面にその名を見ることができる。墓石によれば安政七年一月二十八日、六十一才で没（安政七年六十一歳を逆算すれば寛政十二年生まれとなるが、文献（1）では寛政十年とある）。和算上の伝系は不明だが、門人は多かったようである。

文献（2）には「算術指南神門之乗《ママ》」（安政六年）と題する門人帖がある。五十九名の門人名があるが、後述の墓碑と「舌換」に出てくる門人名と同名は高橋和重郎のみである。表紙と本文冒頭、及び門人名を次に示す。

（表紙）

安政六己未歳
算術指南神門之乗
正月吉日　　細井長次郎　　見之［印］

（本文）

算法神門之乗
神門曰、更算法之志、通人我心、平治国家、人前不物語、可嗜数乗

開井者也　（以下左の人名）

算術指南神門之乗に出てくる門人名
（中爪村）細井門弟指南、（高見村）高橋倭重郎、（菅ヶ谷村）同苗国次郎、関根藤次郎、小沢太郎兵衛、（高見村）中嶋安吉、関口才吉、小高百松、戸野倉新五郎、戸野倉学太郎、中島貞次郎、江原治郎吉、戸野倉喜重郎、坂田広吉、石田徳次郎、（能増村）田口喜太郎、（志賀村）内田忠右衛門、多田房太郎、高橋道之助、内田□之助、（能増村）田口源太郎、田口右太郎、森田嘉七郎、（吉田村）船戸滝造、（鷹巣村）若林初太郎、（高見村）根岸善次郎、小高伝八、関口早之助、田嶋徳次郎、中嶋軍平、戸野倉平吉、（小川）福島万次郎、福島伴次郎、福島つる、（寄居）吉田鶴吉、（富田村）吉田松五郎、吉田勝五郎、大沢等助、根岸徳次郎、内田平三郎、吉田平次郎、小沢太蔵、（越畑村）根岸勝次郎、船戸清助、（角山村）根岸安次郎、（富田村）嶋田仙之助、（村）坂田荒五郎、（高谷村）岡部竹六郎、塚越春吉、（高見村）小沢利平、戸野倉柳三郎、中嶋久太郎、坂田喜一郎、黒沢近之助、高橋（岡部ト改称ス）亥十郎、小高梅次郎、山崎丑太郎、根岸平兵衛、（中爪村）柳瀬愛作、（花園村）戸塚織之助

【墓碑】

墓は中爪の不動堂共同墓地内にあり、戒名は「法算心綿信士」。裏面に「細井長次郎門派」とあって沙門恵長を筆頭に合計四十七名の門弟名が名を連ねている。

安政七庚申星　　行年 六十一才
法算心綿信士
正月廿八日　　施主 細井宗七

（表面）

図6-6-1　細井長次郎の墓
（2010年5月）

【算術・算額】

「舌換」と題する文書は、「予多年此道に心を寄せ翫《もてあそぶ》といえども、其功を爲せし事もなく、只獨樂として光陰を送りしに、…」という前文に続いて問題がある。昭和十六年の三上義夫の論文によれば次のようにある。(3)

十露盤に数を置いた所を描く。それは何乗方かの開き方を十露盤でやると云ふ表示であるが、運用の実際は説いてない。即ち高次開方を十露盤で行うと云ふのを、重宝がって示めして居るのである。其中間に「奉献」の二字を現わし、下方には沙門恵長、本多良輔以下三十二人の姓名が有り、且つ、

嘉永五年歳在壬子二月良辰　　細井長次郎　　沙門恵長書

と見える。其形式から言っても、算額として奉納したものと思われる。記載の門人中には鎌形(菅谷村)、下小川(小川町)、下里、高見(八和田村)等の地名を冠したものもある。現に付近の天台宗普光寺本堂の正面の左方に算額が有り、風雨にさらされて文字は読み難いが、図の様子などから推しても、右の書類と同じもののように思われる

沙門恵長　松本琴次郎　市河武兵衛　馬場松五郎　柳瀬芳蔵
本多良助　大塚宗作　大塚房次郎　内田新蔵　湯本佐吉
仝　百助　松本善助　馬場岩蔵　仝　森蔵　坂本□三郎
細井初太郎　大塚久左エ門　市河又四郎　市河与之吉　坂田亀□
大塚仲三郎　仝　次三郎　坂田七右エ門　仝　熊太郎
細　井　長　次　郎　門　派
大久保半兵　関口元次郎　久保金助　恩田儀三郎　星野五□
坂田音吉　□林芳五郎　吉田近次郎　舩戸純蔵　根岸可南吉
小林姅之助　□野□五郎　新井鶴蔵　萩山助右エ門　小林芳□
仝　於和　林　庄兵衛　高橋和十郎　吉田新八　横山浅次郎
長島栄吉　久保和吉　田中兵吉　若林初太郎
（裏面）

とあり、実物の算額を見ている。この普光寺に掲げた算額は昭和二十六年頃破却されたといわれ現存しない。

以下に「舌換」の全文を次に掲げてみる。[1] 掲題の千九十七坪というのは図のような五層物体の体積を現している。但し一間を六尺五寸としている。「商実五乗方」以下の数字は「千九十七」の六乗（和算の五乗は六乗を意味する）を十露盤を使って計算しようとしたものかも知れないが、計算してみると合わないのはどうしたことか。

舌換

予　多年此道に心越寄せ翫といえど母其功を爲せし事もなく只獨樂として光陰を送りしに爰に此爲丹心ある友の言るに算木算盤に普く人の爲す處十露盤をもて四人乗方を爲し見せよと親友の需によりて愚意を著し後賢の嘲啁たるべしといえど母初心の望に任努記之　若宏才の一覧に阿津からば笑興をなし候へと　爾云

千九十七坪
高五尺二寸宛通り半間宛
上十四間半四方
下十五間半四方
下十六間半四方
下十七間半四方
下十八間半四方

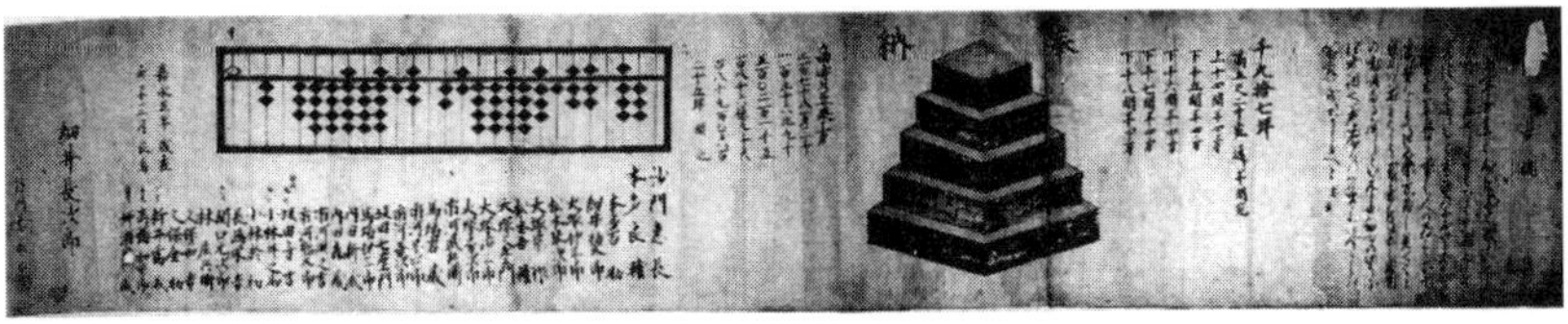

図6-6-2　舌換（『小川町の歴史』通史編上巻（平成15年）より）

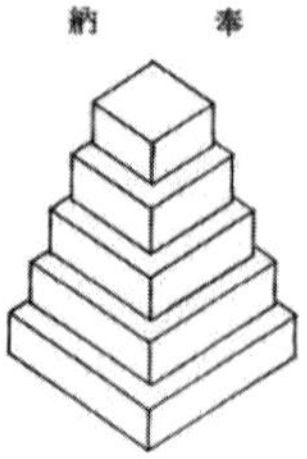

商実五乗方
二百七十八万三千一百九十六兆
九千五百〇二万一千五百八十
六億九千六百八十九万〇六百
二十五坪　開之

嘉永五年歳在
壬子三月良辰

細井長次郎
沙門恵長 印

舌換に出てくる門人名

沙門恵長、本多良輔、本田百助、細井初太郎、大塚仲三郎、松本琴次郎、大塚宗作、松本善輔、大塚久左エ門、大塚治三郎、大塚房次郎、市河武兵衛、馬場岩蔵、市河亦四郎、市河善次郎、坂田七右エ門、馬場伊三郎、内田新蔵、内田廉蔵、市河与之吉、市河熊太郎、（越後藤塚）坂田音吉、（鎌形）小林弁之助、小林於和、長島栄吉、（下小川）関口元次郎、林庄兵衛、久保和吉、久保金助、（下里）新井鶴蔵、（高見）高橋和重郎、（当所）柳瀬芳蔵

32名中29名が墓碑に出て来る名前である。

参考文献

（1）小川町教育委員会『小川町の歴史』（通史編上巻）
（2）小川町教育委員会『小川町の歴史』（資料編5近世Ⅱ、小川町発行　平成13年）
（3）三上義夫「武蔵比企郡の諸算者」（『埼玉史談』12巻3号（1941年1月））p13～14

六・七章　その他の和算家（小川町）

（一）山口三四郎（文化十年（一八一三）～明治二十二年（一八八九））七十七歳

腰越の字赤木の人で、家は山間に分け入った高い所にある。幼名を友三郎、字は和重、順山と号す。文化十年七月三日に生まれ、各地に学んで帰り、私学舎を設けて教え、弟子約三百人、算法のみでなくいろいろ教えていたらしい。明治二十二年四月二十二日没。順學義山居士。十露盤では倉の錠前でも開けると言われた話もあるが、和算の伝系は不明。史料は今は残っていないようである。墓は家の南西の程ないところの墓地にあり、自然石を使った大きな墓で裏面には碑文がビッシリと書かれている。その碑文は次のようなものである（前文は省略。「」は改行を示す）。

図6-7-1　山口三四郎の墓
（2014年11月）

山口順山幼ノ名ハ友三郎字ハ和重」通称ハ三四郎其先ハ下総ノ人也山口樫太郎ノ嫡男母ハ山口氏山口三郎右ヱ門ノ苗裔也文化十癸酉年七月五日順山生レタリ往昔之」祝融ノ災ニ罹リ其ノ事蹟ヲ詳ラカニセスト云フト雖モ傳エ云フ天慶中平将門天誅ニ伏スル矣也跡ヲ此ニ晦スト先生生レナカラニ」シ而恭謙頴敏ニシテ沈毅方正ナリ八歳字ヲ喜三丹下常次ナル者ヲ問ヒ草隷算法ヲ習フコト三年常次ナル者ハ入間郡上野ノ人也」次テ久永山ニ往テ釈ノ天栄ニ師事シ國史漢典ヲ孶フ七年而シテ家ニ在リ父ノ業ヲ受ケ稼織ヲ厲ム天保元年先生

歳十八奮然トシ」テ自ラ云フ終年身ヲ採薪耕圃ス労ニ供□假令ヒ資産ヲ富マスモ何ノ一賤奴ニ過キサルノ□吾レ大功ヲ立テ家ヲ興シ祖ヲ焯カサ」ント是レヨリ山川ヲ跋渉シ賢折君子ヲ問□経傳ハ殷周ノ旨ヲ修メ詩文ハ唐宋ノ意ヲ探リ卒ニ名四方ニ聞ユ既ニシテ歸省シ弟子」益ス進ム私斈舎ヲ設ケ郷黨ヲ訓誨シ傍ラ商事ヲ盛ニス嘉永年間徳望尤高シ部内ノ擢用スル所トナル地頭細井氏ノ組頭タ」リ弊事ヲ革タメ兇徒ヲ殫シ規法ヲ正シ壮士ノ志力ヲ養フ此ノ時ニ當リ紳縉ハ錦書ヲ以テシ貴顕ハ華□ヲ」以テ招ク固辞シテ行カス所謂ル賈ヲ待テ自ラ售ラサル者乎遂ニ意ヲ果タサス退隠シ唯タ歌詠ヲ以テ樂ミ」トナス諸子詞檀ニ陪遊ス弟子蓋シ三百人焉一科或クハ数科ニ通スル者凡テ一百有五十餘一日嗣子ヲ召」テ云ク曽子ノ曰ク予カ足ヲ啓ケ予カ手ヲ啓ケ詩ニ曰ク戦々兢々トシテ深淵ニ臨ムカ如ク薄氷ヲ履」ムカ如シ而今ニシテ後チ吾レ免ルコトヲ知ル小子ト余モ亦タ斯クノ如ク然リ吾レ一週間後他界ノ客」トナル可シ汝ニ家書數百編ヲ授ク宜ク護持スヘシ将来謹テ放逸ニスルコト勿レ果シテ言ノ」如ク七十七ニシテ終ル實ニ明治二十二丁丑ノ四月廿貳日也惜哉」茲年明治貳十四年龍舎辛卯四月三周忌辰　ニ會フ嗣子軍之助氏冢上ニ石標ヲ建立スルノ際」門人小子等先生ノ経事ヲ撰シ其ノ後ニ彫刻スル者也

なお、碑文の下には幹事として次の十八名の名が刻されている。

梅沢安太郎、福島喜三郎、志藤重郎右エ門、仝 喜太郎、梅沢文五郎、山口久之丞、田端吉之助、仝 徳次郎、仝長吉、山下徳太郎、杉山佐重郎、山口藤太郎、鯨井和三郎、山口今蔵、田端孫左エ門、山口菊次郎、鯨井浅次郎、山口麟三郎

（二）高橋和重郎（天保六年(一八三五)～明治三十一年(一八九八)）六十四歳

高見の人で細井長次郎の一番弟子。天保六年に生まれ、明治三十一年に六十四歳で没。實算悟道居士。実家近く

の墓地にある墓碑は、三上義夫の資料によれば次のようにある。(1)

君ハ天保六年正月廿五日高橋家ニ生ル。父ハ太郎丸ノ産重次郎氏、母ハまつ子、妻ゆき子ハ上横田中島氏ノ産ナリ。君幼ヨリ才智アリ嘉永元年正月中爪村關流算師細井長次郎氏ニ就キ算術ノ秘法ヲ受ケ歸村シ、有志ヲ募リテ算術研究会ヲ起シ、選マレテ長トナリ、日夜其蘊奥ヲ極メ、数多ノ弟子ヲ教授セリ。元治元年十一月地頭十一代目田村顯政殿ヨリ組頭役仰付ラル明治七年十月廿三日熊谷縣ヨリ副戸長申付ラル同年ヨリ九年迄地改正ノ圖面専務ヲ掌リ、同十年五月地主總代トナル。同十三年四月比企横見郡長鈴木庸行殿ヨリ衛生委員申付ラレ、十八年五月迄勤續セリ。同十七年七月上横田村聯合會議員ニ選マレ、更ニ村會議員トナル。同十八年五月比企郡第十一學區内市野川學校會議員ニ選マル。同廿年三月社寺總代トナル。同廿二年二月大字高見地價修正委員トナル。同年四月八和田村村會議員ニ選マル。同三十年三月文明學校舎新築委員ニ選マル。斯ク村治及弟子ノ教育ニ盡力セシガ、同三十一年四月三十日終ニ逝ケリ、行年六十四歳ナリ、君ニ二男二女アリ、嗣子桂助氏ハ農蠶ニ熱心シ、資産ヲ増セリ。

∴爰ニ嗣子ノ建碑ニ際シ、余ニ略傳ヲ乞フ、余、弟子トシテ不肖ヲ顧ミズ、喜ンデ之ヲ選ミ以テ不朽ニ傳フ。

明治四十二年一月　門弟關口源次郎誌

図6-7-2　高橋和重郎の墓
（2014年11月）

図6-7-3　『改正台帳』の表紙と裏表紙

この碑文に対して三上義夫は、「此碑文は全く履歴書とも云ふようなものであるが、此れも亦珍しい。地方の算者が明治時代に於いて如何に行動したかを見る為には、好い例証となろう」と述べている。その通りであろう。なお、墓の台座には四十名近い門人の名が刻されている。

また、現在遺されている史料に『算法開蘊』四巻（剣持章行）、『算法地方大成』五巻（秋田義一）の刊本の他に、自著の『算法遺術五百題』（明治三十年）などがある。また、地租改正の時に自ら測量して作成した分厚い『改正台帳』（明治九年）二巻と地図がある。『算法遺術五百題』の序文は能増の石川厳によるもので次のようなものである。カタカナのルビは原文にあるものである。

蓋シ數學ノ用タル大ナリ大ニシテハ天地ノ廣
ヲ籌《ハカ》リ小ニシテハ毫末《ガウシ》ノ微《ビ》ヲ算フ人世限
リ無キノ業務亦此數ヲ洩《モ》ルモノナシ然レハ
則チ數ハ一日モ無カルヘカラス一事」モ缺《カ》ク能ハサル
ナリ是ヲ以テ嘗《カツ》テ六藝ノ一ニ位シテ百般科学
ノ兼修《ケンシウ》ニ備《ソナ》フ而シテ其法式亦一ナラス曰ク
點竄曰ク筆算曰ク珠筭點竄ハ高尚《シヤウ》
ニ失シ筆算ハ字ヲ記《キ》スルノ不便アリ最《モト》モ
日用ニ便スルモノヲ珠算トス然モ其法式ヲ
知《チ》悉《シウ》セサレハ其用ヲ為ス能ハス世ノ數學ヲ
以テ仁《ジン》スル者高尚複雑《カウシヤウフクザツ》ノ數ヲ計ルニ至リ

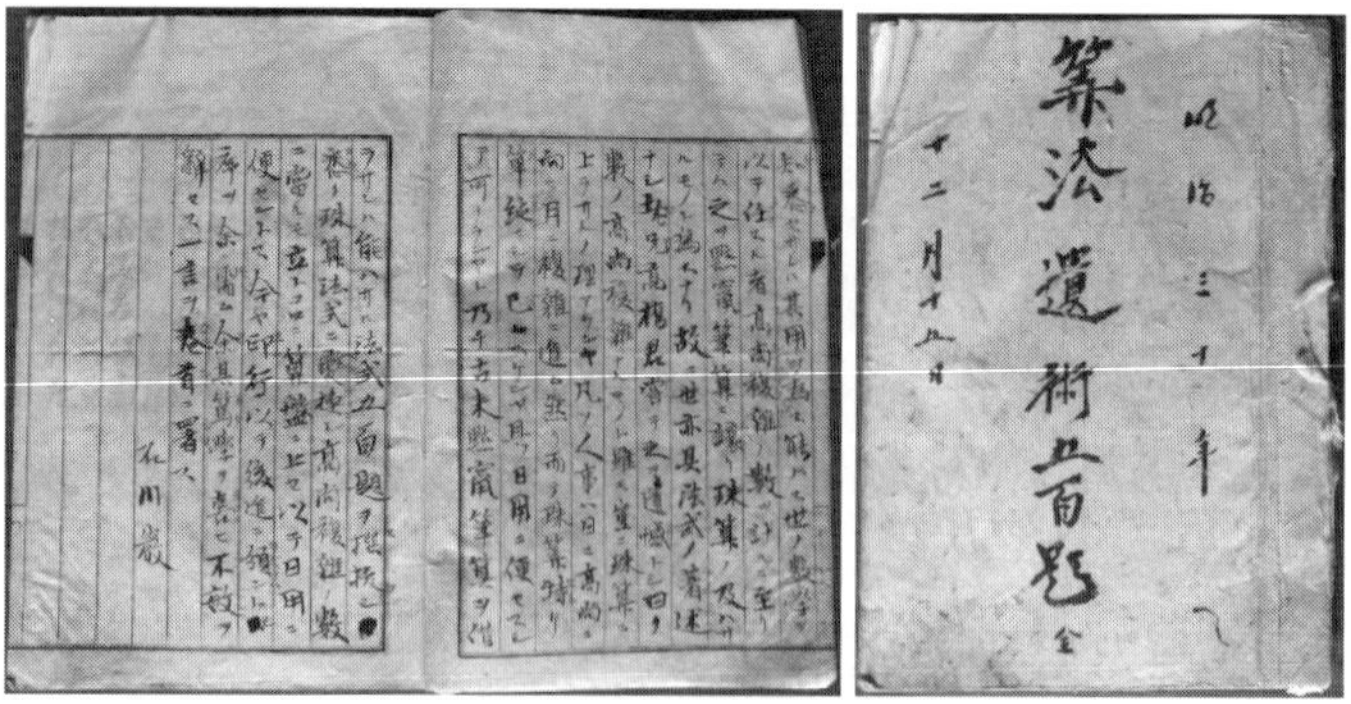
図6-7-4　『算法遺術五百題』の表紙(右)と石川厳の序文

テハ之ヲ點竄筆算ニ譲リ珠算ノ及ハサ
ルモノト為スナリ故ニ世亦其法式ノ著述《チョジツ》
ナシ老兄高橋君嘗《カツ》テ之ヲ遺憾《イカン》トシ曰ク
數ノ高尚複雑ナルモノト雖モ豈ニ珠算ニ
上ラサルノ理アランヤ凡ソ人事ハ日ニ高尚ニ
向ヒ月ニ複雑ニ進ム然リ而テ珠筭特《ヒト》リ
単純《タンジン》ニシテ已《ヤ》ムヘケンヤ且ツ日用ニ便セスシ
テ可ナランヤト乃チ古来點竄筆算ヲ借
ラサレハ能ハサル法式五百題ヲ撰抜《センバツ》シ
悉《コトゴト》ク珠算法式ニ變換《ヘンクワン》シ高尚複雑ノ數
ニ當ルモ立トコロニ算盤ニ上セ以テ日用ニ
便セントス今ヤ印《エン》行以テ後進ニ頒《ヲギナハ》ントシ
序ヲ余ニ需《モト》ム余《ヨ》其篤《トク》學ヲ喜《ヨロコ》ヒ不敏《フビン》ヲ
辭《ジ》セス一言ヲ巻首《カンシ》ニ署《ショ》ス

石川巌

この序文により刊行しようとしていたことがわかるが、そのようにはならなかったようである。序文の意は、「簡単に云えば計算には珠算が最も便利なのであるから、代数的の問題でも珠算で出来るように試みた、そうして珠算を普及したいと云ふのである。其当時に於ける和算指南者の心境をも示して居る」と三上義夫は言う。

なお、この『算法遺術五百題』の内容は目録（目次）によれば次のようにあり、比較的初歩的なものである。

乗方除□引法（九題）、相場割り之部（九題）、相場捜之部（九題）、利息割之部（九題）、利息捜之部（九題）、

図6-7-5『算法遺術五百題』の中の問題

普請捜之部（九題）、普請□□捜之部（九題）、材木相場割り之部（九題）、材木割り物尺メ捜シ部（九題）、盈朒之部（九題）、田畑□切之部（九題）、曲筭之部（九題）、相應開平開立之部（九題）、角取之部（九題）、角積率之部（九題）、貸附積金之部（九題）、田方位附之部（拾八品）、畑方位附之部（拾九品）、木綿大相場之部、開平方之部（百題）、開立方之部（百題）、三乗方之部（百題）　　計四八一題

（三）澤田傳次郎、嶋野善蔵

澤田傳次郎、嶋野善蔵は共に腰越の人で、文政九年に師の市川行英に提出した神文の写しが残されているのみで、それ以上何も知り得ない。

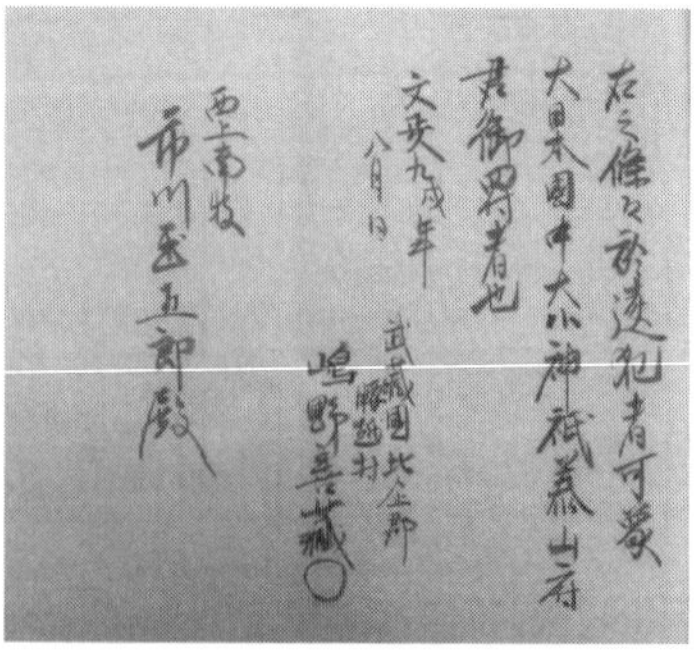
右之條々於違犯者可蒙
大日本国中大小神祇泰山府
君御罰者也
文政九戌年
八月日
武蔵国比企郡
腰越村
嶋野善蔵
西上南牧
市川[illegible]五郎殿

図6-7-6　嶋野善蔵の神文の一部[2]（大正8年の写、日本学士院）

（四）吉田勝品の門人

「吉田勝品一代誌」には次のように免許授与の記述があるが、人物の詳細は不明である。

明治四年未八月　　小川村　廣森藤吉　　算法免許
明治十二卯年一月廿五日　小川村　町田千代女　同断
同年十月廿日　　同　　笠間常吉　　同断
同十四年巳十二月　　増尾村、宮澤福太郎、同彦太郎両人ニ免許、

参考文献
（1）三上義夫「武蔵比企郡の諸算者」（『埼玉史談』12巻3号（1941年1月））p14～17
（2）「市川行英文書」（日本学士院所蔵和算資料5657）

七章　嵐山町・吉見町などの和算家（東松山市・川島町・ときがわ町・鳩山町・毛呂山町）

船戸悟兵衛は嵐山町越畑、内田祐五郎は嵐山町杉山の人で、共に熊谷の戸根木格斎、群馬の剣持章行に学んでいる。内田に戸根木格斎を進めたのは船戸であるといわれ、二人は知り合いでもあった。

小堤幾蔵は東松山市正代の人、矢嶋久五郎は吉見町下銀谷の人だがともに伝系は不明である。

田邊倉治郎は吉見町江和井の人だが、さいたま市西区中釘の秋葉神社の算額には倉五郎とある。

小高多聞治は川島町紫竹の人。「額題輯録」に算額の記録があるが、やはり伝系は不明である。

宮崎萬治郎はときがわ町大附の人、小林三徳は滑川町福田の人。

平山山三郎は小川の吉田勝品の門人で毛呂山町の人である。

七・一章　船戸悟兵衛

文政元年（一八一八）～明治三十六年（一九〇三）　八十六歳
氏任(住)　（嵐山町）

【人物】

船戸悟兵衛貞直は、比企郡菅谷村（嵐山町）越畑《おっぱた》の旧家の人で、熊谷の戸根木格斎と共に剣持章行から数学を学んで、剣持の試問にも合格している。明治九年の地租改正の時には活躍したといわれる。文政元年六月一日に生まれ、明治三十六年七月十五日八十六歳で没。剣持の『算法開蘊』には船戸悟兵衛が扱った問題が記載されていて、それには「船戸悟兵衛貞直」とある。後述のように「氏任(住)」とも称した。船戸家の墓地に天保十三年に建てた西国坂東秩父順礼の供養塔があり、この碑の文章は戸根木格斎の書であるといわれる(1)。小林三徳の算額には「船戸悟平氏任」とある（七・七章）。また、杉山村川袋（嵐山町杉山）の内田祐五郎（七・二章）が戸根木格斎に学んだのは、船戸悟兵衛の紹介であったといわれる。元は「舩戸」であったようだが、最近の慣例に従って「船戸」とした。ここでは、悟兵衛の曽祖父に当ると推測される人の越畑の宝薬寺薬師堂の文化九年（一八一二）の算額についても述べる。

図7-1-1　船戸悟兵衛の墓
（2013年10月）

【墓誌及び供養塔】

船戸悟兵衛の墓は家から三百メートル程離れた船戸家の墓地にある。正面に「乗悟院圓宗自覺居士」、右に碑文、左に「明治三十七年七月十五日建　男　船戸熊吉」とある。

この碑文について三上義夫は「位牌には『明治三十六癸卯年七月

十五日』とあり、三十三回忌に際して碑文を刻すると云ふ事であった」(2)として其後刻入された文を次のように書いている（筆者碑文を確認の上一部変更）。

翁諱氏住。稱悟兵衞。考紀道。妣内田氏。文政元年六月一日生。
年甫十八爲里正。資性實直。公私克勗。幕府末造。公武合體之
議起。和宮東下也。翁隨領主酒井侯上京。掌驛站事。明治維
新廢藩置縣。命入間縣地理掛及戸籍掛。次發布大小區制也。
選爲副區長。督區内各村戸長。從地租改正有功績矣。稱船戸
家中興祖。嵩古香師有題影詩。能悉翁生涯。因掲代銘云。
生於文政戊寅暦　没於明治卅六年　閲歴八十六凉燠
踐履大道太坦然　心田畊稼見餘地　花中大医橘中仙
尤欽家庭訓誨美　三男七女聯芳妍　嗚呼七月十五是
何日　溘焉謝世就永眠。

里正＝名主。
驛站＝宿駅。

十八歳で名主、和宮東下のとき領主酒井侯に従って上京、宿駅のことを掌《つかさど》り、明治維新・廃藩置県のとき入間県地理掛・戸籍掛、大小区制の副区長、地租改正で活躍、船戸家の中興の祖と称された、という。

なお、領主酒井侯とは文献(3)によれば、「旗本の酒井友之丞忠行（二千石）であろうと思われる」としている。

諱に氏住とあるが、悟兵衛の父治兵衛紀道の墓を見ると、右に「嘉永五年壬子十一月十四日　享年七十三」、左に「施主船戸悟兵衛氏任」とある。また文献(2)には悟兵衛の長男萬平求玄が、嘉永四年辛亥十四歳で没した墓にも「船戸悟兵衛氏任長男」と刻まれている。さらに、滑川町福田の成安寺の算額には「船戸悟平氏任」とある

（七・七章）。「氏住」は誤刻なのだろうか。

　また、船戸家墓地の入口脇に立派な供養塔がある。これは湯殿山・月山・羽黒山、西国・坂東・秩父の順礼の供養塔で、「越畑村船戸悟兵衛、施主治兵衛」とある。悟兵衛が順礼した事があり、父の治兵衛がこれを記念して建てたといわれる。

　その書は、「格斎木貞一書」とあるから、熊谷の算者戸根木與右衛門貞一号格斎である。このことから、悟兵衛は戸根木から算法を学んだのではないかと言われる。あるいは親戚関係があるかも知れないという話もある。

天保十有三年歳在
壬寅冬十一月建之
格斎木貞一書

奉順禮　湯殿山　月山　羽黒山　西国　坂東　秩父　供養塔

武州比企郡越畑村
船戸悟兵衛
施主治兵衛

図7-1-2 供養塔（2013年10月）

【算術】

　剣持章行の『算法開蘊』(4)（嘉永二年（一八四九））に記載されている船戸悟兵衛が扱った問題は下図のような釣り合いと重心に関する問題である。この解読は次のようなものである。

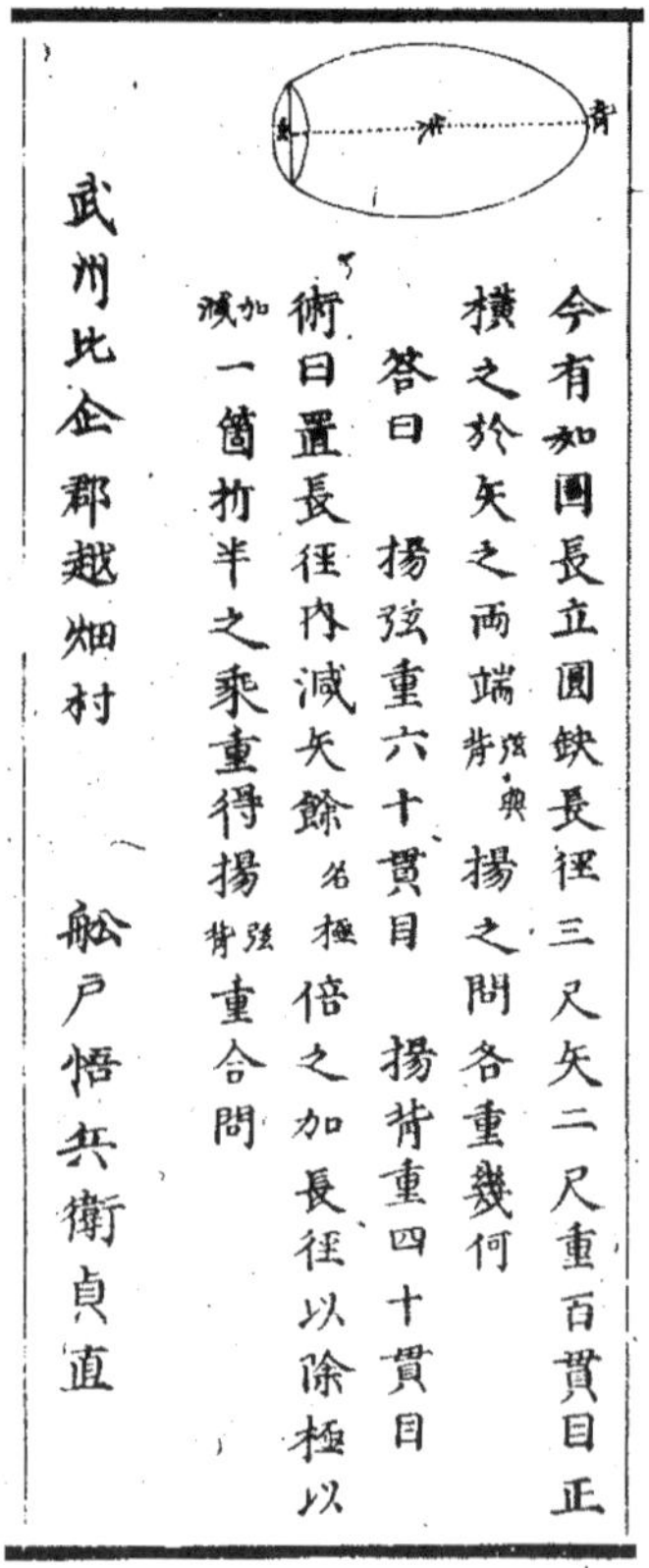

今有如圖長立圓鉄長径三尺矢二尺重百貫目正
横之於矢之両端背弦・與揚之問各重幾何
答曰　揚弦重六十貫目　揚背重四十貫目
術曰置長径内減矢餘名極倍之加長径以除極以
減加一箇折半之乘重得揚背弦重合問
武州比企郡越畑村　船戸悟兵衛貞直

図7-1-3 『算法開蘊』の船戸悟兵衛の問題

今図のように缺けた長立円（楕円体）で、長径が三尺、矢が二尺、重さが百貫目のものを真横に置いたとき、矢の両端（弦と背）でこれを揚げる各重さは幾らか。

答は、弦で揚げる重さは六十貫目、背で揚げる重さは四十貫目

解き方は、長径を置き矢を減じて余りを極と名付け、之を倍にし、長径を以って加え、極を以って除し、1を加え、または減じ、之を折半し重を乗じ、弦と背の揚げる重さを得て問に合う。

この解き方を数式で表すと式1のようになる。この問題を現代的に解くならば式2のようになる。

なお、『算法開蘊付録円理三台　称平術解』[5]（津和野　桑野才次郎正明編）に和算の解き方がある。

長径 $= A = 3$、矢 $= Y = 2$、重 $= G = 100$
とするとき

$$A - Y = \text{極}、\quad \frac{2(A-Y)+A}{A-Y} \pm 1 = 6\,,\,4$$

$$\frac{6}{6+4} \times g = \frac{6}{10} \times 100 = 60\,,\ \frac{4}{6+4} \times 100 = 40$$

式1

以下、下図を参照。
楕円体の断面（楕円）は次式で与えられる。

$$\frac{x^2}{a^2} + \frac{y^2}{b^2} = 1$$

矢の端点$x = c$で切り取ったときの重心gを求めるには次の平衡式を求めればよい。
（楕円体の比重を1とする）

$$\int_c^g \pi y^2 (g - x) dx = \int_g^a \pi y^2 (x - g) dx$$

これをgについて解くと

$$g = \frac{3(r+1)^2}{4(r+2)} a \qquad \text{但し、} r = c/a$$

あとは釣り合いの原理から、弦と背にかかる重さが算出できる。

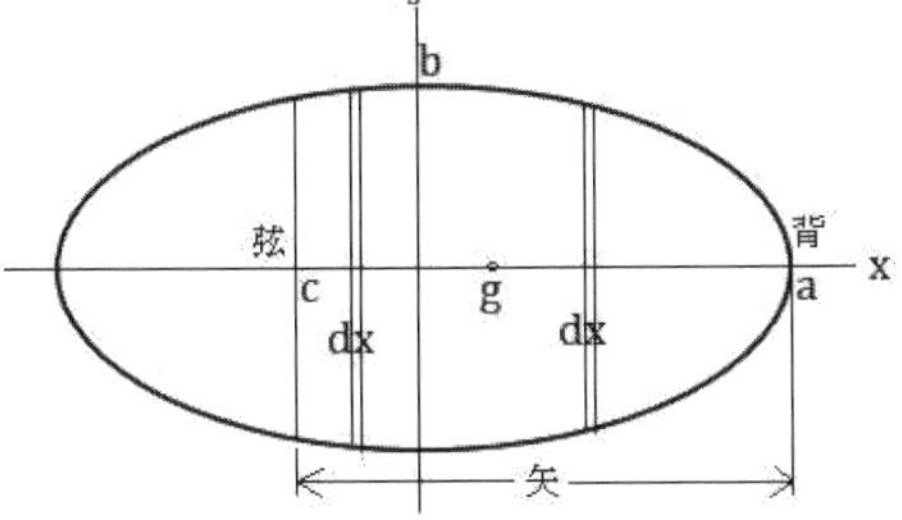

式2

【宝薬寺の算額】

嵐山町越畑の宝薬寺薬師堂に船戸庵栄珍(玖)が文化九年（一八一二）に奉納した算額がある。文献(6)で平成二十五年にはじめて紹介された。栄珍はその文献によると船戸悟兵衛の曽祖父に当る人と推測されている。現存する埼玉の算額では七番目に古いとも言われるが、図や文字は明瞭であり、術は天元術で解いていて、正数は赤色、負数は黒色で数字を表わしている。

問題は図のような三つの正直方体（底面は正方形）の体積が与えられた時の各辺の長さを求めるごく初歩的な問題である。但し、図

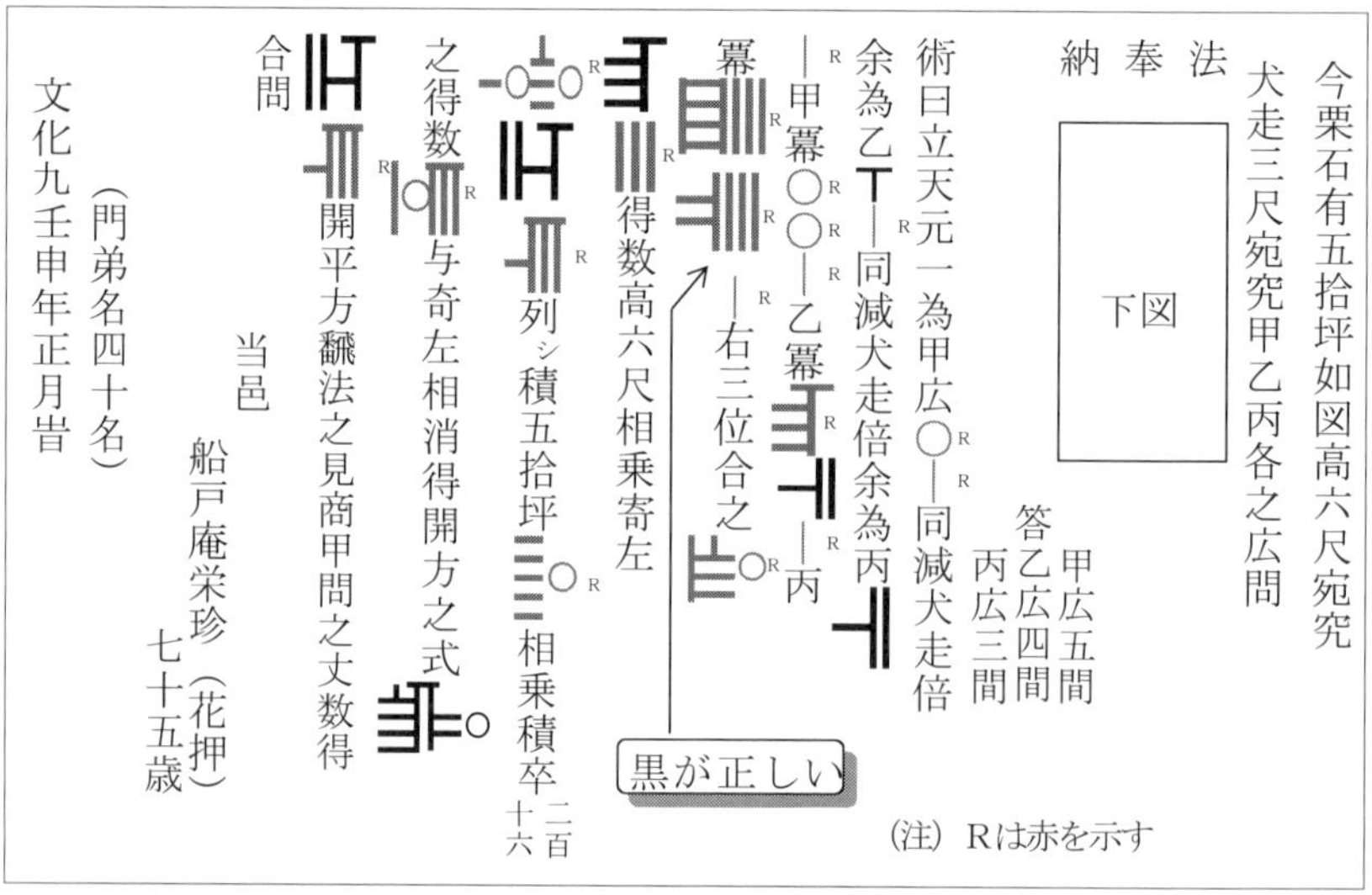
今栗石有五拾坪如図高六尺宛究
犬走三尺宛究甲乙丙各之広問
法
奉
納
下図
答
甲広五間
乙広四間
丙広三間
術曰立天元一為甲広○―同減犬走倍
余為乙―同減犬走倍余為丙
―甲冪○―○―乙冪―丙
冪―右三位合之
得数高六尺相乗寄左
列シ積五拾坪相乗積卒二百十六
之得数与奇左相消得開方之式
合問
開平方飜法之見商甲間之丈数得
当邑
船戸庵栄珍（花押）
七十五歳
（門弟名四十名）
文化九壬申年正月岦
黒が正しい
（注）Rは赤を示す

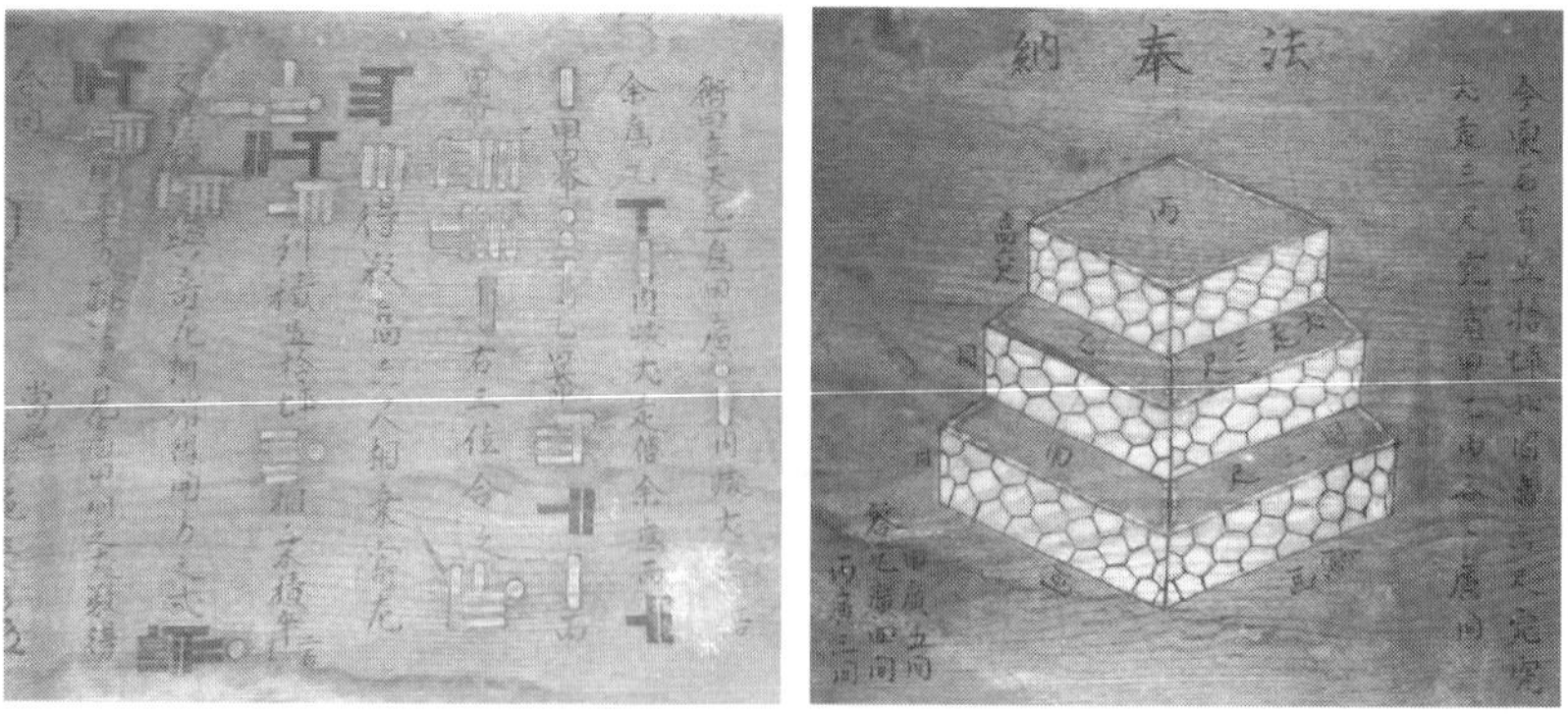

図7-1-4　宝薬寺の算額の図(右)と術文(左)（2014年10月）

からは犬走が二辺のみのように見えるが実は四辺を対象にしている。また坪（間を元にした体積のこと）、尺と単位が一様でないから注意を要する。数字の記法は天元術に従っているが、一ヶ所その色使いが間違っている個所がある。解き方は以下に示すように、現代の数学と同じである。

なお、算額には門弟四十名の名前が次のようにある。この内、最初の細井半蔵は中爪村とあるから、細井長次郎（六・六章）との何らかのかかわりが想定される。

天元の一を立て甲広〇一というのは、甲の辺長を$(0+x)$とするという意味。それから犬走を倍にしたものを減じて乙とするというのは、乙の辺長を$(x-6)$とすること。それから犬走を倍にして減じて丙とするのは、丙の辺長を$(x-6-6=x-12)$とすること。

以下、甲、乙、丙の二乗を加えあわせ、それに高さの6を掛けて、体積を求め、これが与条件の50坪に等しいとする。但し単位を合わせるために$6\times6\times6=216$を掛けたものにする。

つまり、$1080-216x+18x^2=216\times50=10800$となる。

こうして、$-9720-216x+18x^2=0$（和算では順序が逆）を導き出してこれを解いている。

（上段）

當国中爪村　細井半蔵
同　福田村　井上門兵衛
同　當村　強瀬傳右衛門
同邑　馬場宇兵衛
同　太郎丸村　田幡太四郎
同　奈良梨村　鈴木文左衛門
同　押切村　笠原忠右衛門
同　大谷村　小山関左衛門
同　人見村　清水伊八郎
同　鎌形村　長嶋兵喜
同　長瀬村　亀井重右衛
同　小川村　西沢与七郎
同邑　内田源八郎
八幡山長浜宿　柴田庄治郎

図7-1-5　宝薬寺の算額（40.8×135cm、2014年10月）

同所　久米喜平治
西上州長根宿　新井彦太郎
同所　丸亀市助
同所　内藤源蔵
同州吾妻郡伊勢丁　福嶋万治郎
同　四万村　田村半蔵
江戸赤坂伝馬町齋藤弥市
同所　大沢藤七郎

（下段）
西上州高崎蓮雀町　笠間喜兵衛
同州板花在ノ銀村　竹内五郎右衛門
同邑　井上小若治郎
西上州渋川宿　日野治兵衛
同　金井村　曽根喜兵衛
同　牧邑　吉田右左衛門
東上州沼田領中山村五藤小平治
同　玉村在中嶋村　田黒亦四郎
同　前橋在大室村　冨岡又八郎

同　桐生町四丁目　小倉伊右衛門
同　大間々五丁目　星野若治郎
同所　同苗源左衛門
下野足利田中村　遠藤八左衛門
同　鷲宮水深村　岡安勘五右衛門
同村　桐嶌市之丞
駿州富士郡宮嶋村　堅月庄兵衛
同村　同苗源蔵
東上州天王宿　森田宗兵衛

参考文献

（1）野口泰助『埼玉県数学者人名小辞典』（昭和36年、私家版）
（2）三上義夫「武蔵比企郡の諸算者（五）」（『埼玉史談』12巻3号 1941年1月）
（3）高柳茂「福田村の和算家小林三徳について」（『埼玉史談』60巻1号）
（4）剣持章行『算法開蘊』（嘉永二年、東北大学和算ポータルサイト）
（5）桑野才次郎正明編『算法開蘊付録円理三台 称平術解』（東北大学和算ポータルサイト）
（6）高柳茂「嵐山町宝薬寺の算額」（『埼玉史談』60巻2号）

七・二章　内田祐五郎

天保十四年（一八四三）〜大正十一年（一九二二）八十歳
（嵐山町）

【人　物】[1][2]

内田祐五郎往延《ゆきのぶ》は、比企郡菅谷村杉山（杉山村字川袋とも、現嵐山町杉山）の人で、明治十七年四十二才で菅谷村志賀の根岸氏の入婿となり、滑川町月輪《つきのわ》に住し、其居宅の傍に頌徳碑がある。七十八歳のとき本を出すつもりだったが中止した。大正十一年六月十一日八十歳で没。青海道祐信士。戸根木格斎（四・六章）と群馬の剣持章行に学び（**章末注**参照）、明治十一年東松山市の岩殿観音に算額を奉納している。また頌徳碑にも問題が刻んである。戸根木に師事したのは、越畑（嵐山町）の船戸悟兵衛の紹介で、熊谷までの三里ばかりを往復して習ったという。また、ときがわ町大附の宮崎萬治郎（七・六章）にも暦を作る事を習ったという。

明治六年の地租改正では内田祐五郎も特別編輯総図と杉山村検地担当人に選ばれ、正確な測量を行なったといわれる。また近郷の子弟の教育にあたった。

【石碑】

昭和八年（一九三三）に、祐五郎に学んだ門弟たちが師の頌徳碑「内田往延先生之碑」を建立した。碑は滑川町月輪の根岸家にある。表は上に「算法」の二字を大きく横書し、その下に一つの図形を書き、左右に題術を分けて誌るし、下方に「内田往延先生之碑」と刻してある。裏面には碑文と、據資芳名として百名以上の

図7-2-1 頌徳碑（2013年10月）

名が刻まれている。表面の題術の内容は次のようなものである。

今有如図直内容大
中半圓及小圓一個
只云小圓径若干得
直長術問幾何
　答曰如左術
術曰置二個開平方
名天十六之加二十
四個開平方天三段
及加三個乗小径半
之得直長合問

今図のように長方形の中に大中の半円と、小円一個が内接している。小円の直径が与えられた時、直長の長さは幾つか。

答えは左の解き方による

二を置いて平方に開き、天と名付け十六を乗じ二十四を加えこれを平方に開き、天を三倍したものと三を加え、これに小径の半を乗じて直長を得て問いに合う。

この問題の解法例を図7−2−2と7−2−3に示す。

碑の裏面の碑文の下には五段に渡って碑の建立に賛同して資金を出した門弟百四名（重複除く）の大字、氏名、金額が刻まれている。門弟は地域別で見ると、嵐山町の杉山・吉田・広野・越畑・勝田・太郎丸・菅谷・平沢・根岸・志賀・川島、滑川町の月輪・羽尾・水房・福田・伊古、東松山市の下唐子・唐子・神戸・松山・野田、などである。

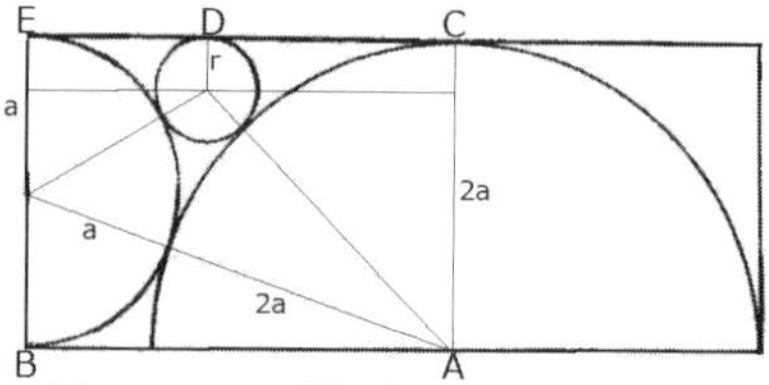

図7−2−2　頌徳碑の図形の定義

$$AB=\sqrt{(a+2a)^2-a^2}=\sqrt{8a^2}=2a\sqrt{2}$$

$$ED=\sqrt{(a+r)^2-(a-r)^2}$$

$$DC=\sqrt{(2a+r)^2-(2a-r)^2}$$

$AB=ED+DC$ だから上式を代入整理すると

$a=\dfrac{3+2\sqrt{2}}{2}r$ となるから

$$直長=AB+2a=2a\sqrt{2}+2a=\left(3+2\sqrt{2}\right)\left(\sqrt{2}+1\right)r$$

$$=\left(2\sqrt{2}+4+3\sqrt{2}+3\right)r$$

$$=\left(\sqrt{16\sqrt{2}+24}+3\sqrt{2}+3\right)r \qquad \because 2\sqrt{2}+4=\sqrt{16\sqrt{2}+24}$$

図7−2−3　頌徳碑の図形の解法

名　芳　資　據

スギヤマ 金子財助
同 伊藤重太郎
同 金子忠良
同 内田陽造
同 早川永吉
同 新井忠三
同 早川寅吉
同 伊藤亀吉
同 水島住太郎
同 同 忠三
同 同 市太郎
同 同 久作
□ルサ 安藤文右エ門
ヨシタ 小林喜太郎
同 小林国三郎
ヒロノ 内田金三郎
同 井上万吉
同 権田亀太郎
同 同 冨五郎
同 同 徳治
同 栗原佐三郎
同 同 重太
同 同 平吉
同 同 権造
ヲイハタ 船戸平左エ門
同 田島滝蔵
同 同 竜吉
同 青木五三郎
同 同 平馬

ヲイハタ 強瀬埼三郎
同 市川鉄次郎
ミヅフサ 吉野米三郎
同 権田林太郎
スギヤマ 内田千代松
ハヤマタ 橋本利喜
□□□□ 佐藤喜長
ノダ 森田幾郎
□□□□ □田茂吉
同 同徳次郎
フクタ 井上枚太郎
カチダ 枚田忠五郎
同 田中億次郎
同 田幡信次郎
同 同喜一郎
下カラコ 天野元平
ツキワ 武井一太郎
同 同 楳雪
同 大塚久松
同 武井種一
タロマル 中村茂十郎
同 大沢賢司
ツキワ 栗原榮三郎
同 金井若多

ツキワ 篠崎年次
同 同市三郎
同 栗原倉平
同 高坂楳吉
□□□ 栗原安治
ツキワ 武井松五郎
同 同 貞治
同 大塚宗治
同 長谷部佐太造
同 宮島梅吉
同 篠崎覚治
同 篠崎喜三郎
同 金井久万吉
同 篠崎喜市
同 宮島文語
カラコ 戸井田米吉
ゴード 中沢清太郎
同 関口金□
ハネヲ 井上茂重
ヒガシタイラ加藤ひろ
同 新堀喜治
イコ 江森欽三郎

ツキワ 大塚譽田
イコ 石井喜代四郎
スカヤ 山岸章祐
ヒラサワ 内田傳兵衛
カワシマ 島崎和一郎
ハネヲ 島田爲助
同 同 勝治
同 小久保眞三郎
同 笠原喜勢松
同 小久保鍋太郎
同 島田傳次郎
ネギシ 小澤與四郎
スギヤマ 金子喜代造
マツヤマ 大塚義治
ツキワ 金井弥助
ツキワ 武藤多一
同 篠崎藤次郎
同 同 熊三郎
同 同 善太郎
同 同 千松
同 高坂好一
同 武井茂治郎
同 金井榮助
同 高坂竹治
ゴード 大野みせ
シガ 根岸勝蔵
ツキワ 金井網太郎

建設委員
大塚宗治
金井榮助
宮島梅吉
島田爲助
井上茂重
小林国三郎
内田金三郎
青木五三郎
金子忠良

發起人
篠崎善太郎
篠崎藤次郎
金子喜代造
武井茂治郎
武井松五郎
内田千代松
大塚譽田
篠崎熊三郎

後見
篠崎千松
根岸文助

孫男
根岸信行

石工武藤多一

（金額は省略）

裏面上段の碑文は次のようなものである。読めない字は文献(2)で補ったが，同文献の間違いも散見される。原文の改行は「　」で示した。

夫數之於天下其用廣哉近而備於身體遠而滿六」舍天之高也星辰之遠也苟得其故則千歳之日至
坐而可識者非數術何哉于茲有內田先生者通稱」祐五郎天保十四年三月廿三日生比企郡七郷村
大字杁山內田喜右エ門之二男也明治十七年三」月四日同郡菅谷村大字志賀爲根岸彦九郎之後
嗣矣情自幼温良穎悟而特好數學爲嬉戲常玩等《算》」術長而大里郡熊谷町數學者關流入門戸根木與
エ門先生研窮《究》數學數年又群馬縣之人訪豫山劍」持先生之門修暦數之學刻苦精勵極斯學之薀奧
也故被稱地方算學之泰斗當時嘖々之有名也故」明治九年會地租改正之擧哉特編輯繪圖及杉山
村被命地檢擔當人也是皆薀蓄數學之功也故測」量正確而其成積《績》亦良好也云云於茲乎先生高名
聞四方不問遐邇遠近尋來而乞敎者接踵其數學」者非訓古之學而已先人未發之術創見要之也其
上者高遠哲學的入思索下者日用之實學及也抑」我國者古來尊儒學故以儒學成名者枚擧雖不遑
獨至數學微々不振爲攻究者亦稀也盖雖此實用」學被軽者弊風之所爲乎先生資性廣記而志操確
實克當時排研學之難夙夜精勵高尚廣汎達斯學」盡力應用其博識宏辞而又通儒佛之學時而説聖
賢之道矣故近郷人有難解事即就先生求解也先」生爲人恬淡磊落《らいらく》而超越之外清廉自持耕於田野
而悠々自適可惜矣時恰際會世態激變之潮漲大」西文化輸入之急流忠也否稀世之酬和算學者甚
不幸可偉材以爲被朽圃巷之間鳴於兹門人等先」生之慕學德相諮而建碑以爲後世之記念而爾
昭和八年晩秋　大塚隣溪撰　篠崎千松拜書。

この碑文について三上義夫は次のように解説している。[2] 碑文を理解するのに役立つ。

此碑文は和文風を交えた漢文で、中には少しばかり解し難い所もある。而も之に依って内田祐五郎の経歴は略々知ることが出来よう。碑は其生前に出来て居たので、没年月日は書いてないが、随分もまし《ママ》た事も有って建設に至らず。没後になって始めて建てられたのである。昭和八年とあるのは後の記入に外ならぬ。

碑文には熊谷の戸根木與右衛門に師事した外に、群馬縣の人剣持豫山を訪うて暦数の学を修めたとあるが、剣持は遊歴の算家であり、熊谷では戸根木と甚だ親しい間柄であったから、其関係から此人にも学んだものであろう。上州へ習いに行ったと解すべきではない。

測量にも堪能であり、明治九年の地租改正に際して、丈量を担当し、絵図を引いたりした事も、碑文で認められる。此事は各地方の多くの算者が関与した事件であった。云々とあるのは原文のまゝである。

祐五郎は先人未発の術の創見もあり、日用の実学にも努める外に、哲学的の高遠な思索にも従事し、儒仏の学にも通じて居たと云ふが、其造詣の程は未だ窺い見る事が出来ない。

然るに数学は実用の学であるのに、儒学の如きは世に尊重されて、名を成したものも多いが、数学だけは左ほどに尊ばれないのは慨すべきであるが、祐五郎は此世情を外処《よそ》に見て敢て之を学修し教授したのは称すべきだと云ふように説いてあるのも、往時に於ける算者の状態を示し得た代表的の文字とも言われよう。斯くして算者になって世間を指導して居るのに、世態は変化し、西洋文化の洪水に押し流されて折角の効力をも発揮し難くなるのが、残念だと云ふのも、亦和算家の末期の悲哀を如実に語るものである。

此碑文には誇張もあろうけれども、併し祐五郎が近辺数里の地域に於て門人等の中で重宝がられ、数学を普及して日用の知識を助成した功労は、充分に之を描写されて居るのである。菅谷村小学校編の一枚摺内田往延伝には「門下は比企大里二郡にまたがり實に五百の多きを超えたりと云ふ」と見える。遺族の談では二千に余まったとも云ふ。

【算額】

内田祐五郎は、明治十一年に東松山市の岩殿観音（正法寺）に算額を奉納している（市文化財）。この算額の説明の前に、岩殿観音の算額の数奇な運命について、やはり三上義夫が述べているので引用[2]したい。

岩殿観音は明治十一年十二月三十一日に炎上し、前に在った紫竹小高多聞治の算額なども悉く烏有《うゆう》に帰したのである。火災前には他にも算額があった事は、小高明太郎翁が亡父からの伝聞として語られるし、正法寺に於ても額面は多数に懸って居たから、算額も必ずあったろうとの事である。而も凡て焼失して遺る所はない。然るに其炎上の年に奉納の一算額のみ現に存して居るのは、誠に不思議である。

旧観音堂は堂々たる大伽藍であって、三年も掛って屋根替中に火災の厄に会ったのであるが、其後、入間郡白子観音堂(注)を移し建てたのが、今の堂である。十九年四月に落成した。然らば、内田の算額は十一年某月に奉納されたが、修繕中の為めに堂内に掲揚せずして、庫裏に保管中であったもので、幸に災厄を免れたのであろうとは、正法寺での談である。但し同寺略縁起には明治十一年一月の炎上とあるが、同寺での実話と何れが真なるかは、私は知らぬ。

（注）入間郡白子観音堂＝飯能市白子の長念寺

なお、小高多聞治の算額は飯能の石井弥四郎が書き写していたことが判明している（七・八章(一)、九・二章）。

さて、内田の岩殿観音の算額は三十三歳頃に奉納したもので、二つの問題が書かれている。一問目は、立方体の中に大球一個、中球四個、小球四個があり、大球の直径を与えたとき、小球の直径を問うもの。二問目は、大円の中に甲円二個、

図　7-2-4 正法寺算額
（110×70cm、2010年6月）

乙円二個、丙円四個、弦四本があり、乙円を与えたとき丙円の直径を問うものである。次に問題・読み下しを示す。

なお、この算額の一問目と同じ内容（二問目は異なる内容）のものが広野村川島（現・嵐山町）の鬼（鬼鎮）神社に奉納されたという記録がある。[3] 年代や経緯などは不明だがやはり内田祐五郎が掲額したもので、その算額の解答扣書が残っている。[4]

奉懸御寶前算術問

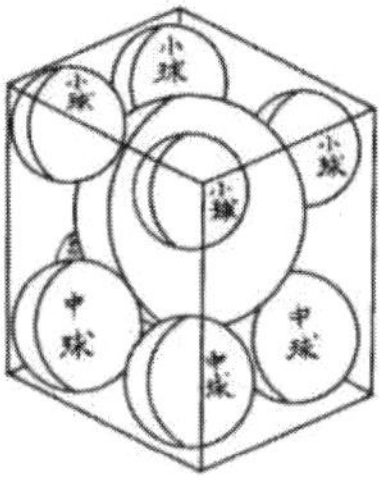

今有如圖立方内容下面中球四個及其上大球一個上角小球四個各充内無動大球径若干問得小球径術如何

答曰如左術

術曰置二千六百二十五箇開平方以減六十五箇餘乗大球径二十五歸之得小球径合問

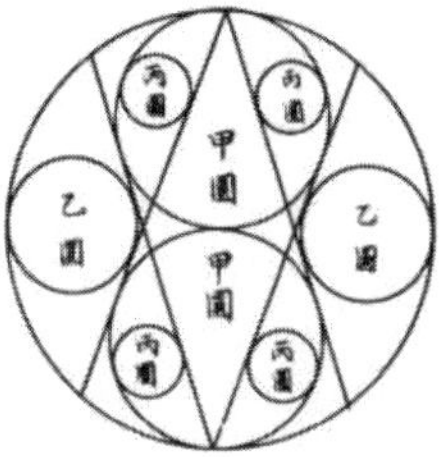

今有如圖圓内容甲圓二個及四斜乙圓二個丙圓四個乙圓径若干問得丙圓径術如何

答曰如左術

術曰置一十八箇開平方以減六箇餘以除乙圓径得丙圓径合問

熊谷驛

一問目の式

$$\text{小球} = \frac{65-\sqrt{2625}}{25} \times \text{大球} = 0.5506 \times \text{大球}$$

二問目の式(間違い)

$$\text{丙円} = \frac{\text{乙円}}{6-\sqrt{18}} = 0.5690 \times \text{乙円}$$

二問目の正解式

$$\text{丙円} = \frac{11+8\sqrt{2}}{42} \times \text{乙円} = 0.5313 \times \text{乙円}$$

図7-2-5　術の式

関流七傳　格齋戸根木與右衛門貞一門人
武州比企郡
杉山村
内田祐五郎往延（花押）
明治十一戊寅年吉祥日

問題の読み下しは次のようなものであろう。

今図のように立方体の中の下面に中球四個を、その上に大球一個を、その上の角に小球四個を、各々接するように置くとき、大球の直径を与えたときに小球の直径を求める方法はいかに。

答に曰く左の方法

計算方法は、二千六百二十五を平方に開き、六十五から減じ、その餘に大球径を乗じ、二十五で歸(除)して、問いに合う小球径を得る。

今図のように円内に甲円二個及び四斜線を引き、乙円二個、丙円四個を置くとき、乙円の直径を与えたときに丙円の直径を求める方法はいかに。

答に曰く左の方法

計算方法は、十八を平方に開き六から減じ、その餘を以っ

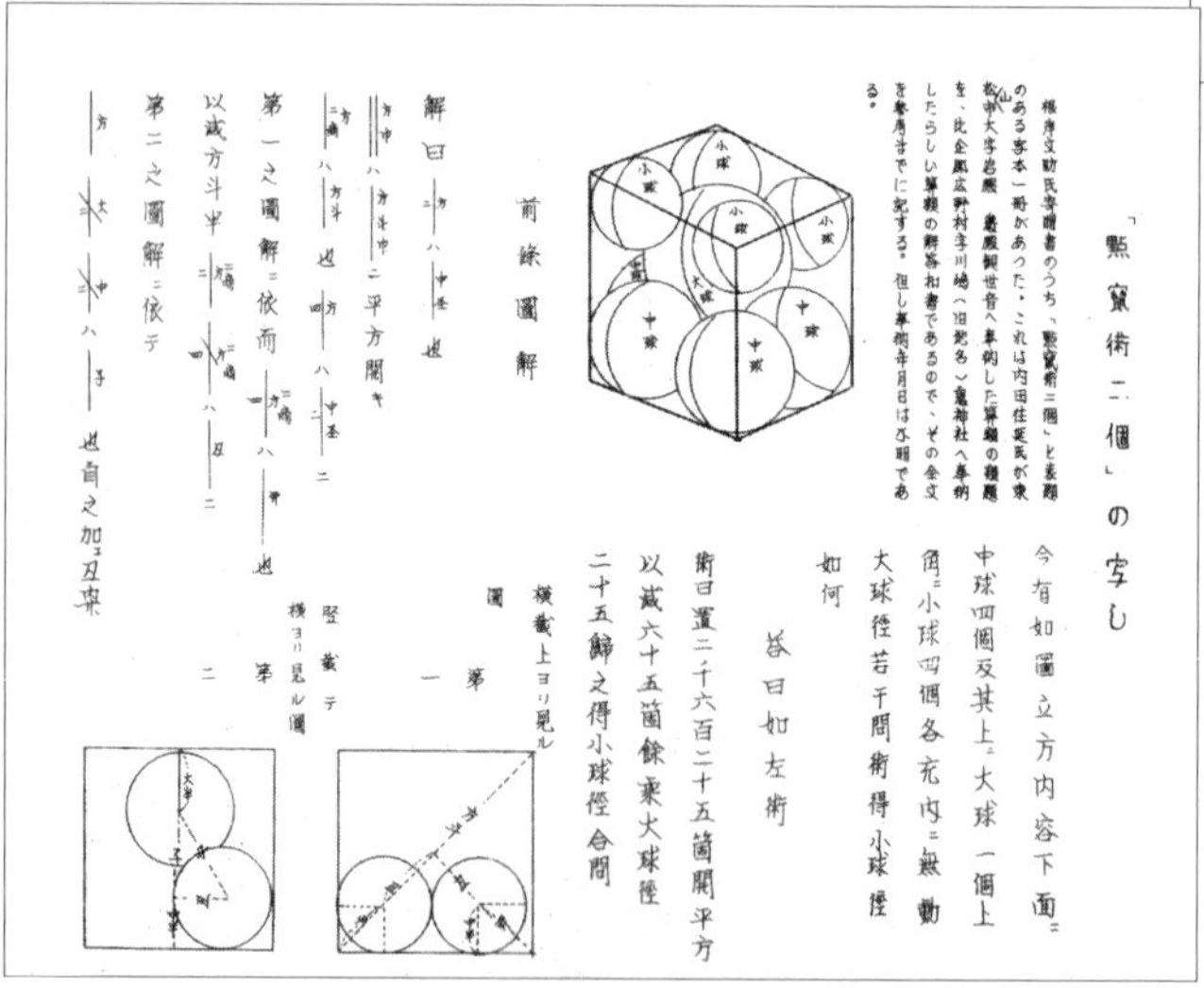

図7-2-6　内田祐五郎の扣書[4]（一部、萩剛野公氏の写）

て乙円の直径を除して、問いに合う丙円の直径を得る。
この結果は図7-2-5のようなもので、一問目は正しいが二問目の術は間違っている。正解式を同図に示した。なお、既述のように内田祐五郎は解答の扣書を残している。その一部は図7-2-6のようなものである。[4] また門人の吉野米三郎が明治八年に熊谷市野原の文殊寺に掲額した記録があるが、[2] 現存しない。

【戸根木の門人帳より[5]】

戸根木格斎の門人帳（図7-2-7）には内田祐五郎の教授について下のような文章がある。「文殊寺掲額」とあるのは、戸根木が奉額したものなのだろうか。不明である。

乙丑仲秋　　杉山邑
一天元術初巻　　内田祐五郎
同弐巻目共百廿問
術書共
乗除初巻異乗同除三巻目壱冊之写
異乗同除五巻目壱冊同写差分弐冊写
矩合適等書壱冊先写
約術剰一術之問両神携酒之問端書渡し
田家之賤
開平開立方筆　壱冊點竄二十一巻
三乗方五乗方迄
截積問答二巻先写余者五番冊子江出ス
算則十二三四五迄写
野原
文殊寺掲額解義括術壱冊贈

(注)乙丑は慶応元年で祐五郎は二十二歳頃

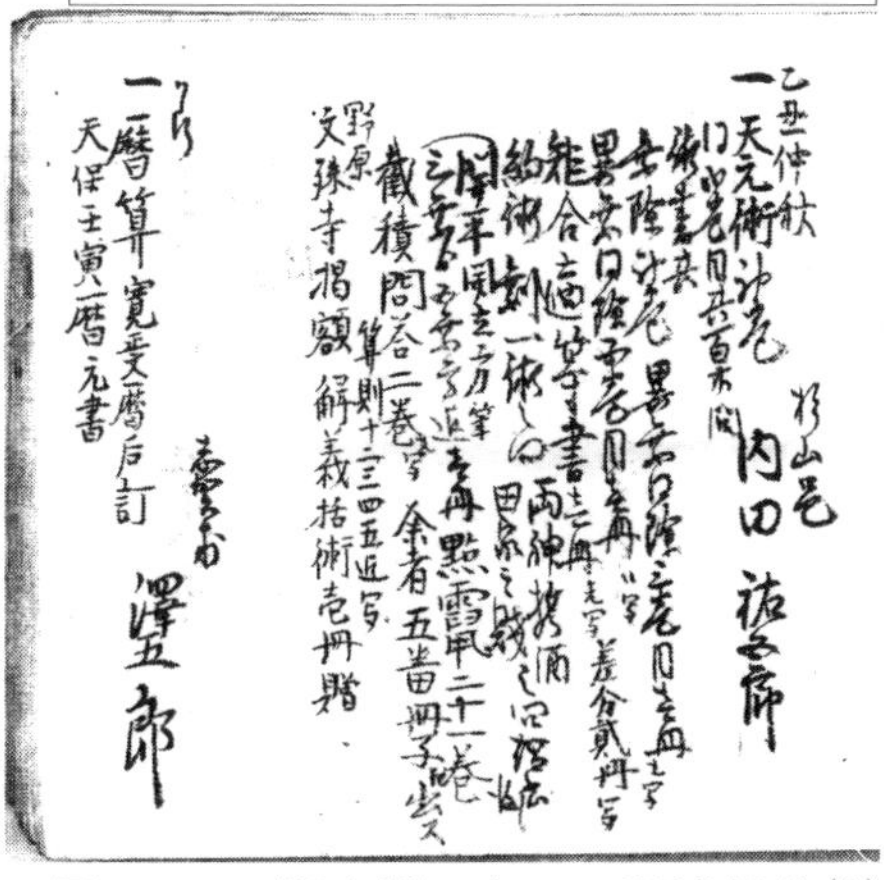
図7-2-7　門人帳の内田の記述部分[5]

【和算資料の紛失】

文献（4）の中に、「内田往延氏蔵書寄贈目録」というのがある。これは、「昭和三二年七月二九日、内田五郎往延氏の事跡を調査した際に、往延氏の後裔根岸氏より本大学に和算書を寄贈下さる。紙上をもって謝意を表する」というもので、計二十五冊の和算書（點竄術関係刊本・写本）の名前が記されている。当該大学に問い合わせたところ行方不明で除籍図書となっているとのことだった。

(章末注)

『剣持章行と旅日記』の慶応元年十二月七日の項に、

「七日出立戸根木氏門人武州比企郡杉山村内田祐五郎来り対面算術かり稽古」

とあり、また明治二年九月の項に次のようにある。

「十四日出立戸根木に送りを得川島鬼(鎮)神宮参詣杉山勇五郎ニ着止宿、廿二日勇五郎案内にて田村大蔵院ニ移り止宿」、「廿二日金百疋武州杉山村勇五郎」

参考文献

(1)野口泰助『埼玉県数学者人名小辞典』(昭和36年、私家版)
(2)三上義夫「武蔵比企郡の諸算者(三)」(『埼玉史談』12巻1号 1940年(昭和15)9月)
(3)埼玉県立図書館『埼玉の算額』(埼玉県史料集第二集、昭和44年)
(4)萩野公剛『和算史調査資料　第一号』(富士短期大学、昭和32年8月)の中の「点竄術二個の写し」
(5)戸根木格斎「入門性名録」(＝対林堂、万延二年、野口泰助氏資料)
(6)高橋大人『剣持章行と旅日記』(平成11年、私家版)

七・三章　小堤幾蔵

天保十四年(一八四三)～大正十一年(一九二二)　八十歳

(東松山市)

【人】

小堤幾蔵孝継は高坂村（東松山市）正代の人で、岩殿村望月の神能小右衛門孝光の門人であった。号は孝継。明治十年正代の世明寿寺に奉額している。大正十一年十一月亡くなる。墓は青蓮寺にある。楽邦道泰信士。

川島町の光西寺の算額（明治二十五年二月、川島町文化財、七・八章(四)参照）には「関流算術学士　小堤幾蔵門人　武陽比企郡小見野村住人　大谷織造」とあるので、神能―小堤―大谷は関流であったことがわかるが、伝系の詳細は不明である。また、この算額には客席に「小堤幾蔵門人　大字中山　清水勝重　国島定吉　新井平亮　勝田平三郎　山口榮五郎」と五名の門人名が掲載されている。

【碑】

『埼玉県教育史金石文集(上)』によればこの碑は既に「現存せず」とあるが、碑文は掲載されている。但し、文献(1)に載っている碑文と異なる部分がある。ここでは文献(1)のものを示したい。文献(1)によれば、旧宅の前の路傍に碑が立っていて、上に「紀恩碑」と横書があり、次のような碑文があるという。

比企郡高坂村大字正代小堤幾藏孝繼老人者。故神能小右衞門孝光翁之門人。而和算之大家也。其門弟渡於各村凡有五百之數矣。先生常爲敎授。實懇篤也。其門中活動世者。擧而不可數。於是起報恩謝德之議。酬至于紀念品之事。

會二三之發起者。同心協力。而聽衆生之賛助。漸決定得就此擧。
宜乎門家之頌。斯恩徳而不能巳也。染谷氏與衆謀。欲立碑以録其事。
傳之無窮。請余作銘。其辭曰。
　先生鴻徳。粒我育我。緊誰之力。今我不録。
　終忘恩徳。今後紀念。厥謀允臧。其恩罔極。
維時大正八年五月上院建之。眞々田信芳撰并書。
　　石工　鷲巣武平刻之

裏面に建設者二十九人の姓名があるともあるが、今となっては不明である。

【算額】
この世明寿寺の算額は東松山市の文化財になっている。次のように二問ある。(2)

> 今有如圖立方面三角四等面平圓径積加一万一千八百十九坪
> 一分一厘也 但三積率一分一七八五 圓積率七分九釐 方ヨリ三面者二寸短三面ヨリ
> 圓径者三寸短問三等面如何
>
> 　　　　神能小右衛門之門人
> 　　　　　當國比企郡正代村之住
> 　　　　　　　小　堤　幾　蔵

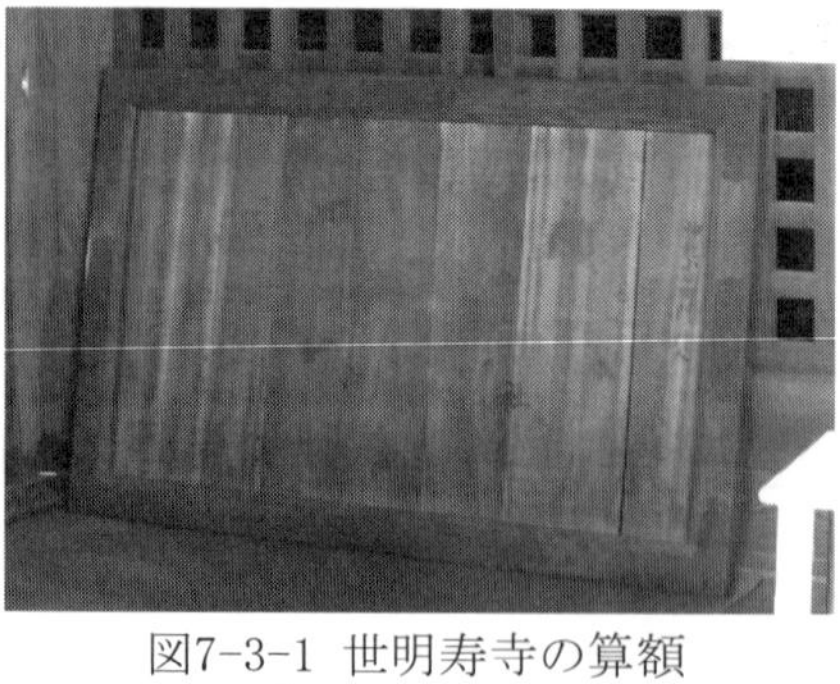

図7-3-1 世明寿寺の算額
（154×96cm、2014年5月）

答三等面二十寸

（術文）（「埼玉の算額」参照）

今有如圖鉤股内容甲乙圓径及菱面只云弦百八十分也甲圓径四十分乙圓径三十二分問菱面如何

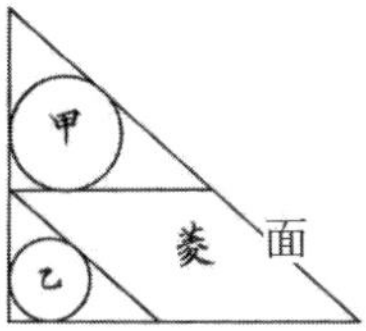

答菱面八十分

（術文）（「埼玉の算額」参照）

明治十丁丑年第十一月

この算額は本堂内に安置されているが、風化が進み文字はほとんど読みづらい。小堤幾蔵は三十五歳のときにこの算額を奉納している。

一問目は下の立方体及び中間の正四面体の体積と上の丸の面積（球の体積ではない）を加えた値を前提としているようで、単位が不統一のため少し面食らう問題である。三積率とは正四面体の辺の長さを使って体積を求める際の定数である。つまり、$V=(A\times h)\div 3=a^3\div\sqrt{72}=0.11785a^3$ であり、円積率は $\pi/4$ ＝0.79である。

これらのことと、一万一千八百十九坪一分一厘、二寸短、三寸短の条件により問題は解ける。

二問目は、図のように斜辺が180の直角三角形内に直径40の円甲と、直径32の円乙がある場合、菱方の面の長さ

中間の正四面体の辺長をxとすれば

立方体体積：　$(2+x)^3=8+12x+6x^2+x^3$　①

正四面体体積：　$0.11785x^3$　②

円の面積：　$(-3+x)^2\times 0.79=7.11-4.74x+0.79x^2$　③

①②③を足し合わせて

$15.11+7.26x+6.79x^2+1.11785x^3=11819.11$　④

$\therefore\ -11804+7.26x+6.79x^2+1.11785x^3=0$　⑤

$\therefore\ (x-20)(1.11785x^2+29.147x+590.2)=0$　⑥

$\therefore\ x=20$

図7-3-2　１問目の解

（『埼玉の算額』の点竄術の術文は上記の①～⑤の表現があるが若干の誤記があるようです）

を問うものである。

算額には次のように、門人六十名と世話人四名、それに客席として二十三名の名がある。(3)

〔門人・世話人〕
早俣村　千代田石良
中新田村高篠　種治
早俣村　橋本　喜八
田木村　中村安太郎
神戸村　千原大重郎
北園部村　岡部　快恵
大塚村　砂川藤五郎
早俣村　千代田勝四郎
上吉田村　松本　嶺助
中新田村　高篠　太郎
早俣村　林　幸治
岩殿村　神能　玉八
高坂村　杉山　徳平
正代村　小堤　伊重
石井村　神山佐太郎
本宿村　細村　貞治
古凍村　須長　丑松
□□村　内野清治郎
□□村　小堤　儀重
□□村　岡部　熊吉
毛塚村　新井　力松

□□村　原口　亀吉
正直村　野澤□□郎
早俣村　橋本為三郎
坂戸村　安斉貞次郎
正代村　小林久五郎
本宿村　細村弥次郎
正代村　鈴木□□
中新田村　高篠啓治郎
本宿村　田中弥太郎
上新田村　高篠　勇吉
上吉田村　内田忠治郎
本宿村　永島忠五郎
□□村　高篠太重郎
□□村　岡村　□吉
□□村　細村□之吉
神戸村　稲村又□□
上吉田村　関口　亀吉
□□村　吉田　円造
本宿村　松本磯九郎
園部村　岡部保之助
神戸村　森　宗吉
正代村　大久保勘七

本宿村　松本　粂吉
正代村　山下□次郎
上吉田　村松本　金蔵
田木村　金子　宗八
北園部村　岡部富五郎
上吉田村　関谷鉄五郎
同　坂西　茂八
同　柴村味代吉
下細谷村　中村　重造
上吉田村　柴村　清吉
北園部村　岡部茂重郎
田木村　中村　清八
下細谷村　中村定五郎
本宿村　細村　弥八
中新田村　高篠つね女
上吉田村　嶋崎はつ女
石井村　神山みか女
世話人
正代村　山下　元吉
同　松本　留治
同　大久保信吉
同　福嶋　鶴松

［客席］
教員　北園部村　岡部　雄作
宮崎隆斉先生門人
本宿村　岡田軍治郎
大野旭山先生門人
宮鼻村　栗原　萬次
同　同　栗原　半次
小新井村　嶋田　直衛
宮鼻村　澤田　留次
同　澤田　政次
（千代田社中）
千代田石良
社中
早俣村　千代田勇七
同　長嶋定五郎
同　千代田勇吉
同　橋本勘五郎
同　高橋松治郎

（高篠社中）
高篠種治
社中
戸守村　山口　豊吉
同　利根川藤五郎
（中村社中）
中村安太郎
社中
田木村　田中　清八
毛塚村　金子富士太郎
厚川村　梶田栄三郎
（橋本社中）
橋本喜八
社中
林　亀吉
千代田国太郎

算額の全体構成

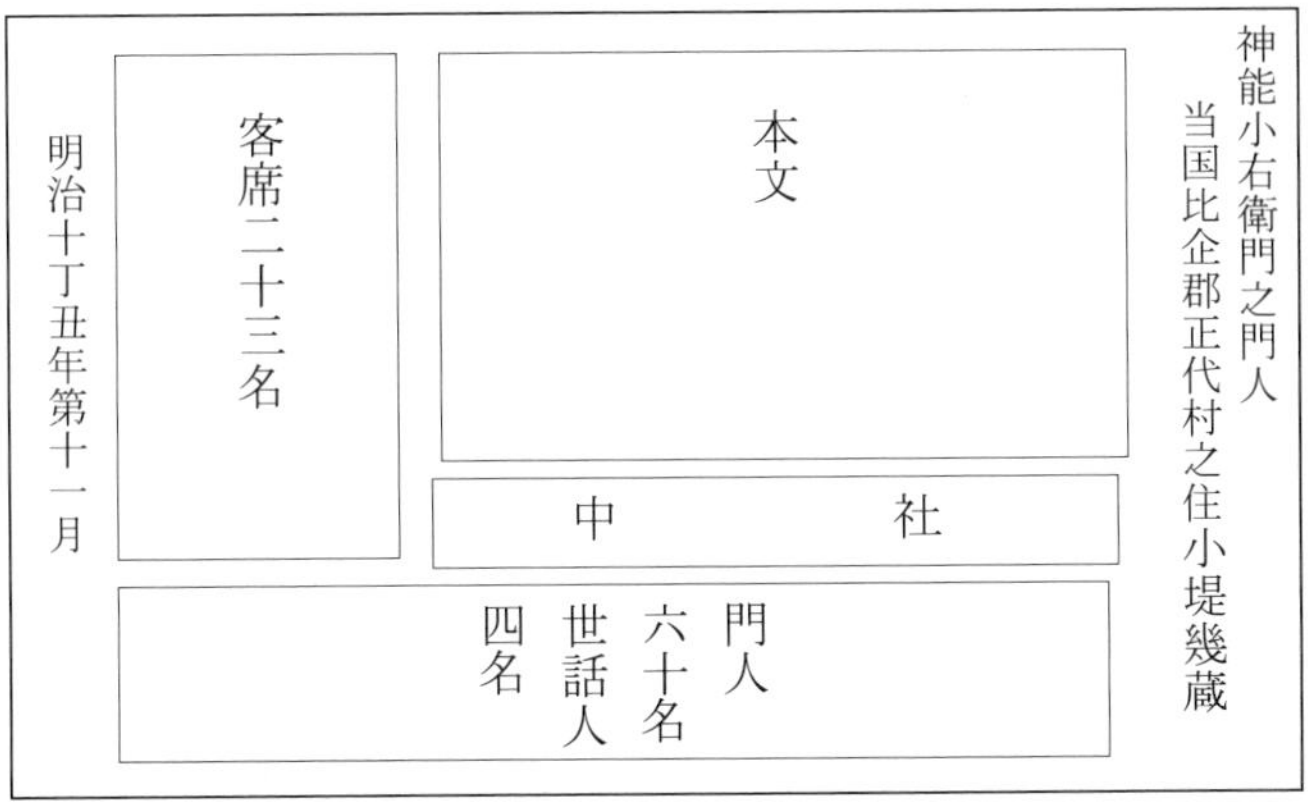

客席の岡部雄作、岡田軍治郎、栗原萬次については文献(1)に記述がある。

参考文献

(1)三上義夫「武蔵比企郡の諸算者」（『埼玉史談』12巻2号）
(2)埼玉県立図書館『埼玉の算額』（埼玉県史料集第二集、昭和44年）
(3)東松山市教育委員会埋蔵文化財センター「世明寿寺の算額」（平成26年5月）

七・四章　矢嶋久五郎

天明七年（一七八七）～安政二年（一八五五）　六十九歳
（吉見町）

【人物】

矢嶋久五郎豊高は、比企郡吉見村下銀谷（現吉見町下銀谷）の人で、安政二年六月十八日、六十九歳で没。文政五年四月、三十六歳のとき、吉見村御所の岩殿山観音堂（吉見観音、安楽寺）に二問を解いて奉額している。算額の冒頭に関流とあるので掲額者の久五郎は関流の算者のようであるが伝系は不明である。算額には門人二十一名、世話人二名の名も書かれている。

【墓碑】

墓は下銀谷の墓地にあり、最近建てられた墓誌には久五郎は矢嶋家八代とある。墓の台座には門人三十九名の名も見える。戒名は「術成院壽筭映光居士」で算者らしい。

図7-4-1　矢嶋久五郎の墓
（2013年1月）

安政二乙卯年六月十八日
俗名矢嶋久五郎豊高行年六十九歳
安政三丙辰年八月十五日
妻俗名　行年六十三歳

術成院壽筭映光居士
賢性院慈薫貞忠大姉

施主　矢嶋久米次郎代高
代高姉　蓮沼新田山林□中

図7-4-2　矢嶋久五郎の墓碑

背面の碑文と台座の人名を次に示す。

高沢好之撰文
映光居士名豊高字久五郎自少年敏於数学長
此技以筆易筭器能窮關流之秘蘊受可謂此道
之巨擘□然人不知而不慍其人則嗜学聲利□
□□□也□□入本道純撲寡欲有古人風矣嗟
桃李不言樹下為蹊弟子百人余慕其風普請勒
共□於碑背予為通□義不可辭於是乎記之
安政二乙卯年二月逆修塔建立

筆□連名
万光寺村 大畑清吉
同 兼吉
同 □三郎
間宮幸吉
同 栄□
河野音松
蓮沼新田 蓮沼角次郎
當所 矢嶋□吉
同 高十郎
同 祐五郎
河野藤五郎
間□清三郎
大谷卯三郎

台座右側面

荒子村 横田龍次郎
同 幾太郎
大串村 亀井元吉
内山斧次郎
谷口村 野口友吉
大和田村 山口□吉
田中銕五郎
万光寺村 松木利七
間室善吉
同 □太郎
同 □□□
同 徳□□
同 □五郎

台座正面

當村 千井野竹松
同 伊助
横田平吉
同 兼吉
同 冨士五郎
同 伊八
同 □□
同 小平
荒子村 加藤甚助
万光寺村世話人 大畑弥市
當所同 横田清助
同 矢嶋吉五郎
同 大谷伴次郎

台座左側面

巨擘＝多くの人の中にあって，特にすぐれて目立つ人。
人不知而不慍＝人知らずして慍《うら》まず（論語）。桃李不言樹下＝（立派な人の下には自然と人が集まるのたとえ）

全文は解読できないが、「関流の秘蘊」とか「弟子百人余」の文字が見える。算額には二十名以上、墓台座には三十九名の名があるが、碑文では百人余ということになる。それなりの勢力を誇っていたのではないかと思われるが、残念ながら師の記述はなく伝系なども不明である。高沢好之という人物も不明である。

なお、久五郎は墓石に安政二年六月十八日に亡くなったとあるが、碑文にはそれ以前の同年二月に「逆修塔建立」とあり、生前に（死後の冥福を祈って）建てたことがわかる。

【算額】

吉見観音（安楽寺）の算額は枠などに剥落が少しあるものの原文が明快に見え保存状態は良い。図は鮮やかな朱色などで描かれている（口絵写真参照）。

問題は二問あり共に述文がある。一問目は図のように菱形内に四つの等円が内接する場合に、円径と菱面及び菱長と菱横（菱平ともいう）を問うものである。外積四十五歩四厘四毫とは、菱形の面積から四つの円積を除いた面積のことを言っているようである。二次方程式の解法になるが、実際に解いてみると円周率は3.16にしないと答と合わない。3.16は最初の数学書である毛利重能の割算書（元和八年（一六二二））で用いているが、この時期でも用いられることがあったようである。二問目は直角三角形内の二つの円の直径を問うものであり、直角三角形の各辺長と円径の公式を使えば簡単に解けるものである。但し術文の解読は難しい。

上段に原文、中段に問いと答の読み下し及び現代解法と図の説明、下段に門人名を挙げる。

関　流

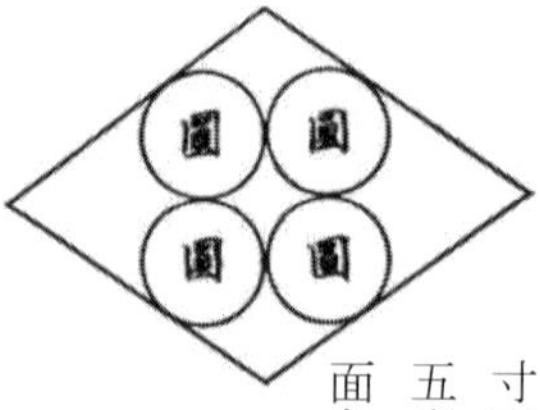

今有如圖菱面内同寸圓径容四箇只云菱長幕與横幕共和寸平積四百歩別云外積四十五歩四厘四毫菱長横圓径菱面各問幾何

答　菱長壹尺六寸
圓径四寸菱面壹尺
菱横壹尺二寸

今図のように菱面内に同じ大きさの円が四個（互いに接するように）あるとき、菱長の二乗と菱横の二乗の和が四百歩、また外積（菱形の面積から四個の円の面積を除いた面積）が四十五歩四厘四毫のとき、菱長・菱横・円径・菱面は幾つか。

答　菱長一尺六寸、菱横一尺二寸、円径四寸、菱面一尺

門人

吹塚　田中清右ヱ門正勝
下砂　内野勇次郎久茂
黒岩　小熊和造政澄
前河内　福田浅吉美敬
下細谷　金子丑松忠知
平沢　内田要吉義高

奉

術曰立天元壹爲菱長自之去只云
數内止余爲菱横幕以乘長幕爲菱
積幕四段寄天位○列長自乘得數
與天位相乘爲千二十四段菱積幕
寄左○列長自之爲四箇圓径和幕
得數乘圓積率爲圓積十六段四之
爲六十四段圓積寄地位○列別云
數十六之加入地位爲菱積十六段
得數自四之爲千二十四段菱積幕
與寄左相消得開方式

五乘方飜方
開之得菱長

開方式

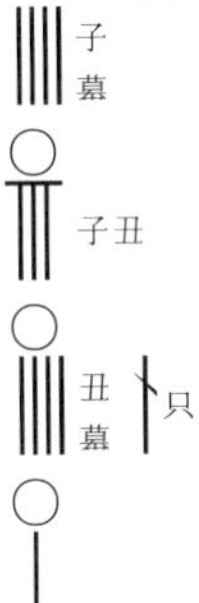

合問

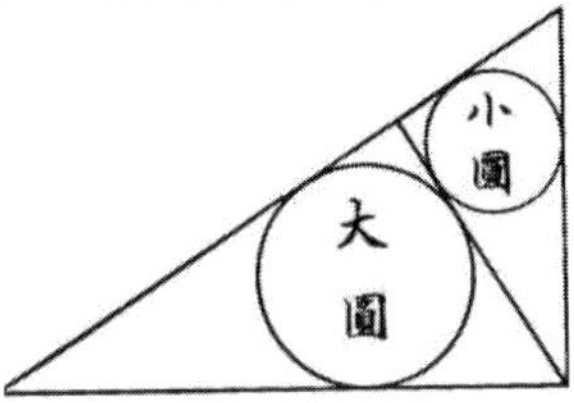

今有如圖鉤股弦内隔中鉤大
平圓径小平圓径容二箇只云
者從大平圓径小平圓径者四
寸短亦云者從股弦者壹尺長
鉤股弦大圓径小圓径各問幾
何○股四尺鉤三尺弦五尺

答　小圓径壹尺貳寸

菱長をx、菱横をy、円径をkとすると条件などにより次式が成り立つ。

$$x^2+y^2=400 \quad \cdots\cdots①$$

$$\frac{x}{2}+\frac{y}{2}=\sqrt{\left(\frac{x}{2}\right)^2+\left(\frac{y}{2}\right)^2}+k \quad \cdots②$$

$$\frac{xy}{2}-4(\text{円積率})k^2=45.44 \quad \cdots\cdots③$$

但し、円積率$=\frac{\pi}{4}=\frac{3.16}{4}$を使用

これを解いて次を得る。

$$x=16,\ y=12,\ k=4$$

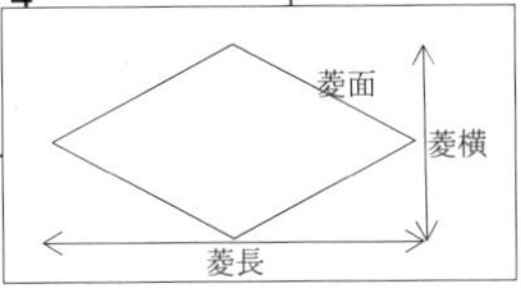

今図のように直角三角形内を中鉤で
隔てて大円と小円の二個があると
き、大円径より小円径が四寸短く、
股弦は鉤股(弦)より一尺長いとき、
大円径と小円径は幾つか。（つまり）
股四尺鉤三尺弦五尺
答小円径一尺二寸、大円径一尺六寸

江綱　小高左右吉順秀
同　小高茂源太喬房
下細谷　金子覚右エ門
丸貫　内野長松
根子谷　杦崎留五郎
久保田新田　加賀崎愛喜
中新井　宅間幸太郎
荒子　横田四良次
久保田新田　秋山盛松
上銀谷　荒井善蔵
同　市川弥太夫
同　松本勝三郎
下銀谷　矢嶋勝次郎
万光寺　川野沖右エ門
下銀谷　横田栄吉

納

大圓径壹尺六寸

術曰立天元壹爲股加入亦云數爲弦以只云數乗之得數寄甲位○列亦云數以股乗之得數加入甲位得數自之爲因弦冪小圓径中鉤差冪寄乙位○列弦得數自之得内公《去》股冪止余爲鉤冪寄丙位○股自乗鉤冪得數乗亦云數因股因弦冪爲小圓径中鉤差冪寄左○列乙位得數乗股寄左相消得開方式

開方式

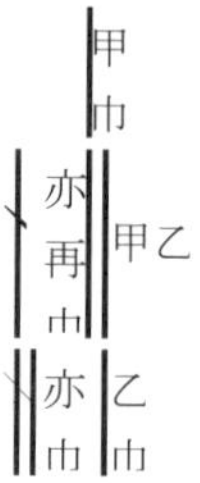

甲巾
乙甲　乙巾
亦再巾　亦巾

平方開之得股合問

文政五壬午年四月

當國當郡銀谷邑

矢嶋久五郎豊高　印印

この問題は下記の関係式を使用すれば容易に解ける。

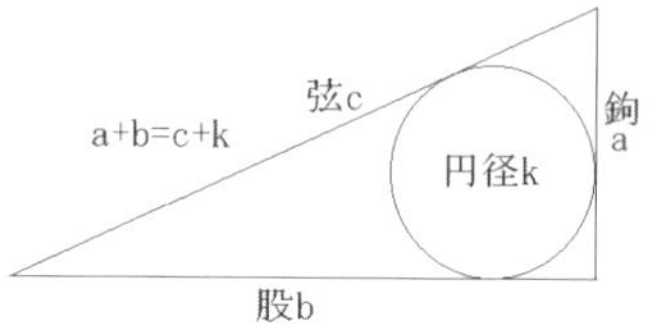

図7-4-3 安楽寺の算額
（部分、口絵写真参照、152×80cm、2010年5月）

世話人
和造
浅吉

七・五章　田辺倉五郎

文化三年（一八〇六）～明治十五年（一八八二）　七十七歳
倉治郎か　（吉見町）

【人物】
田辺倉五郎[1]は吉見町江和井の関流算者であったが、その伝系等は不明である。天保十一年三月に、さいたま市西区中釘の秋葉神社に会田嘉吉とともに奉額している。算額には倉五郎とあるが倉治郎が本当らしい。墓誌も倉治郎である。藍商・穀商を営み、弟子は多かったといわれる。養子の網五郎も藍の商売をし、算法を教えていたといわれる。明治十五年に七十七歳で亡くなっているから逆算すると文化三年生まれか。

自宅前に墓地があり、墓は文献（1）と比べてみると図7-5-2のように刻まれている。戒名には秋染紅葉居士とある。

【算額】
秋葉神社の算額には算木を並べて師匠が教えているような図がある。人物は四人描かれている。算額には二問あり、ともに容術の問題である[2]。

図7-5-1　田辺倉五郎の墓（2015年3月）

圓　明治十五年十一月廿日　俗名田辺倉治郎
行年七十七才三ヶ月
寶　明治十五年八月七日　俗名田邊リノ
行年六十六年一ヶ月
今般奇特ニ付自今永院號居士許容候事
横見郡久保田村　無量寺
明治十七年三月

圓明院秋染紅葉居士
寶船院青蓮妙恵大姉

横見郡東吉見村大字江和井
施主田辺綱五郎
明治廿七年七月

図7-5-2　田辺倉五郎の墓誌

今如圖三斜内甲圓圣三個乙圓圣一箇丙圓一箇

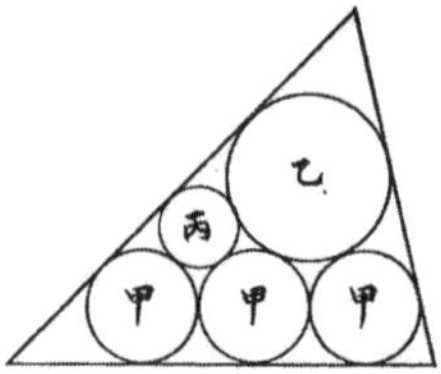

只言甲圓圣二十寸乙圓問
答乙圓圣二十九寸
五ト三厘六毛有奇
術曰置七個開平方
倍之加八個九除之乗
甲圣得乙圓圣合問

今有如圖容外圓之内大圓一箇小圓二箇

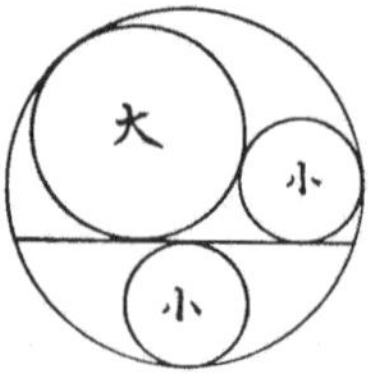

只曰斜隔斜四寸八ト小圣一寸八分
大圓ヲ問フ
答曰二寸四ト令二毛有奇
術曰別小圓四段乗小再巾名甲置斜
ヲ三自乗之四帰加甲開平方名乙斜
巾半メ以減乙余小圓圣四段除之得大圓圣合問

武州横見郡
下吉見領井河新田
田邊倉五郎高康

關流算學

同州北足立郡
大谷領向山村
會田嘉吉

1問目の術文は

$$乙円径 = \frac{2\sqrt{7}+8}{9} \times 甲径$$
$$= 29.5366\cdots$$

2問目は答も間違っているが、
術文も以下のようになり間違っている。

$$大円径 = \frac{\frac{斜^2}{2} - \sqrt{\frac{斜^4}{4} + 4小^4}}{4小} = -0.2357\cdots$$

正解は以下のようになる。

$$大円径 = \frac{\frac{斜^2}{2} + \sqrt{\frac{斜^4}{4} - 4小^4}}{4小} = 2.92287\cdots$$

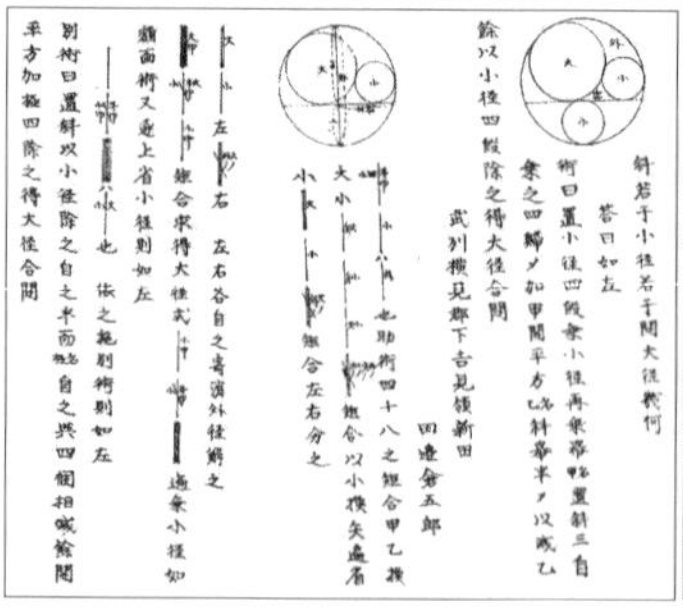

図7-5-4　氷川神社算題三条(4)

図7-5-3　秋葉神社の算額(3)（172.5×88cm）

願主　廣懸
天保十一庚子年三月吉辰

「所掲武蔵国一宮　氷川社算題三条」(4)にはこの算額の解術が載っているが、それによれば一問目が会田和吉《ママ》、二問目が田辺倉五郎とある（図7-5-4）。このことは次の算術史料でも裏付けられる。但し、二問目の解術は算額同様に間違っている。

【算術史料】

遺っている史料は三点ほどある。一つは題明不明の刊本。残りの一つは「算法記」（天保八年、三十一歳位）と題するもので比較的易しい問題を扱った練習帳のようなもの。もう一つは内表紙に「関流算術之学士田鍋《ママ》倉五郎康高《ママ》堂　撰之高康印」（天保十年）とあるもので、少し複雑な図形（容術）問題を解いている。その中には掲額した二問目の問題もあり、「答曰大徑二寸九ト二厘」とあり、実は正解を求めていたことがわかる（口絵写真参照）。算額の文は掲額時の間違いによるのだろう。なお、鴻巣市新井の稲荷神社算額に類似の問題がある（附録三参照）。

参考文献

（1）三上義夫「武蔵比企郡の諸算者6」（『埼玉史談』11巻6号(1940年7月)）
（2）埼玉県立図書館『埼玉の算額』（埼玉県史料集第二集、昭和44年）
（3）大原茂『算額を解く』（さきたま出版会、平成10年）
（4）「所掲武蔵国一宮　氷川社算題三条」（東北大学和算ポータルサイト）

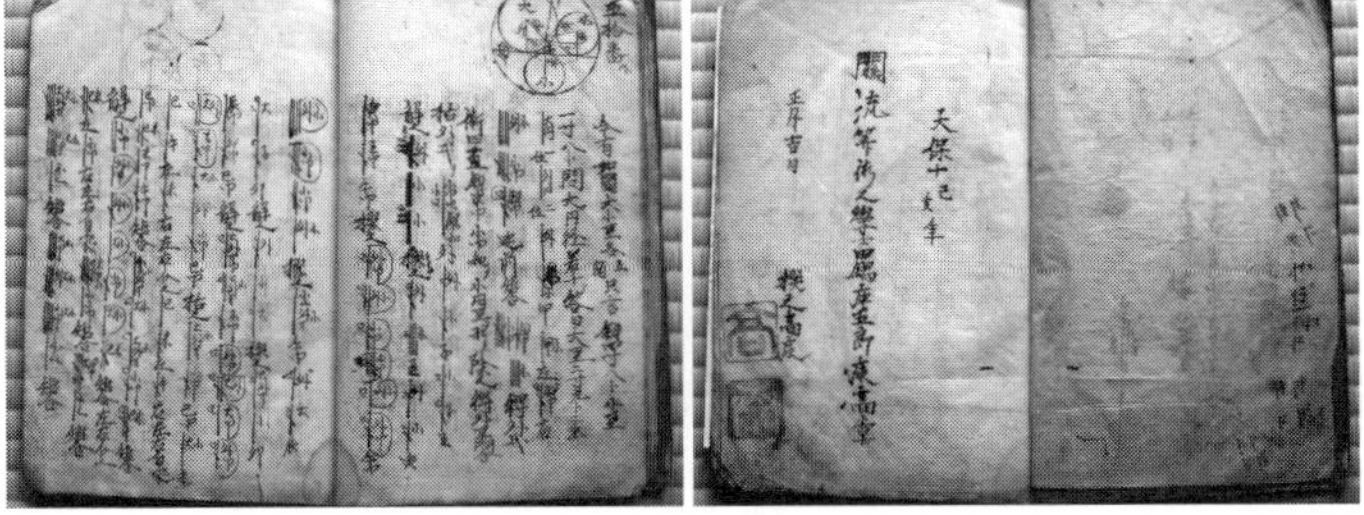

図7-5-5　田辺倉五郎の算術書（田辺家、2015年3月）
（右：内表紙、左：二問目の解術）

七・六章　宮崎萬治郎

文化五年（一八〇八）～明治十六年（一八八三）七十六歳
隆齋（ときがわ町）

【人物】

宮崎萬治郎武貞は、比企郡ときがわ町大附の人で文化五年生れ。墓碑によれば初名柳吉、号は隆齋、瀬戸の皎円寺の僧石祐に師事し、(注)長ずるに及んで天文・暦法・医易、さらに数理を究めたとある。大工が本職であったというが碑文には書かれていない。明治十六年七十六歳で没している。東松山方面など近隣を教え歩き多くの門人がいたと言われる。墓の台石には、「大字本宿岡田軍治郎を筆頭に、大谷、長瀬、岩川、小山、小杉、西本、大豆戸、五明、腰越、桃木、田中、志賀、日影、其の他の人々が多く姓名を列して居るが、甚だ読み易くない。そうして門人計三百人と記す」(1)とあるというが、今はほとんど読むことが難しい。「都幾川村史」(2)には門人・世話人等六十名が刻まれているとある。なお、神文には「水栄流」とある。

（注）文献（1）によると、皎円寺に天保十四年に建てられた「霊山三十六世當山二十世闡宗碩猷大和尚」の石塔があるという。この碩猷が石祐であり、ときがわ町の霊山院《りょうぜんいん》から転住したのではないかという。石塔が建てられたとき萬治郎は三十五歳位であり、その頃までには石祐に学んでいたことになる。

【墓誌】

墓は居宅近くの畑の間にあるが、実際の墓誌は読みづらくなっているので、文献（1）で補完すると次のようなものである。

（表）
宮崎萬治郎武貞老翁墓
（裏）
翁氏宮崎名萬治郎初名柳吉號隆齋本郡大附人
父曰辰右衛門母岡野氏以文化五年正月五日生
性温厚幼好學從瀬戸僧石祐受業及長益進博通
天文暦法醫易尤就數理而極其蘊奥名聲聞遠邇
執贄者甚衆終以明治十六年十月七日病没於家
享年七十六以神式葬先塋之次翁娶郡之大橋村
岡野氏女古登生一男二女長林貞嗣家越遺族及
門人等相謀建墓碣以弔翁之幽魂噫于時明治三
十六年五月

図7-6-1　宮崎萬治郎の墓（右表、左裏）(2014年4月)

【神文】

宮崎家には入門時に血判した「神誓文之事」（神文＝誓約書）が四巻残されている。『都幾川村史』によれば四巻で七十三名の門人名が記されている。それは文政十二年から明治元年迄で、入門年齢は六歳から五十五歳迄と幅が広い。入門者は比企郡の各地の他、入間郡、秩父郡などと広い。現当主の方に会い、四巻の内、二巻の一部を撮らせて頂いたので次に示す（文の一部は文献(2)で補完)。歌の意味は今ひとつ不明である。なお、他の二巻には「水栄流　宮崎隆齊」とある（水栄とは宮崎家の地名に因むと『都幾川村史』にある)。

神誓文之事
夫文書算術芸能道者
人間萬用達之元根也
当流執心之輩入此門
然上者天下之御法渡
相不背万事師命随心
而忠孝之心不忘大道
専算術執行於内芸能
色不顕于面交友不争
数及算事者則疑心胸霧
祓之妙術也故達明而以
御治世補依之天地大小
之神祇奉祈誓神文
血判如件
右之條々堅相守朝夕無怠事
稽古執行可有之相背於輩
者忽蒙り天地之罰者也
武州比企郡
大月村
宮嵜隆齊 印
武州比企郡田中村
三十六才 祐道 血判
天保十三寅年
八月吉日
（以下嘉永二年迄二十二名）

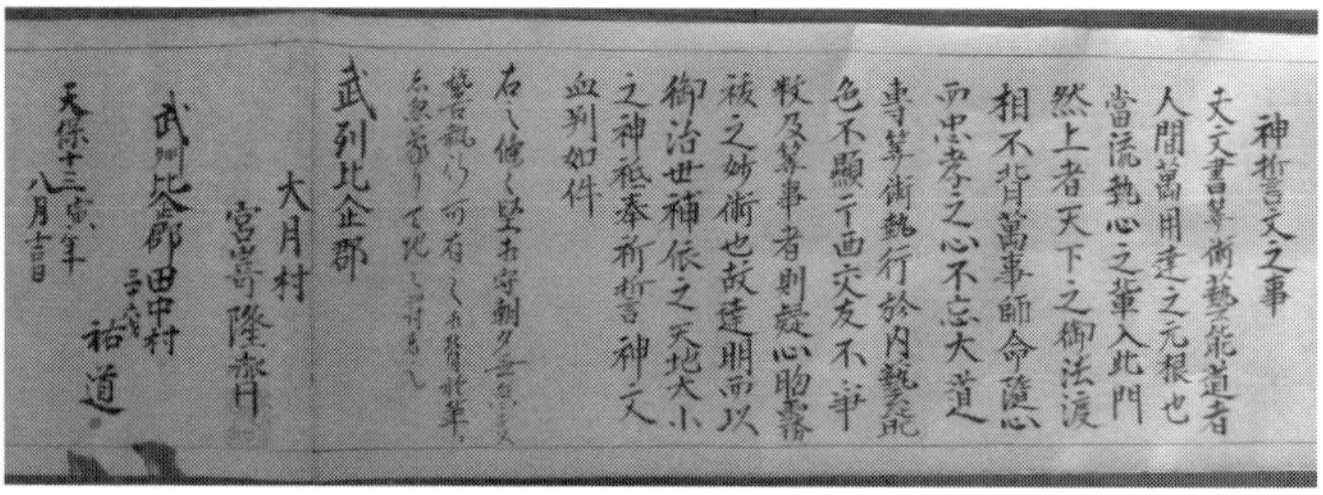
図7-6-2　神誓文之事１（宮崎家、2014年4月）

神誓文之事
夫文書算術芸能道者
（上と同じ文章）
輩者忽蒙り天地之罰
者也
武州比企郡
大月村
宮崎隆齊 印
相場をは
父母にて子実
志もにを梨
多がいテのせし
同じ割なり
算じつは
己がしりたき
物をかけ
実に同じな
法で割べし
（略）
武州比企郡
大月邑
文政十二年 九才 房次郎
正月吉日
同 六才 忠次郎 血判
（以下天保十三年迄十五名）

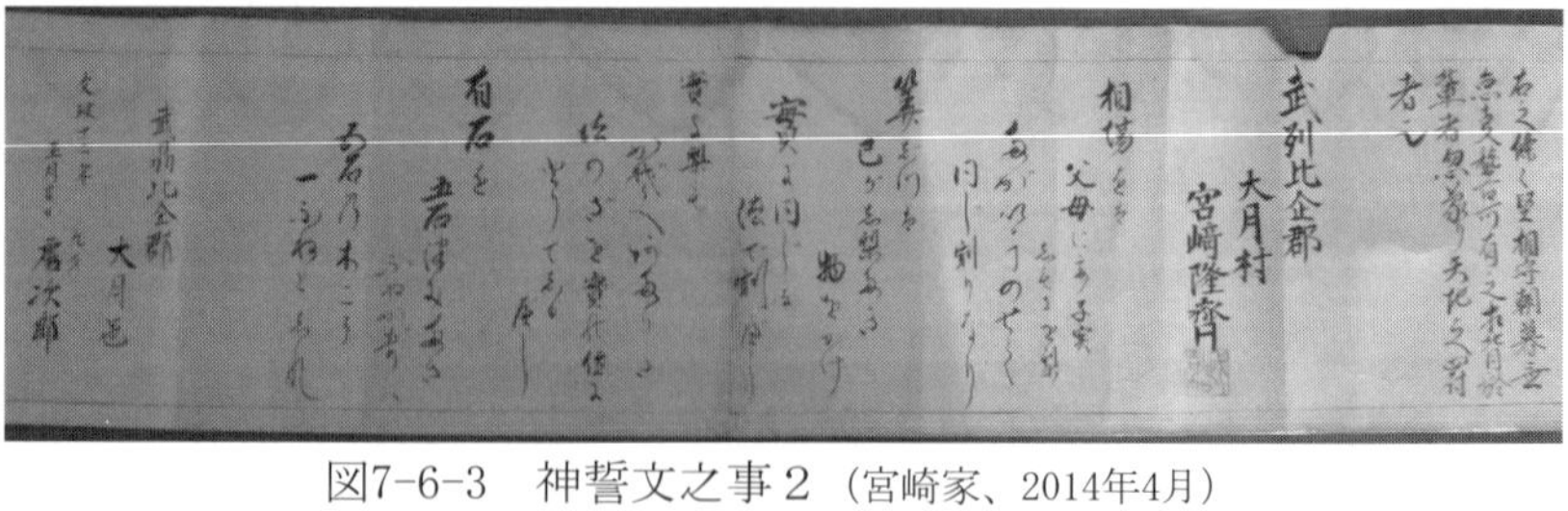
図7-6-3　神誓文之事２（宮崎家、2014年4月）

参考文献

（1）三上義夫「武蔵比企郡の諸算者」（『埼玉史談』1941年1月号）
（2）『都幾川村史』『都幾川村史資料4（6）』

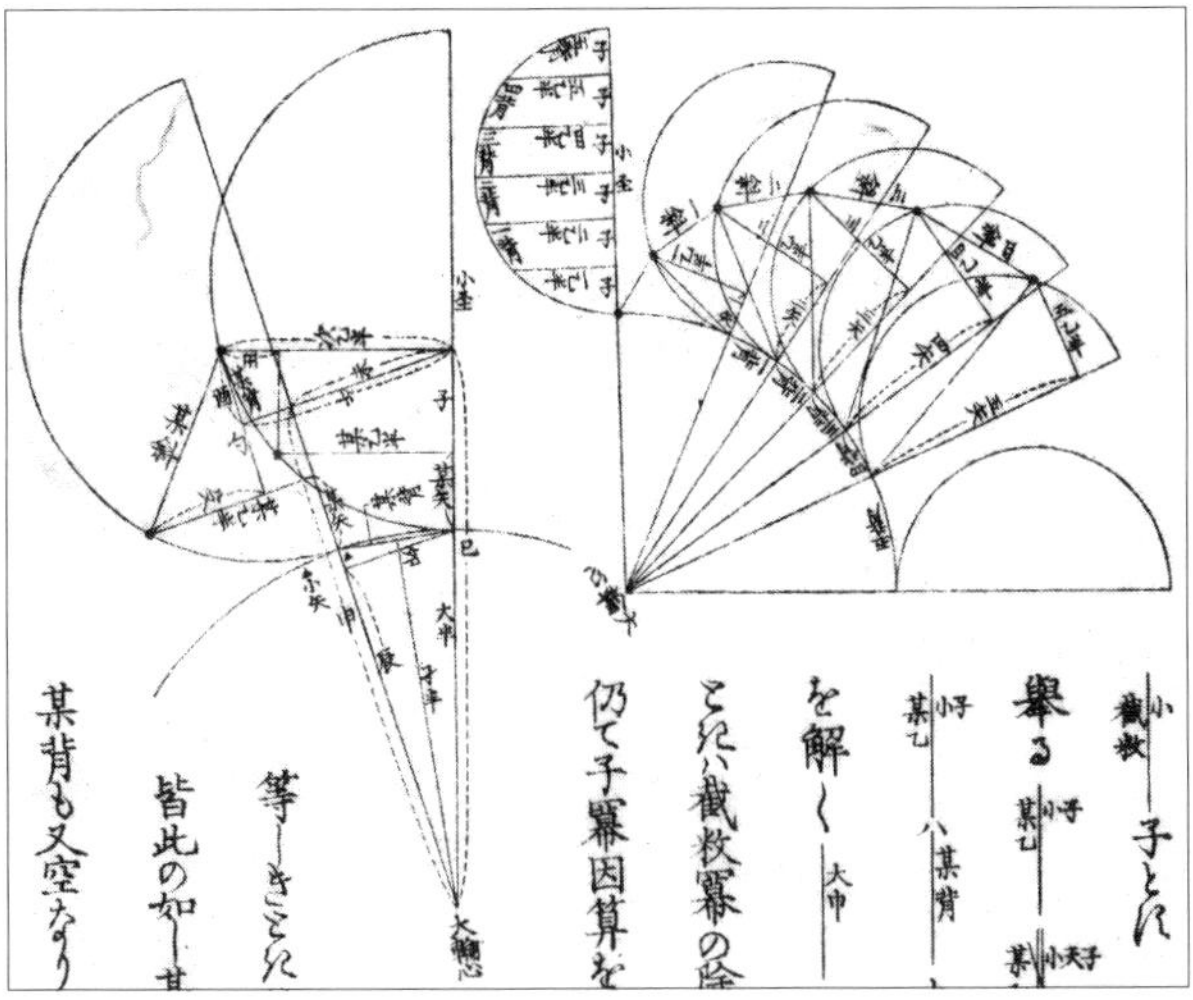

『算法求積通考』にあるエピサイクロイドの問題の図。細かい図が木版印刷されていて驚くばかりである。同書は慶応3年のパリ万国博覧会に出品された。　（『算法求積通考　巻五』天保15年、筆者蔵）
（本文とは無関係）

七・七章　小林三徳

文化二年（一八〇五）～明治十一年（一八七八）　七十四歳
正義　克明庵　（滑川町）

【人物】
滑川町福田の人で元治二年（一八六五）に同地の成安寺に算額を奉納している。その算額に、「関流悉統　小林三徳翁」とあるので関流の算者であったが、伝系は不明である。またこの算額には門人等四十五名（門人・同志・談友・談柄《だんぺい》・志主）の名が見えるのでそれなりの勢力を誇っていたことがわかる。談柄の中には「越畑　船戸悟平氏任」の名が見える。門人ではなく算学の仲間であり、七・一章の船戸悟兵衛のことである。

【墓誌】
墓は滑川町福田にあり、表に「克明庵照道數林法師」、裏に次のような碑文がある(1)。

小林三徳翁墓碑

小林翁正義字三徳幼名丑太郎克明庵其号也
家世居福田村翁夙受数学於其父三右衛門
正周君壮而極精巧頗得出藍之誉曽門人等
謀而掲扁額於里之大悲閣(注)略表其発覚焉
又用余力于農事経験甚勉矣弁知穀草之雌雄

（注）大悲閣＝成安寺
　　　馬頭観音堂

図7-7-1　小林三徳墓（左）と
快安智慶大姉とある妻の墓（右）
（2013年10月）

明覈為図明治五年五月以申告之官官乃賜
褒賞云今茲以病卒寿七十有四実明治十一年
九月二十九日也
　銘曰　受業家庭　勉力推明　明及穀草
　　実験細明　其業不朽　豈待余銘
　　　氷園大窪康撰
　　　　嫡子　小林勝吾正愛

【算額】

滑川町福田の成安寺にある算額は元治二年小林三徳が六十歳のとき同寺の馬頭観音堂に奉納したものである（桐材、彩色。上下81㎝×幅156㎝、滑川町有形文化財指定）。目的は自分が解いた問題と答を書いて神仏の加護を感謝し、あわせて算学の発展を願ったものである。[2] 風化が始まっていて読めない個所もあるが、幸い文献(2)(3)にはかなりの精度で原文が掲載されている。この算額には願主三徳をたたえる序文がつけられ、また門人十四名、同志十七名、談友八名、談柄《だんぺい》四名、志主二名の計四十五名が名を連ねている。範囲は遠く江戸、近くは菅谷・広野・越畑等の人たちであり、かなり盛況であったようである。三徳をたたえる序文の読み下しは次のようなものである。[2] 章末にこの算額の全体を示す。

夫《そ》れ数術は六芸《りくげい》の一にして人生の急務、一日も無くして済むべからざる者なり。大は之れ則ち日月の会食、小は則ち金穀の出納、これに因らずして其の詳を取らざるなり。猶方円を為すには必ず規矩《きく》に於てするがごとし。福伝に曰く孔子かつて委吏と為て曰く「会計は当るのみ」孔子の大聖と雖も尚この術を講究す以て知るべし。

田邨《むら》小林氏幼きより此の技能を研精し、其の奥秘を造詣し、広く教を郷党の子弟に布《し》く、其の誘掖《ゆうえき》を受くる者数うるに勝《た》うべからず。今ここに孟春扁額を製し以て之を同邨の大悲閣に掲げんと欲し、予の一言を題する事を謂う。固辞すれども命を得ず。因って数語を弁じ其の概を識《しる》して云う

算額の内容は立方体・円・三角錐の問題で三乗根、平方根を求めるものである。

○一里之間開平二千百六十間
一歩一米積一兆六千七(百)九十
六億千六百万歩巾六尺路行
二千百六十里厚巾一間長三
里六分四斗入六十四万七七
三十俵四四九八余
前問再羃土積百億〇〇七千
七六九六千坪歸二百十六而
大坪四千六六五万六千實而
開立方面問
○術曰立天元一得開法式減《ママ》實商三　（注）
百六十間一里四方六面也
○玉周五寸方面一寸二分五釐
歩積　一千九百五十三歩一

$\sqrt[3]{46,656,000}=360$

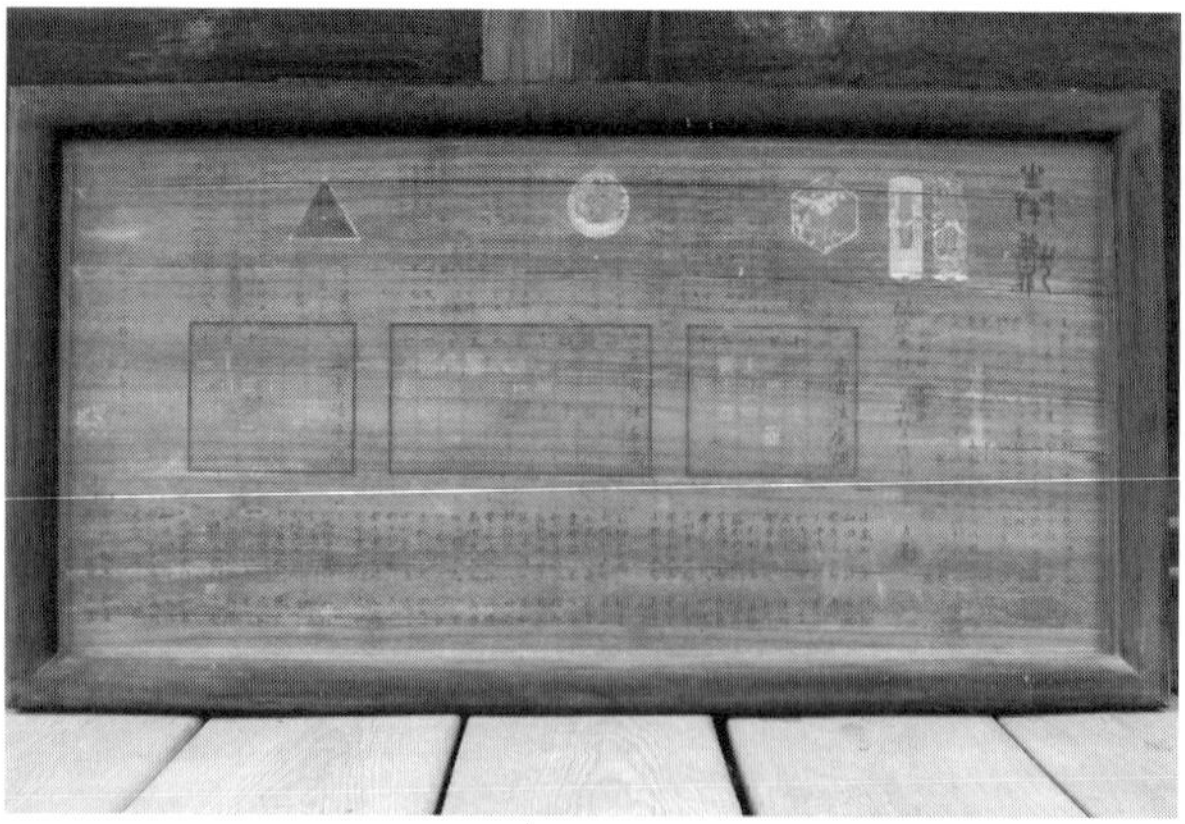

図7-7-2　成安寺観音堂の算額（156×82cm、2010年5月）

分二釐五毫　此積箔一數五
厘但三寸坪　三万九千六十
二坪五分也厚五微余爲本坪
九十七坪六分五釐六毛二五
忽也實以平法而方面問
○術曰以天元之一得開法式減《ママ》
實著商九間八分八厘二毛一
絲四方余也
（注）$\sqrt{97.65625}=9.8821$
○蕎麥形本積二百四十九坪五
分四釐七毫八絲也加積法一
千三百三十一坪實而歸開立
方面問
○術曰立天元之一得開法式減《ママ》
實著商十一間三角也
（注）$\sqrt[3]{1,331}=11$
元治二年歳在乙丑蒼天日

（次頁に算額の全内容を示す）

図7-7-3　成安寺観音堂（2010年5月）

参考文献
（1）高柳茂「福田村の和算家小林三徳について」（『埼玉史談』60巻1号　平成25年4月）
（2）田中義一『滑川村史調査報告書　民俗資料　第2集』（滑川村、1980年発行）p22
（3）埼玉県立図書館『埼玉の算額』（埼玉県史料集第二集、昭和44年）

奉献

夫数術者六芸之一而人生之急務不可斉無一日
者也大之則日月之会食小之則金穀之出納不由
之而不取其詳也猶為方円者必於規矩焉伝曰
孔子甞為委吏曰会計当而已矣雖孔子之大聖尚
講究此術可以知矣福田邨小林氏自幼研精此技
能造詣其奥秘広布其教於郷党之子弟受其誘掖
者不可勝数也今茲孟春欲製扁額以掲之於同邨
大悲閣謂予題一言固辞不得命因弁数語識具概
云　藤蔓撰　夫淵堀椝書
木鐸　克明斎　印　印
関流悉統　小林三徳翁　藤正義　花押

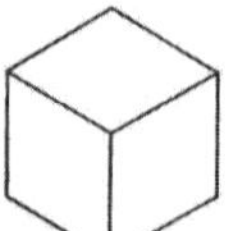

一里因積
一米幕積
立法土積

○一里之間開平二千百六十間
一歩一米積一兆六千七九十
六億千六百万歩巾六尺路行
二千百六十里厚巾一間長三
里六分四斗入六十四万七七
三十俵四四九八余
前問再幕土積百億〇〇七千
七六九六千坪歸二百十六而
大坪四千六六五万六千實而
開立方面問
○術曰立天元一得開法式滅實商三
百六十間一里四方六面也

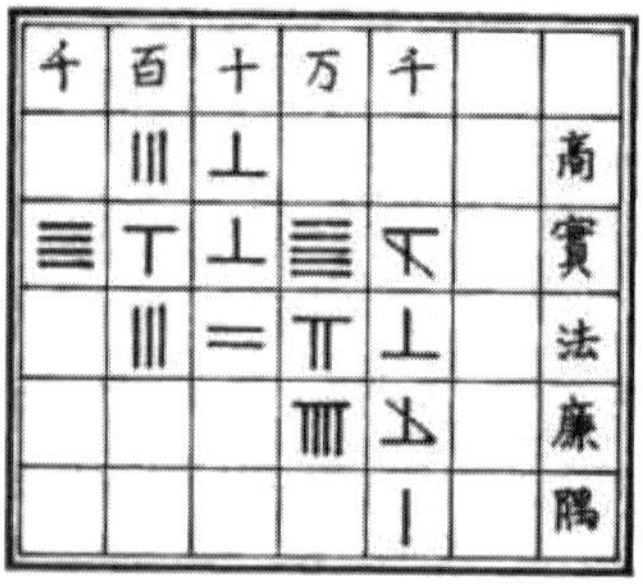

門人
江戸　小泉　右平　政好
〃　山田　良輔　延親
〃　栗原　浪三郎　慶行
カラ子　荒井　滝之輔　光茂
スカ谷　根岸　謙吉　正季
當所　岩附　佐一　惟明
〃　栗原　萬吉　智愛
〃　小林　桂太郎　慶福
ヨシタ　藤野　庄左衛門　惟泰
當所　栗原　源治郎　明義
〃　栗原　利八　智親
〃　小林　富五郎　喜正
〃　栗原　政五郎　重正
〃　小林　七五郎　正道
同志
ハ子ヲ　飯塚　兵左衛門　茂壽
月ノワ　大塚　惣兵衛　泰義

玉法面積
箔數面積
開平面積

○玉周五寸方面一寸二分五釐歩積　一千九百五十三歩一分二釐五毫　此積箔一數五厘但三寸坪　三万九千六十二坪五分也厚五微余爲本坪九十七坪六分五釐六毛二五忽也實以平法而方面問

○術曰以天元之一得開法式滅實著商九間八分八厘二毛一絲四方余也

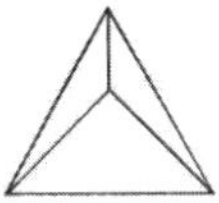

三角積法再歸幕
蕎麦元坪
立法面積

○蕎麥形本積二百四十九坪五分四釐七毫八絲也加積法一千三百三十一坪實而歸開立方面問

○術曰立天元之一得開法式滅實著商十一間三角也

元治二年歳在乙丑蒼天日
印
印

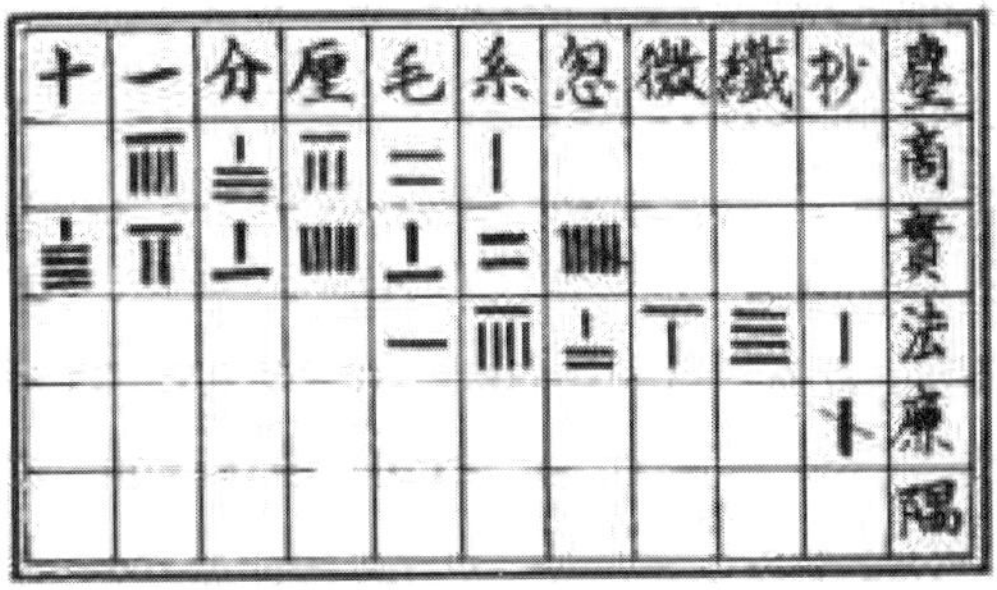

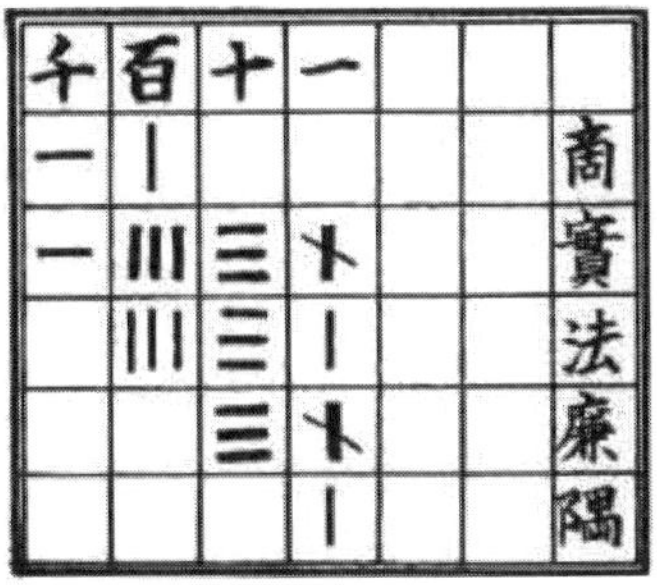

ヒロノ	永島榮造	正賢
〃	栗原安司	宣誉
ヤマタ	贄田喜兵衛	信親
ノタ	長谷部卯兵衛	高義
イツミ	藤野源治郎	良知
〃	田幡孫八	好文
當所	栗原久平	総斎
〃	高柳幾太郎	義広
〃	權田梅太郎	一布
〃	長島靏治郎	昌訓
〃	高柳住司	正壽
〃	小林金吾	良治
〃	栗原市右衛門	正興
〃	栗原亀之輔	正斎
〃	栗原重右衛門	高明
談友		
當所	小久保市良右衛門勝信	
〃	小久保彌左衛門和義	
〃	小林彦左衛門	信行
〃	小高左五右衛門徳寧	
〃	長島藤左衛門	光郷
〃	權田仁兵衛	重信
〃	井上紋兵衛	長榮
〃	小林六左衛門	広愛
談柄		
野本	屋代重右衛門	敬定
越畑	船戸悟平	氏任
万吉	中島半六郎	義游
伊古	大久保亘直	
男	小林勝吾	正愛
志主	同　信雅司	正泰

→7.1章の船戸悟兵衛を参照

七・八章　その他の和算家（川島町・鳩山町・毛呂山町）

（一）小高多聞治重郷（？～天保八（一八三七））八十歳位　（川島町）

比企郡川島町紫竹の人で、天保八年六月十七日に亡くなっている。八十才位ともいう。どのような人物かよくわからないが、三上義夫によれば僧侶の家系であったようである。[1]『続賽祠神算草稿』（改題して『額題輯録』[2]）に東松山の岩殿山観音堂（正法寺）へ文政六年（一八二三）に奉額した記録がある。関流を名乗っているが伝系は不明である。原文は「武州比企郡紫竹村観世音堂　坂東十番岩戸観音ト云」とあるが、坂東十番の岩殿観音に奉納したもので紫竹村というのは間違いかと思われる。また原文には「額高・・・」「門人十人ホトノ姓名・・・」とあり、額が高いところにあって全文が読みとれなかったのと、門人十人余りの名前があったようであるが、判然としない。岩殿観音は明治十年に火災に遭っているので、算額はこのとき焼失した可能性もあり現存しない。

なお、飯能市原市場の石井弥四郎和儀は、「奉納改正算法」（文政十一年春）と題する稿本の中で、この算額を書き写し、解いているので、問題の全文が判明している（九・二一章参照）。

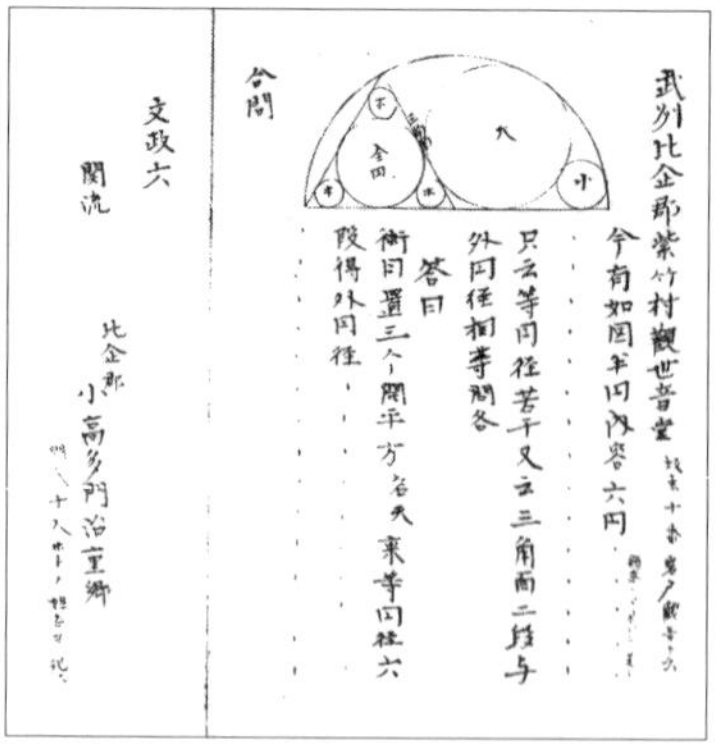

図7-8-1　観世音堂の算額
『額題輯録』（東北大）

（二）正宗道全（？～天保十四（一八四三））　（鳩山町）

鳩山町赤沼の円正寺の不動堂の算額は、図形以外に菅原道真の天神像が描かれているもので、文政十一年（一八二八）仲冬とある。掲額者は円正寺十三代住職の正宗道全という人で、算額には「関流算学師」とあるが詳細は不明である。問題は道真の飛び梅伝説に因むもので梅鉢を主題としたものである。

この算額の全文は下に示すようなものである。(3)

境内二町八反分外三万一千
三百坪内外二和而有積三万
九千七百坪今如図梅花而得
等圓徑内圓徑問其術如何

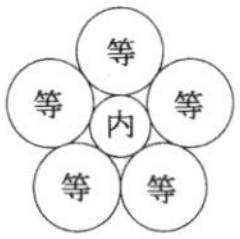

答曰　等圓徑九十五間ト三十九寸五分有奇
　　　内圓徑六十七間ト令九寸一分有奇
術曰置八分開平方加二個又開平方名天内減一箇余リ
自乗之加五個得数乗圓積率以之除只云積開平方
得等圓徑乗天内減等徑得内圓徑合問
旹文政十一戊子年
　仲冬吉旦
関流算學師　現主十三葉正宗謹著之　花押

図7-8-2　円正寺の算額全文

〔読み下し〕

境内2町8反分、外31300坪で内外二つの和は39700坪。今図の如く梅花において、等円径、内円径を問う、その術如何に。

答は等円径95間39寸（3尺9寸）5分…、内円径67間0尺9寸1分…。

計算方法は8分（0.8）を置き平方に開き2を加え又平方に開き天と名づけ、1を減じた余りを自乗し、5を加えて得た数に円積率を乗じ、これを以て只言の（面）積を除し平方に開いて等円径を得、それに天を乗じ等径を減じて内円径を得、問に合う。

〔読み下しの検討〕

・2町8反を坪で表すと8400坪となり、8400＋31300＝39700で合う。
・題意は五つの等円の計が31300坪であり、内円が8400坪のように思えるが、図のように互いに接している場合は等円径から内円径は一義的に決まるので内円の条件は不用となる。しかも、内円8400坪の径は約103間となるので等円とは接しなくなり意味をなさなくなる。

・円の面積を和算では（直径）2×円積率で求める。円積率は0.79が多く使われているので条件を代入すると、5×D2×0.79＝31300で、D＝89.0171…（間）、これは答の95間39寸5分…（95.6077間）とは誤差がある。

・五角形の中心と一つの頂点との距離は角中径と呼ばれ、和算家には下のような式で知られていた。

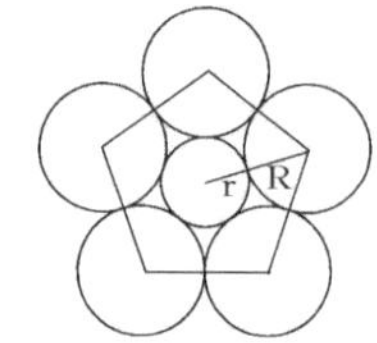

$$r + R = \sqrt{\sqrt{0.8} + 2}\ R \quad \text{従って}$$
$$r = \left(\sqrt{\sqrt{0.8} + 2} - 1\right)R = 0.7013R$$

$$\sqrt{\sqrt{0.8} + 2} = \text{天} \quad \cdots\cdots\cdots\cdots\cdots①$$
$$\text{等円径}D = 2R$$
$$= \sqrt{\frac{\text{只言の面積}}{\{(\text{天} - 1)^2 + 5\} \times \text{円積率}}} \quad \cdots②$$
$$= \sqrt{\frac{31300}{\{(0.7013)^2 + 5\} \times 0.79}} \quad \cdots\cdots③$$
$$= 84.9376\cdots \quad \cdots\cdots\cdots④$$

・術文の前半は①式、②式のように表される。①は問題ないが、②式は疑問である。②を計算すると③④のようになるが、しかしこの等円径を求める式が何を意味するのか不明である。

・術文の最後は、

内径＝天×等円径−等円径＝等円径（天−1）であり、先の和算家に知られた式と同じで、因みにこの式に95.6077間を代入すると、

内径＝67.04968間（67間0尺3寸2分）となり、答の67間0尺9寸1分に近い値になる。

〔結論〕

・与条件が整理されていないこと、単位が不統一に思えること、等円径を求める式が不明瞭なことなどから、問題としては不適の

図7-8-3　正宗道全墓

図7-8-4　円正寺の算額
（部分、口絵写真参照、
137.5×92.5㎝、2010年5月）

ようである（和算では単位の統一はあまり気にしなかった）。
・しかし、角中径の式は知っていて、等円径から内円径を一応正しく求めている。全体としては掲額者の力量が問われるような算額の内容ではないかと思われる。

（三）平山山三郎（安政二年～昭和二年）七十三歳　（毛呂山町）

平山山三郎は毛呂山町岩井の人で小川町勝呂の吉田勝品の門人であった。「吉田勝品一代誌」の中に、「隠居以来、明治二年二月算術指南小川村永井永五郎、（略）同五年申正月小川村笠間茂兵衛外にも門弟大勢あれ共、開平法以上高弟而已書す。同年七月平山村山三良、…」と色々な人達に算法を伝授した記述の中に山三郎の名がある。また、明治十五年の項には勝品が与えた算法免許次第の記述が、小川村・川越宿などの四名と並んで次のようにある（六・二章に既述）。

明治四年未八月　　小川村　廣森藤吉　算法免許

（略）

明治十丑年三月二日　平山村　平山三良　同断

算法免許　次第
一　明治四年未八月　小川村　廣森藤吉　算法免許
一　明治八年亥六月二日　川越宿　小川平三良　同断
一　明治十二卯年二月廿四日　小川村　町田千代廾　同断
一　同　年十月廿日　同　笠間常吉　同断
一　明治十丑年三月二日　平山村　平山山三良　同断

図7-8-5
算法免許次第

さらに、勝品の「寿蔵碑」には門人三十名の名が刻まれているが、その筆頭に「免許　岩井　平山山三良」とある（六・二章の寿蔵碑の項参照）。この平山山三良(郎)は毛呂山の「平山大尽」の直系の人物である。

「平山氏」は後世（明治）になってから改姓されたもので、その前は「斉藤氏」であった。斉藤氏は松山城主上田氏に仕え、天正十八年(一五九〇)松山城落城とともに帰農したといわれ、後の平山大尽になる豪農の家系は享保年代の初代冨世（通称山三郎）から始まり、富栄（六右衛門）↓富秀（文右衛門）↓富吉（牛十郎・覚右衛門）↓

富延（平治郎・文内）↓易富（左司馬）↓富樹（平馬・実平・左二馬）↓山三郎↓庫治と続いていて、富吉からは代々平山村の名主を勤めている。平山山三郎はこの家系による八代目であり、墓石によれば安政二年（一八五五）十二月十七日生れで、明治三十七年に家督を継いで、昭和二年に七十三歳で亡くなっている。先述の一代誌に出て来る「同年七月平山山三良」は明治五年で、十八歳の時入門したと思われ、「寿蔵碑」の明治十一年のときは二十三歳ということになる。また妻「きょう」は、墓石によれば比企郡腰越村の横川氏の出であり、明治十一年四月に山三郎と婚姻とある。墓の正面は「平山山三郎大人　平山きょう刀自　墓」とある。

なお平山家に伝わる七千点を超える膨大な古文書は埼玉県立文書館に「平山家文書」として収納されている。この平山家文書の中に算術の資料として、「算法記」[4]（嘉永三年戌二月、十三丁、横半切12×16㎝）なるものがある。この算法記にある「斉藤平馬」は左二馬（山三郎父）の幼名であり、天保三年（一八三二）生まれの人で、算法記にある嘉永三年時は十八歳ということになる。内容は開平法・開立法・単純図形の面積・利足算・位附などである。

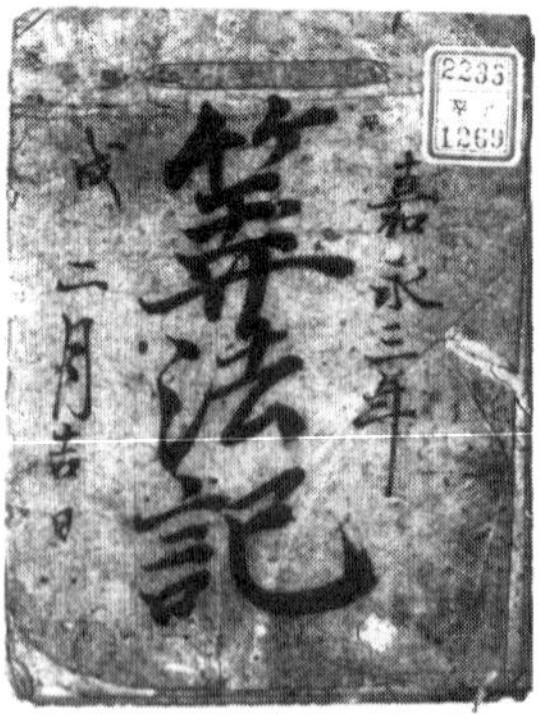

図7-8-6「算法記」
（埼玉県立文書館）

（四）大谷織造　（川島町）

大谷織造は小堤幾蔵（七・三章）の門人である。「奉掲算術問答」と題した算額（川島町文化財）には「関流算術学士　小堤幾蔵門人　武陽比企郡小見野村住人　大谷織造撰　小堤幾蔵閲　明治二十五年二月吉日」とあるが、それ以上のことは不明である。章末にこの算額の筆写を示す[5]（図7-8-9）。

この算額は川島町下小見野の光西寺観音堂に明治二十五年に掲額されたもので二問あり、問文・答文・解文、及び術文が書かれている。解文まである算額は珍しい。また社中として十一名、客席に小堤幾造の門人として五名の名が見える。風化により特に計算方法などは読めない部分が多くなっているが、文献(5)が全文と解答方法を示している。

一問目は図のように円と正方形を配置し、外円と大円を与えた時に小円の大きさを問うもの（術文とその解釈を下に示す)。二問目は図のように円と三角形を配置し、甲乙丙の円を与えた時に全円の大きさを問うものである。

なお、この算額の裏面にも同じ問題が書かれているが、共に初歩的問題である。問題の順番は逆になっている。

また社中十一名の名はあるが、小堤幾造の門人五名の名は書かれていない。下書きとして用いたのであろうか。

（一問目の術文）
術ニ曰ク外徑冪ヲ置キ内大徑冪貳段ヲ減シ是ニ四ヲ乗シテ外徑貳倍冪ト相減シ餘平方ニ開キ以テ外徑貳倍ト相減シ四約シテ小徑ヲ得テ問ニ合フ

術文は以下のようなもので解文から得られる。

$$小=\frac{2外-\sqrt{4外^2-4(外^2-2大^2)}}{4}$$

これはもっと簡単に次のよう得られる。

$外=2小+\sqrt{2}大$　従って、

$$小=\frac{外-\sqrt{2}大}{2}=8-4\sqrt{2}=2.343\cdots$$

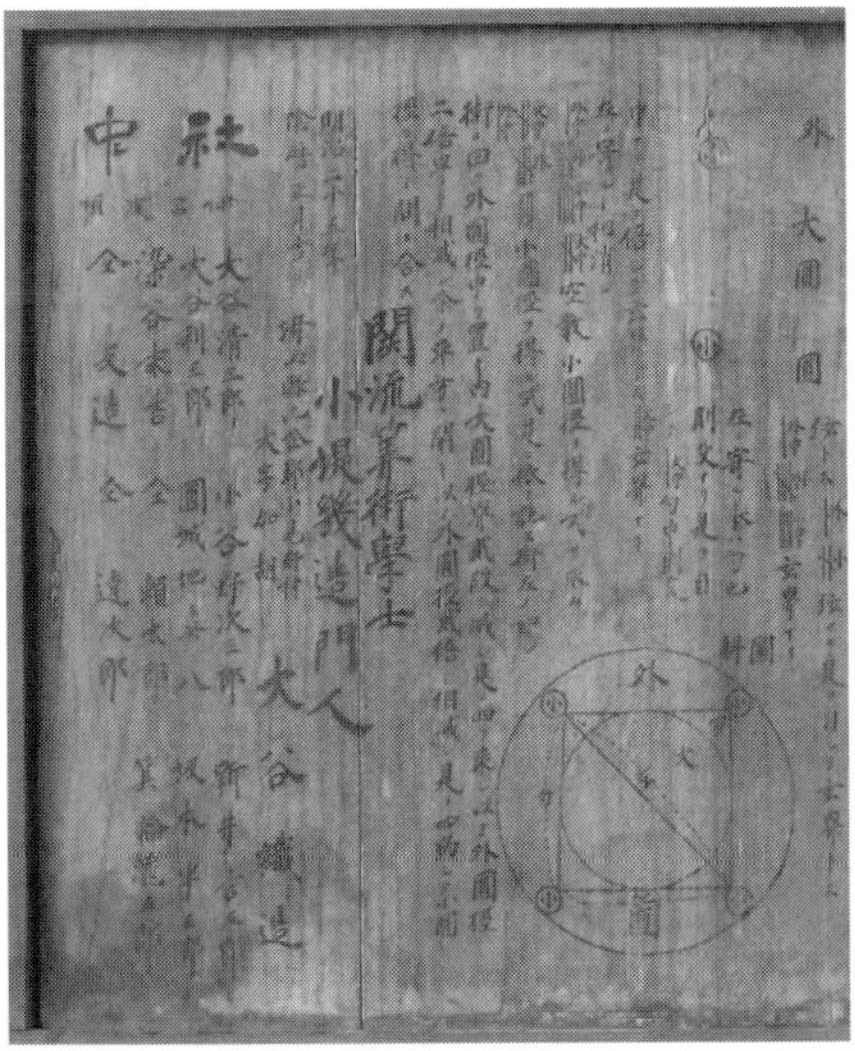

図7-8-7　光西寺算額（裏・部分）
（口絵写真参照、
川島町教育委員会、2010年6月）

参考文献
(1)三上義夫「武蔵比企郡の諸算者6」(『埼玉史談』11巻6号(1940年7月))
(2)『額題輯録』(東北大学ポータルサイト)
(3)この全文は野口泰助氏が昭和五十二年十一月三日に書き写されたものです。
(4)平山家文書「算法記」(埼玉県立文書館)
(5)川島町教育委員会生涯学習課資料

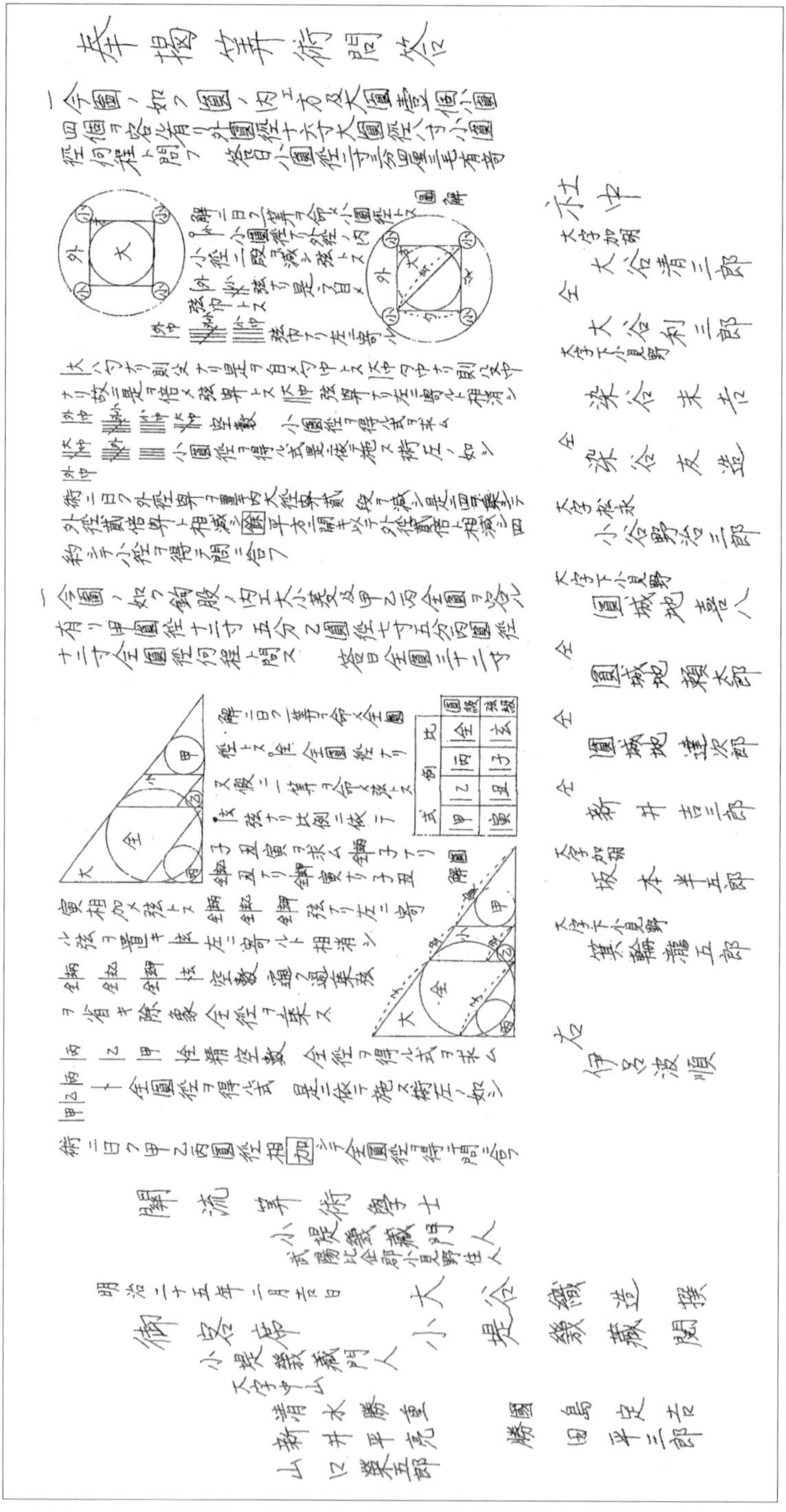

図7－8－9　光西寺算額（写）[5]

八章　秩父の和算家(東秩父村・秩父市・横瀬町)

秩父地方には和算家の足跡は少ない。

豊田喜八郎は東秩父村の人で松本(栗島)寅右衛門の門人であり、明治三十四年に浄蓮寺に算額を奉納しているが、東秩父村は小川に隣接していて、秩父といっても外側であり、小川の影響が強い。

山口杢平は吉田の人で名主を勤め、長年算学の師匠も勤め地方の名士であったようである。

加藤兼安は横瀬の人。加藤兼安については「数術敬讃之碑」がある。大越数道軒も横瀬の人で墓石には多くの門人名が刻まれている。

山中右膳は荒川村の人で忍藩との関係のある人物。笠原正二も荒川の人で千手観音に算額を奉納している。

秩父神社にはかつて算額が懸かっていたが、その写しはあるものの算額そのものは今はない。

八・一章　豊田喜太郎

天保十二年（一八四一）～明治三十七年（一九〇四）　六十三歳
（東秩父村）

【人物】

豊田喜太郎は秩父郡東秩父村安戸の人で、小川町木呂子の松本（栗島）寅右衛門（六・四章）に学んでいる。松本の師は関流の有力和算家・市川行英（一八〇五～五四）である。

喜太郎は東秩父村御堂の浄蓮寺に明治三十四年一月、三問解いた算額を奉納している（現存）。地租改正の測量等には活躍し、門人には医師の宮崎大九、宮崎与十郎、松沢義教等がいる。ソロバンで倉の錠を開けるとか、馬上の人をはじき落としたという逸話もある[1]。天元術などを用いたことが神秘的能力と思われ、このような逸話を生むことになったと思われる。明治三十七年没。墓は安戸の聖岩寺に次のようにある。

得應量仙信士

明治三十七年九月十九日死

俗名豊田喜太郎　享年六十三

東秩父村は秩父郡ではあるが、秩父に行くには山越えが必要であり、地理的には小川町に隣接しているので、小川など比企郡との結びつきが強い。松本寅右衛門に学んでいるのはその好例と思われる。

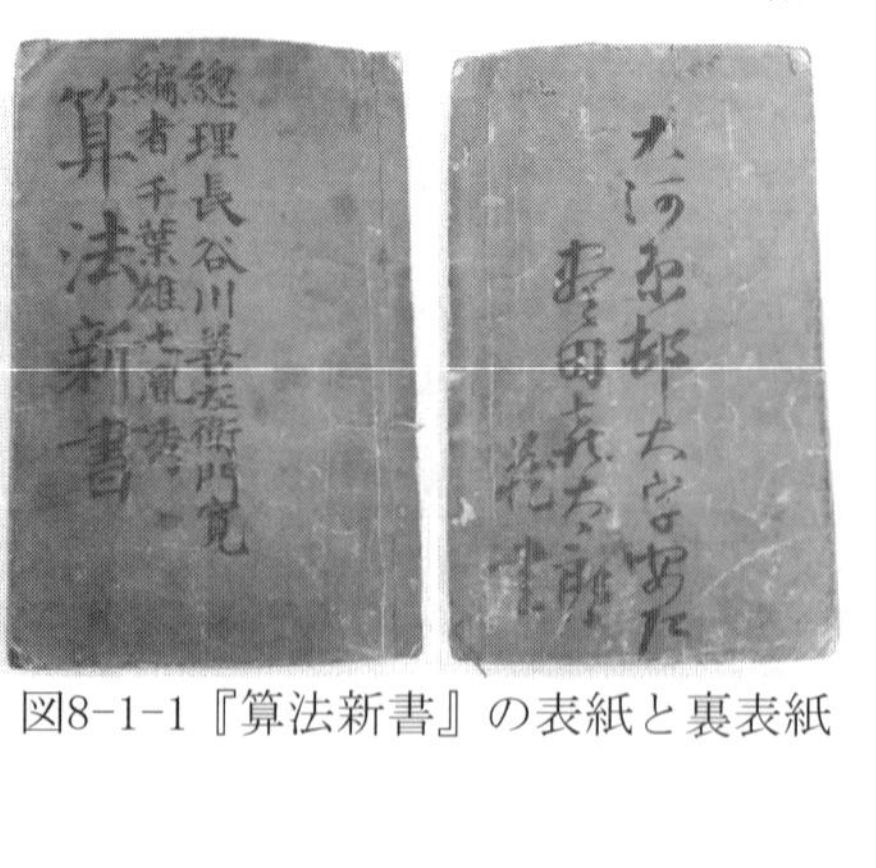

図8-1-1『算法新書』の表紙と裏表紙

【算書】

『算法新書』（刊本、千葉胤秀著）・『早割塵劫記大成《はやわりじんこうき》』（明治十七年）・『算法書』（稿本、明治八年八月日、十九丁）が残っていて教育委員会に提供されている。『算法新書』と『算法書』は「和紙の里・伝習館」に展示されていたことがある。

『算法新書』は五巻のものを一冊にまとめた分厚いもので、表紙には「総理長谷川善左衛門寛　編者千葉雄七胤秀　算法新書」、裏表紙には「大河原郵大字安戸　豊田喜太郎　蔵書」と大きく書かれている。喜太郎が勉強したことを彷彿とさせる。

一方、『算法書』の表紙には、副題として「鈎股弦　錐方術　天元術」とある。計十七の問題があり、鈎股弦については「鈎股弦整数術」として、直角三角形の各辺が整数の場合（いわゆるピタゴラス数）を五十個求め表にしている。但し一つ間違いがある（(33, 59, 65) は (33, 56, 65) が正しい）。

ピタゴラス数の一般解は、

$$\boxed{a = m^2 - n^2, b = 2mn, c = m^2 + n^2 \quad (m > n)}$$

の式が知られているが、この式によれば、(8, 6, 10) や (24, 10, 26) などが表にはないので、喜太郎が求めたものは完全ではない。どのようなアルゴリズムで求めたか不明だが、何かの算書を参考にしたのかも知れない。また円周率（π）・円積率（π/4）・立円積率（π/6）・方斜率（$\sqrt{2}$）の値をそれぞれ50桁近くの精度で示している。錐方術では四角錐の体積などを求める問題、天元術では円の分割問題などがある。なお、十七問の内、三問は次に述べる算額の問題となっている。

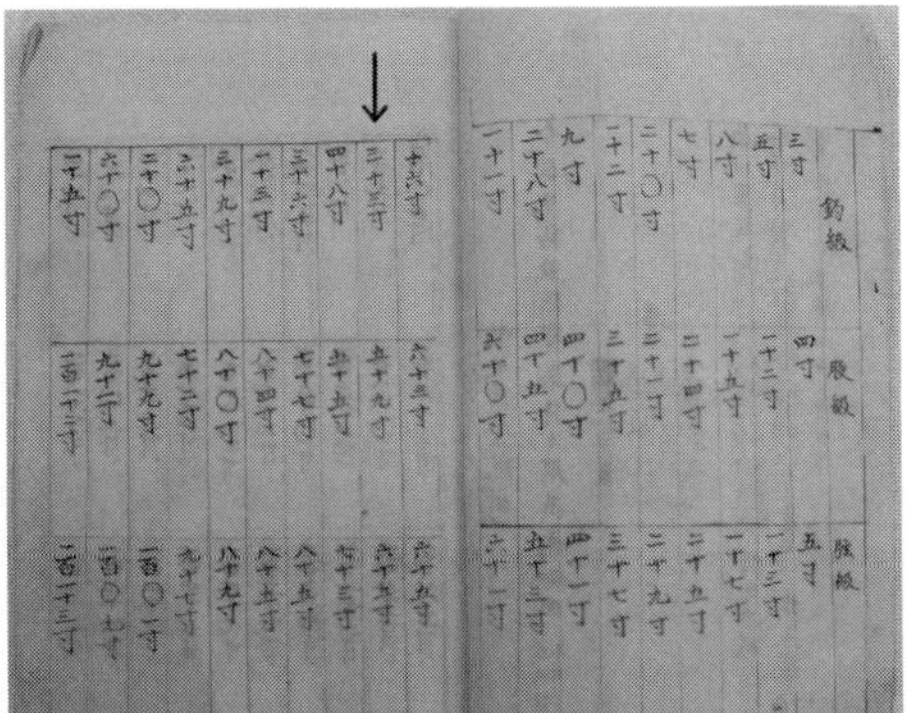

図8-1-2　『算法書』の鈎股弦整数術の表の一部（矢印は間違い部分）

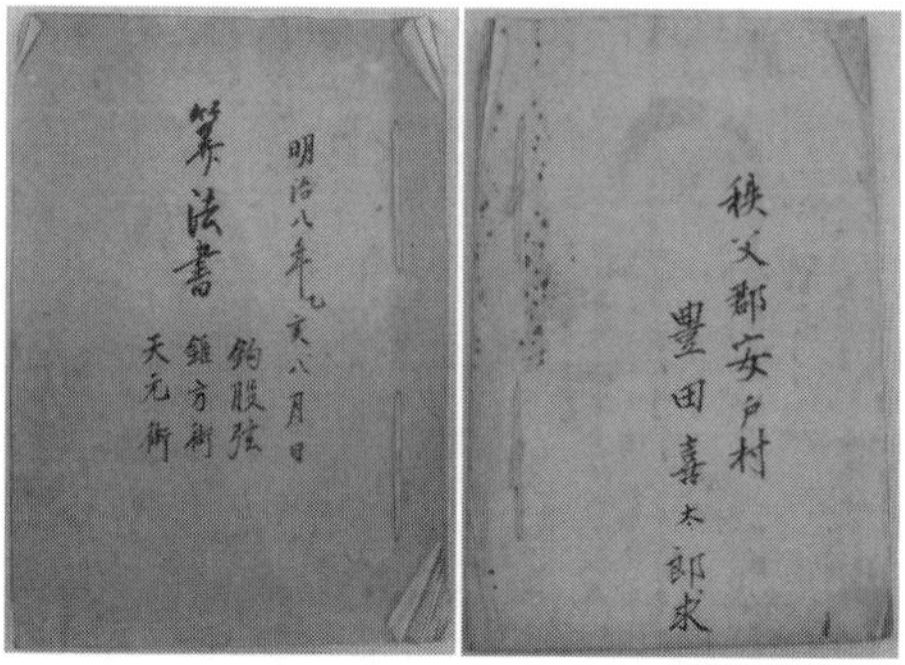

図8-1-3 『算法書』の表紙と裏表紙

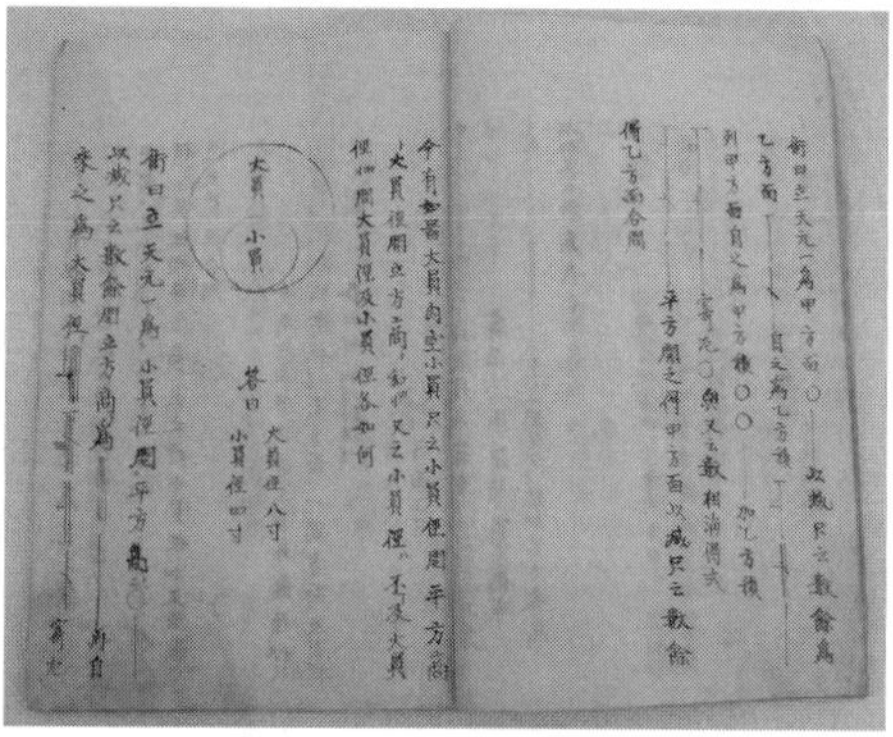

図8-1-4 『算法書』の算額の１問目（左側）

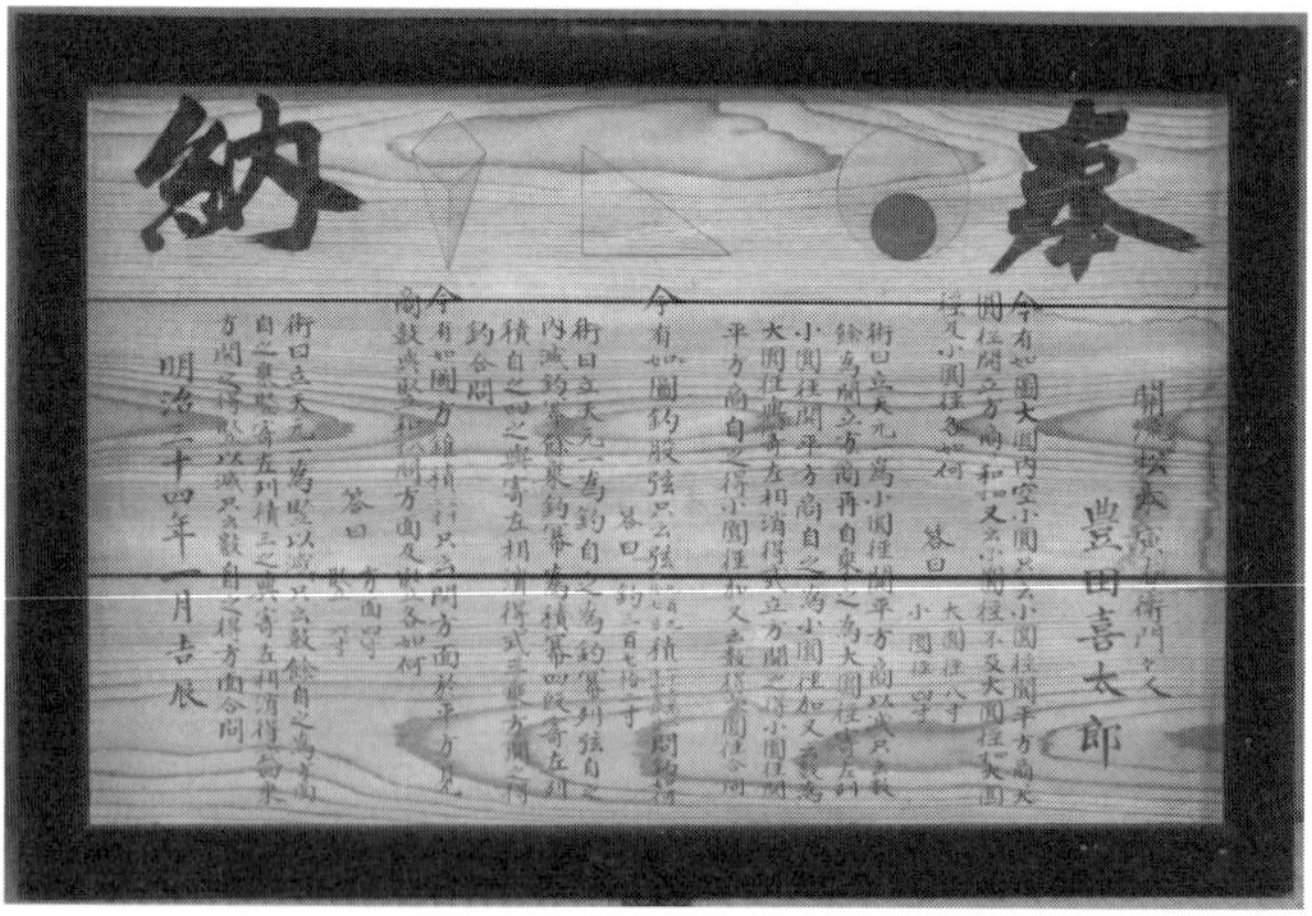

図8-1-5　浄蓮寺算額（浄蓮寺、106.8×71.5cm、2014年4月）

【算額】

浄蓮寺にある算額は保存状態が良く文字は明瞭だが図形は薄くなっている。問題は三問が記されている。[2] 題意は何れも簡単なものだが、実際に解くとそれぞれ三次式、四次式、五次式となる。

關流松本寅右衛門々人

豊田喜太郎

今有如圖大圓内空小圓只云小圓径開平方商ト大圓径開立方商ト和四寸又云小圓径不及大圓径四寸大圓径及小圓径各如何

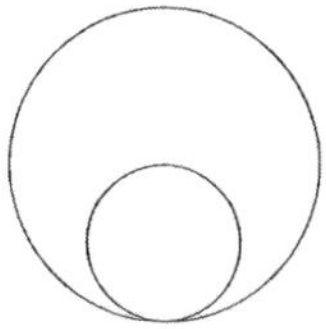

答曰　大圓径八寸
　　　小圓径四寸

術曰立天元一爲小圓径開平方商以減只云数餘為開立方商再自乗之為大圓径寄左列小圓径開平方商自之為小圓径加又云数為大圓径與寄左相消得式立方開之得小圓径開平方商自之得小圓径加又云数得大圓径合問

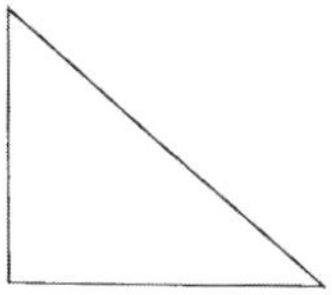

今有如圖釣股弦只云弦九百九拾七寸積一十七萬二千零五拾寸問釣如何

答曰　釣三百七拾二寸

術曰立天元一為釣自之為釣冪列弦自之内減釣冪餘乗釣冪為積冪四段寄左列積自之四之與寄左相消得式三乗方開之得釣合問

図のように大円内に小円があるとき、小円径の平方根と大円径の立方根の和が四寸、又小円径が大円径より四寸小さい時に、大円径及び小円径は幾つか。

答は大円径は八寸、小円径は四寸。

計算方法は小円径の平方根を四寸（第一条件の四寸）から減じ大円径の立方根とする。小円径の平方根を二乗（つまりもとの小円径）に四寸（第二条件の四寸）を加え大円径とする。（以下略）

図のように釣股弦の直角三角形があるとき、弦が九百九拾七寸、面積が十七萬二千零五拾寸の時、釣は幾つか。

答は釣三百七拾二寸。

計算方法（以下略）

今有如圖方錐積三十二寸只云開方面於平方見商数與竪和八寸問方面及竪各如何

答曰　方面四寸
　　　竪　六寸

術曰立天元一為竪以減只云数餘自之為方面自之乗竪寄左列積三之與寄左相消得式四乗方開之得竪以減只云数自之得方面合問

明治三十四年一月吉辰

図のように方錐の体積が三十二寸、正方形の方面（辺）の平方根と高さの和が八寸であるとき、方面と高さは幾つか。

答は方面四寸、高さ六寸

計算方法（以下略）

なお、題意と解法を簡単に記すと下のようになる。

一問目は、大円の直径をx、小円の直径をyとすれば

$\sqrt{y}+\sqrt[3]{x}=4$、$x-y=4$

の条件のとき、xとyを求めるもので、３次方程式になる。

条件式を変形すれば、$\left(4-\sqrt{y}\right)^3=y+4$　となり、

$\sqrt{y}=Y$とおけば

$Y^3-11Y^2+48Y-60=0$

整理して　$(Y-2)(Y^2-9Y+30)=0$

これからY, y, xが求められ、$y=4,\quad x=8$を得る。

二問目は、直角三角形の斜辺(弦)と面積を知って、垂線（鈎）を求めるもので、４次方程式になる。

鈎をx, 股をyとすれば、

$x^2+y^2=997^2$, $xy=2\times172050=344100$

$x^4-997^2x^2+344100^2=0$　これを解いて、

$x=372$を得る。

三問目は、正四角錐の体積(32) を知り、また底辺（正方形） の一辺の平方根と高さの和 (8) を知って底辺と高さを求めるもので、５次式になる。

高さをxとすれば、$(8-x)^2$ は辺長となるから

$x(8-x)^4=3\times32=6\cdot2^4$　これから$x=6$を得る。

参考文献

（1）三上義夫「武蔵比企郡の諸算者」（『埼玉史談』1941年1月）
（2）埼玉県立図書館『埼玉の算額』（埼玉県史料集第二集、昭和44年）

八・二章　山口杢平

文政十一年（一八二九）～明治三十年（一八九七）　六十九歳
（秩父市）

【人物】

山口杢平忠光は、秩父郡上吉田村小川（秩父市上吉田）の人で、文政十一年に生まれ、明治三十年に六十九歳で没す。名主役を勤め安政の頃より約三十年に渡り算学の師匠として活躍した。小鹿野町日尾の今井小次郎（佐一郎）長見の門人であった。

【墓碑】

墓碑は同地の経蔵院正観寺の山口家墓地にあり、正面に「山光院算學楽翁居士」とあり、向かって右側面には「明治三十年二月二十一日死　山口杢平忠光　行年六九歳」、左側面に辞世として

出る月ハ入るとハ知れど我命
今日を限りの知らぬ旅立

とある。墓碑の正面台石には「門弟建之」の横文字が、また左右及び裏側には計二十八名（世話人四名含む）の筆子の氏名が刻まれている。

図8-2-1　山口杢平の墓（秩父市上吉田、2012年10月）

【算術】

「吉田町史」には、杢平が使用した指導用の本として次のものが上げられている。[1]（伝系は不明）

・算法通書　上・中・下巻各一冊　（筆者注：この書は古谷道生によるものだろう）
・算法点竄指南録　巻之十三、十四、十五各一冊　（筆者注：この書は坂部広胖によるものだろう）
・新撰早割　二一天作之五　一冊
・塵功記　一冊
・開平開簾角実鈎股弦円術　一冊

明治十七年三月、自宅裏の神明神社に算額を奉納している。直角三角形の相似形と勾股弦の定理の応用問題で初歩的問題であるが、「三百余年前の測量法を逆に幾何の問題化したもの[3]」とも言われる。次のような内容である。

今如圖四寸之方面之上ニ有乙鈎股弦乙鈎
三寸問甲鈎股弦幾何
　甲鈎四寸
答同股五寸三分三厘余
　同弦六寸六分六厘余

奉

納

術曰乙鈎三寸自乗シテ亦方面四寸

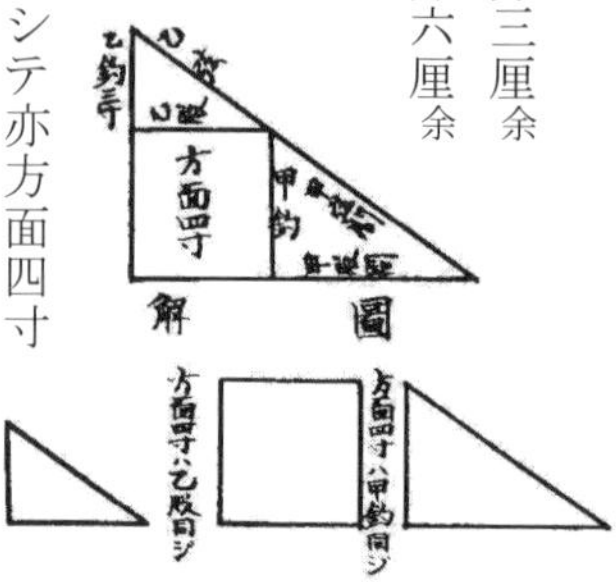

図8-2-2 神明神社（2012年10月）

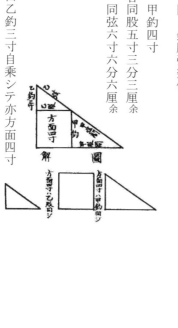

自乗シテ加エ開平方得乙弦五寸ヲ
別ニ方面四寸ヲ自乗シ乙鈎三寸ニ而除キ甲股ト
ス又方面四寸ニ乙弦五寸相乗シテ乙鈎三寸ニ而除キ
甲弦トス方面四寸ヲ甲ノ股トス合問

明治十七年三月
當郡日尾村
今井小次郎長見門人
當村
山口杢平忠光

算額の最後には「日尾村　今井小次郎長見門人　當村　山口杢平忠光」とある。この今井小次郎については文献(4)に「日尾合角の上組に石碑あり」とあるが、この碑は見つからず伝系は不明である。

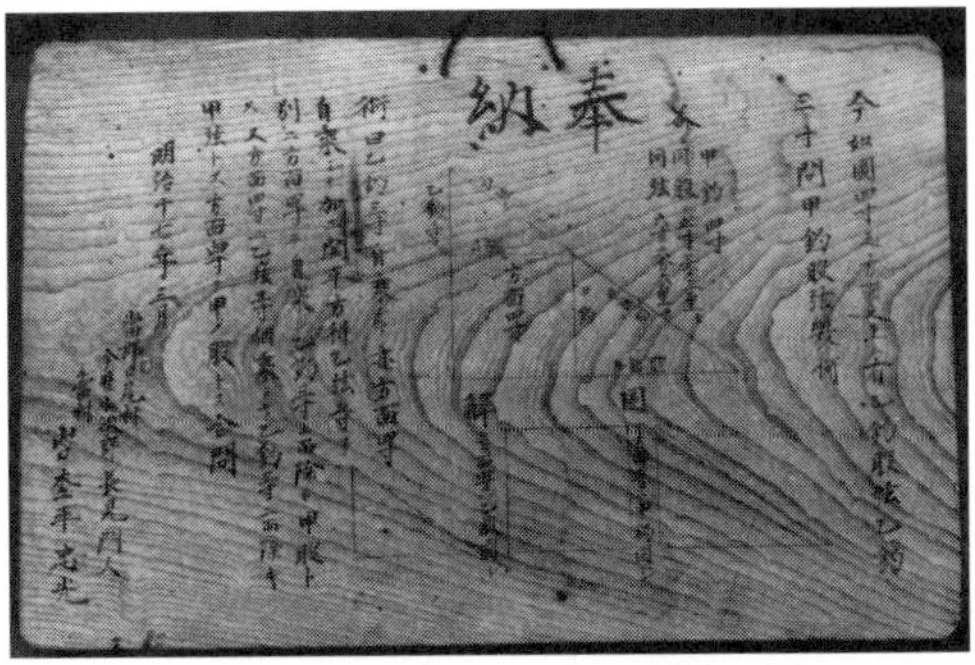

図8-2-3　山口杢平の算額[2]
（56.5×36.6cm、吉田町史年表より）

参考文献

(1)吉田町『吉田町史』（昭和57年）
(2)吉田町教育委員会『吉田町史年表』（昭和51年）
(3)野口泰助『埼玉県数学者人名小辞典』（昭和36年、私家版）
(4)埼玉県教育委員会『埼玉県教育史　第1巻』

八・三章　加藤兼安

天明六年（一七八六）～安政四年（一八五七）　七十二歳（横瀬町）

【人物】

加藤治兵衛兼安は、天明六年秩父郡横瀬村の川西地区三角に生まれ、安政四年四月に七十二歳で亡くなる。名を治兵衛といい、天保から嘉永年間にわたり数術を広め、門弟は壱千名を越えたと碑文にある（勿論誇張だろう）。また碑文によれば「知慧《ちえ》車」と題する書を著しているが詳細は不明である『知恵車大全』（村上氏　正徳三年）という初心者向けの書がある。根拠はないが「知慧《ちえ》車」は初心者向の書か」。事績は碑文からしかわからないが、横瀬町史には千葉胤秀の『算法新書』（天保二年版）が載っているからこれは兼安が学んだものだろう。徳応恵隣居士という。文献（1）には、「生家に往昔より現在に伝わる家訓あり、『不自由を常とすれば、不自由ということなし』、この家訓の下に生れ育った人の人と成り（人格）の凡そは知ることができるものであろう。幼時より数遊びを好み、およその数を言い当て、大人も舌を巻いたという。また一合桝に籾を入れ、それを数え、後にその籾殻を落してから玄米の数を数えて、その年の米の出来高を言い当てようとして、幾日もの間地面に何か書いて考えていたと伝える」とある。後半の話は勿論逸話の域を出ないものであろう。

伝系については不明である。また、秩父市荒川上田野の千手観音堂に懸かっていた算額には、「天保五甲午歳七月吉日　當所　加藤治兵衛門人　笠原正二

図8-3-1　数術敬讃之碑
（横瀬町横瀬、2012年10月）

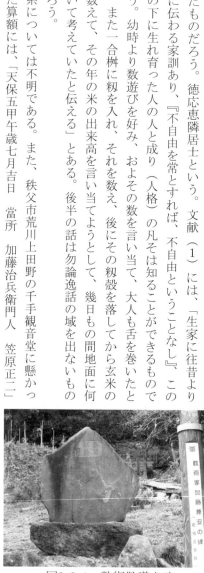

とある。この加藤治兵衛は、兼安のことだろうと思われるので、笠原は兼安の門人だったのだろう。兼安四十八歳頃である。

【石碑】

横瀬町大字横瀬に数術家加藤兼安の碑（横瀬町指定史跡）がある。この碑は弘化五年（＝嘉永元年（一八四八））に建てられ、撰文並びに書は秩父大野原の大野玄鶴（文化十一年～明治二十五年）三十四歳のときのものである。訳も含めて横瀬町史(2)から引用させていただくが、難しい内容である。

數術敬讃之碑

加藤先生諱兼安字加正住秩之横瀬郷精善數術四
方學徒若貴若賤莫不蹶厥而来咨決秘要就正之衆
執贄而従者一千餘人於是門人相共立碑請先生而
崇敬事業焉蓋於先生之術万範之縦密圓機之横要
皆帰之捷径嘗著智慧車之書誘道蘊徒故人推為此
道法環之冠矣鶴之居鄰先生之郷傳聞其盛業門人
屬鶴為敬業碑文鳴呼鶴也不學悪是以其小辭勒于
石焉雖然其邇聞先生起業之端末者則以不可敢辭
記之大畧者爾若乃后来學此術人夙夜勉強擧明蘊
要旦莫悉有用之機左者則指而右之止者則引而進
之庶先生之起業不致頽塞而門人之績亦永久而已

数術敬讃之碑

加藤先生諱《いみな》は兼安、字《あざな》は加正、秩の横瀬郷に住し数術を精善す。四方の学徒貴を若へ《したが》賤を若へ、蹶厥《けっき》して来らざるはなし。咨《ああ》、秘要を決し正に就くの家、贄《にえ》を執《と》りて従ふ者一千余人なり。是に於て門人相共に碑を立てんことを先生に請ひ、事業を崇敬せんとす。蓋《けだ》し先生の術に於けるや、万範これ縦密《しょうみつ》、圓機《えんき》これ横要《おうよう》皆これに帰する捷径《しょうけい》なり　嘗て知慧車の書を著し、蘊徒《おんと》を誘道せり。故に人推して此の道を法環《ほうかん》の冠とせり。鶴の居隣《きょりん》　先生の郷　盛業を傳聞《でんぶん》する門人　鶴に敬業の碑文を為《つく》らんことを属《しょく》す。鳴呼《ああ》鶴《かく》や不学なれども悪《いず》くんぞ是の小なるを以って　石に勒《ろく》することを辞せんや。然りと雖も　其邇聞《じぶん》する先生の起業の端末は、則《すなわ》ち以て辞すべからず。之を記する大略はかくのごと

繋之以銘曰
爰原太始自荒唐時覚地神氏厥法在詞推彼巣穴邈
王竜師厥則有象純徳爲基以生以厚天地之彜効數
元乗萬物于随或斯質淳旡形立紀文絅隠然茲守其
指先哲後賢彼復継起載縄載傳九章周髀及我君子
治田朝廷付屬貢法大寶紀星官學列立四道有径正
典迺嚴億兆是刑迺顧其術於多神策有用九法后達
称彀千端萬變各爲其釋其釋極精載遺數籍於昭神
聖誕利曳工先生學之其業于隆門人相議同敬神功
立石刻事厥傳旡窮
弘化戊申春正月　秩父毉大野鶴撰并書

し。乃《すなわ》ち后来《こうらい》此術を学ぶ人夙夜《しゅくや》勉強し　挙げて蘊要《おんよう》を明かにせば　旦暮《たんぼ》悉く　有用の機ならん。左なるものは則ち指して之を右にし、上なる者は引きて之を進む。庶《こいねがわ》くは、先生の起業頽塞《たいそく》を致さずして、門人の功績も亦永久のみならん。

これを繋《つな》ぐに銘を以て日く

爰に原大始《げんたいし》。荒唐の時自り覚地神氏《げいちしんし》　厥《そ》の法詞に在り。彼の巣穴《そうけつ》を推すに邈王《げいおう》竜師　厥の則象に在り　純徳を基となし　以て生じ以て厚く天地の彜《ふん》効数元乗　萬物于《ここ》に随ひ　或は斯質淳《このしつじゅん》　形《かたち》尤《な》く紀を立つ　文絅《ぶんけい》隠然たり。茲に其の指《し》を守る。先哲後賢　彼復《かれまた》継起し、載《ここ》に縄《ただ》し載《ここ》に傳《つた》ふ　九章　周髀《しゅうへい》我が君子に及び　田を治める朝廷貢法を附属し、大宝紀星　官学列立　四道経有り　正典迺《これ》厳《げん》として、億兆是に刑《のうと》る。迺《すなわち》　其術を顧るに　於《ここに》多神策　有用九法あり　后達弥彀《こうたつびかく》　千端萬変　各其の釈を為《な》す　其の釈精を極め　載遺数籍なり　於《ここに》神聖を昭《あき》らかにし　利を誕《たん》じ工を曳《ひ》く。先生これを学び、其の業于《ここ》に盛んなり。門人相議《はか》り、神功を同敬し、石を立て事を刻す　厥の傳窮《きわま》り尤《な》し。

〔訳〕

〔はじめに加藤先生の大要を記す〕諱（死後にいう生前の実名）は兼安、字（男子が成年後実名のほかにつける名）を加正といった。秩父の横瀬郷に住み、数術を精善（くわしく究め尽くしていた）した大家であった。

〔つづいて、数術を精善しておられた先生の周辺の状況について記す〕時、あたかも幕末（弘化嘉永の頃、一八五〇年前後）新時代の来ることの予知できる時代であったから各地の学徒は貴賤を問はずふるい立って先生の門前に集り、数術の奥義を正しく理解しようと意気に燃え、贈り物を持って（贄を執って）入門する者が一千余人に上ったことは、まことに驚くべきことであった。

〔この建碑に至るいわれ〕先生の晩年に至り、先生の訓導を受けた門人たちは力をあわせて先生の偉大な業績を敬まう碑を建てること先生（大野玄鶴）にお願いした。

〔加藤兼安先生の業績を記す〕先生の術（学術）は、数学（和算）上のあらゆる理論にきわめてくわしく（万範これ縦密）その機能（応用）は巾広く自由無碍（円機これ横要）そのすべてが学術の最も高いところに達する近道（捷径）を教えられた。その一つに「知慧車」の書を著し弟子たちを導かれた。これを世の人は数術上の最高のものと賛仰した。（法環の冠＝道士、僧の持つ錫杖の冠（玉の輪）＝最高位のものの意。）

〔この碑文を書くことの依嘱をうけた鶴（大野玄鶴＝江戸時代末期大野原村学者）先生の碑文記すに当っての辞〕私（鶴）は私の隣近所（居隣）の者や、兼安先生の居住する横瀬村の人々わけても先生の盛業を傳聞する門下の人々から敬業の碑文をつくることを位《依》嘱された。考えてみるに、私はもとより不学で、能力が不十分であるという理由で、石に刻むことを辞退することはできない。しかし、記《しる》すということになっても、身近かに聞いている（邇聞）先生の業績の細かいところまでは説明することはできない。ただ、その大略を記したものが前述のようなものである。

〔鶴先生の此の術と此の術を学ぶ門人への願いを誌るす〕今、ここに願うことは、この後、此の術を学ぶ人は朝夕懸命に勉強して、この学術の奥義（蘊要）を解明すれば、朝夕（旦暮）日常に有用の機《はたらき》をするものとなるであろう。それは「左なる者は則ち指して之を右にし、上なる者は引きて之を進む」ごとくに、論理正しく整然と自由自在に物事を処理することができるであろう。庶くは、兼安先生の偉大な業績がふさがれる（頽塞）ことなく、また、門人の功績も亦永久ものとなるであろう。

〔銘前段　数と数術の由来するところを述ぶ〕本元、天地創造の時から　覚地神氏の述べた法詞の中に、数と数術は存在した。降って、人間未開社会の時代、樹上を住居とし岩石土中を住居とする時代を推し測るに　遞玉竜師の立てた則の中に数、数術象《かたち》として現われている。これを学ぶ人々は清純な行いを基とし、そこから新たなものを生じ、生じたものは厚く複合されて、萬物の存在もたしかなものとして認識されるに至った。（以下数と数術との力と美を讃えたものか。文字熟語ともに辞典にもないものがあって理解しがたい。）

〔銘後段　前段につづいて数術の歴史的発展過程を述べ、人間生活に益するに至る様を敬讃する〕ここに、其のゆずさすところを承け継ぎ守る先哲後賢が（すぐれた人々が）さらに、これをひき継ぎ盛んにして、中国古代国の時代に「九章」（数学九章十八巻）「周髀」（中国最古の天文数学者）がつくられ、後、我が国の徳行すぐれた学者に伝わり、やがて、朝廷が民を治める基本となる田制（最古のものは、井田の法）それに附随して貢法（最古のものは、夏の時代に、各戸に田五十畝が与えられ、その内の五畝の所得を税とした）が定められ、大宝起星（天文数学の書か？）朝廷において学問の府がつくられ、都から四道に経（道）は通じ数、数術が及んでいった。この間、数、数術正しく示す原典は、権威あるものとして、民衆もこれに従い、統治の実はあげられた。すなわち、その数術を考察するに、きわめてすぐれた策略によって、人間生活に役立つ九つの法則がつくられた。後世の人が、これをいよいよ明らかに究明し（后達弥覈）、さまざまな点において、おのおのその解明をなした。その解明は、精細を極め、その書きのこした書物は数種にのぼる。ここにおいて、神の造り給うた所産（自然）を明らかにし、そこに、人間生活のために大いなる利益をもたらし、物に人の手を加え、また、物と物を合することによって、さらに有用なるものを創造することができるようになった。

—数術の発展の歴史と人間生活への貢献を敬讃する。—

先生は、この大いに敬讃すべき数術の道を学ばれた。先生の門下に集う者千人、特に研究を進められて「知慧車」

の書を著しなどして、その業は、今や盛んなるものがある。
この時、門人同郷同志の者は相議って、功績を敬仰する石碑を建て、先生の偉大な事績を述べた。兼安先生の事績は窮り無く高く尊いものである。

〔大野玄鶴氏について〕（埼玉県秩父郡誌　秩父郡教育会編（大正十四年発行））
大野満穂、通称は蕃次郎秩岳と号す。別に、玄鶴天禽子天生堂五雲庵の諸号あり。文化十一年大野原村に生る。弱冠にして医学を志し、其の秘を発き、傍ら儒を振め、朝川善庵、東條琴台等を歴訪して識見を傳む。明治三年忍藩の命により大野原村名主となり、同六年本部十大区学務庶務補を兼ね、尋で戸長を命ぜられ大いに貢献するところありき。同十二年家業を嗣子大学氏に譲り専ら文学に親しむ。氏性括淡にして勤勉、著書十数種に及ぶ（神典尚古文、大同類聚方別記、秩父志等）明治二十五年没す。年七十九。

【算術】
既述のように千葉胤秀の『算法新書』（天保二年版）が残されているから兼安が学んだものだろう。算法新書は珠算初歩より天元、點竄、円理に至る和算の大系を述べたものである。

参考文献
(1)横瀬町『横瀬町史　人と土（後編）』p447
(2)横瀬町『横瀬町史　資料編（5）』（昭和60年）

八・四章　その他の和算家（秩父）

（一）山中右膳（文化元年（一八〇四）～明治十年（一八七七））七十四歳　右輔（秩父市）

秩父郡荒川村白久の人で、微細彫刻家の森玄黄斉（一八〇七～八六）の兄。文献（1）には次のようにある。

秩父市大宮にあった忍候の松平下総守忠敬領分の代官所から百姓組頭格を仰せ付けられて右輔と改名。「算法初学」「稽古算術記」「算法口伝抄」などの稿本がある。又俳人でもあり、「快気集」という句集がある。明治十年十一月二十二日、七十四歳で没す。徳翁齊普應善明居士。通称は右輔、諱は祖沅、俳句の号は歓喜斎坦晧。農業のかたわら絹商も兼ね、家では質業も営んだ。また代官から絹宿売仲買間会大総代を命じられた。右膳は音韻や説文にも造詣があり、また俳句もよくした。

（二）大越数道軒（？～明治二十六年（一八九三））（横瀬町）

俗名大越芳太郎正義。明治中葉の人。算術を学び、幼児のむし歯の痛みを算盤によって止めたという言い伝えがあるという[2]が伝系などの詳細は不明である。むし歯云々は豊田喜太郎（八・一章）の場合と同じで、天元術などを用いたことがこのような逸話を生むことになったと思われる。横瀬町横瀬にある墓は、「数道軒大算芳學居士」とあり、台石には「算術」の文字とともに百名以上の門人の氏名が刻まれてい

図8-4-1　大越数道軒墓
（横瀬町横瀬、2013年6月）

て門人の育成に努力したことがわかる。墓の側面に刻まれている辞世は次のようなものである。

楽しさは老木に花のここちせり
数の梢に実をや結ひて

門弟
山田　大嶌濱太郎
大ノ原　高橋勇太郎
大□ヤ　柿堺鶴吉
ヨコゼ　齋藤鷲太郎
仝　田代良助
仝　浅見亀吉
仝　齋藤泰吉
仝　阪本久作
仝　大場傳造
仝　冨田酉松
仝　町田小太郎
仝　本橋九市
仝　荒船濱太郎
山田　宮下惣造
ヨコゼ　嶌田茂十郎
山田　若林倉太郎
上タノ　堀口丣十郎

台石向かって左上

仝　加藤平吉
坂本　田中藤作
当村　大嶌寅次郎
仝　関根□□
仝　阪本□□
仝　阪本半□□
仝　黒沼高次郎
大ノ原　原嶌今吉
山田　大嶌福厺
ヨコゼ　栁　多作
仝　齋藤利助
山田　新田幸作
仝　佐藤右平
山田　齋藤茂作
ヨコゼ　小泉彌市
坂本　鈴木源作
□□□　根岸利一

台石向かって右上

仝　原嶌伊助
皆ノ　関口鉄五郎
ヨコゼ　冨田源次郎
仝　本橋作次郎
仝　小泉元次
仝　大野倉吉
クロヤ　町田儀作
山田　坂本喜次郎
仝　坂本□吉
仝　吉田□造
ヨコゼ　町田寅吉
仝　志村熊太郎
仝　小泉市之烝
仝　町田七十吉
伊古田　堀口艶造
上田ノ　加藤清三郎
山田　渋谷吉次郎
仝　青木宅治
ヨコゼ　町田勘十郎

台石背面上

門人□世話人
山田　内田鶴吉
仝　浅見嘉之助
仝　中嶌周太郎
本村　坂本金兵衛
仝　若林嘉作
仝　加藤為造
太田　武嶌喜内
仝　武嶌伊之吉
大宮　岩崎佐市
本村　嶌田才助
仝　荒船桂造
仝　若林熊太郎
仝　若林幸太郎
仝　千嶌房吉
大宮　齋藤松次郎
山田　大嶌米三郎
本村　冨田丣太郎
上田　町田勘造

台石正面下

台石正面上

栃ヤ　小久保善作
本村　若林和十郎
山田　阪本平吉
本村　小泉忠次郎
仝　栁　儀作
仝　浅見駒太郎
仝　冨田神次郎
山田　大嶌増吉
仝　阪本新三郎
仝　阪本鷲蔵
仝　阪本亀太郎
栃ヤ　斉藤萬次
山田　白井鍬次郎
仝　阿保字重
仝　橋本丣太郎
仝　北堀桂造

台石向かって左下

本村
料地世話人　小泉鶴作
小峯元吉
小峯森造
町田儀助
齋藤輝之助
本橋森造
齋藤波八
發起人
大越浩齋
齋藤愛助
小峯佐吉
畁田常吉

台石向かって右下

名附子
小林トラ
□越林蔵
木橋カ□
仝　ヒデ
斉藤亀吉
仝　□□
仝　濱次郎
加藤峯吉
町田テル
仝　廣吉
大場才一

台石背面下

（三）笠原正二　（秩父市）

生没年不明。後述の千手観音堂（秩父市荒川上田野）に懸かっていた算額には「天保五年七月」とあるからその頃の人物か。またこの算額には「當所　加藤治兵衛門人　笠原正二」とある。「當所」とは千手観音のある上田野村を指すのだろうから上田野の人だろう。加藤治兵衛とは、横瀬町の加藤治兵衛兼安だろう（八・三章）。千手観音堂に懸かっていた算額は現在荒川歴史民俗資料館にある。算額の裏面に「為信願成就也」と墨書されているという。現在この算額の文字はほとんど読めないが、幸い『埼玉の算額』に記述があるのでそれを掲げる。

奉　納　（俵の絵あり）
今有買置米不知其穀数相庭只言
金一両付四舛下金五両損亦言金一両付
二舛上金三両益各々問相庭并本石若干
術如何
答如左術
術曰只言舛亦言舛相乘名天天乘損金
天乘盒金相併之爲實亦言舛乘
損金名地只言舛乘盒金名人以地人差除之得
相庭名甲亦言舛乘盒金乘甲名乙甲冪乘
盒金名丙乙丙差以亦言舛除之合問
天保五甲午歳七月吉日
當所
加藤治兵衛門人　笠原正二 印
當所世話人
江田嘉内 印

（『埼玉の算額』より）

図8-4-2　笠原正二の算額
（荒川歴史民俗資料館、109×45cm）
（2012年10月）

（四）番外編（秩父神社算額）

明治二十年十一月に都築利治門人たちが秩父神社に奉納した算額は現存しないが、大正八年九月十三日に書き写したものが日本学士院に残っている。[3] 秩父神社の算額は三上によれば、「大正九年参詣の時に一見し、同地（秩父）の新井富美麿が写して学士院へ寄贈されたことがあったが、昭和八年四月十七日参詣の時には再び之を見ることが出来なかった」[4] とある。七問で九名の名と世話人二名が書かれている。全て容術であり、『埼玉の算額』に所収されている。因みに一問目は右の図で甲円の径が一寸のときに乙円の径を問うものである。

都築利治門人が掲げた算額は鴻巣市の新井稲荷神社（明治25年、5題5名）や三ッ木神社（明治28年、11題11名）、成田市の新勝寺（明治30年、20題20名）、大宮市の氷川神社（明治31年、20題20名）、それに群馬の榛名神社（明治33年、16題16

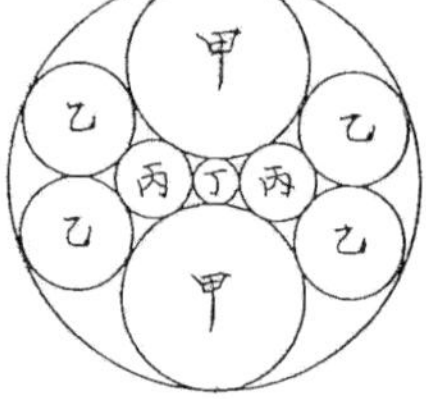

今有如図大圓之内容甲圓二個乙圓四個丙圓二個丁圓一個只言甲圓徑壱寸問乙圓徑如何
答曰乙徑六分二厘五毛
術曰置五個乗甲徑以八個除之得乙徑合問
北足立郡土谷村
関流九傳松村盛之助利輝

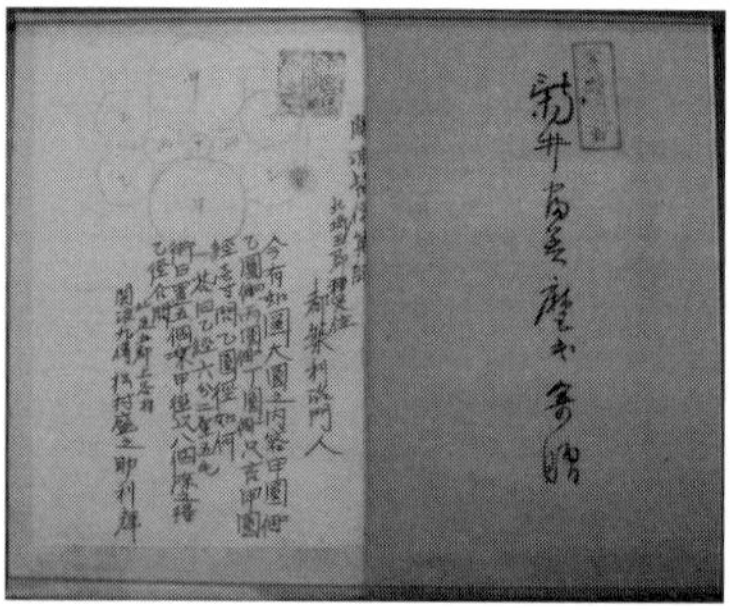

図8-5-3　秩父神社算額写[3]

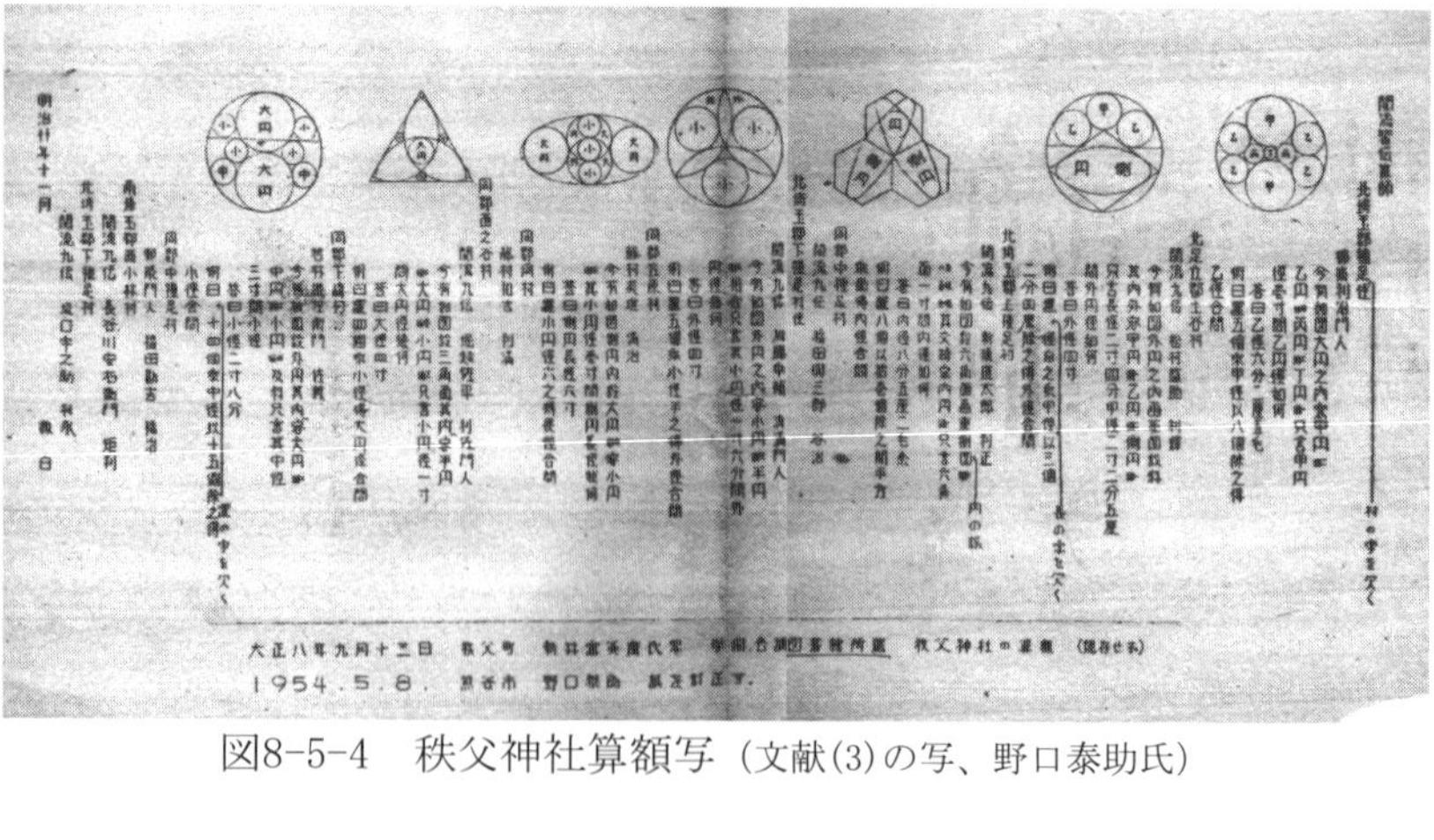

図8-5-4　秩父神社算額写（文献(3)の写、野口泰助氏）

名）など多くある。都築利治については「関流皆伝算師　北埼玉郡種足《たなだれ》村住」とあるが少し追記したい。

①『埼玉苗字辞典』より

「埼玉郡下種足村西ノ谷村久伊豆社慶応二年御嶽碑に下種足筑城伊吉。明治四年組頭都築源右衛門・三十八歳。秩父郡秩父神社明治二十年算額に埼玉郡種足村都築利治。上州榛名神社明治三十三年算額に北埼玉郡種足村都築源右衛門利治（天保五年生、明治四十一年没）。其の門人に当村都築菊造利長あり」とある。

②長谷川弘『社友列名』より

『社友列名』[5]（明治十二年）の見題之部には「武蔵種足　築城源右衛門利治」とある。

③戸根木格斎「門人帳」より

戸根木格斎の門人帳（四・六章）に「慶應丁卯仲春　一點竄両題解義　鴻巣在下種足邨　筑城源右衛門　号昇齋」とある。都築利治は格斎にも学んでいたのだろう。

④標識と碑文

中種足（加須市）の都築利治の実家の入口には教育委員会設置の「指定有形民俗文化財　都築家和算用具」の標識が立っていて、その記述の中に生没年が（一八五〇（嘉永三年）～一九二五（大正十四年））とある（①とは異なる）。また敷地内に「都築先生の碑」があり、「…成人受業長谷川善左衛門氏長…主研鑽多年孳大進至天文術測…数百名皆立身成家有名声顕著者…先生温厚篤実学力豊富而……明治三十八年巳二月　片山正賛撰文　新井耕作書」等が確認できる。

図8-5-5　都築先生の碑
（加須市中種足、2016年4月）

なお、②③で、筑（築）城となっているのは、当時はそのように使用していて明治の改姓時に都築としたとも推測

できるが確かなことはわからない。また、利治は右耳を痛めていた所から耳無先生といわれていたという。(6)

考文献

（1）大塚仲太郎「北武の古算士」（『埼玉史談』第8巻5号）
（2）「秩父武甲山総合調査報告書　別編3　横瀬町地誌」（昭和62年3月25日発行）p56
（3）「秩父神社算額　写」（日本学士院所蔵和算資料5028）
（4）三上義夫「北武蔵の数学」（『郷土数学の文献集（2）』萩野公剛編、富士短大出版部、昭和41年）
（5）数学道場刊『社友列名』国会図書館ＨＰ近代デジタルライブラリー
（6）萩野公剛『続算額研究史(1)』（富士短大出版部、昭和43年）

馬三疋の問題（本文とは無関係）
（『広用算法大全』文政9年、筆者蔵）

九章　飯能市・入間市の和算家

飯能は北武蔵といっても最南端であり上州よりは江戸に近い位置にある。現在わかる範囲では飯能で和算に関係あった人物といえば千葉歳胤と石井弥四郎しか見当たらない。勿論二人は時代的に離れているので接点はない。千葉歳胤は虎秀出身の江戸中期の天文暦学者であったが、天文暦学は和算を使うから天文暦学者は和算家でもあった。ただ、歳胤の活動の場は江戸であり、幸田親盈を師とし上里出身の今井兼庭とは同門であった。歳胤には門人もいたが、それは江戸でのことであった。

石井弥四郎は原市場の人で、子の権現に奉額したであろう算額が『算法雑俎』に記載されているが、問題の内容や市川行英の門人であることしかわからなかった。が、最近になって弥四郎の和算資料が残されていることがわかり、その足跡や学んだ内容などがわかるようになってきた。上州から熊谷・小川・飯能へと南下してきた市川行英の影響（あるいは足跡）の証でもある。弥四郎に門人がいたかは不明である。少なくとも史料は見つかっていない。

一方、入間市には飯河成信や石田常五郎がいた。成信は江戸で馬場正統などに学び、入間市金子に来たのは維新後のことであった。常五郎は上藤沢の人で宮城流の免状を受けている。

九・一章　千葉歳胤

正徳三年（一七一三）～寛政元年（一七八九）　七十七歳
助之進、陽生《ようじょう》　（飯能市）

【人物】

千葉歳胤《としたね》[1]は、入間郡東吾野村虎秀（飯能市虎秀）出身の江戸中期の天文暦学者である。助之進と称し陽生と号す。江戸に出て当時著名な和算・天文暦学者であった中根元圭（一六六二～一七三三）に学び、元圭亡き後はその高弟幸田親盈《ちかみつ》（一六九二～一七五八）に師事し、天文・暦学・和算等を学ぶ。今井兼庭（二・一章）とは親盈を師として同門である。歳胤は幕府天文方渋川図書《ずしょ》光洪《みつひろ》を助け、独自の計算方法によって日食・月食に関して研究を進め、『蝕算活法率』、『皇倭通暦蝕考』などおよそ三十部百有余巻の書物を残して天文暦術界に貢献した。晩年は虎秀の山里に帰り、寛政元年（一七八九）三月六日に七十七歳で没した。歳胤の伝系は、関孝和―建部賢弘―中根元圭―幸田親盈―千葉歳胤という流れであり、和算・暦学では当時一流の系統の中に位置づけられる人物である。歳胤の本姓は浅見氏であり、千葉姓を称した所以は不明。また医を業《なりわい》としたようだが詳細はやはり不明である。

歳胤の師や事績、歳胤の性格などについて『増修日本数学史』[2]（明治二十九年初版）には次のようにある。

初め数学を中根元圭に受く。元圭没して後ち、その高弟幸田親盈に従って学びたり。大いに数学および暦学に通ず。竊かに、日官渋川図書の職務を助けて、大いに補う所あり。実に図書の公務は陽生が内助に依りて、成りたる者なりと云う。蝕算活法率の大著述の如きは、最も著名なる者とす。その他、著書多し。（略）その門に伝うる者、凡そ三十部一百有余巻、盛んなりと謂うべし。その利を求めず。その功を謀らず。悠悠自適す。これを以て、氏を知る者至って少し。惜哉、本年（寛政元年）某日卒す。

稟性温順云々《うんぬん》というのは史実的には不明だが、史料的には佐藤解記の「算家景図」[3]（天保五年：歳胤没後45年）に依るのだろう。その原文は次のようなものである。

歳胤　千葉助之進平号陽生
武州高麗郡虎秀村ノ産也阻《陽》生ト号初業ヲ幸田新《親》盈
ニ事フ性穎悟ニ而思ヲ暦数ニ精而終幸田氏ニ請テ学之悉
ク其奥旨ヲ得タリ后古郷ニ帰リ隠而寛政元酉年三月六日
死ス行年七十七才其村ニ葬法名乾道阻《陽》生居士《実際は信士》ト号其子
孫虎秀村ノ農家タリ
（注）穎悟＝才智が優れていること

【交流人物】

歳胤と交流のあった人物を少し述べる。まず、元圭にいつ頃どのようにして入門したかは不明だが、元圭が亡くなったとき歳胤は二十一歳だから長い間の師弟関係があった訳ではないだろう。その後親盈に師事し、師弟関係は親盈が亡くなる宝暦八年まで続いたことだろう。このことは同年の歳胤の最初の著である『天文大成真遍三條図解』[4]の中で「藤原親盈先生門人平歳胤考著」とあることから推測できる。

師以外では親盈同門の今井兼庭（二・一章参照）、天文方の渋川光洪、それに門人（人名が判明しているのは十八名、その中には本多利明もいる）などを挙げることができる。兼庭について歳胤は、『皇倭通暦蝕考』[5]の序文で兼庭に計算を手伝ってもらったことや、「兼庭は予の同門也、無双の算士也」と兼庭の能力を高く評価していることを述べている。また兼庭の明玄算法には、歳胤と門人佐佐木秀俊の問題が掲載されている。これらのことから歳胤と兼庭とは親密な関係にあったのではないかと思われる。さらに、『本多利明先生行状記』[6]（文化十三年　門人宇野保定述）には「今井寛蔵兼庭ヲ算学ノ師トシテ…天文ハ千葉陽生歳胤武州虎秀出ノ産、医ヲ以テ業トシ、江戸ニ住ス」ともある。医を業とした根拠はこの記述しか見当たらない。

一方、渋川光洪との関係では『蝕算活法率』[7]にある歳胤の自序に、「明和元年初夏、門人篠山光官、石河貞義、…今井兼庭相具して来たりて、予曰く強いて起ちて密かに率を作る。固辞《こすい》し、許されず倶に算を考え、明和三年の冬、全一八五巻の蝕算活法率を成して終わる」とあたかも強要され秘密裏に作ったというようなことが述べられている。この部分をもって、光洪のために『蝕算活法率』を作成したと言われるものであり、遠藤利貞の後序にも[注]「（蝕算活法率が）密かに書かされ、公にもされなかった」ことが述べられている。

（注）東京大学総合図書館にある『蝕算活法率』の明治31年に書かれた遠藤利貞の後序を指す。

その他に、当時渋川邸（築地木挽町）には山路主住（著名な和算暦学者、後天文方）・之徽《ゆきよし》父子等が出入りしているが、歳胤もこの仲間に入っている。天明元年（一七八一）藤田権平（貞資、三・三章）の著作による『日本算者系』[8]には歳胤のことが次のように記されている。

千葉陽生平胤歳《ママ》

右者渋川図書殿エ熟意数年出入致候甚意味有之巳及審談候

これは歳胤が、光洪・主住・之徽・定資らと渋川邸を中心に交流があったことを伺わせるものである。つまり、歳胤は当時その分野の中央にいたことを示す好史料である。

歳胤の業績の一つは『蝕算活法率』や『皇倭通暦蝕考』などにみることができる。

日本独自の暦は渋川春海の貞享暦に始ま

図9-1-1『日本算者系』の歳胤の記述（日本学士院）

り、宝暦暦《ほうりゃくれき》・寛政暦・天保暦と続くが、歳胤が関与したのはこのうち修正宝暦暦と言われるものである。当時の筆頭天文方渋川光洪は学力不充分で対応ができなかったので、民間の学者千葉歳胤を用いて自らの不足を補ったといわれ、そのとき歳胤が著したのが『蝕算活法率』一八五巻（明和三年）であった。また、『皇倭通暦蝕考』は神武天皇元年から貞享元年までの二千三百四十年間について日食・月食を推算している。さらに同続編では貞享二年から天保四年についても推算している。筆者はその精度について調査してみたが宝暦暦よりは良いようである[1]。

【墓】

歳胤の墓は虎秀にあり飯能市の文化財に指定されている。高さ50㎝、幅23㎝程で前面に「寛政元酉年　乾道陽生信士　三月甫六日」とあり、右側面には「天文大先生　俗名　千葉陽生平歳胤　施主　淺見幸助」とある。そして左側面には、

昔来し道をしほりに行空の
　　何迷べき雲のうへとて

とある。悔いのない生涯だったのだろう。

【著書】

歳胤の著書は天文暦学に関するものがほとんどであるが、筆者が確認したものだけでも十六種類・総計三千九百頁を越す史料が遺されている。その評価については、

図9-1-2　歳胤の墓（側面に辞世。2007年6月）

図9-1-3　歳胤の著書（東北大所蔵分、2007年4月）

「凡そ三十部一百有余巻、盛んなりと謂うべし[2]」という評価はあるものの、近世の天文学史の中で積極的に高い評価がなされている訳ではない。『明治前日本天文学史[9]』の本文には歳胤の名前は出て来ず、わずかに年表に五ヶ所ほど著書名が出ているのみである。それは、「渋川光洪を助け、独自の計算方法によって日食・月食に関して研究を進めた」のは事実であろうが、光洪が関与した宝暦暦そのものの評価が低いことや、西洋天文学が勃興する時期にその方面の貢献がないことにもよるのだろう。

歳胤の著書の一覧を表9-1-1に示す。このうち、『天文陰陽自然問答』は六十九歳、『再考積年日法術訂正』は七十歳、『一綫儀説』は七十三歳、そして『神道天文意弁』は七十五歳のときの著作である。当時の知識人としては陰陽五行説やそれが組み込まれていた記紀に基づく神道などは当然詳しく、その知識をもとに『天文陰陽自然問答』、『神道天文意弁』を著したと思われるが、老い

No	史料名	頁数	東北	天文	東大	国会	学士	伊能	天理	岩田	成立年	年齢
1	天文大成真遍三條図解　(注1)	34／29	○								宝暦8(1758)	46
2	天文残考集	146							○		宝暦8(1758)	46
3	大儀天文地里考(＊)	26	○								宝暦9(1759)	47
4	改暦加減集(＊)	20	○								宝暦12(1762)?	50
5	一葉儀術(＊)	29	○						○		宝暦12(1762)	50
6	蝕算活法率（活法暦）　(注2)	約2000	(注3)		○明治写			○1冊	○	△	明和3(1766)	54
7	皇倭通暦蝕考	344	○	○		○		○3冊			明和5(1768)	56
8	皇倭通暦蝕考続編	22	○	○							明和5(1768)	56
9	歳寿万代暦	556		○		○					明和5(1768)	56
10	天文陰陽自然問答	20	○								天明元(1781)	69
11	再考積年日法術訂正(＊)　(注4)	17	○				○				天明2(1782)	70
12	一綫儀説	38	○								天明5(1785)	73
13	神道天文意弁	35	○								天明7(1787)	75
14	授時補暦経	582	○								明和3(1766)?	
15	推步授時補暦月離附録月行率(＊)	21	○									
16	求立・平定三差略術(＊)	14	○									
	白山暦応編								応編暦?	△		
	割円八線之表									△		
	計	3904										

東北＝東北大学図書館、天文＝国立天文台、東大＝東京大学図書館、国会＝国会図書館、学士＝日本学士院
伊能＝伊能忠敬記念館、天理＝天理大学図書館、岩田＝上里町岩田家。年齢は数え、(＊)は天文秘録集所収
(注1) これは林集書本だが、天文秘録集にも所収されている。
(注2) 伊能本(1冊)は「蝕算活法暦」、天理本は「活法暦」となっている。但し、名取文庫の天文秘書には存在する。
(注3) 国書総目録には明示されているが、調べて頂いた結果無しということだった。
(注4) 学士院所蔵本は「積年日法訂正」となっている。　△は未確認

表9-1-1　千葉歳胤の著書と所蔵先

ても執筆意欲は旺盛であった。なお、礫川堂文庫には歳胤の『草莽《そうもう》夜話《やわ》』『天文自然歳胤録《さいいんろく》』があったとされるが、調べて頂いた結果、戦災の影響か現存しないようである。あれば今少し歳胤のことが解明できたと思われる。

【算術】

歳胤の『天文大成真遍三條図解』(4)（宝暦八年（一七五八））は、四十六歳のときのものである。この中で歳胤は天径などを求めるために周率（円周率）を具体的に求めている。

（一）自序

この『天文大成真遍三條図解』の自序には、師の幸田親盈と兄弟弟子の今井兼庭のことが出て来るので次に掲げてみる。

天文大成真遍三條圖解序

天文大成三條圖解書ハ其昔元ノ郭守敬授時暦測量スルニヲヨヒテ著ス所ノ書ナリソレヨリシモツカタ和漢ノ暦者此書ニヨラスト云コトナシ誠ニ妙術ナリトイヘトモ古ヲ去ルコト既ニ遠ク其文大ヒニ錯乱シテ初學ノヲヨフトコロニアラス元圭先生コレヲナケイテ經文ノ後先ヲ順ニシ術文ヲ除キ脱文ヲ加ヘテツイニ補助ス親盈

親盈先生＝幸田親盈。

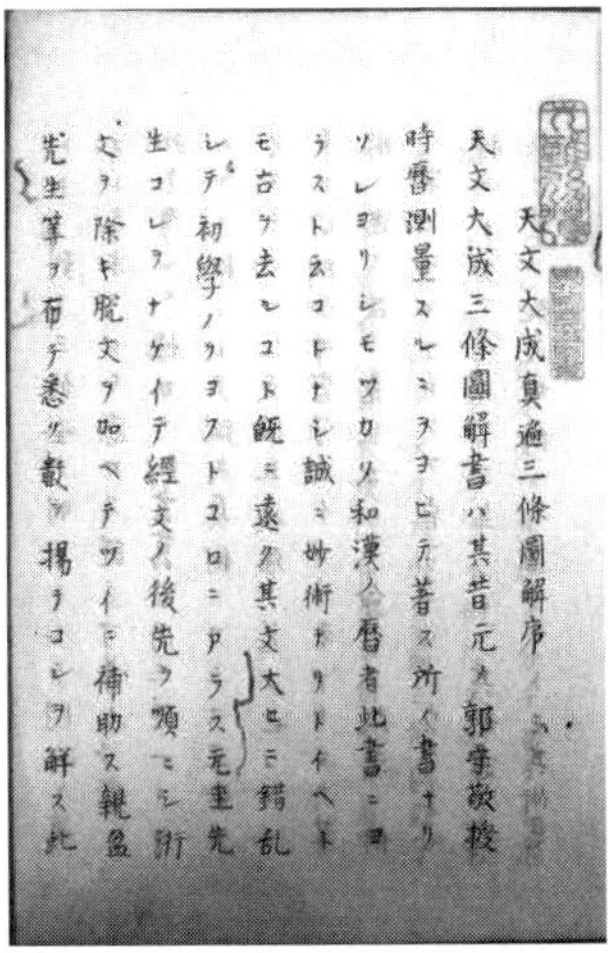
天文大成真遍三條圖解序
天文大成三條圖解書ハ其昔元ノ郭守敬授
時暦測量スルニヲヨヒテ著ス所ノ書ナリ
ソレヨリシモツカタ和漢ノ暦者此書ニヨ
ラスト云コトナシ誠ニ妙術ナリトイヘト
モ古ヲ去ルコト既ニ遠ク其文大ヒニ錯乱
シテ初學ノヲヨフトコロニアラス元圭先
生コレヲナケイテ經文ノ後先ヲ順ニシ術
文ヲ除キ脱文ヲ加ヘテツイニ補助ス親盈
先生筆ヲ而テ悉ク数ヲ掲ケコレヲ解ス此

図9-1-4　『天文大成真遍三條図解』(4)（東北大）

先生算ヲ布テ悉ク数ヲ掲テコレヲ解ス此トキニ到テ三條全ク明カニシテ門人ヲ導コト毛末ヲタモ惑ワス謹テ可尊也予密ニ此ヲ考ルニ恪カナ此書舊法周三經一ニヨレルノ術ニシテ弧矢真術ニアラス正數ニタクラフレハ天徑五度強ヲ差フ也コヽニ予カ同門今井官子トイヘル者アリヨク算術ニ達ス故ニ先生カレニ命シテ弧矢一術ノ半ナレルヲアタフ官子コレヲウケデ心神ヲナヤマスコト三年ツイニ其術意ヲ得タリ真ニ弧矢妙術ナリ然イヘトモ其術意高上ニシテ初カクハ其理ヲ分チカタシ因顯予又其術ヲヤワラケ本術ヲ除末術ヲ以古傳ノ三條ヲ改メ天文大成真遍三條圖解ト号ス于寶暦八年歳次戊寅春平歳胤自序

今井官子＝今井兼庭。

初カク＝初学。* 因顯＝因って顯はすに*（*「明治前日本数学史第三巻」による）

図9-1-5　陽生と歳胤の印（『天文大成真遍三條図解』[4]、東北大）

意訳は次のようなものである。

天文大成三条図解は昔、元の郭守敬が授時暦を（作る際）測量したときに著したもので、その後の和漢の暦はこの書に依らないことはなく、誠に妙術であるが、既に古くその文も錯乱して初学の者には及ぶところではない。元圭先生はこれを嘆き暦経の前後を正し整理され、親盈先生はことごとく数をもって示し、三条が明らかとなり、門人を導くことが可能となった。これを自分がよく考えてみると、この書は周三経一の術で、弧矢真術ではなく正数に比べると天経五度強の差がある。同門に今井官子（兼庭）という算術に良く達している者がいて、先生（親盈）は彼に命じて弧矢一術の半を研究させ、苦節三年を要して完成した。妙術ではあるが術意（解き方）が高級なので初学者には難しい。予は又その術を和らげて結果を以って古伝の三條を改め天文大成真遍三條図解とした。宝暦八年歳次戊寅春平歳胤自序

ここで述べられている弧矢のことは、後述する建部賢弘の『綴術算経』『円理弧背術』（関流の最秘書と言われる）から発展して著された今井兼庭の『円理弧背術』のことを指しているのかも知れない。兼庭の『円理弧背術』は既に兼庭のところで述べたが、「兼庭、甞て関氏の秘書円理弧背術、すなわち建部賢弘が伝を得て、なおこの書を続記せり。故に或は、これを円理綴術と題せり。この書、秘すること最も甚だし。兼庭、数理に精し」とあるように弧矢のことを研究している。先の三箇条のことが、関孝和の『授時発明（天文大成三条図解）』に始まって、幸田親盈の『天文大成』、そして歳胤の『天文大成真遍三條図解』、さらに本多利明の『再訂三條図解』と繋がって行く中で、この弧矢のことは大きな位置を占めていたと思われる。

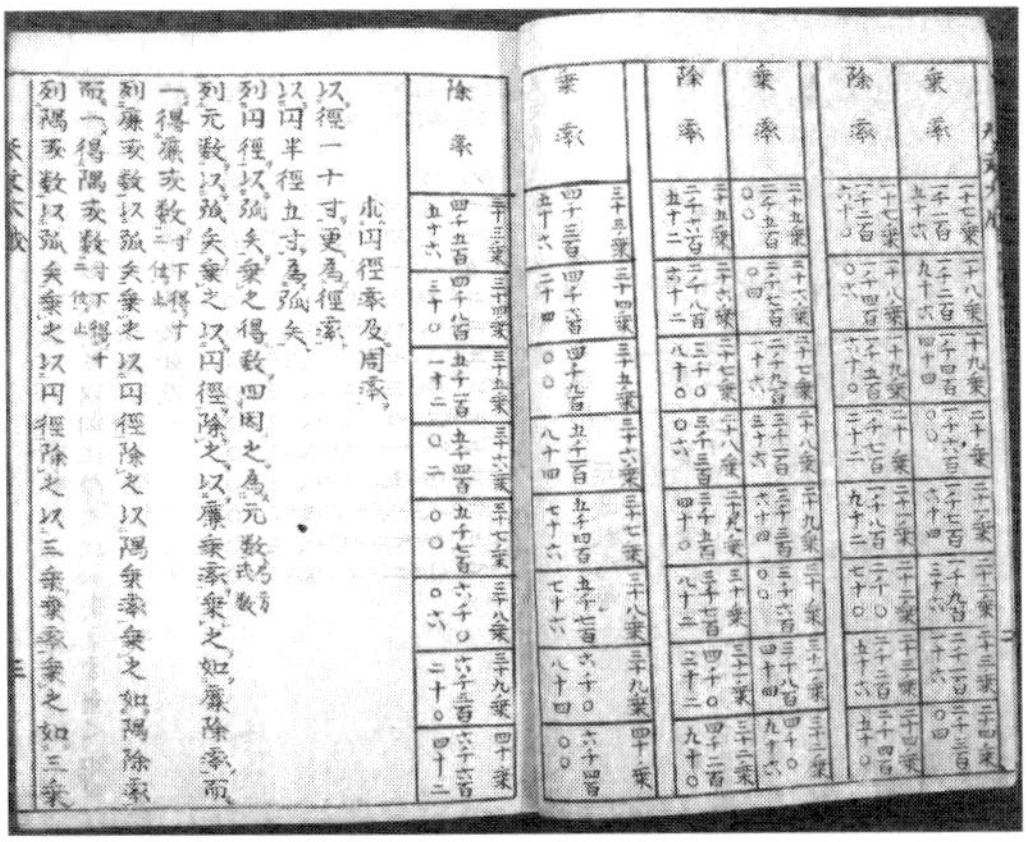

図9-1-6　『天文大成真遍三條図解』の乗率・除率表（東北大）

（二）円周率の算出（原文）

歳胤は以下に述べるように周率（円周率）について述べ、ある漸化式で小数点以下十三桁まで求めている。それは十桁まで正しく、十一桁目も四捨五入した値となっている。

原文では、まずはじめに「藤原親盈先生門人　平歳胤考著」とあり、続けてすぐに乗率と除率の次のような数表となり、これが四十乗までである。

乗率	除率	乗率	除率
廉 四	廉 一十二	九乗 三百二十四	九乗 三百八十
隅 一十六	隅 三十〇	一十乗 四百〇〇	一十乗 四百六十二
三乗 三十六	三乗 五十六	一十一乗 四百八十四	一十一乗 五百五十二
四乗 六十四	四乗 九十〇	一十二乗 五百七十六	一十二乗 六百五十〇
五乗 一百〇〇	五乗 一百三十二	一十三乗 六百七十六	一十三乗 七百五十六
六乗 一百四十四	六乗 一百八十二	一十四乗 七百八十四	一十四乗 八百七十〇
七乗 一百九十六	七乗 二百四十〇	一十五乗 九百〇〇	一十五乗 九百九十二
八乗 二百五十六	八乗 三百〇六	一十六乗 一千〇二十四	一十六乗 一千一百二十二

表9-1-2　乗除率表（部分）

次いで次のような周率の記述がある。

求ム二円径率及ヒ周率ヲ一

以テ二径一十寸ヲ一更ニ為ス二径率ト一

以テ二円半径五寸ヲ一為ス二弧矢ト一

列二円径ヲ一以テ二弧矢ヲ一乗レ之得ル数ヲ四因メ之ヲ為ス二元数ト一（乃方式数）

列二元数ヲ一以テ二弧矢ヲ一乗レ之以テ二円径ヲ一除キレ之ヲ以テ二廉乗率ヲ一乗シレ之ヲ

如ク二廉除率ノ一而モ

直径＝十寸

半径五寸＝弧矢

四因＝四倍

一ニメ得二廉成数ヲ一（寸下得テ二十 二位ヲ一止）
列二廉成数一以二弧矢一乗レ之以二円径一除レ之以二隅乗率一乗レ之如ク二隅除率一
而モ一ニメ得二隅成数一（寸下得テ二十 二位ヲ一止）
列二隅成数一以二弧矢一乗レ之以二円径一除レ之以二三乗ノ乗率一乗レ之如ク二三乗ノ
除率一而モ一ニメ得二三乗成数一（寸下如レ上 此ノ以下ハ皆ナ倣ヘレ之レニ）
列二三乗成数一以二弧矢一乗レ之以二円径一除レ之以二四乗ノ乗率一乗レ之如ク二四
乗除率一而モ一ニメ得二四乗成数一（下皆ナ 如ク二前術ノ一而メ到二四十乗ニ一止）
如メ二前術ノ一而メ所レ得ル之成数如シレ左ノ

方　元数二百寸○○○○○○○○○○
廉　卅三寸三三三三三三三三三三三三
隅　八寸八八八八八八八八八八八八
三乗　二寸八五七一四二八五七一四二
四乗　一寸○一五八七三○一五七八二
五乗　○寸三八四八○○三八四八○○
六乗　○寸一五二二二八七二三六五七
（この間省略）
廾九乗　○寸○○○○○○○○○○○一
四十乗　○寸○○○○○○○○○○○○

共ニ四十位相併テ得数列スレ左ニ

二百四十六寸七四〇一一〇〇二七四九四

相併ルノ数即チ為ス二半円周巾ト一故ニ平方ニ開キレ之ヲ得ル数乃チ?半円周也

倍メレ之ヲ為ス二

周率ト一如シレ左ノ　求ルレ径ヲ者ハ相併テ為シレ実ト以テ二半周巾ヲ一為シレ法ト
実如クレ法ノ而モ一ニメ得テ二円径一十寸ヲ一即チ径率也

周率三十一寸四一五九二六五三五九一四

欲ルレ合二寸下立位ニ一故ニ求二寸下十二位ニ一止假令ヘハ如ク二前術ノ一而メ欲ルレ合二寸下十位ヲ一者ハ求テ二寸下二十位ヲ一止ミ欲ルレ合二寸下五十位ニ一者ハ求テ二寸下百位ヲ一止ミ欲ルレ合二寸下百位ヲ一者ハ求二寸下二百位一欲レ合二寸下三百位ヲ一者ハ求二寸下六百位也以下皆倣ヘレ之レニ

相併＝合計して

巾＝二乗

假令＝たと（えば）

（三）検算

以上の文章をもとに具体的に計算すると小数点以下十二桁までの演算で次のようになる。

①方10×5×4(四因)＝200　→　これが元数となる

②廉（200×5÷10）×4(廉乗率)÷12(廉除率)＝33. 333333333333

③隅（33. 333333333333×5÷10）×16(隅乗率)÷30(隅除率)＝8. 888888888888

④三乗（8. 888888888888×5÷10）×36(三乗乗率)÷56(三乗除率)＝2. 857142857142

以下同様に四十乗まで行う。

⑤四十乗まで求めた値を全て加算すると、246. 740110027494

原文の値を合計するとこの値にならない。十五乗の0寸000058179953を0寸000085179953、二十一乗の0寸0000000833717を0寸0000000823717とすると合う。原文の誤写と思われる。

⑥$2\sqrt{246.7410110027494}=31.4159265535914$

⑦この値を10分の1にして「3.14159 26535 914 」の円周率を得る。（下線部分までが正しい値）

この値は小数点以下十桁まで正しい。なお、原文の計算値は小数点以下十二、十三桁で若干の誤差があり、これが正しく計算されていれば十二桁まで正しい値が得られていた筈である。これらの計算には多大な労力を要するのは容易に想像できる。

また、この求め方をまとめると式1のような漸化式となる（表9-1-2の乗率は$(2n)^2$で表され、除率は式1のb_nで表される）。

なお筆者は、「寸下五十位に合せ欲する者《は》、寸下百位を求めて止め…」などをヒントにしてこの式を使い精度を上げて計算し、因みに小数点以下千桁まで求めてみたが、全く正しい値が得られた。これは後に述べるようにこの式が公式そのものになるものだから当然の帰結でもある。

$$周率 = 2\sqrt{a_0 + \sum_{n=1}^{40} \frac{a_{n-1} \times 5 \times (2n)^2}{10 \times b_n}}$$

但し、

$a_0 = 10 \times 5 \times 4 = 200$、　$a_n = \dfrac{a_{n-1} \times 5 \times (2n)^2}{10 \times b_n}$

$b_0 = 2$、　$b_n = b_{n-1} + 10 + 8(n-1) = b_{n-1} + 8n + 2$

なお、

$(2n)^2$は、$n=1$のとき4で廉乗率、

$n=2$のとき16で隅乗率、

$n \geq 3$のときはn乗乗率といい、

b_nは、$n=1$のとき12で廉除率、

$n=2$のとき30で隅除率、

$n \geq 3$のときはn乗除率といっている。

また、5は円半径(弧矢)、10は径率であり、

円周率＝$\dfrac{周率}{径率}$だから、上記周率の10分の1が円周率となる。

式１　歳胤が計算した式

（四）考察

考察に先立ち、和算における円周率の主な歴史をまとめてみたい。それは次のようなものである。[2]

①寛文三年（一六六三）、村松茂清が『算俎』の中で、正32,768（2^{15}）角形から、

「3.14159 26 」

を算出している。これは小数点以下七桁まで正しい。

②関孝和（一六四〇?～一七〇八）は『括要算法』[10]（正徳二年（一七一二））の貞巻の「求円周率術」の項で、131,072（2^{17}）角形から小数点以下九桁まで正しい値

「3.14159 26532 88992 7759 弱」

を算出している。さらに同書で関孝和は特別の方法で、

「3.14159 26535 9微弱」

を算出している。これは小数点以下十桁まで正しい。

③建部賢弘《たけべかたひろ》（一六六四～一七三九）は『綴術算経《てつじゅつさんけい》』[11]（享保七年（一七二二））の「探円数第十一」の中で、関孝和の方法を改良して256（2の8乗）角形から、

「3.14159 26535 89793 23846 26433 83279 50288 41971 2 強」

を算出している。これは小数点以下四十桁まで正しい。

④松永良弼《よしすけ》（一六九〇?～一七四四）は『方円算経』（元文四年（一七三九））の中で

「3.14159 26535 89793 23846 26433 83279 50288 41971 69399 3751 」

を算出している。これは小数点以下四十九桁まで正しく、和算の最高記録でもある。

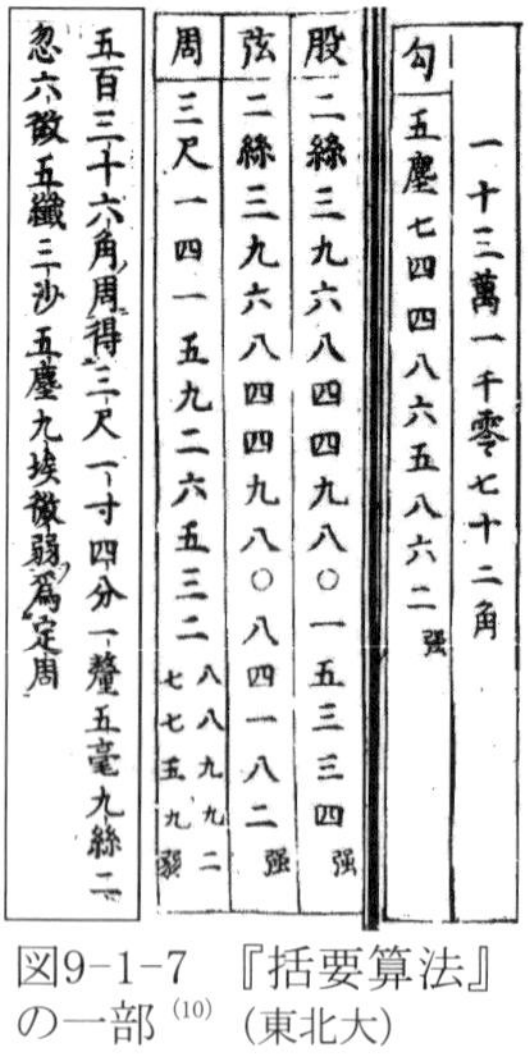
一十三萬一千零七十二角
勾　五塵七四四八六五八六二強
股　二絲三九六八四四九八〇一五三三四強
弦　二絲三九六八四四九八〇八四一八二強
周　三尺一四一五九二六五三二八八九九二七七五九弱
五百三十六角周得三尺一寸四分一釐五毫九絲二忽六微五纖三沙五塵九埃微弱爲定周

図9-1-7　『括要算法』の一部[10]（東北大）

さて、式1はどのようにして導かれたのだろうか。結論から言えば歳胤自身が考えたのではなく、建部賢弘が導いた式であるようだ。建部賢弘は『綴術算経』の「探弧数第十二」の中で次のように述べ（原文は表もある。図9-1-8参照）、式2に示すような弧背の式を帰納的に算出している（ここでは帰納的に求めたというのがミソであろう）。

「其逐差ヲ求ル乗除之数ヲ視ルニ乗法ハ一差ヨリ起テ逐段一算ヲ増ノ元数二差二三差三四差四以上也ヲ以テ各自乗シテ奇段ハ一差三差五差以上ノ者ナリ直偶段ハ二差四差六差以上ノ者ナリ倍スル数ナルコトヲ探会ス○除法ハ左数ハ一差三ヨリ起テ逐段二算ヲ増ノ元数二差五三差七四差九以上也右数ハ奇段ハ一差一ヨリ起テ一算ヲ逐増スルノ元数三差二五差三以上也偶段ハ二差三ヨリ起テ二算ヲ逐増スルノ元数四差五六差七八差九以上也各左右ノ元数ヲ以テ相乗スルノ数ナルコトヲ探会ス」

この式はさらに無限級数に展開され、著名な数学者オイラー（一七〇七〜八三）の無限級数の式より時代的に先行して求められたものとして有名になるが、式2の形からはオイラーの展開式である$(arc\sin x)^2$はすぐにはなかなか結びつかない。『綴術算経』の後に刊行された賢弘の『円理弧背術』では式2の係数は式3のように表されることになり、その値は表1の値そのものである。つまり式1の漸化式は式3の係数を用い、式2で$d=10$, $c=5$とし、$2s$として一気に円周

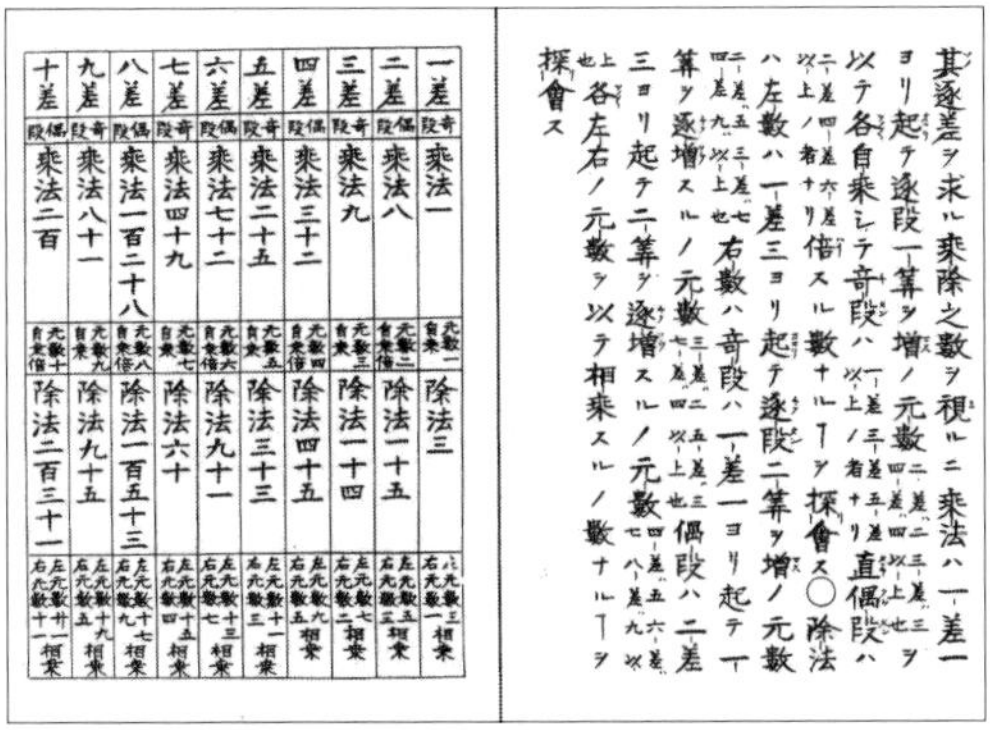

一差	二差	三差	四差	五差	六差	七差	八差	九差	十差
奇段	偶段	奇段	偶段	奇段	偶段	奇段	偶段	奇段	偶段
乘法一	乘法八	乘法九	乘法三十二	乘法二十五	乘法七十二	乘法四十九	乘法一百二十八	乘法八十一	乘法二百
元數一自乘	元數二自乘倍	元數三自乘	元數四自乘倍	元數五自乘	元數六自乘倍	元數七自乘	元數八自乘倍	元數九自乘	元數十自乘倍
除法三	除法一十五	除法一十四	除法四十五	除法三十三	除法九十一	除法六十	除法一百五十三	除法九十五	除法二百三十一
左元數三右元數一相乘	左元數五右元數三相乘	左元數七右元數二相乘	左元數九右元數五相乘	左元數十一右元數三相乘	左元數十三右元數七相乘	左元數十五右元數四相乘	左元數十七右元數九相乘	左元數十九右元數五相乘	左元數廿一右元數十一相乘

其逐差ヲ求ル乘除之數ヲ視ルニ乘法ハ一差ヨリ起テ逐段一筭ヲ増ノ元數二差二三差三四差四以上也ヲ以テ各自乘シテ奇段ハ一差三差五差以上ノ者ナリ直偶段ハ二差四差六差以上ノ者ナリ倍スル數ナルコトヲ探會ス○除法ハ左數ハ一差三ヨリ起テ逐段二筭ヲ増ノ元數二差五三差七四差九以上也右數ハ奇段ハ一差一ヨリ起テ一筭ヲ逐増スルノ元數三差二五差三以上也偶段ハ二差三ヨリ起テ二筭ヲ逐増スルノ元數四差五六差七八差九以上也各左右ノ元數ヲ以テ相乘スルノ數ナルコトヲ探會ス

図9-1-8『綴術算経』の探弧数第十二(11)
（国立公文書館）

を求めるために√（ルート）の中に「4」という因子を導入したものと思われる。建部賢弘―中根元圭―幸田親盈―今井兼庭・千葉歳胤といった流れの中で歳胤はこの式を勉強し、このように応用したのに違いないだろう。

ただ疑問なのは賢弘が『綴術算経』の中ですでに四十桁以上の円周率を求めているのに、敢えてもっともらしく十三桁まで求めているのは理解に苦しむところでもある。歳胤は実用性を重視し、天径を求めるにはそれ以上の精度は不要とでも考えたのだろうか。

なお、二十六年後の天明四年（一七八四）に、歳胤の門人でもある経世家の本多利明が『再訂三條図解』の冒頭で歳胤と全く同じ手法で四十八桁まで正しい値を求めている。

綴術算経の探弧数第十二における弧背sの算出式
(dは直径、cは矢)

$$\left(\frac{s}{2}\right)^2 = \text{元数} + \text{一差} + \text{二差} + \text{三差} + \cdots$$

$$\text{元数} = cd \quad \text{、一差} = (\text{元数}) \times \frac{1}{1\cdot 3}\frac{c}{d}$$

$$\text{二差} = (\text{一差}) \times \frac{2\cdot 2^2}{3\cdot 5}\frac{c}{d} \quad \text{、三差} = (\text{二差}) \times \frac{3^2}{2\cdot 7}\frac{c}{d}$$

$$\text{四差} = (\text{三差}) \times \frac{2\cdot 4^2}{5\cdot 9}\frac{c}{d} \quad \text{、五差} = (\text{四差}) \times \frac{5^2}{3\cdot 11}\frac{c}{d}$$

$$\text{六差} = (\text{五差}) \times \frac{2\cdot 6^2}{7\cdot 13}\frac{c}{d} \quad \text{、七差} = (\text{六差}) \times \frac{7^2}{4\cdot 15}\frac{c}{d}$$

$$\cdots\cdots$$

式２『綴術算経』の弧背の式

式2の係数

$$\frac{1}{1\cdot 3},\ \frac{2\cdot 2^2}{3\cdot 5},\ \frac{3^2}{2\cdot 7},\ \frac{2\cdot 4^2}{5\cdot 9},\ \frac{5^2}{3\cdot 11},\ \frac{2\cdot 6^2}{7\cdot 13},\ \frac{7^2}{4\cdot 15}$$

は、偶項の分母子に2を乗じ、奇項のそれに2^2を乗ずると

$$\frac{2^2}{3\cdot 4},\ \frac{4^2}{5\cdot 6},\ \frac{6^2}{7\cdot 8},\ \frac{8^2}{9\cdot 10},\ \frac{10^2}{11\cdot 12},\ \frac{12^2}{13\cdot 14},\ \frac{14^2}{15\cdot 16}$$

となって一律に書ける。

式３　係数の変形

参考文献

（1）山口正義『天文大先生　千葉歳胤のこと』（まつやま書房 2009年）
（2）遠藤利貞遺著・三上義夫編『増修日本数学史』（恒星社厚生閣、昭和56年）p203, 227, 230, 258, 269他

（3）『関先生碑名・開板算書・算家景図・数学興廃記』（日本学士院所蔵）
（4）千葉歳胤『天文大成真遍三條図解』（東北大学附属図書館・林集書／林文庫『天文秘録集』）
（5）千葉歳胤『皇倭通暦蝕考』（国立天文台）
（6）『本多利明先生行状記』（東京市史稿　港湾篇第二）　p342　なおこの原文は東北大学附属図書館にある。
（7）千葉歳胤『蝕算活法率』（東京大学総合図書館）
（8）藤田権平『日本算者系』（日本学士院）
（9）『明治前日本天文学史』（日本学士院日本科学史刊行会　1979年）
（10）関孝和『括要算法』（東北大学和算ポータルサイト）
（11）建部賢弘『綴術算経』（国立公文書館）

天文岩と祠（天文霊神）（飯能市虎秀）
歳胤はこの天文岩の岩窟に入り勉強したと言われる。天文霊神と書かれた祠には歳胤のことが書かれた寛政2年の板札があったといわれる。

九・二章　石井弥四郎

文化元年（一八〇四）〜明治四年（一八七一）　六十七歳（飯能市）

【概要】

石井弥四郎和儀[1]は、高麗郡原市場村（飯能市原市場）出身で文化元年に生まれ、明治四年に六十七歳で亡くなっている。市川行英（一八〇五〜五四）の門人であり、文政十三年に子《ね》の権現（天龍寺：飯能市大字南）に穿去《せんきよ》問題の算額を奉納したことが『算法雑俎』[2]に記載されている。石井弥四郎のことは今までこの記載のことしかわからず生没年も不明であったが、石井家に和算関係の史料八種類約百三十丁（石井家文書と仮称）ほどが残っていることがわかり、また原市場の西光寺[注1]（廃寺）に墓石のあることがわかった。墓石などから生没年月日も判明した。

発見した史料の中には、東松山市の岩殿観音[注2]（正法寺）にかつて掲額されていた「幻の算額」（小高多聞治重郷の算額（七・八章（二）参照））を写し取っているばかりか解法も示されているものがある。また、吉見町の吉見観音（安楽寺）の算額も写し取っていたり、高崎市の榛名神社や於菊稲荷社の算額の記述もあることが判明した。これらの問題を石井弥四郎は解いていたこともわかり、足取りの一旦を推測できるものであった。

図9-2-1 子の権現（天龍寺）

発見した史料の中には極限と積分の概念に通じる円理に関する数式が幾つも記述されているものがある。これらの式は松永良弼や安島直円が求めたものだが、複雑な式を間違いなく記述していることも確認できる。

（注1）西光寺（廃寺）は南高麗の長光寺（曹洞宗）末。鎌倉時代の板石塔婆は市文化財。

（注２）岩殿観音内には現在、内田祐五郎（七・二章）が明治十一年に掲額した算額がある。

【起請文】

石井弥四郎の起請文[3]は他の神文とは少し異なっている。写し間違いと思われる個所もあり、また読めない個所もあるが、その一部を参考程度に次に掲げる。

筭《算》術以氣《起》證《請》文《文》ヲ新門奉願上候

武州高麗郡原市場邑

彌四郎自謙筭道致厚鑿《うがち》候所

（略）誠行壹術一流之筭道ヲ他流之師
傳ヲ請、又者門人外他流他言致間鋪、
諸筭術秘満《秘密か》之條ハ、假令《たとい》親子兄弟成其《共か》
筭道之新門不入者、何ケ様にて候共、
弘傳多案可致慮ハ、如當之子孫曾孫玄
孫末代ニ至迠、門人途相違無之、相傳
可申脩事右之書面如斯之御座候、若シ哉
去言疑ニおよび、違来甚節我意身體之志
ス処□之有條知□□日本大小之神祇諸神
天之賞罰可蒙（略）

文政六癸未年十二月日

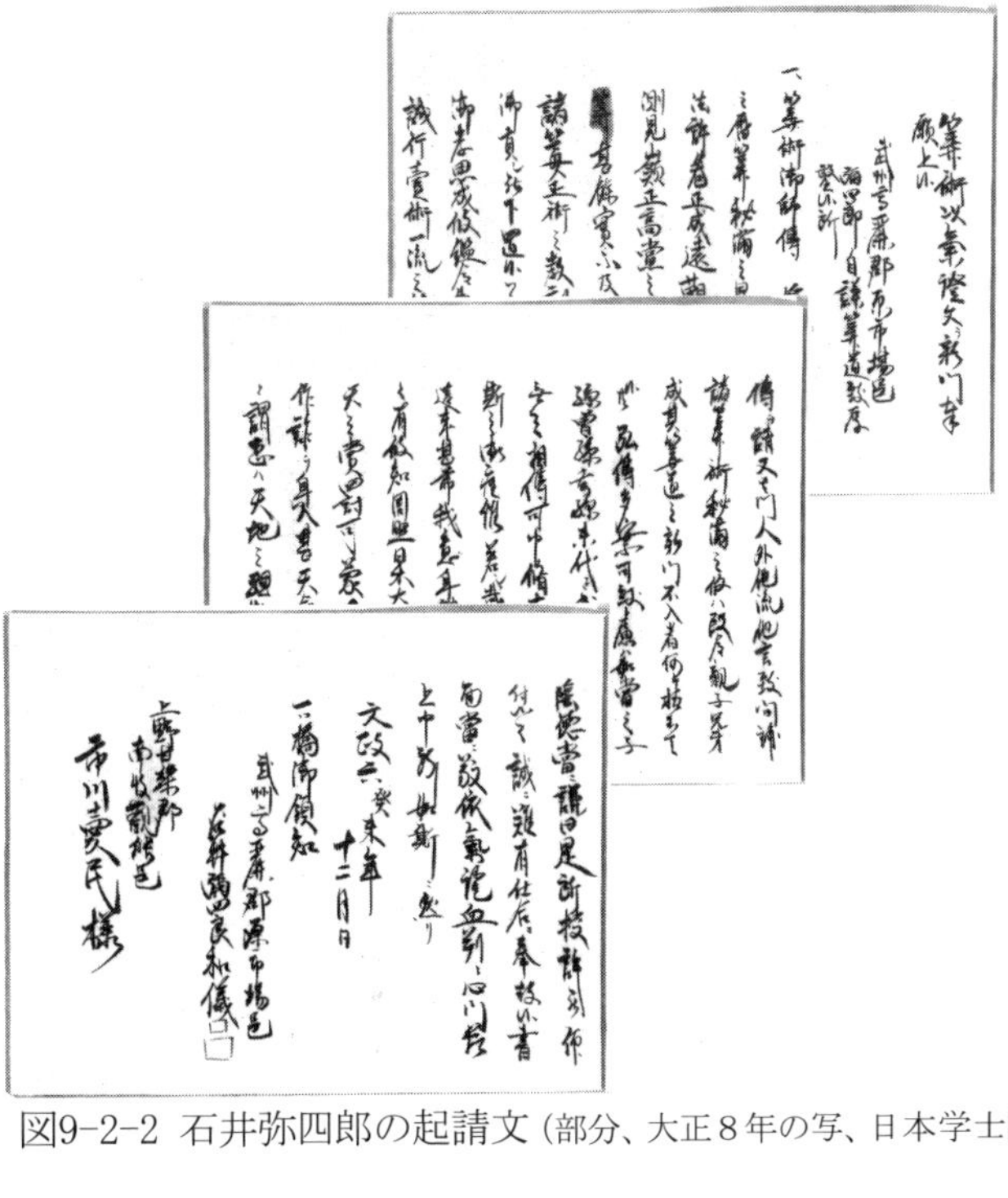

図9-2-2　石井弥四郎の起請文（部分、大正８年の写、日本学士院）

一ッ橋御領知
武州高麗郡原市場邑
石井彌四郎和儀　□□
上野甘楽郡
南牧観能邑　（現・群馬県甘楽郡南牧村勧能）
市川愛民様　（行英は愛民とも号した）

この起請文は「算術起請文を以て新門願上奉候」とあるから、明らかに入門のとき差し出したものに違いない。意味のわからない個所も多いが、このような起請文あるいはもっと簡潔な神文を提出するのは半ば形骸化していたようである。(注3) また、田中與八郎の神文（六・五章）には「免許以前指南仕間鋪事」とあるが、一・二章（五）で述べたように市川行英が見題の免許状を受けたのは文政九年であり、石井弥四郎が起請文を行英に提出したのは文政六年である。つまり、最初の見題の免許状を受ける前に行英は門人を採っていたわけで神文の趣旨に行英自身が背いていたことになるが、このことも形骸化していたことと関係するのかも知れない。

（注3）例えば『和算家の旅日記』（佐藤健一著）に神文の例が掲載されているが、秘密性については否定されているようである。

【墓】
石井家過去帳で石井弥四郎和儀に関係するものを探すと次のようになる。
萬嶽了忠居士　　明治四年二月廿一日

石井弥四郎　　　六十七年二ヶ月
守室堅貞大姉　　弘化元年甲辰年六月一日
石井シケ　　　　弥四郎妻　三十七年六ヶ月
石永徳順大姉　　嘉永五壬子五月二十四日
石井タミ　　　　宇兵衛妻　八十年五ヶ月

また、石井家の墓地である西光寺（今は廃寺、飯能市原市場、棒ヶ谷戸）の過去帳[4]の嘉永五子年の項には次のようにある。

石永徳順大姉　　五月二十四日　赤工　弥四郎母

石井家過去帳は後世に記述されたようであるが、それは西光寺の過去帳を基にしているようである。西光寺には、図9-2-3、9-2-4に示すような墓がある。過去帳の居士、大姉、卒年などはこの墓と一致する。つまり、石井弥四郎和儀の戒名は「萬嶽了忠居士」であり、生没年は「文化元年（一八〇四）十一月七日生、明治四年（一八七一）二月二十一日亡」（六十七歳）ということが判明する。また石井家過去帳と照らし合わせれば、妻とは三歳違いで石井弥四郎四十歳のときに妻を亡くしていることや、母が石井タミであることもわかる。

左側面の「天保十五辰六月朔日　施主　石井鏸三郎」というのは、妻が亡くなったときに建てられたと思われ（天保十五年と弘化元年は同年）、石井弥四郎が亡くなった後に改めて、「萬嶽了忠居士」と「明治四年二月二十一日亡」を刻印したと思われる。

この生没年の事実により、石井弥四郎和儀は、師の市川行英とまったく同年代の人であり、行英に入門にあたって起請文を提出した文政六年（一八二三）は十九歳のときであり、子の権現に算額を奉納した文政十三年（一八三〇）

は二十五歳のときということがわかる。

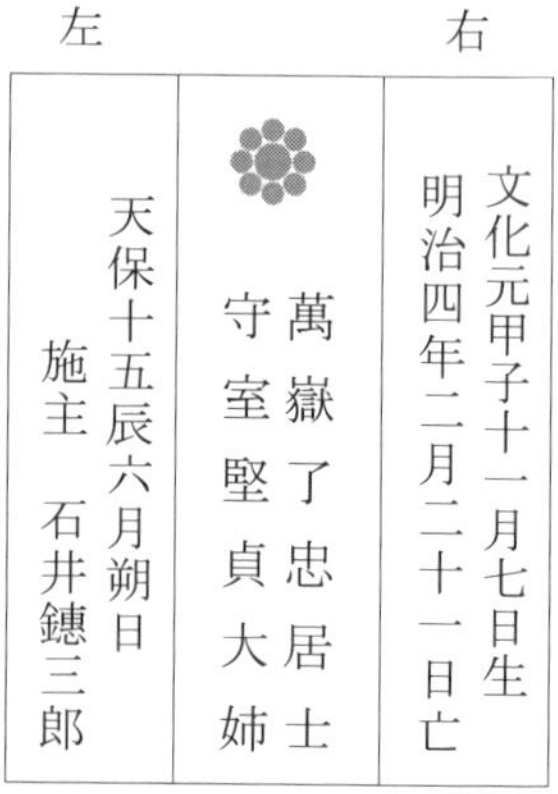

図9-2-3 石井弥四郎の墓

【算術書】

石井家に伝わる石井弥四郎の和算史料の中から幾つか紹介したい[5]（史料A～Eとする）。

（1）石井家文書A（綴物　四十頁）は、石井弥四郎を知る上で貴重な史料である。

この書物の表紙、内表紙、目録、裏表紙には次のようにある。

表紙　奉納改正算法　全

内表紙　関流八傳市川玉五郎行英門人

武州高麗郡原市場邑

石井弥四郎和儀

図9-2-4 石井弥四郎の墓
（2011年9月）

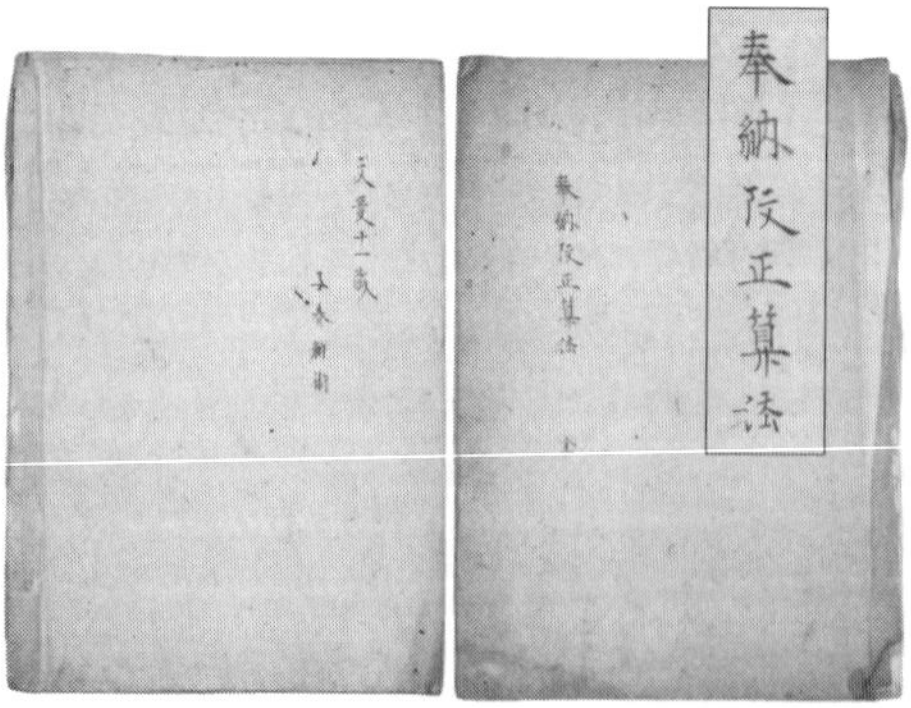

図9-2-5　「改正算法」の表紙と裏表紙及び題字拡大

目録
坂東十番観世音堂者一條
並改正別術
同十一番　　目録終
裏表紙　文政十一歳　子春解術

坂東十番観世音堂とは東松山市の岩殿観音（正法寺）のことであり、同十一番とは比企郡吉見町の吉見観音（安楽寺）のことである。石井弥四郎はこの両観音に掲げられていた算額の問題を書き写し、算額に載っている解き方ともう一つの別解あるいは改正（変形）した問題を作り、点竄《てんざん》術（傍書法）を用いて解いている。「改正算法」と名付けたのは別解もしくは改正した問題を作ったことによるのだろう。文政十一年（一八二八）春とあり、弥四郎二十三歳のときのものである。

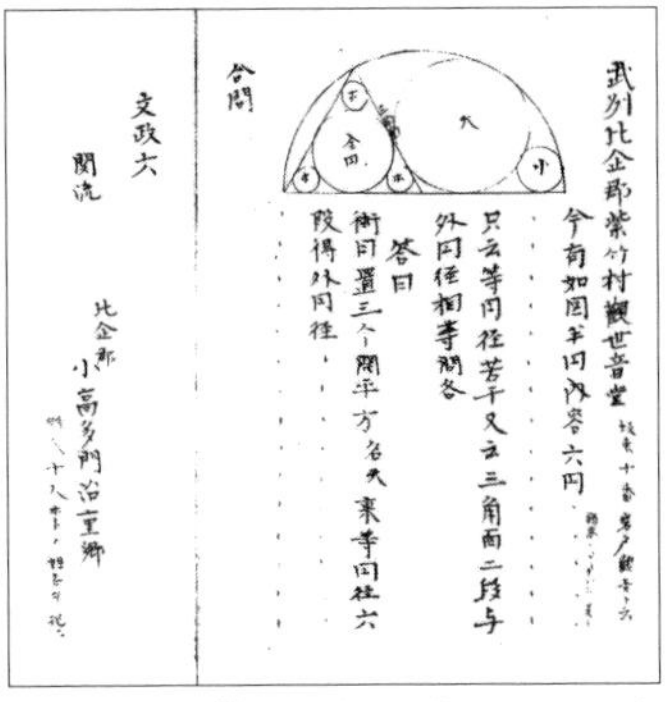

図9-2-6『額題輯録』にある岩殿観音算額[6]（図7-8-1の再掲）

岩殿観音の算額は文政六年（一八二三）に小高多聞治重郷（?～一八三七、享年八十歳位、紫竹（川島町）の人）が掲額したものだが、岩殿観音は明治十一年に火災に遭っていてこのとき焼失した可能性もあり現存しない。このことは既に七・八章（一）で述べた。『額題輯録』[6]（写本）には一部しか書かれておらず、いわば「幻の算額」であった。

この算額を石井弥四郎は書き写していたばかりか、別解も示している。これにより「幻の算額」の内容が判明したことになる。ただ、年号や掲額者の名前、それに門人の名前が書き写されていないのは少々残念なことである。問題は図9-2-7のような図で、等円の径が与えられたときに、外円と大円、それに小円の径を求めるもので、次のように記述されている。

図9-2-7

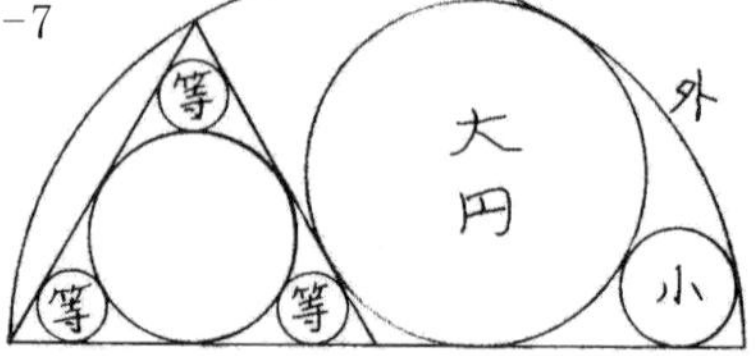

所懸于坂東十番観世音堂者一事

今有如圖半円内容三角面及隅角面
内外交罅《カ》六円只云者等圓徑若干乃
三角面二段与外圓巠相等問外円巠大
円徑小円巠得各其術如何

答曰如左

術曰置三箇開平方名天乗等円六段得外円巠又曰天
二段之内減三箇名甲乗外円巠得大円巠次曰以甲除天
三段内減四箇餘名乙乗等圓徑十八段加大圓巠名丙乗大圓
徑開平方倍之以減丙位大円徑和内餘以乙冪除之ヲ
得小圓徑合問

別術

術曰置一十二箇開平方名率乗等円徑三段得外円巠置
率三除之加一箇以除外円巠得大円巠置率加三箇五
分乗大円巠冪四十八段開平方減大円巠因率餘除率二段一十八
箇和自之除大円巠得小円巠合問

○假等徑一寸

外巠一十〇寸三九
大巠　四寸八二
小巠　一寸七〇
有奇

（注）罅《カ》＝図形と図形の小さな部分（すきま）

（注）有奇＝余りのあること

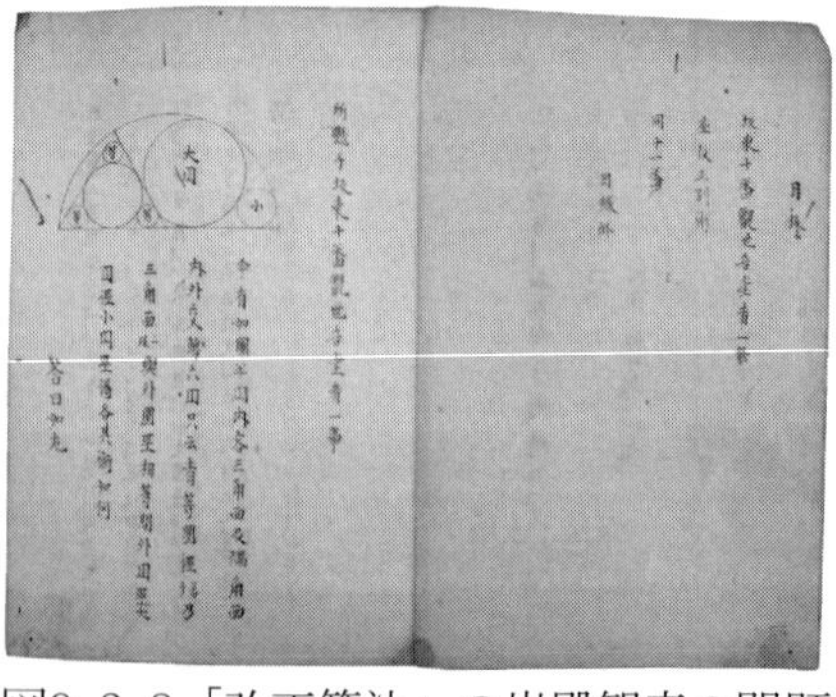

図9-2-8「改正算法」の岩殿観音の問題

読み下しは次のようになろう。

今図のように、半円内に三角面及び隅角面の内外に六円が接する場合、等円の径が与えられ、三角面の二倍と外円の径が等しいとき、外円の径、大円の径、小円の径を得る方法はいかに。

答に曰く左の方法

計算方法は、3を置き平方に開き天と名付け、等円を乗じ6倍して外円径を得る。又曰く天を2倍し3を減じ甲と名付け、外円径を乗じて大円径を得る。次に曰く甲を以て天の3倍を除し、4を減じこれを乙と名付ける。これに等円径の18倍を乗じ、大円径を加えこれを丙と名付ける。これに大円径を乗じ平方に開き2倍し、丙に大円径を加えたものから減じたものを乙の巾（自乗）で除して小円径を得て問いに合う。

別の方法

計算方法は、12を置き平方に開き率と名付け、等円を乗じ3倍して外円径を得る。率を置きこれを3で除し1を加え、これを以て外円径を除して大円径を得る。率を置き3.5を加えたものに大円径の巾（自乗）を乗じ48倍する。これを平方に開き、大円径に率を掛けたものを減じその余り

等円、大円、小円、外円の径を d_1、d_2、d_3、Dとすると、

$\sqrt{3}=$天、$6\sqrt{3}\,d_1=D=$外円径、$2\sqrt{3}-3=$甲、

$(2\sqrt{3}-3)D=d_2=$大円径、

$\dfrac{天\times 3}{甲}-4=$乙、乙$\times d_1\times 18+d_2=$丙、

$\sqrt{丙\times d_2}\times 2=A$、$\dfrac{(丙+d_2)-A}{乙^2}=d_3=$小円径　……①

別術

$\sqrt{12}=$率、$\sqrt{12}\times d_1\times 3=6\sqrt{3}\,d_1=D=$外円径、

$D\div\left(\dfrac{\sqrt{12}}{3}+1\right)=(2\sqrt{3}-3)D=d_2=$大円径

$48\,(\sqrt{12}+3.5)d_2^2=B$、$\dfrac{\sqrt{B}-\sqrt{12}\,d_2}{2\sqrt{12}+18}=C$、

$\dfrac{C^2}{d_2}=d_3=$小円径　……②

①②は共に次式のようになり等しい。

$$d_3=\frac{-123+72\sqrt{2}+150\sqrt{3}-62\sqrt{6}}{529}D$$

図9-2-9　岩殿観音の算額の解法式

に、率を2倍し18を和したもので除し、これを自乗し大円径で除して小円径を得て問いに合う。

これらの解法をまとめると図9-2-9のようになる。図中の①式と②式は計算すると一致する。

吉見観音の算額は、文政五年（一八二二）四月に関流の矢島久五郎豊高が掲額したもので、既に七・四章で述べたところである。問題は二問あるが、石井弥四郎が書き写したものは現存の算額の順番とは何故か逆になっている。

この問題は、直角三角形の直角の頂点から斜辺（弦）へ垂線（中鉤）を引き大円と小円があるとき、条件に従って二つの円の直径を問うものだが、石井弥四郎は「右改正二條内一條一條者別書出」として、大小円径の差と股弦の差が与えられたときに股長を求める問題（只云大小円巠差若干又云股弦差若干問得股術如何）に変形し、その解を与えている。もう一つの問題に対しても、同じように設問を若干変形しその解を与えている。

図9-2-10　岩殿観音（正法寺）

（2）石井家文書B（綴物　二十六頁）は、表題がないが、盈不足術（過不足術）、方程正負術（三元の一次連立方程式）、寄偶算、整数（直角三角形の各辺が整数）の四部門について計十五問を挙げている。盈不足術は九問、方程正負術は五問あり（五問目は解答していない）、いずれも『算学啓蒙』に載っている問題と同じである。寄偶算と整数の問題の出典は不明である。この書物も石井弥四郎の勉強の証である。奥書には「西上　関流市川行英門人　武州原市場邑人　石井弥四郎和儀　印印」とあるが、年月の記述は残念ながらない。印があるのはこの史料のみである。

（3）石井家文書C（綴物　二十二頁）は、題や奥書などはなく、いつ頃のものか直接的には不明であるが、内容からして二十〜二十三歳頃のものだろうか。五問の幾何図形を解いていて、一問目は上毛新町（高崎市新町）の於菊稲荷神社の算額、二問目は上毛榛名神社の算額、三問目は『精要算法』（藤田貞資）中巻の34問目である。四、五問目の出処は不明。これも石井弥四郎の勉強時代のものであろう。

於菊稲荷神社は中山道の新町宿にあり、江戸時代には栄えたようで絵馬の文化財が多数あることで知られている。算額もあったようだが、現在は複製の算額が二面あるのみである。

『賽祠神算』[7]には於菊稲荷神社の算額の問題が三問載っており、その内の一問が石井和儀が書いたものと同じである（但し図形が上下逆となっている）。賽祠神算の序には天保二年（一八三一）とあるから年代的にはこの書物を見て写したとは考えにくく、実際に見学して書き写したのだろう。[注4]書き写したものは問題と答術のみで出題者や年月は記載されていないが、賽祠神算には「文政三年歳次庚辰五月　関流増尾三太夫良恭門人　丸山左十郎佐平」とある。増尾三太夫良恭は小野栄重の門人である。問題の内容は、台形の三辺の長さが同じときに最大の面積になるもう一辺の長さを求めるもので次のように記述されている。現代では微分で解けるが、石井弥四郎はこの解を得るのに五頁に渡って傍書法で計算している。

榛名神社の算額は現存し、群馬県重要文化財に指定されている。この算額が当時の何かの書物に記載されている例は見つからない。石井弥四郎が実際に見学して書き写したものだろう。[注4]問題は八問あり、五番目のものを書

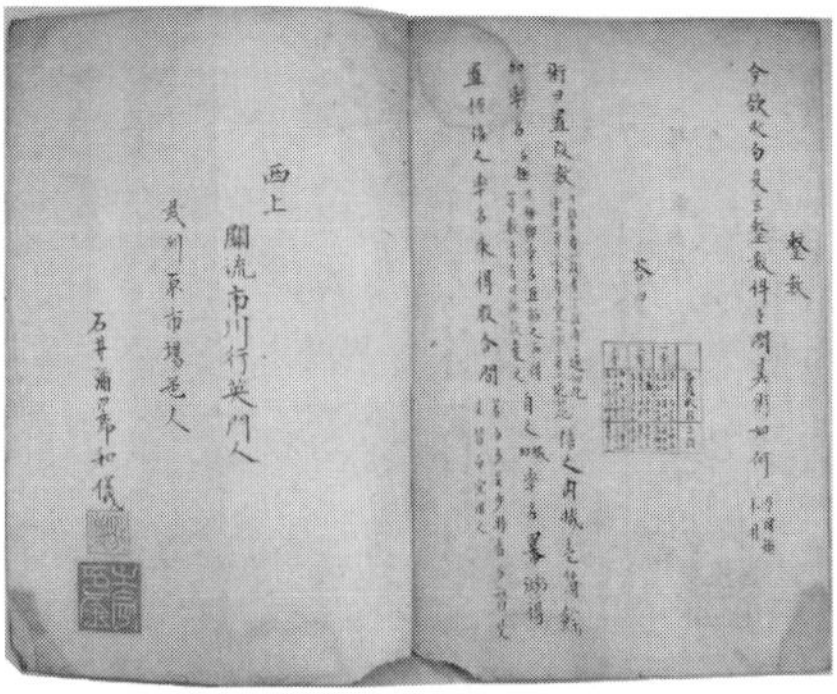

図9-2-11　整数の問題と奥書

き写している。出題者は石田一徳（玄圭）の門人で五十嵐友四方明とあり、文化八年(一八一一)である。石田一徳は藤田貞資の門人で、八問は全て石田一徳の門人が出題したものである。書き写した内容は次のようなもので、図中の長を与えられたとき平を求めるものであるが、答は小円の径も書いてある。

所掲干上毛榛名山者八條之内
　今有如圖直内隔斜容三圓只云
　長七寸問平幾何
　　答曰平六寸〆小円巠一寸五分
　術曰置長六之以七除之得平如四而一
　得小円巠問合
　　高井郷石田一徳

図9-2-12

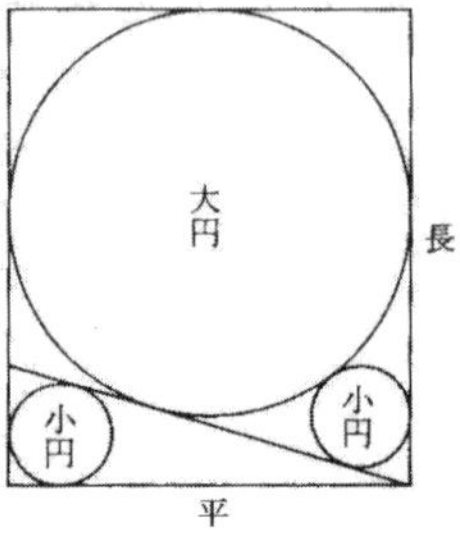

文化八辛未年　上州群馬郡本郷
四月朔日　門人　五十嵐友四方明

術文は、「長の六倍を置き七で除し平を得、四で除して小円径を得て問いに合う」というものである。「得平如四而一《へいをえてしのごとくしかもいち》」は平を得て四で割ることを意味する[8]。

（注4）時代性を考慮して和算書を調べてみたが、於菊稲荷の問題が載っているのは賽祠神算のみだが時代的に合いそうにない。また榛名神社の問題が

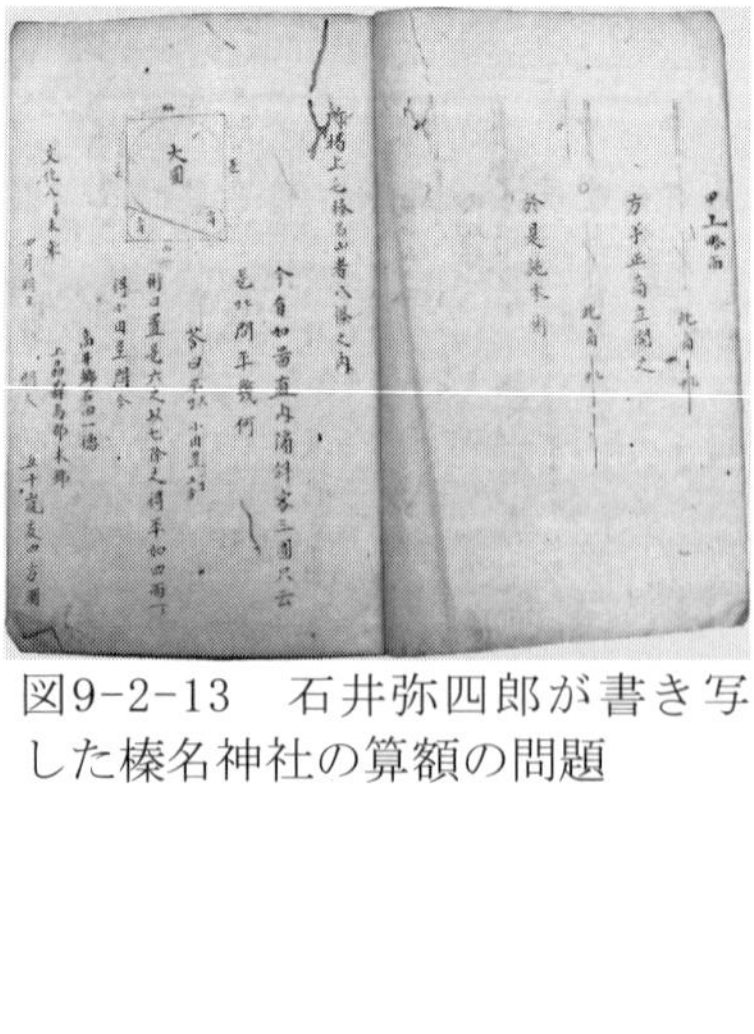

図9-2-13　石井弥四郎が書き写した榛名神社の算額の問題

載っているものは見つからなかった。これらのことから実際に見学して書き写したのだろうと推測する。が、榛名神社の算額は8問が一つの算額に記述されているから何故1問しか書き写さなかったのかの疑問は残る。

（4）石井家文書D（仮綴　四十四頁）は、表題や日付、署名などはない。比較的簡単な幾何図形の問題三十九問を掲げ解（術文）を与えているが、解き方に至る文（解術）は省略されているものが多い。解術のある問題も文章で長々と書いてあり傍書術などは使っておらず、初期に習ったことを伺わせる。直角三角形内に円を置くものや直角三角形を分割した問題が一番多く、他に角切や台形、菱形、三角形などの問題がある。出典は不明。

（5）石井家文書E（仮綴　六十六頁）も表題等はなく日付もない。綴じ方も正式でなく仮に綴じている。極数題、招差術、垜《だ》術、それに円理の問題を扱っている。いずれも時代的には既知の問題であるが、石井弥四郎が相当勉強した証の史料でもある。特に円理の問題は積分の概念を正しく理解していることが伺え、子の権現の算額の問題に通じるものであって貴重である。

極数題は、極大極小（最大最小）の問題を扱うもので三問を述べている。その内一問は於菊稲荷社の問題と類似のものである。

招差術とは多項式の係数を決定する方法だが、この書物では「渾沌招差之術」とある。この招差術に続いて垜術を展開している。

円理関係では円に内接する矩形を作り（図9-2-14）、これらの和として円の面積や円弧の長さを求めている。つまり極限の概念と積分の概念に通じるものである。

円周率の求めは次のように記述されている。

図9-2-14 円の分割

求円周解

置二定円責一四之除円径得円周

三	一巾	三巾	五巾	七巾	九巾	十一巾
円径	原	一差	二差	三差	四差	五差
	四 六	八 十	十二 十四	十六 十八	廿0 廿二	廿四 廿六

（式１）
下の横書の式
１に該当する

術曰置二三箇ノ円径一為原数乗二一巾一 四六除為二一差一乗三巾一八十〇 除為二二差

乗二五巾一十二十四 除為二三差一逐如レ此求レ差

置二原数一加二諸差一得二円周一合レ問

これにより、円周率を、3.1415926百奇《有》としている。ここに出て来る式は、松永良弼が『方円算経』（元文四年（一七三九））の中で求めた式と本質的には同じである。松永良弼はこの式により和算史上最高の小数点以下四十九桁まで求めているが、石井弥四郎が正しく求めたのは、この書物では小数点以下七桁までである。

（参考）九・一章で述べたように千葉歳胤は、『天文大成真遍三條図解』（一七五八）の中で別の方法（建部賢弘の綴術算経）

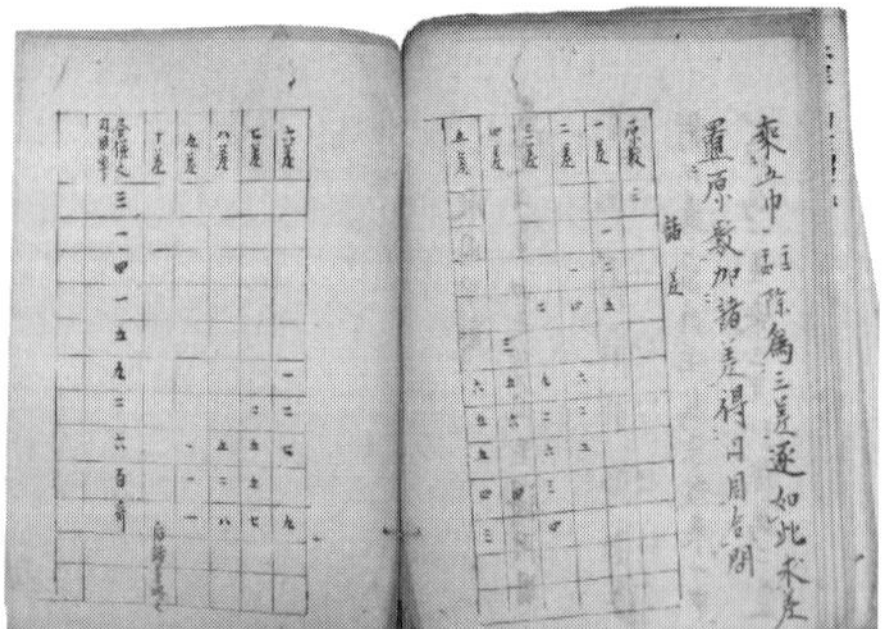
図9-2-16　円周率の数字のある個所

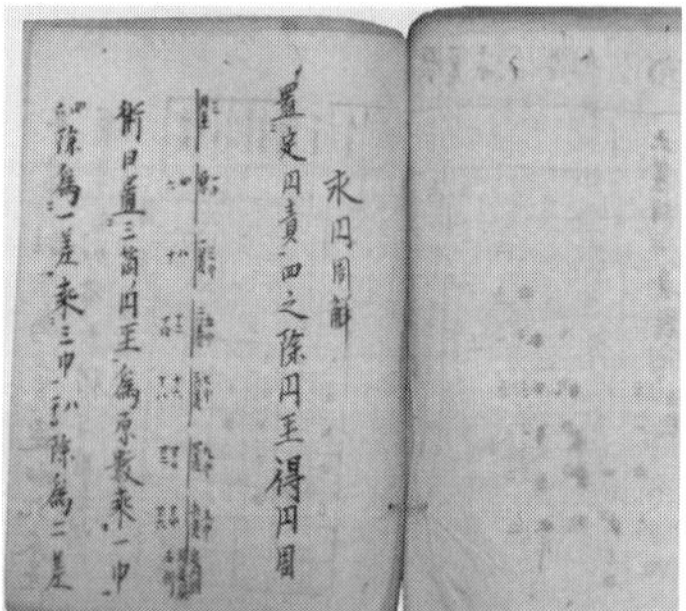
図9-2-15　式(1)の原本部分

（式１）

$$円周率＝3d+\frac{原数\cdot 1^2}{4\cdot 6}+\frac{一差\cdot 3^2}{8\cdot 10}+\frac{二差\cdot 5^2}{12\cdot 14}+\frac{三差\cdot 7^2}{16\cdot 18}+\frac{四差\cdot 9^2}{20\cdot 22}+\frac{五差\cdot 11^2}{24\cdot 26}+\cdots$$

一差　二差　三差　四差　五差　六差

により小数点以下十三桁（十桁まで正しく十一桁目も近似値）まで求めている[9]。

【算額】

『算法雑俎』（岩井重遠編集・市川行英訂・白石長忠閲）にある子の権現の算額については、「市川行英門人武州高麗郡原市場邑　石井弥四郎源和義　文政十三年庚寅三月」とある。この算額は現存しない。子の権現は安政五年（一八五八）に大火に見舞われているので、その際焼失した可能性もあるが、そもそも実際に掲額されたかの確証もない。が、この問題は石井弥四郎が到達した最高レベルのものであり、円理八題[注5]の内の穿題（穿去《せんきょ》問題）に関するものである。穿題とはある物体を別の物体が穿ち去る場合の問題である。『算法雑俎』に記載されている石井弥四郎の算額の内容は次のようなものである[2]。

所掲于武州子権現社者一事
今有如圖員壔穿去梭　壔径若干梭長若干平若
干問得穿去積術如何

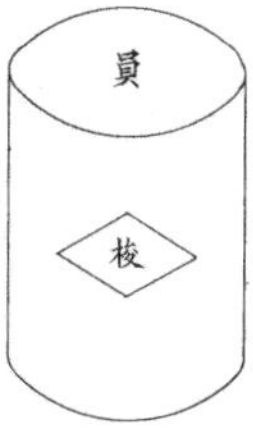

答曰如左術
術曰以径除長自之名率　置径乗
長及平半之為原数乗率一乗三四除為一差乗率一三
乗五六除為二差乗率三五乗七八除為三差如此求逐差
以疊減于原数餘得穿去積合問

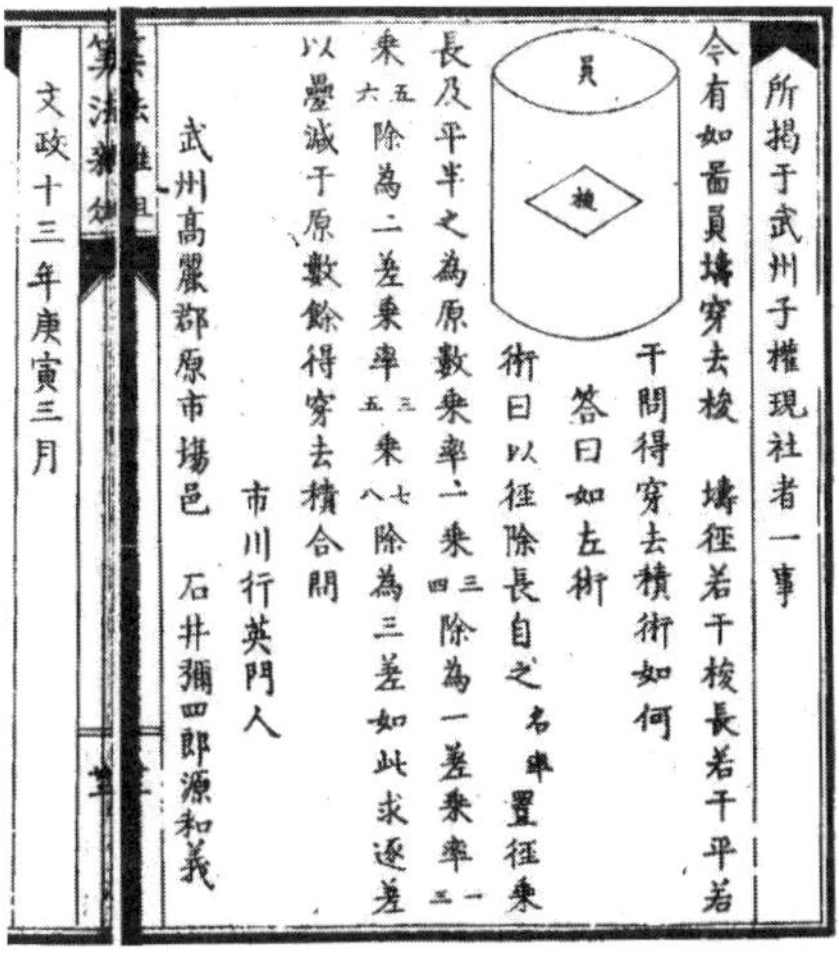
算法雑俎
所掲于武州子権現社者一事
今有如圖員壔穿去梭　壔径若干梭長若干平若
干問得穿去積術如何
答曰如左術
術曰以径除長自之名率　置径乗
長及平半之為原數乗率一乗三四除為一差乗率一三
乗五六除為二差乗率三五乗七八除為三差如此求逐差
以疊減于原數餘得穿去積合問
市川行英門人
武州高麗郡原市場邑　石井彌四郎源和義
文政十三年庚寅三月

図9-2-17　『算法雑俎』に掲載されている子の権現の問題（東北大学）

市川行英門人

武州高麗郡原市場邑　石井彌四郎源和義

文政十三年庚寅三月

問題の読み下しは次のようになる。

今図のように円柱を棱《おさ》（菱形）で穿《うが》ち去る場合、円柱の直径と棱の長及び平を与えられたとき、穿去された体積を求める方法はいかに。

答に曰く左の方法

計算方法は、径を以て長を除し之を自(乗)し、率と名付け、径を置き長及び平の半を乗じ、之を原数とし、(原数に）率と1を乗じ3と4で除し一差とし、（一差に）率と1と3を乗じ5と6で除し二差とし、(二差に）率と3と5を乗じ7と8で除し三差とする。このようにして逐差を求め、これらを疊（加算）して原数から減じてその余りが問に合う穿ち去った体積を得る。

この問題は円柱を角柱で突き刺したとき、空洞になった部分の体積を求める典型的な穿去問題である。術文は短い。まるで俳句や和歌のように言葉を凝縮しており、そこに一つの美意識を持って書いているかのようである。その内容は図9-2-18に示したような漸化式になるものだが、本質的には積分問題である。

この問題を当時どのように解いたかを知るには石井弥四郎と同年代の梅村重得《しげよし》（一八〇四～八四）による『算法雑俎解』(10)が参考になる。傍書法で書かれた同書のものを解読すると、その解法は円柱の上面からみた角柱部分と側面からみた角柱の断面を積分するもので、現代の積分学が教えるのと同じ手法である。具体的には被積分関数を級数展開した上で項別積分を行い、その上で積分表を利用している。当時の識者の方法であったと思われるが、それにしても江戸時代末期に飯能でかかる高尚な数学が行われていたことは特筆に値する。

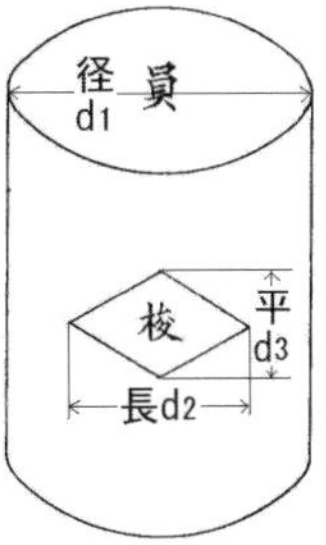

和算による解法例として『算法雑俎解』（梅村重得訂）にあるものを章末と附録八に示す。章末の〇番号の個所は附録六の〇番号の個所に対応する。

なお、『算法円理氷釈』（剣持章行、天保八年）にも解法がある。

（注５）円理八題とは、截（円や球を截った問題）、穿（穿ち取る問題）、受（影を描く問題）、廻（回転問題）、転（転がす問題）などをいう。

右図のように円柱の直径をd_1、梭の長をd_2、平をd_3

としたとき、率 $k=\left(\dfrac{d_2}{d_1}\right)^2$、原数 $= d_1\, d_2\, \dfrac{d_3}{2}$

一差 $=$ (原数) $\times k \times \dfrac{1}{3\cdot 4}$、二差 $=$ (一差) $\times k \times \dfrac{1\cdot 3}{5\cdot 6}$、

三差 $=$ (二差) $\times k \times \dfrac{3\cdot 5}{7\cdot 8}$、・・・・

求める体積 V は、

$V=$ (原数) －(一差＋二差＋三差＋・・・・・)

これは現代数学でいえば、次式で示されるものである。

$$V = d_1 d_2 d_3 \int_0^1 (1-x)\sqrt{1-kx^2}\,dx$$
$$= \frac{d_1 d_2 d_3}{2} - \frac{(\text{原数})k}{3\cdot 4} - \frac{(\text{一差})k\cdot 1\cdot 3}{5\cdot 6} - \frac{(\text{二差})k\cdot 3\cdot 5}{7\cdot 8} - \cdots\cdots$$

図9-2-18　子の権現の問題の解の式

【和算上の位置付け】

子の権現の算額の問題の和算上の位置付けはどのようなものだろうか。簡単に言及しておきたい。

江戸末期、特に化政期に和算は西洋の数学に匹敵するほどに発達した。それは特に積分において顕著であった。

和算史上の四天王、関孝和（一六四二?～一七〇八）・松永良弼《よしすけ》（一六九二?～一七四四）・安島直円《なおのぶ》（一七三二

〜九八）・和田寧《やすし》（一七八七〜一八四〇）のうち、松永良弼は級数展開で、安島直円は積分の考えの導入で、和田寧は積分表で大きな業績があった。特に和田寧は円理の完成者と言われ、和算の最高峰を築き、様々な積分表により複雑な立体図形の体積や表面積を求めることが和算家の間で可能となった。ここに至り、「一般方法が樹立した上は、従来単独の問題として論ぜられていた楕円周、穿去積等の問題は、ただその応用問題、演習問題に過ぎなくなったのである。従って寧より円理豁術を受けた当時の数学者が、種々の複雑な問題を解いて、これを神社仏閣に掲げ、あるひはこれを書に著し刊行するもの頗る多かったが、要するに和田寧の円理豁術の演習問題にうき身をやつした者であって、理論の発展に寄与した所は少ないのである」[11]、とまで後世評されるようになった。

とは言え、数多《あまた》の和算家の中で、その考え方を理解し、応用できる力量のある一線の和算家は少なかったことであろう。飯能周辺の算額を調べても比較的簡単な幾何図形などが多いのはこのことを物語っているようでもある。[12][13]

一般に難度の高い問題の一つに穿去《せんきょ》問題がある。穿去問題とは球や円柱・楕円体などの立体を、もう一つの円柱・角柱などで貫通した場合の体積や表面積・交周などを求めるもので、基本的には積分で解くことになる。最初にこの問題を扱ったのは安島直円で、円柱を他の円柱で貫通したとき貫通した部分の体積や表面積・周の長さを求めるものであった。その後和田寧が発展させ、白石長忠・岩井重遠・斎藤宣長などに影響を与えた。市川行英、石井弥四郎もその流れを汲むものである。

文献(14)では算額に現れた穿去問題の数に言及している。それによれば日本全国で江戸末期の化政期から慶応年代までに、実に、107面の算額、問題数にして140題が、さらに文政年間で言えば40面の算額、問題数にして46題が確認できるという。[注6] 石井弥四郎の算額の問題や、市川行英同門の六・四章の栗島精彌（箭弓稲荷社の算額）、六・五章の馬場安信（慈光寺の算額）の穿去問題もその中の一つである。

石井弥四郎、松本寅右衛門、馬場與右衛門らがこのような問題を解き得たのは、何と言っても、藤田貞資―小野栄重─斎藤宣長─市川行英、あるいは安島直円─日下誠─白石長忠─市川行英という一流の系統に属していたことが大きかったと思われる。

（注6）原文は県毎に文化から昭和年代までの数を表にしている。掲げた数はその表から得た数字である。

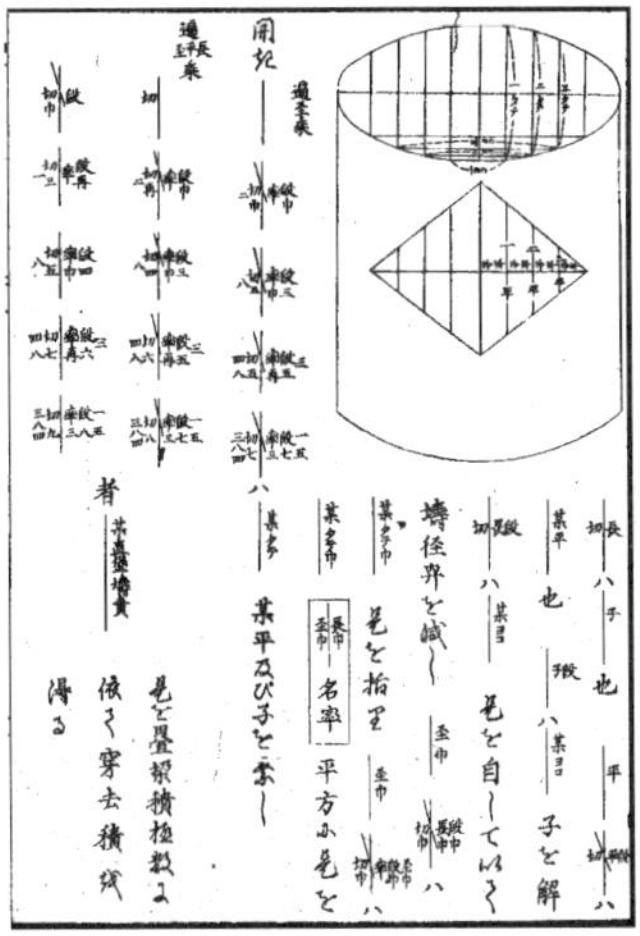

図9-2-19　『算法円理氷釈』(15) の解法

参考文献

（1）山口正義『飯能の和算家・石井弥四郎和儀』（2012年　私家版）
（2）『算法雑俎』（東北大学和算ポータルサイト）
（3）「市川行英文書」（日本学士院所蔵和算資料5657）
（4）「西光寺過去帳」（飯能市郷土館資料）
（5）「石井家文書」（飯能市郷土館委託資料）
（6）『額題輯録』（東北大学和算ポータルサイト）
（7）『賽祠神算』（東北大学和算ポータルサイト）
（8）『榛名町史　資料編3　近世』P340
（9）山口正義『天文大先生　千葉歳胤のこと』（まつやま書房　2009年）
（10）『算法雑俎解』（東北大学和算ポータルサイト）
（11）日本学士院『明治前日本数学史　第四巻』（岩波書店、1959年初版）p14
（12）山口正義「毛呂周辺の算額」（『あゆみ』35号、毛呂山郷土史研究会、平成24年）
（13）大原茂『算額を解く』（さきたま出版会、平成10年）
（14）小林・田中「算額にあらわれた穿去問題について」（『数学史研究』通巻90号　1981年）
（15）『算法円理氷釈』（東北大学和算ポータルサイト）

【章末解法例】

「算法雑組解」（梅村重得、東北大和算ポータル）の解法例（○番号は、附録八の数式の○番号に対応する）

原文

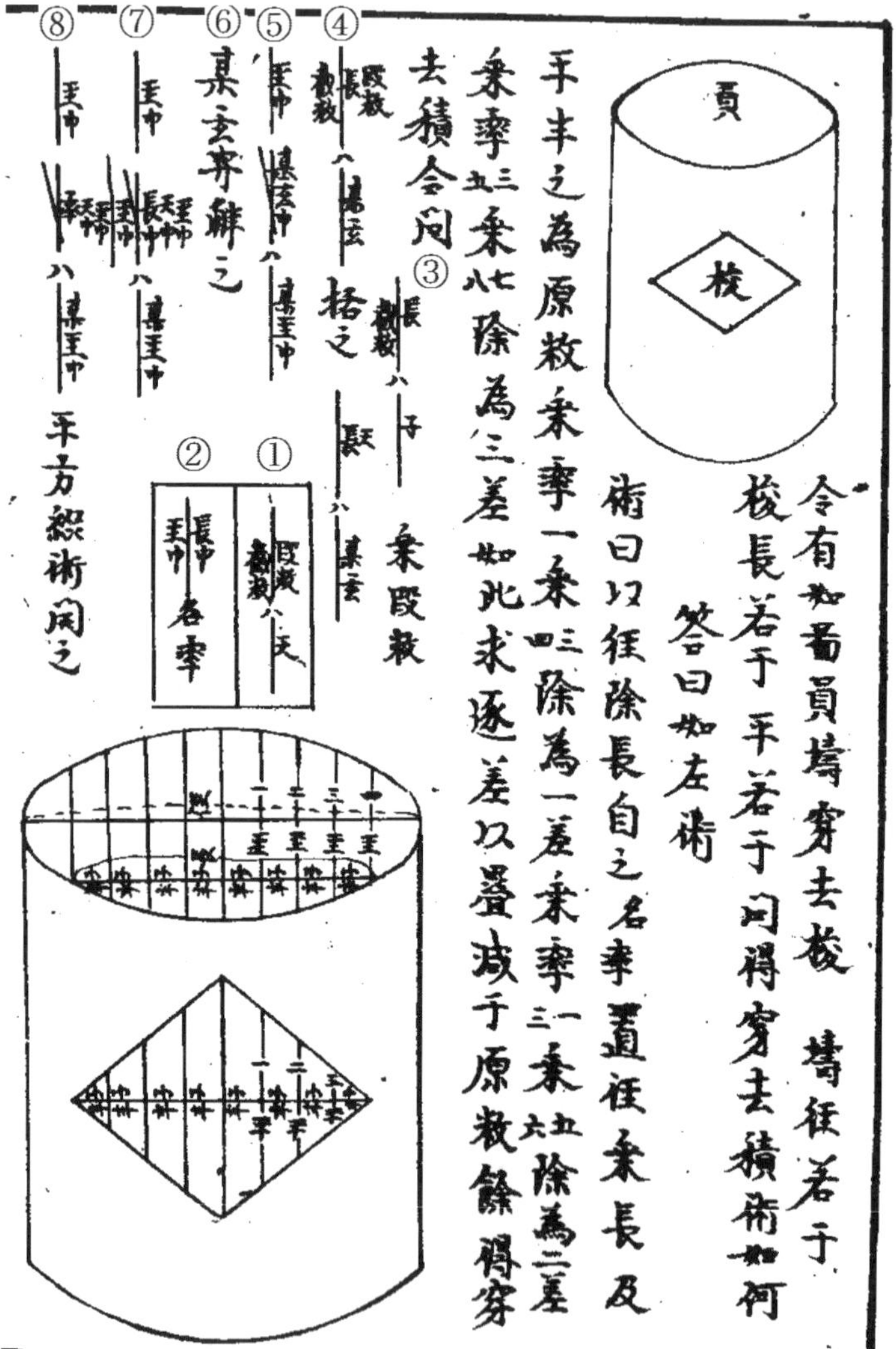
今有如図員壔穿去梭　壔径若干
梭長若干　平若干　問得穿去積術如何
答曰如左術
術曰以径除長自之名率　置径乗長及
平半之為原数乗率一乗三四除為一差乗率三一乗五六除為二差
乗率五三乗七八除為三差如此求逐差以畳減于原数余得穿
去積合問

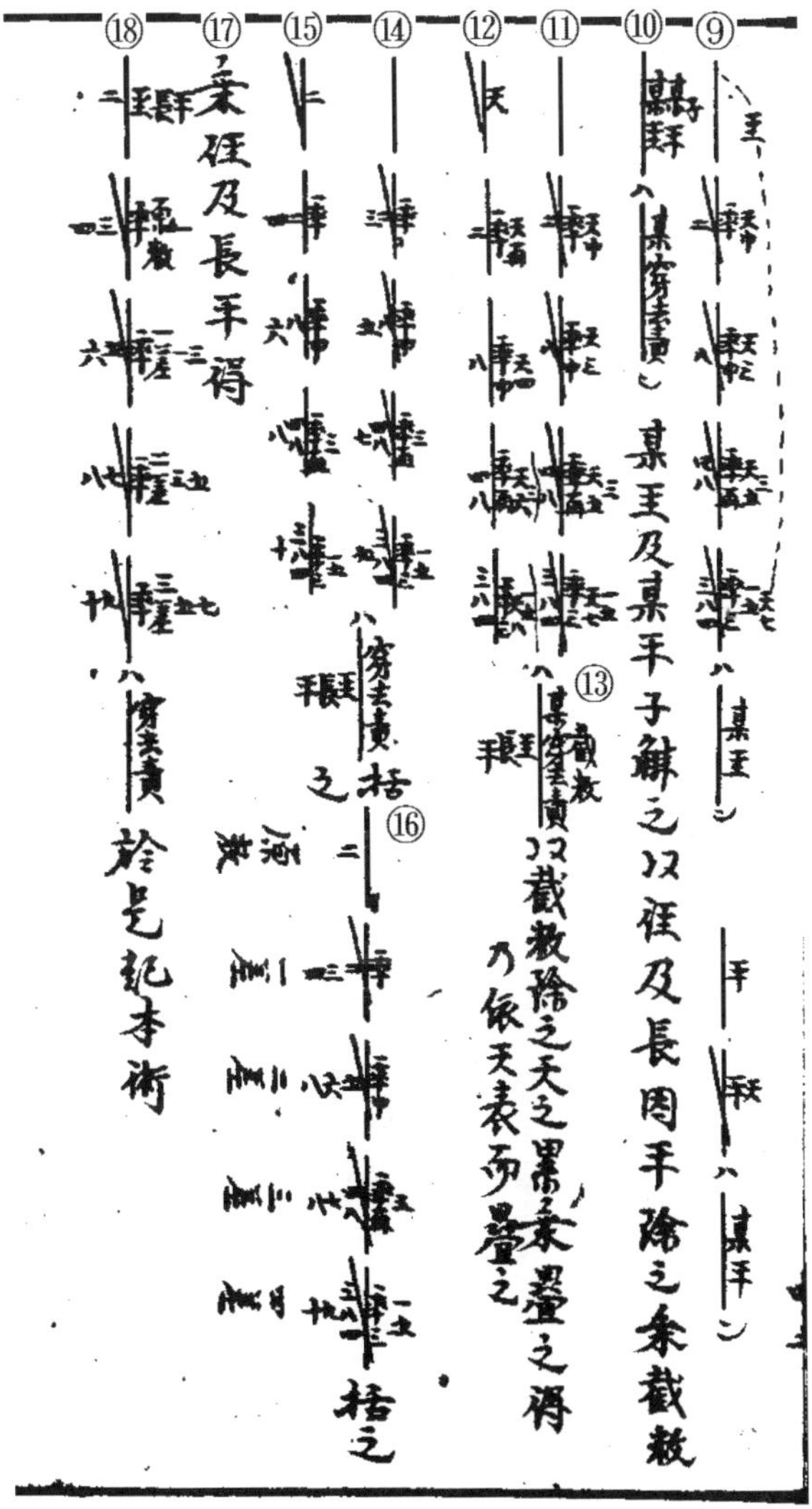

解読文

③ 長 截数 ハ 子 乗段数

④ 段数 長 截数 ハ 某玄 括之 長天 ハ 某玄

⑤ 径巾 某玄巾 ハ 某径巾

⑥ 某玄寄解之

① 段数 截数 ハ 天

⑦ 径巾 天巾 長巾 径巾 ハ 某径巾

② 長巾 径巾 名率

⑧ 径巾 径巾 天巾 率 ハ 某径巾 平方綴術開之

⑨ 径 天巾 率 二 天三 率巾 八 天五 率再 四八 天七 一五 率三 三八四 三 ハ 某径 ン

平 平天 ハ 某平 ン

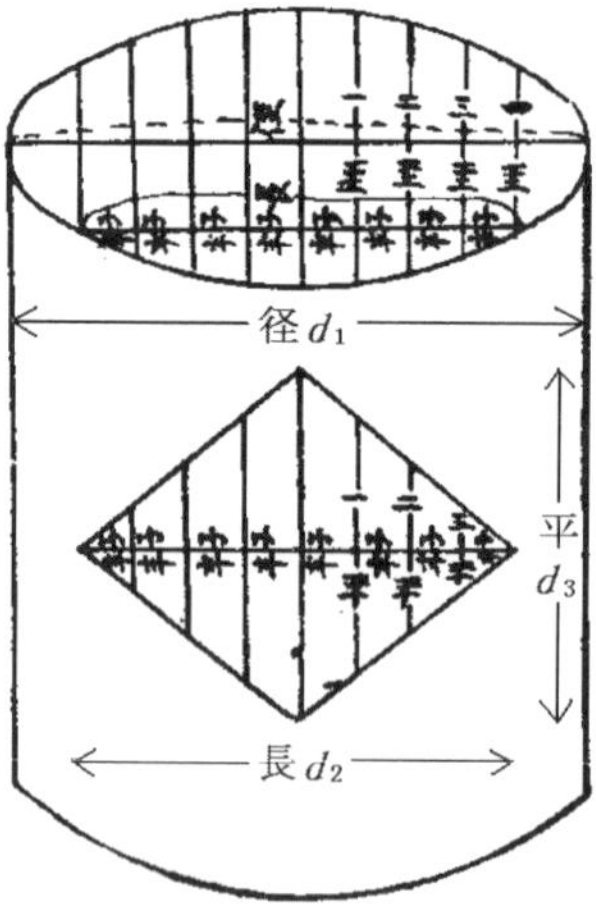

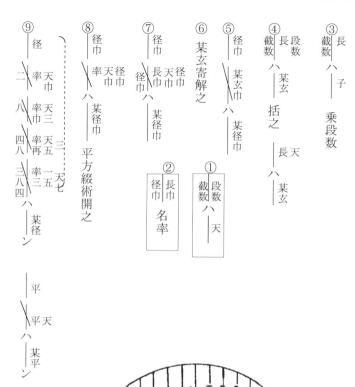

⑩
某平子
某径
ハ 某穿去責 ン
某径及某平子解之以径及長因平除之乗截数

⑪
二 率 天巾
八 率巾 天三
四八 率再 天五 三
三八四 率三 天七 一五

⑬
ハ 平長径 某穿去責 截数
□截数除之天之累乗畳之得
乃依天表而畳之

⑫
天
二 率 天再
八 率巾 天四
四八 率再 天六 三
三八四 率三 天八 一五

⑭
三 二 率
五 八 率巾
七 四八 率再 三
九 三八四 率三 一五
ハ 平長径 穿去責
括之

⑯
二
四 三 二 率
八 六 五 率巾
八 七 四八 率再 三
十 九 三八四 率三 一五
括之

⑮
二
四 二 率
六 八 率巾
八 四八 率再 三
十 三八四 率三 一五

原数
一差
二差
三差
四差

⑰乗径及長平得

⑱
二 径長平
四 三 率 原数
六 五 率 一差 一 三
八 七 率 二差 三五
十 九 率 三差 五七
ハ 穿去責
於是起本術

（注）⑮の 二 は 三 が正しいと思われる。

（解読了）

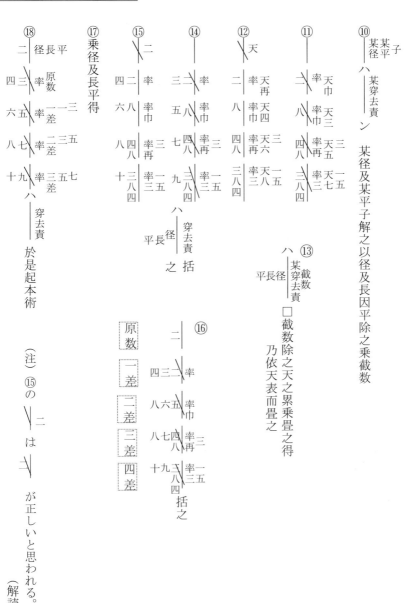

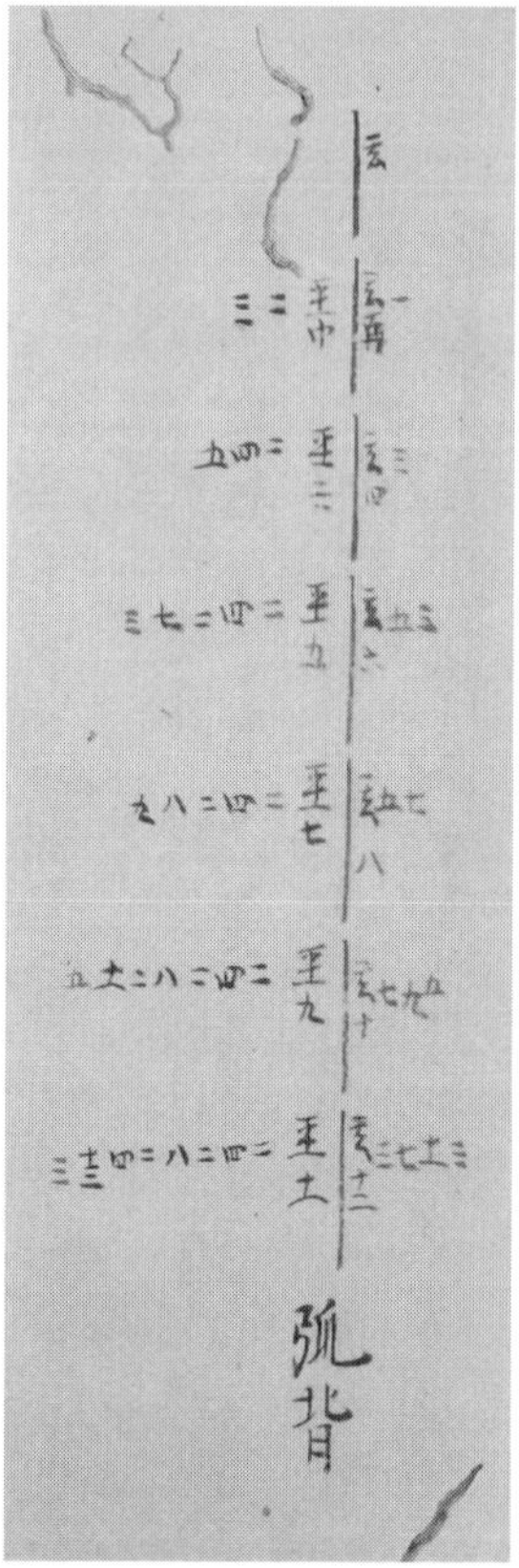

石井弥四郎が書いた円理弧背の式
（現代風に書けば下のようになる）

$$弧背 = a + \frac{a^3}{2\cdot 3d^2} + \frac{3a^5}{2\cdot 4\cdot 5d^4} + \frac{3\cdot 5a^7}{2\cdot 4\cdot 2\cdot 7\cdot 3d^6} + \frac{5\cdot 7a^9}{2\cdot 4\cdot 2\cdot 8\cdot 9d^8} + \frac{7\cdot 9\cdot 5a^{11}}{2\cdot 4\cdot 2\cdot 8\cdot 2\cdot 11\cdot 5d^{10}} + \frac{3\cdot 7\cdot 11\cdot 3a^{13}}{2\cdot 4\cdot 2\cdot 8\cdot 2\cdot 4\cdot 13\cdot 3d^{12}} \cdots$$

$$= a + \frac{a^3}{6d^2} + \frac{3a^5}{40d^4} + \frac{5a^7}{112d^6} + \frac{7\cdot 5a^9}{1152d^8} + \frac{9\cdot 7a^{11}}{2816d^{10}} + \frac{21\cdot 11a^{13}}{13312d^{12}} \cdots$$

但し、aは玄、dは径（直径）

この式をさらに展開すれば次のようになる。

$$弧背 = a + \frac{1^2 a^3}{3!} + \frac{1^2\cdot 3^2 a^5}{5!} + \frac{1^2\cdot 3^2\cdot 5^2 a^7}{7!} + \cdots \qquad (d = 1)$$

九・三章　飯河成信

天保九年（一八三八）～明治二十一年（一八八八）　五十一歳
権五郎　（入間市）

【人物】

『日本人名大事典』[1]によれば飯河成信《いいかわせいしん》は、「幕府の士、御書院番、禄千百石。初め数学を馬場正統に受け、後に高久守静の門に入り、維新の際静岡に従い移り、同七年東京に帰り、翌年大蔵省に出仕して会計に任じ、病を以て辞して武州入間郡上谷ヶ貫村に寄留し、十二年同郡南峰村校堂を新築し美禰《みね》学校と称し、のちに金子校、谷貫校を併せて金子校と称し、続いて校長となる。明治二十一年八月三十一日病歿、年五十一。上谷貫村に葬る（川北本朝数學家小傳及び同補遺　三上）」とある。

上谷ヶ貫村、南峰村、金子、上谷貫村などは現在の入間市である。飯河氏は寛政譜（寛政重修諸家譜）[2]によれば、「長寛二年（一一六四）に美濃国岩瀧郷下川飯河の庄を給わったのに始まり、その支流の方信《まさのぶ》が延宝八年（一六八〇）布衣を許され、元禄十年（一六九七）に全てで千百石を知行。次の俊信のときに御書院番に列す」とあるので成信はこの家系の可能性が高いと思われる。「上谷貫村に葬る」とあるが墓を見つけることはできなかった。入間市での足跡を残すものとして、『上谷ヶ貫村誌考』（比留間一男著）に飯河芥舟の名があるのと、「明治十八年十月廿五日　美禰学校長飯河芥舟」とある卒業証書があるのみである。「芥舟」は飯河成信の号である。

図9-3-1　「美禰学校長飯河芥舟」とある卒業証書（『入間市史通史編』[3]より）

さて、既述の内容は三上義夫によるもので、出典は川北朝鄰《ともちか》（一八四〇～一九一九）の『本朝数學家小傳及び同補遺』を指している。が、この資料の存在は『国書総目録』などで探しても不明であった。ただ、朝鄰の『本邦数学家小伝』[4]というのは存在しており、その最後に成信について次のような記述がある。

飯河権五郎成信　後ニ芥舟ト云フ天保九年八月二十日江戸四谷角筈ノ邸ニ生ル代々幕府ノ士ナリ氏業ヲ初メ馬場正統ニ受ケ後高久守静ノ門ニ入ル一奇士タリ維新ノ後武蔵國入間郡南峯村ニ閑居ス明治二十一年八月三十一日没ス歳五十一　朝鄰曰飯河氏ハ余カ竹馬ノ學友タリ氏ノ逸事及ヒ巨細ノ傳記ハ高久氏ト共ニ別ニ記録スベシ

（注）奇士とは「なみはずれた言行をする男の人」

これにより、川北朝鄰と飯河成信とは竹馬の友であり、朝鄰は成信の伝記を書くつもりでいたことがわかる。しかし、『高久守静君の伝』というのは存在したが、成信の詳伝は見つからなかった（実際に書かれたか不明）。

馬場正統（一八〇一～六〇）は和田寧（一七八七～一八四〇）の門人で、高久守静《たかくしゅせい》（一八二一～八三）は正統の門人である。もちろん和田寧は円理を大成した幕末最高の和算家である。

馬場正統は「業(数学)を父正督に受け、大いに数学に通ぜり。後ち和田寧が門に入り、円理の新法を受けたり。これより正統が名益々高し」[5]とあるから一流の和算家であった。また正統は俳人で錦江と号し多くの研究書を残したという。川北朝鄰は正統に俳句を学んでいる。高久守静は正統の門下で「漢学の力あり。また能筆なり。弱冠にして私塾を四谷に開き門人夥多なり。数理は容題に力あり。加うるに極数(微分学)に精神を用い、未だ和算家に普及せざる二次或は三次以上の極数に係る問題を撰出し一巻の書とす。名づけて極数大成術という[5]」というから守静も相当な実力者であった。成信は正統が亡くなった後、同門の守静に習っている。

【算術】

飯河成信を一番詳しく述べているのは、『増修日本数学史』にある記述で次のようなものである。[5]

飯河芥舟、通称を権五郎という。実名成信。天保九年八月二十日四谷角筈に生る。旧幕旗下の士たり。母は古賀謹堂の姉なり。幼にして数学を好み、馬場正統の門に入る。馬場氏没後、高久守静を師とし、勉学夜を以て、日に継ぐ。親族以て、狂とし、これを諫む。然れども、氏はこれを度外視し、一時謹慎の厄に逢えりと云う。明治維新の後ち、静岡に移り、明治七年東京に帰り、大蔵省に出仕し後ち病を以て職を辞し武蔵国入間郡上谷ヶ貫村に移り、学校を設け児童教育に従事せり。氏の数学における精密にして、殊に整数術に妙を得たり。児童教育の傍わら画形を以て、分数を作る。名づけて算法工見立分数と言う。川北氏はこれを小冊子に上せ公にせり。明治二十一年八月三十一日病死す。年五十一。以上川北朝鄰より。

これにより成信の和算の実力は伝系も含めて考えると相当あったのだろうと推測できる。また「奇士」の意味もわかるような気がする。なお、和算の研究は入間に来る前までだったのではないかと推測する。

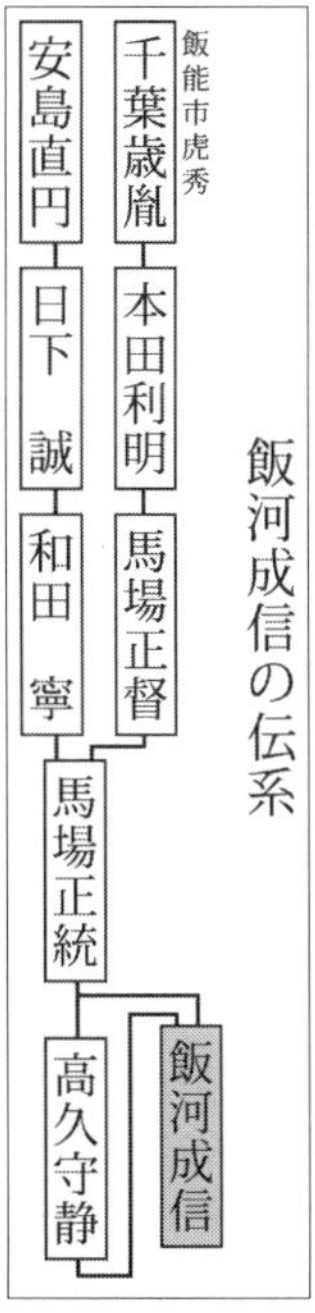

参考文献

（1）『日本人名大事典』（平凡社、1979年復刻）
（2）『寛政重修諸家譜』（続群書類従完成会）
（3）『入間市史　通史編』
（4）川北朝鄰『本邦数学家小伝』『高久守静君の伝』（東北大和算ポータルサイト）
（5）遠藤利貞遺著・三上義夫編『増修日本数学史』（恒星社厚生閣、昭和56年）

九・四章　その他の和算家（入間市）

（一）石田常五郎（天保五年（一八三四）～明治二十七年（一八九四））六十一歳　（入間市）

石田常五郎は入間市上藤沢の人。父平蔵は農業の傍ら寺子屋の師匠として付近の子どもに読み書き算を教えていたので、常五郎は幼少のころから学問好きで、算術に力を発揮したといわれる。通称は常五郎で、名は易孝、一顆と号して父のあとをついで寺子屋の師匠もしたが、華道にも通じて一家をなしていたといわれる。宮城流算術の免許を得ている[1]。

宮城流免許は万延元年（一八六〇）に受けていて宮城流十伝とある。図からは師の名前が明確には解読できない。宮城流の祖は宮城清行で関西で盛んだったといわれるが、流祖以外は著名な人はいない。それだけに入間にいるのは珍しいと思われる。近辺では所沢の北野天神社の算額に宮城流の名が見える程度である。

上藤沢には、台石に「門人中」とある石田常五郎の笠付角柱の墓がある。

正面には「勝覺常吽信士　阿運盛光信女」、左側面に「施主石田平太　石田新平」とあり、右側面には次のような碑文がある。

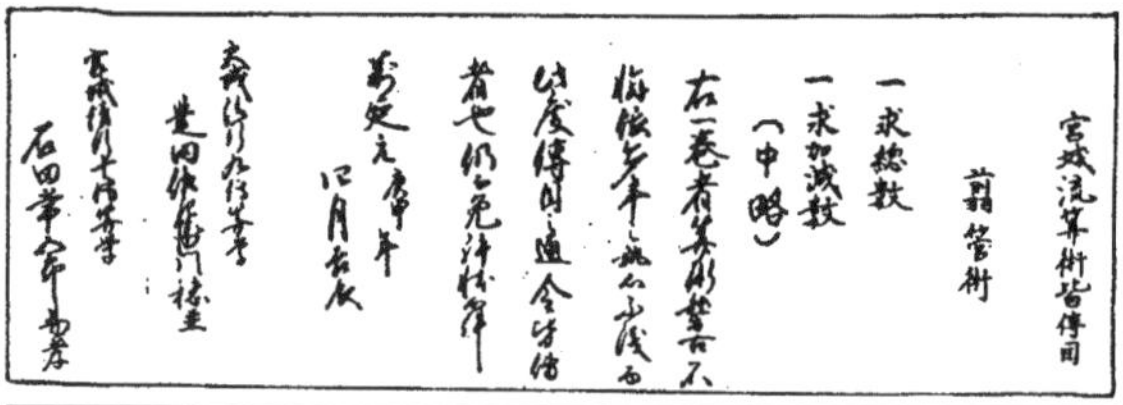

宮城流筭術皆傳目
翦管術
一求總数
一求加減数
（中略）
右一巻者筭術稽古不
悔依多年之□□不□而
此度傳目之通令皆傳
者也仍而免許状如件
万延元庚申年
四月吉辰
宮城清行九傳筭学
豊田作左衛門□圭
宮城清行十傳筭学
石田常五郎易孝

図9-4-1　石田常五郎算術免許状[1]
（「翦管術」は不定方程式の解法をいう）

読めない文字は『入間市史　金石編』により補った。（「は改行を示す）

先生名易孝稱常五郎號一顆入間藤里人也其爲」人孝友温恭特潜心於算學數年遂升堂観奥及通」挿華之道而成一家矣爾閒弟子受業者踵接戸外」諄々善誘孜々能教至慈馨行恰如於時雨之化夫」其咨度廣深浩々焉汪々焉奥乎不可測惜明治廿」有七年九月遭疾而歿焉歳六十有一郷人弟徒莫」不咨嗟巌藪知名失聲揮涕涙懐哀悼摩所寛念乃」想與惟先生之徳以謀不朽之事勒諸石表墓以傳」

明治廿有七年十月　　生々識

「算学数年遂に升堂の奥を観る」の「升堂」は辞書によれば、学問や芸術について造詣が深いことを指す言葉。常五郎の和算の実力がどの程度であったかは、免状に翦管術のことがあることや、宮城流十伝であることなどから推測するしかない。

図9-4-2　石田常五郎墓
（2017年3月）

（二）三木三長（明治二十一年没）　三十七才

文献(1)によれば、入間市三ツ木台の三木三長は数学・天文・測量に優れ、明治の地租改正では父・長賢と共に活躍したとある。

参考文献

（1）『郷土の人物展―その記録―』（入間市文化財研究同好会、昭和61年）
（2）『入間市史　金石編』（入間市）

十章　まとめ

（一）北武蔵の和算家の特質

北武蔵（埼玉北西部）の和算家の特質については冒頭の一・一章で概括的に述べた。それは上州（群馬）の和算家と密接な関係により数学的レベルの高さが維持されたことや、忍藩士による至誠賛化流の動きであった。そのような高尚な数学を扱った伝系のはっきりしている人たちは、剣持章行や市川行英など著名な遊歴和算家の門人であり、その活動は地元が主であった。しかし門人は多いものの傑出した人物は現れず、また自ら遊歴和算などを行い他の人達に影響を与えた形跡もほとんど見られない。こういった人達は知的興味により算術（和算）を習ったということであり、高尚な趣味人だったと思われる。

例外は、今井兼庭（上里）・千葉歳胤（飯能）・藤田貞資（深谷）であり、彼等は江戸という中央で活躍し名前を轟かせたが、江戸での活躍が主で地元で活躍した形跡はほとんど見られない。

一方、伝系不明の算者も多いが、それでも関流を名乗っている場合が多い。扱った問題は容術がほとんどであるが、地図（絵図面）の作成や明治六年の地租改正で測量を行って活躍している例も多い。

（二）遠距離をどう克服して師事したのか

既述のように北武蔵には剣持章行や市川行英の門人が多い。距離の問題も含めて門人たちはどう師事したのだろうか。

『剣持章行と旅日記』を見ると、剣持章行は熊谷周辺の門人の間を可成り頻繁に往《ゆ》き来している。しかしそれは房総方面に遊歴和算に行く途中という面もありそうだ。

飯能の石井弥四郎は行英の門人だが、どのような出会いで師事したか、その後どれ位会っているかなどは不明である。恐らく市川行英が遊歴和算の折に出会い、その後は手紙のやり取りなども併用したのかも知れない。この石井弥四郎の場合を次に少し詳しくみてみたい。

石井弥四郎が行英に起請文を提出（九・二章）した文政六年から子の権現の算額の文政十三年は、行英・弥四郎とも十九から二十五歳頃である。『算法雑俎』には行英が文政九年に信州雨宝山（雨宝山弁天堂：佐久市）に、また文政十年に江戸の神田明神に掲額した問題が載っている。さらに一・二章で述べた「市川玉五郎氏略伝」には遠州流挿花を学び文政十一年に一観と号したことが載っている。同流は江戸で大いに流行ったというから、恐らく江戸でのことであろう。つまり、文政九〜十一年の行英二十一〜三歳頃にはすでに信州や江戸は行動範囲の中にあった訳であり、そこから推測すると、遊歴和算家として起請文・神文にあるような武州・上州をそれ以前に巡っていたのではないかと思われる。とは言っても頻繁に会うのも難しい時代であったから、飛脚などの通信教授的なものも併用されていたのかも知れない。石井弥四郎もそのような中の一人であったのだろう。現に、石井家文書には図10-1に示すような手紙の断片[1]もあり、それには「実七〇十二万・・・　法十〇九四三　答六四〇八　下野国足利郡名草村（現・足利市名草）山田平三郎」とある。これは明らかに天元術で何かの問題を解いて、足利の山田平三郎という人が石井弥四郎に送ったものであろう。つまり遠方の人と和算の問題をやり取りしていたということである。どのようにして山田平三郎と知り合ったのか不明だが、石井家文書にあるように岩殿観音、吉見観音、於菊稲荷、榛名神社など埼玉から群馬にかけて行動していた可能性のあるところをみると、それ以外の場所にも遊歴和算家的に行動した可能性も否定

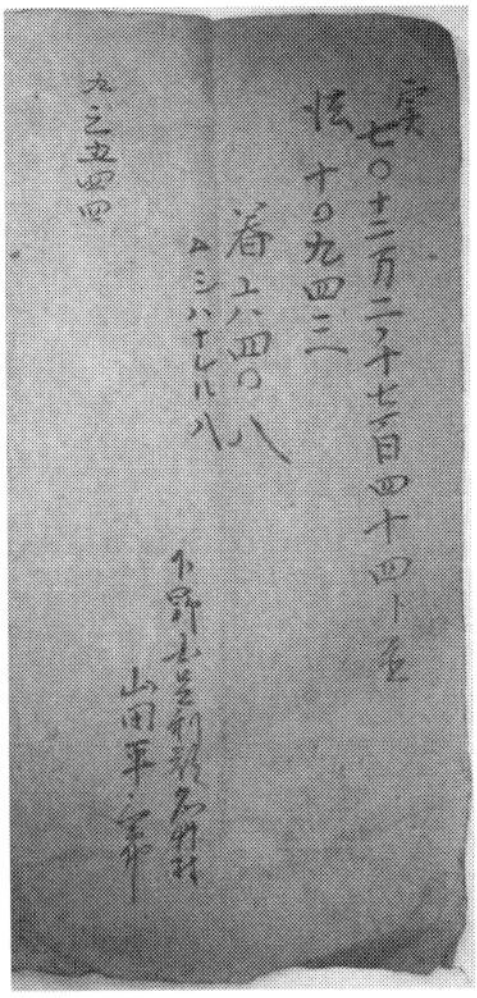

図10-1　手紙の断片
（石井家文書）

できない。そのような環境の中で師や仲間達と勉強したと思われる。

次の例は小野栄重から剣持章行宛の書状で[2]、手紙のやり取りで章行が栄重の指導を受けている様子がわかる。三上義夫の「小野栄重伝(下)」からの抜粋である。

彌時候御凌被成御安康の由奉賀候、拙者無替相凌候間乍憚御安心
可被下候、此節近所之者入湯に参候（拙者店子）幸便今急ニ
存付参候ニ付、申上度事共御座候得共差控申候
一去頃御噂申上候圓臺覓積解、諸方の解、扨々不成安堵斗
澤山御座候、貴解此者ニ御送り被下度奉願候、何事も取急申
上兼候、此間東都へ参候処、實に六郎兵衛ハ名人ニ相成候様
子に御座候、追而可申上候　以上

四月廿一日　　　小　野

剣　持　御　氏

この書状に対して三上は次のようにコメントしている。

剣持章行は澤渡の温泉場の人であるから、小野栄重は近所のものが急に入湯に行くと云ふのへ、急ぎ認めて書状を託したもので、問題解や諸方の解即ち諸方から贈られ若しくは諸方の算額の解が、安堵ならざる程に澤山あると云ふから、さうした贈答の事情も知られるのであり、又剣持が解をしたものをば、入湯の人へ託して送付せよと言ひ送ったのである。又江戸へ出て見たら、小泉則之が驚く程に名人になって居たと云ふから、江戸で大家に師事して学力の甚だ増進した事情をも見るに足る。小泉は江戸では日下誠の門人となる。

書状に出てくる「圓臺覔積《えんだいべきせき》」とは円錐台の表面積のことで、剣持はその問題に取り組んでいることがわかる。剣持が解いた解は店子が帰るとき持たせて寄こしなさいということで、今でいう通信教育である。なお、六郎兵衛は小泉則之のことで日下誠の高弟であり、和田寧には円理豁術を受けている。

（三）和算を学んだ人の職業

武士階級では藤田貞資や川田保則（久留里藩）などがいる。貞資は郷士の本田家の三男だが、後に新庄藩士の藤田家の養子となり、また久留米藩に召抱えられている（珍しいことである）。忍藩では伝統的に至誠賛化流が栄え、田中算翁、吉田庸徳、伊藤慎平らは忍藩士であった。また黒沢重栄や勢登亀之進も忍藩士だが市川行英の門人であった。今井兼庭は農家の出で幕府代官手代となったとあるが、手代では武士階級とは言えない。

和算を習った人達には農民が多い。勿論農民といっても村役人（名主・組頭など）など村の支配層や裕福な家庭の人達であった。そういう環境に無ければ本格的に和算を習う訳には行かなかったことは容易に想像できる。安原千方、金井稠共、代島久兵衛、明野栄章、吉田勝品、船戸悟兵衛などは皆そういった支配層の人達であった。納見平五郎に至っては名主だが苗字帯刀も許された人であった。ただ、慈光寺の算額の田中與八郎・馬場與右衛門・久田善八郎は必ずしも支配層の人ではないかも知れない。算額や石碑、墓石には多くの門人名が記されていることが多いが、その多くは支配層の農民とは限らないと思われる。

変わったところでは、松本寅右衛門は名主の家に生まれたが宮大工でもあった。宮崎萬治郎も大工であった。戸根木格斎の家は絹布の商家であり、杉田久右衛門の家は酒造家であった。寺の住職では正宗道全がいる。

（四）算額の同じ問題

算額は寺社に奉納した数学の絵馬であり、問題が解けたことを神仏に感謝して奉納する一方、人々の集まる寺社を利用して研究発表や宣伝の役割なども果たしていた。当初の算額はこのように位置付けられるが、時代とともに本来の出題者や解答者だけでなく、多くの門人名を記すようにもなっていった。門人の他には世話人や「客席」に同僚などの名前も並ぶ大掛かりなものも現れてくる（例えば七・三章の世明寿寺の算額）。言わば、一門の繁栄を祈るようなものに変節しているとも言える。そこでは数学的な内容は二の次になるようである。

算額で不思議なのは、掲額以前に書物で同じ問題が出ている場合のあることである。今流に言えば「公知の事実」のある問題を掲額している場合である。次に数例を上げる。

・正観寺の算額（享保十一年）の一問目は『古今算法記』（沢口一之、寛文十一年）の遺題の五問目の問題と同じである。正観寺の算額は五十五年後である。但し正観寺の問題の「立積百八拾九坪」「立積三拾六坪」は、古今算法記では「立積七百坪」「立積五百坪」となっている。（三・二章）

・下忍神社の算額（天保八年）の一問目は『算法側円詳解』（村田恒光、実の著者は長谷川寛とも、天保五年）の第十八問と同じであり、二問目は『算学鉤致』（石黒信由、文政二年）の巻之下二十四丁表と同じ問題である。下忍神社の算額はそれぞれ三年後、十七年後である。（五・四章(五)）

・丹生神社の算額（弘化三年）の一問目は『神壁算法』上巻に寛政七年(一七九五)に山田政之助が防州遠石八幡宮に奉額したものと同じである。丹生神社の算額は五十年後である。ただこの問題は具体数字が適用されているが、丹生神社のものは一般解を求めるものである。（二・三章）

この外、文殊寺の算額の例（四・七章(八)）もあるが、このようなことが何故発生するのだろうか。偶然に同じ問題が後世に出来たとは考えづらいので、何らかの意図があって掲額したのだろうか。それとも単純な考えで真似て掲げたのだろうか。

（五）明治になっても和算は盛んだった

明治五年八月三日の学制公布により和算を廃し洋算を採用するとして以来、急速に和算は衰退するが、それでも地方農村では和算は活発に行われていた。埼玉北西部も例外ではない。それは農家業の傍ら趣味として研究されたものも多い。彼等は地方の和算教育家として子弟を養成し、一門の人達を導いていた。時にはその一門をアピールするために算額掲額の風習も続いた。現存する明治以後の算額はそのようなものが多いのではないかと思われる。

また彼等は測量術を研究し、地租改正の際には各地で活躍し地図の作成等を行っていた。

（六）石碑や算額の門人数の性格

石碑や算額には門人名など多くの名が記されていることがある。そのような例をまとめたものを表10－1に示すが、門人に限らず世話人・後見・外遠近・客席・同志・談友・談柄など様々な名のあることもわかる。

このように多くの門人を抱えるようになる例は、江戸末期から明治・大正時代までである。寺子屋を越えて和算教育がなされた一環を示すと同時に、学制公布により和算が廃止になっても

算者名	碑・算額別	場所	年代	人数
船戸庵栄珍(玖)	宝薬寺算額	嵐山町	文化9	門人40名
代島久兵衛	諏訪神社算額	熊谷市	弘化4	門人249名、世話人8名
鈴木仙蔵	玉井神社算額	熊谷市	嘉永1	門人135名、世話人10名
矢嶋久五郎	墓碑	吉見町	安政2	門人等39名
矢嶋久五郎	吉見観音算額	吉見町	安政2	門人等23名
細井長次郎	墓碑	小川町	安政7	門人47名
小林三徳	成安寺算額	滑川町	元治2	門人同志談友談柄等45名
権田義長	徳行之表	熊谷市	慶応2	門人約200名、外遠近65名
小林喜左衛門	関流算術の碑	美里町	明治5	門人等129名
小堤幾蔵	世明寿寺算額	東松山市	明治10	門人等64名、客席23名
権田義長	満福寺算額	深谷市	明治11	門人数百人
吉田勝品	寿蔵碑	小川町	明治11	門人30名
安原千方	勲勝堂翁記功之碑	上里町	明治14	門人43名
大越数道軒	墓碑	横瀬町	明治26	門人等100名以上
明野栄章	寿蔵碑	熊谷市	明治30	門人等114名
山口李平	墓碑	秩父市	明治30	門人等28名
斎藤半次郎	楡山神社算額	深谷市	大正5	門人・後見・世話人等216名
内田祐五郎	頌徳碑	嵐山町	昭和8	門人104名

表10-1　門人等の人数

地方ではまだ盛んだったことを示すものである。

（七）和算の性格（どのような問題を扱ったか）

和算書や算額の多くは容術を使ったものが多い。これは北武蔵に限定したことではない。容術とは多角形・円等に一つあるいは多くの直線・多角形・円・楕円を内接させた問題である。ただ、川田保知の『算法極数小補解義』は極大・極小を扱ったもので例外かも知れない。

一方で、斎藤宜義や市川行英の門人たちは和算の最高理論といわれる円理を利用した截《せっ》（円や球を截った問題）穿去《せんきょ》（穿ち取る問題）問題などを扱っている。松本（栗島）寅右衛門、石井弥四郎、久田善八郎、黒沢重栄などである。また剣持章行の門人たちも重心や転がした軌跡の問題などを扱っている。金井稠共、船戸悟兵衛、戸根木格斎等である。これらも高尚な問題である。

弧長・面積・体積・穿去などを求める問題は静的なものである。一方、和算は運動や曲線への接線などから発展する微分問題には発達しなかった。もっと言えば座標軸という考えもなく、証明ということも殆ど行われなかった。

（八）逸話

地方に残る和算家の逸話で共通的にある話は十露盤で蔵の錠を開けたというような類の話である。豊田喜太郎には十露盤で蔵の錠を開けたとか馬上の人をはじき落としたという話があり、大越数道軒には幼児のむし歯の痛みを十露盤によって止めたという話がある。天元術などを用いたことが神秘的能力と思われ、このような逸話を生むことになったと思われる。

（九）和算家と和歌（俳句）

三上義夫はいう。「和算は趣味の問題たるにおいて和歌と同じい《ママ》。日本人は元来趣味に生くるものである。故に碁でも、将棋でも、剣術柔道にしても、茶の湯や琴、三味線にしても、（略）この趣味の国において初めて和歌があんなに発達し得た。そうしてそこに和算が発達した。和算は全く和歌も同様な精神でできている。（略）和算家が老年になると大概は和歌や俳句を喜び、幾多の詠吟を残している」[3]。幾つかの具体例を挙げる。

・そろばんもあだしのに行道のつれ　（桜沢長右衛門）
・むさしのやおくある道ははかるとも　かぞえつくさじくさの之《え》のつゆ　（小林喜左衛門）
・よの中の月より花にあかねとも　まかせぬものは命なりけり　（田中算翁）
・年を経てうき世の中に住んより　一時もはやく彌陀の浄土へ　（吉田勝品）
・便りなき我身の上や秋霜の　今ぞおかなん白菊の花と　（吉田勝品）
・出る月ハ入るとハ知れど我命　今日を限りの知らぬ旅立　（山口杢平）
・楽しさは老木に花のここちせり　数の梢に実をや結ひて　（大越数道軒）
・天の文まなふ月日のめくり来て　かみのむかしはかくやと知るまて　（千葉歳胤・「神道天文意弁」より）
・昔来し道をしほりに行空の　何迷べき雲のうへとて　（千葉歳胤）

参考文献

（1）「石井家文書」（飯能市郷土館委託資料）
（2）三上義夫「小野栄重伝(下)」（『上毛及上毛人』231号）
（3）三上義夫『文化史上より見たる日本の数学』（岩波文庫）

附録一　和算小史

和算とは日本で独自に発達した数学のことだが、当時「和算」という言葉はなく、算学とか算術と言われていた。ここではその歴史を簡単にまとめる。

中国では漢代に『九章算術』（面積や比例・反比例、ピタゴラスの定理など）と呼ばれる数学書が登場した。古代日本では大宝律令・養老律令において、大学寮算道の教科書としてこの九章算術が用いられていた。この時期の日本の数学は中国から多大な影響を受けていたことになる。中世の数学がどのように行われたかはあまり分かっていない。

江戸時代に日本の数学は大いに発展した。毛利重能《しげよし》の『割算書』（一六二二年）は日本最初の数学書であった。そこではそろばんが解説されているが、発展のきっかけになったのが吉田光由による『塵劫記』（一六二七年）である。明代の『算法統宗』を服飾したものだが割算書の影響も受けている。塵劫記はベストセラーとなり、初等数学の標準的教科書として江戸時代を通じて用いられている。塵劫記は初歩的な本であったが、巻末に答えを付けない問題（遺題）を載せ、それを解くことにより新たな遺題を出すという遺題継承が始まり和算は急速に発達した。

遺題継承が盛んになるにつれ複雑な問題が出現するようになると、沢村一之の『古今算法記』（一六七一年）は元朝の朱世傑の著『算学啓蒙』の中にある天元術を用いて遺題の問題を解き、関孝和や田中由真が相次いで点竄術（傍書法、文字

附図1-1　関孝和碑（群馬県藤岡市）関孝和は藤岡生まれとも言われる（2011年12月）

式による筆算、点竄は添削に等しく、点はしるしをつけること、竄とは消す意味）の計算法を編み出した。

特に関孝和は天元術・演段法を発展させて点竄術を創始した（いわゆる代数学）。これにより円の算法や複雑な問題が解けるようになった。関孝和は翦管術（剰余方程式問題）、招差術（方程式の係数の決定法）、垛術（数列問題）、適尽法（方程式の最適化）、円理（円や曲線の問題）、交式斜乗法（行列式）など多くの分野で新たな発明を行っている。このため関孝和の関流が圧倒的な主流派になっていく。

和算においては円理の問題（円周率や円積率、球の体積などの問題。これらを求めることは数学の本質的な問題であった）が重要な位置を占める。円理は関孝和の登場以降大いに発達し、関は円周率を小数点以下10桁まで正しく求めている。関の弟子の建部賢弘は小数点以下40桁まで正しく求めている。建部はさらに綴術（無限級数）を考案し、関孝和の成しえなかった弧背の長さなど円理における各種計算法を導き出した。『綴術算経』では、$(\arcsin x)^2$の冪級数展開を世界で初めて計算している。

建部の弟子中根元圭は天文学の洋学の必要性を説いて洋書の輸入禁制を緩めることを八代将軍徳川吉宗に進言した。その結果、西洋の天文暦算を解いた『暦算全書』などの書が伝わり、西洋数学の諸結果がもたらされ、対数や三角法など新たな展開が成された。中根元圭―幸田親盈（八潮市）―千葉歳胤（飯能市）の系統は暦学の方で注目される。

関孝和以後は荒木村英がその伝を継ぎ、さらにその弟子松永良弼《よしすけ》が「関流」と称えるようになってから他流派を抜いて大いに発達した。松永良弼は関孝和や建部賢弘の研究を発展させ、久留島義太の影響を受けながら、極数術（極大極小）、整数術（ピタゴラス数など整数を作る）、変数術（順

附図1-2　関孝和墓（新宿・浄輪寺、2007年11月）

列組合せ）などを確立させた。久留島義太は極数術、平方零約術（数の平方根の近似分数を求める方法）、円理や方陣の新研究などを行った。

中根・久留島・松永に学んだ山路主住は流派たる関流を樹立し、弟子の教育にも優れていた。その弟子有馬頼徸《よりゆき》は久留米の藩主でありながら数学に優れ、関流の秘密性を嘆き、『拾璣算法』で点竄術や円理の諸公式などそれまで関流の重要秘密であった内容を刊行して世に公表した。同じく山路の弟子安島直円《なおのぶ》は今でいう積分法の考えと同じの円の形を長方形の集まりと考え、円あるいは弧背などの曲線の面積を求める方法を導き出した。またその方法を用いて、円柱から球を穿ち去った形の体積を求めるというような問題を初めて解いた。

この時期、遺題継承の風習は廃れてきたが、一方では寺社に数学の問題を載せた額を掲げる算額奉納の風習が盛んとなってきた。山路の弟子の藤田貞資は教育にすぐれ、良問のみを集めた問題集『精要算法』を著した。江戸後期は最も和算が輝いた時期であった。安島直円の門下では教育に優れた日下誠が出て、その門弟の和田寧《やすし》は安島の思想を発展させ、豁術（積分法）を創出し、この術のために円理表（積分の公式集）を作成し、円理の問題を完成させた。

関孝和の時代では幕臣や侍など身分の高い者が多かったが、江戸後期になると商家や農家など低い身分や地方の人でも高度な数学を嗜《たしな》む者が増えた。それは遊歴算家によることも大きかった。日本の各地を歩きまわり、行く先々で数学の教授を行った数学者であり、山口和や剣持章行がいる。また通信教育もよく行われていて、これらは地方に和算を広めることに大きな功績があった。

和算が当時の西洋数学に部分的には匹敵する程に発達した背景には、和算書による「遺題継承」と「算額奉納」の風習とがあったが、和算は明治五年の学制発布で「和算を廃止し、洋算を専ら用ふるべし」としてから急激に衰退していくことになる。それでも部分的には、その後も新たな和算書が出版されたり、算額奉納が続いたようである。

【和算の性格】

和算の中心的な手法は数値計算的な代数であった。多くの算額に見られるような直角三角形やそれに接する円の図形問題などは、三角形の比例関係とピタゴラスの定理で解ける。ただ複雑な図形や立体図形となると難しい問題も多い。

円理については積分を多く用いて問題を巧みに解いた。一方、微分の概念は和算では発達しなかった。これは和算が関数、あるいは座標の概念を欠いていたことが一つの理由である。微分が発達しなかった為、和算では微積分の基本定理がなく、複雑な関数の積分は、冪級数展開と級数の和の公式を利用していた。つまり、被積分関数を級数展開してから項別積分を行い、その上で和田寧らが求めた積分表を利用している。

【関孝和の実績】（下平和夫『日本人の数学　和算』より）

・漢字と算木による数学記号体系
・方程式の判別式、正負の根の存在条件
・極大極小論の端緒
・近似分数（零約術）
・招差法の一般化
・正多角形に関する関係式
・ニュートンの補間法
・方陣・円陣　他
・高次数字係数方程式のホーナー法の完成
・ニュートンの近似解法
・行列式の発見（解伏題之法）
・不定方程式の解法
・ベルヌイ数の発見（各種の級数の和）
・円理（円に関する計算）
・円錐曲線論の端緒

附録二　川越の和算家

川越の和算家には川越藩士が多い。藩士は主に江戸詰めや大坂詰めを経験する中で算学を学んでいる。また彼等に教えを受けた者には農民もいる。川越の和算家については文献（1）が詳しい。ここでは同書の他に別資料も参考にして述べる。

（一）手島喜次郎清春

手島清春は川越藩士で内田五観の門人。藩士や領民に算術を教えている。『演段参伍解』（安政二年序）を著している。門人に加藤重信・大沢清五郎・沢田理則・武田喜代治郎（三芳町、「利足年賦算」（天保十一年）を著す）がいる。

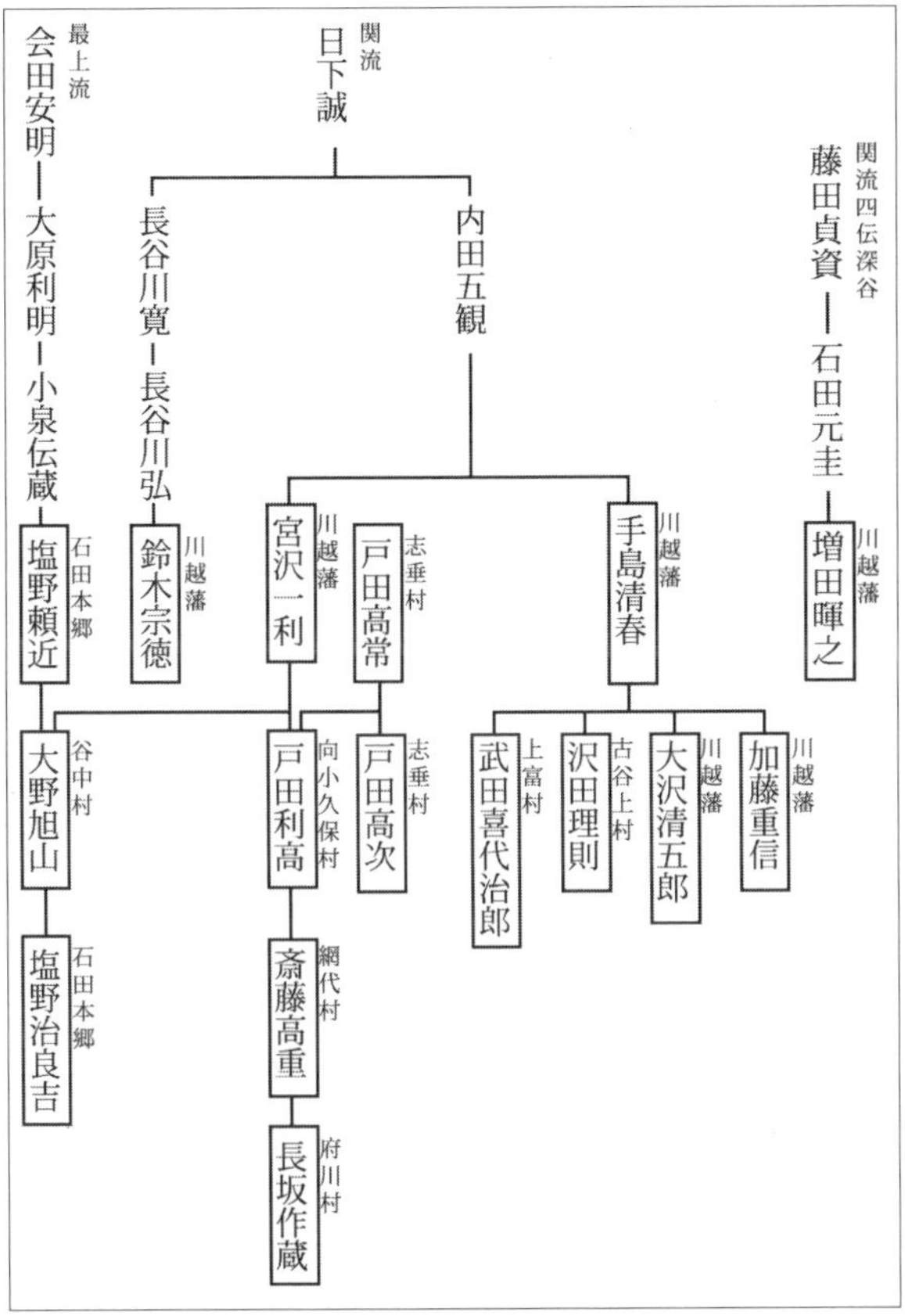

附図2-1　川越の和算家の伝系（2）等から

（二）加藤新吉郎重信

川越藩士の加藤重信が天保六年十一月に氷川大明神社（氷川神社）に奉納した算額の内容は、「球缺内容五球術解」

という稿本に残っている。その内容は次のようなもので解読を下に示す。術文は二つある。文献(1)による解法は球の外接関係などから未知数9個を用いて9つの式を立て、これを解いている。

所献於武州川越氷川大明神社算法

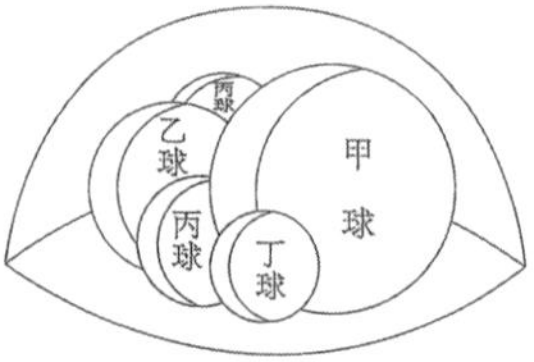

今有如図球缺内容五球甲球
径二百八十四寸乙球径二百
一十三寸丙球径一百四十二
寸問丁球径幾何
　答曰丁球径七十二寸
術曰置甲球径乗乙球径名
極以丙球径除之以減甲乙
球径和余自之以極除之以減三個余乗乙丙
球径差以乙球径除之加一個以除丙球径得丁
球径合問
　　　　手島喜次郎清春
天保六年乙未十一月　加藤新吉郎重信
　術曰以甲球径除乙球径名初以
　丙球径除乙丙球径差名末以減
初余自之以初除之以減四個余乗末加一個以
除乙球径得丁球径合問

附図2-2　氷川大明神社（氷川神社）算額

図のように外球の欠けた部分（半球とは限らない）に甲乙丙丁の５球（丙球は２球）を内接させ、さらに、それぞれの球が図のように外接している。甲径＝$d_1=284$、乙径＝$d_2=213$、丙径＝$d_3=142$寸のとき丁径＝d_4は幾つか。　答は$d_4=72$寸。

（術１）　極＝d_1d_2とすると

$$d_4=\frac{d_3}{\dfrac{\left[3-\dfrac{\left\{\dfrac{極}{d_3}-(d_1+d_2)\right\}^2}{極}\right](d_2-d_3)}{d_2}+1}\quad\cdots\cdots①$$

（術２）　初＝$\dfrac{d_2}{d_1}$、末＝$\dfrac{d_2-d_3}{d_3}$　とすると

$$d_3=\frac{d_2}{\left\{4-\dfrac{(初-末)^2}{初}\right\}末+1}\quad\cdots\cdots②$$　（①を変形して②を得る）

附図2-3　氷川大明神社（氷川神社）算額の解法 (1)

（三）沢田千代次郎理則（文化十二年（一八一五）？〜明治元年（一八六八））五十四歳

古谷上村の沢田理則は算術と測量術を手島清春から学んでいて、天保十二年八月に古谷本郷の古尾谷八幡神社に二問の算額を奉納している。一問目の内容は次のようなものである。なお、最後に「関流七伝手島清春門人　古谷上村　沢田千代次郎理則」とあり、手島は関流七伝を称していた。

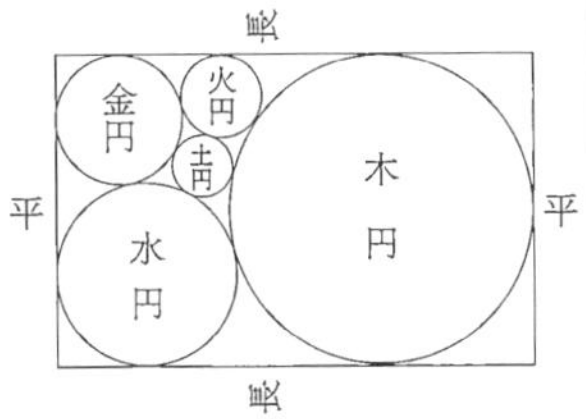

今有如図直内容五円木円径
一十七寸問水円径幾何
答曰水円径一十零有奇
術曰置八箇開平方加三箇名
極置二十四箇開平方以減五
箇余乗極与木径得水径合問

木水金火土の５個の円が図のように入った長方形があるとき、木円径が17寸の場合、水円径は幾つか。　答は10.……寸
術は、$\sqrt{8}+3=$極とすれば、
水円径＝$\left(5-\sqrt{24}\right)\times$極$\times$木円径

附図2-4　一問目[1]

附図2-5　古尾谷八幡神社算額[1]

（四）宮沢熊五郎一利（文政四年（一八二一）〜明治四十一年（一九〇八））八十八歳

宮沢一利は文政四年川越の生まれ。川越藩士。内田五観に算術と測量術を学んだ。慶応二年に川越藩主松平大和守が前橋へ帰城するとそれに従い、明治二年には藩の測量算術教師になり、明治五年に県の庶務課地理係を命じられ、明治四十一年に亡くなる。門人に大野旭山・戸田弥太郎利高がいる。

『量地術初伝之巻』[3]（万延元年、写本）は大野旭山手沢本《しゅたくぼん》で、地方測量之大意

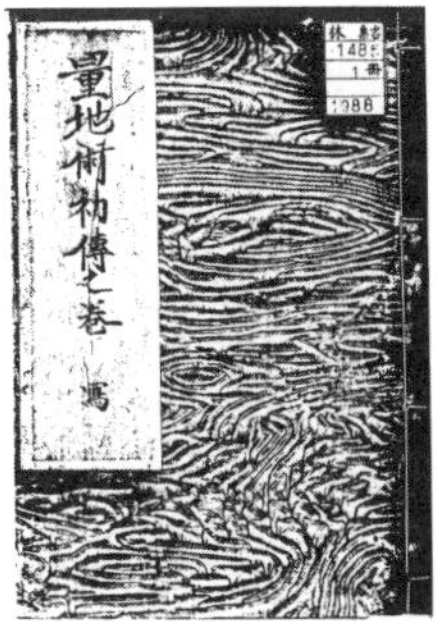

附図2-6　『量地術初伝之巻』[3]

と題して測量術の基本が書かれていて、最後に「右積年依深志測量大意初傳令傳授者也　宮沢熊五郎」（宛先はない）とある。同じ内容のものと思われる「免許状」が文献（1）に掲載されていて、それには花押と大野左吉殿宛てがある（附図2-7）。免許状の内容を書き写したものが前述の『量地術初伝之巻』であろう。

（五）大野旭山輝範（享和二年（一八〇二）〜明治十六年（一八八三））八十二歳

大野旭山は俗名を佐吉といい、谷斎・鳳倦堂・董亭軒とも称した。算術を最上流の塩野転《うたた》頼近（石田本郷、小泉傳蔵理永の門人）に学び、測量術を宮沢一利に学んだ。万延元年（一八六〇）に宮沢から『量地術初伝巻』を伝授される。明治四年石田の藤宮神社に算額を奉納した。明治六年には入間郡岸村・谷中村、高麗郡藤金村、比企郡川口村、足立郡中野林村などの測量に尽力している。

著書に『算法五十円』、『算法点竄指南』、『最上流算法記』（問相場、再傳両替え巻、算法要歩など）、『天文地理測量時鐘起源解』、『算法用字凡例』、『算法方円起源解』、『算法約術巻』、『量地術初伝之巻』、『天文地理八線起源解』、『癸丑暦稿』、『古人集記』などがある。（以上東北大和算ポータルサイトより）

算額には「奉献　最上流」とあり、問文と答文の後に「塩野転頼近門人　武蔵国入間郡谷中村　願主鳳倦堂　大野旭山輝範」とある。問題は附図2-9で甲円径が三寸のときに丙円径を問うものである。算額の大部

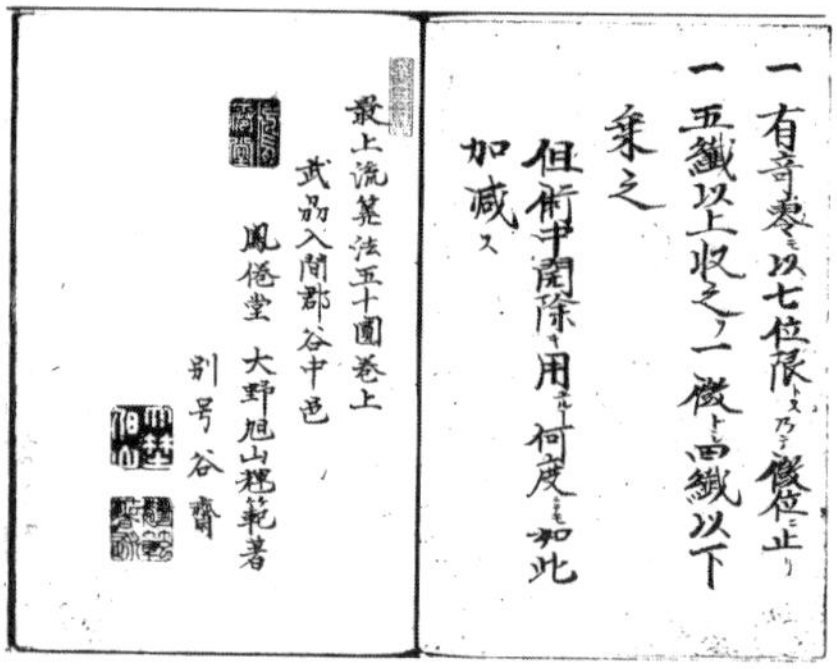

附図2-8　『算法五十円』（東北大）

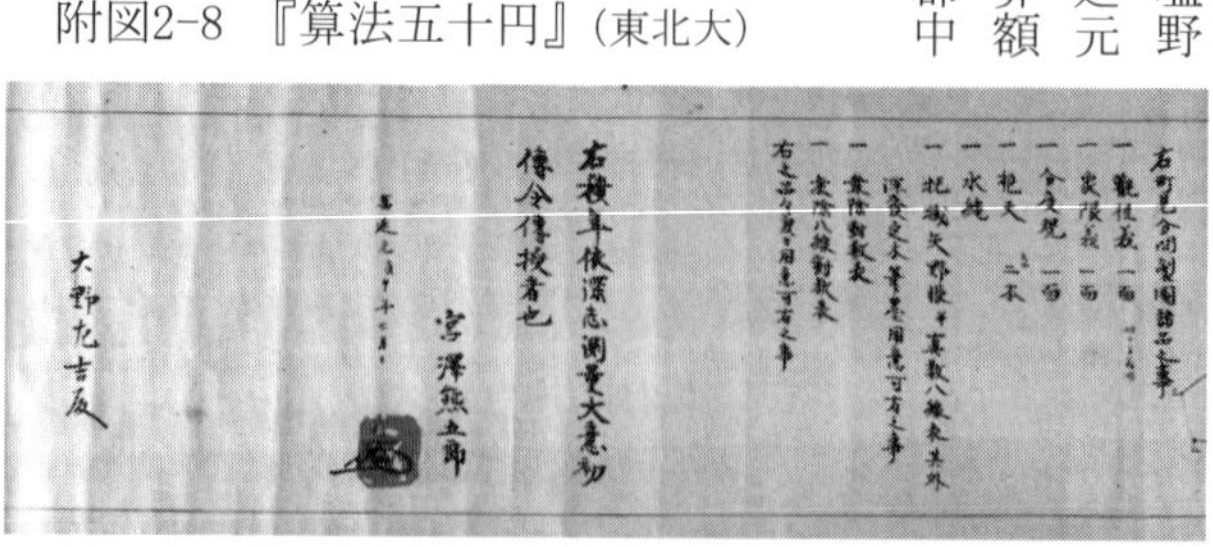

附図2-7　免許状の一部

分を占める面積には世話人門人五三八名もの名が記されている。

なお、『算学稽古大全』（松岡能一、天保四年）には同じ図形で、正三角形の一辺を知って各円径を求める問題がある。そしてそれと同じ問題が群馬県東吾妻町の吉岡神社の算額（安政三年）にある

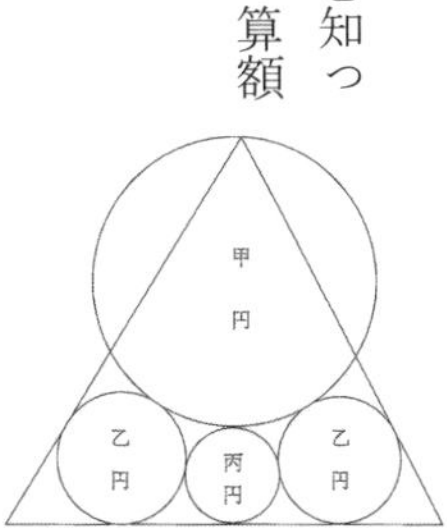

附図2−9　藤宮神社算額の問題

（六）鈴木金六郎宗徳

鈴木宗徳は川越藩士で江戸の長谷川弘に師事した。安政四年（一八五七）の長谷川数学道場の社友列名の量地術免許之部に名前が載っている。甲斐広永の『量地図説』（初学者用測量書、嘉永五年（一八五三））に序文を寄せている。また『量地術』（嘉永五年）を著している。

（七）増田藤助暉之

群馬の榛名神社の算額（文化八年）は石田元圭の門人八人によるものだが、増田暉之（川越藩士）の名はその筆頭に記されている。問題は附図2−10で菱長が四寸菱平が三寸のときに容円径を問うものである。増田暉之は川越藩の堰方小奉行を勤めていて前橋陣屋勤務であったといわれる。

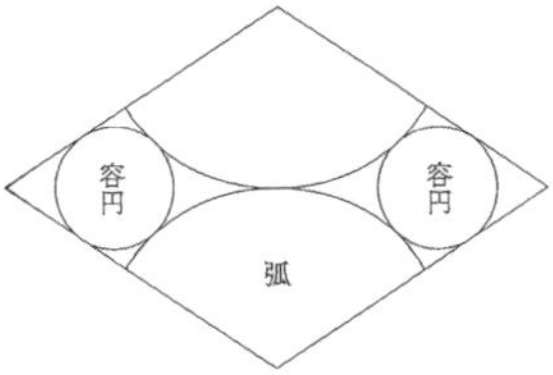

附図2−10　榛名神社算額の問題

（八）戸田新三郎高常

志垂村（川越市山田）の戸田高常の門人六十三名は安政三年三月に府川の八幡神社に三問の算額を奉納している。戸田高常は初め吉右衛門といい、後に新三郎高常と改めた。関流だが伝系は不明である。

この算額は和紙に書かれたものを板の上に貼った珍しいものである（附図2−11）。第一問は長方形内に楕円と四

個の同じ正方形と二個の同じ小円が図のようにあるときに、長方形の二辺の長さと楕円の短径とから正方形の一辺の長さ及び小円径を求めるものである。この問題は『豁機算法』（志野知郷、天保八年）、『算法直術正解』（平内延臣、天保十一年）、『算法楕円解』（村田恒光、天保十三年）に同じ問題が載っている。第二問は図のような扇地紙形の重心に関する問題である。

第三問は附図2-12に示すように、外円（半径r）と、外円に内接する大円（源円、半径x）の隙間に互いに接する累円（半径r_1、r_2…r_n）がある場合、（rは一定でxが変化するとき）r_nの最大を求めるものである。術文は$r_n＝r／2n$とある。原文は附図2-13のようなものであり、術文は$r_n＝r／2n$とある。文献(1)はこの問題を「デカルトの円定理」からr_nの一般解を求め、それからxを変数としてr_nの最大を求めている。

r_nの一般解（附図2-14）を求める問題は法道寺善の『観新考算変』の中にある。これは反転法に似た「算変法」を述べたものである。算変法は円と直線に関する図形問題に解法を与えるもので安政七年に発表されているが、『観新考算変』という書物は複数地に残されている（萩原本、田原本、土屋本など）。萩原本の最初には「本朝由来数学家此術未有之《いまだこれあらざるにより》因挙之　法道寺観山」(4)と法道寺が初めて示した解法であることを謳っている。

附図2-11　府川八幡算額（安政3年）（2014年11月見学会）

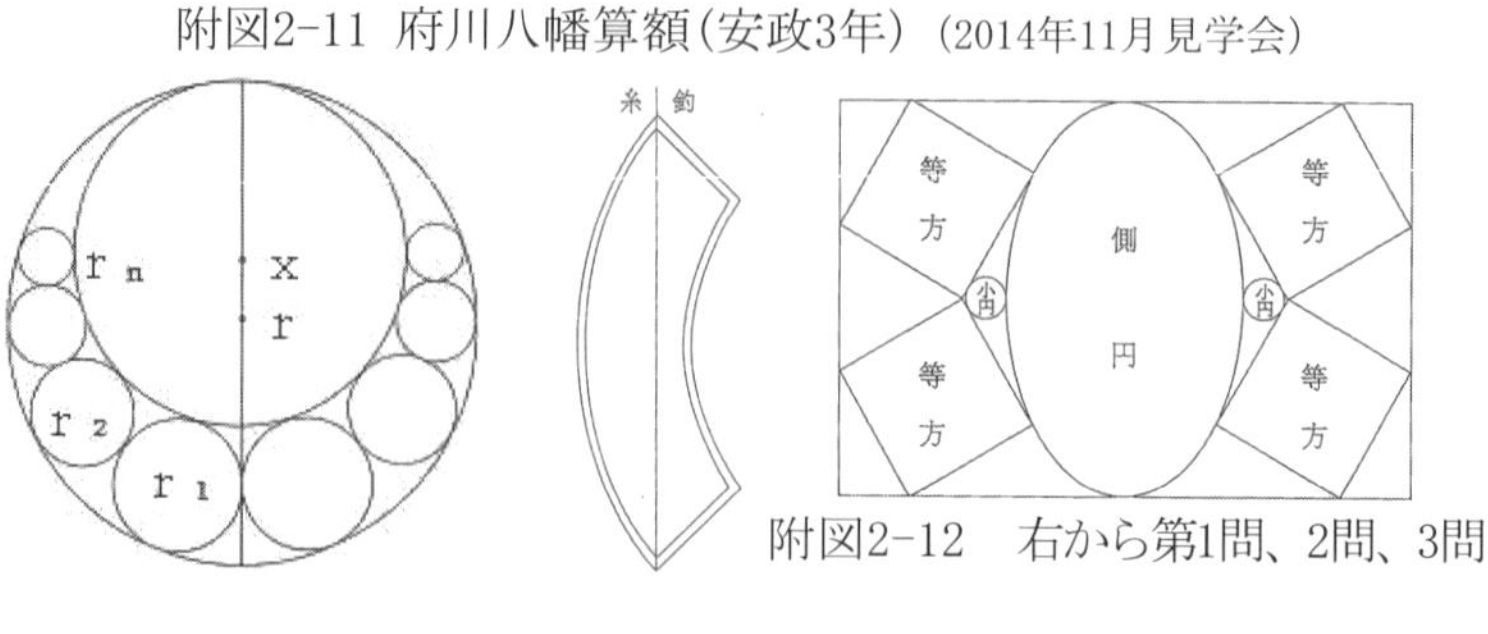

附図2-12　右から第1問、2問、3問

（九）戸田喜四郎高次

志垂村（川越市山田）の戸田高次は安政五年十一月に府川の八幡神社に算額を奉納している。算額は左側が四角で右側が絵馬型の形をしている。劣化が進んでいるが、文献(1)には詳細が書かれている。二問の容術がある。

戸田喜四郎の名は、前述の安政三年の府川八幡算額に戸田高常の門人の筆頭に記されている。

今有如図円内容源円及累円
乃不動寄隅 仮画六個 其外円径若干問随容円
数得至止円径術如何
　答曰如左術
術曰以容円数除外円径得至大
止円径合問

附図2-13第三問原文

$$r_n = \frac{4rx(r-x)}{(2n-1)^2(r-x)^2+4rx}$$

附図2-14　一般解

附図2-15　府川八幡算額（安政5年）
（2014年11月見学会）

（十）奥貫五平次　他

久下戸の奥貫五平次ら六名は文化八年正月に久下戸の氷川神社に四問の算額を奉納している。奥貫の他は、同村の**関根貞六**・**関根富蔵**・**沢田金十郎**、渋井村の**江尻與七**、古谷本郷の**吉崎源蔵**であるが、いずれも伝系は不明である。

一問目の内容は附図2-16のようなものであり、解法を附図2-17に示す。

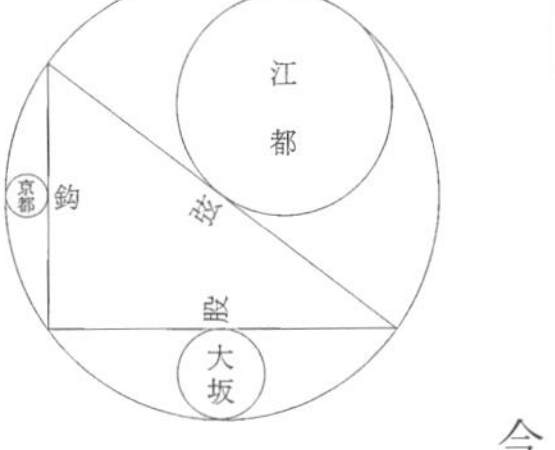

今有如図大円内鉤股弦容随鉤股弦円
周三ヶ津空円只云京都大阪径ヲ和〆
三分之二ヲ鉤二分一和〆共一拾二寸
又云江戸径一拾五寸問京都大阪
幾何　答曰京都径三寸大阪径六
寸　　乃円積率七五
術曰立天元一為京径六之加入又曰
数六段ヲ自之寄左〇列只云数九段自
之与寄左相消得開方式開平方得京
径推前術得各合問

附図2-16　氷川神社算額１問目

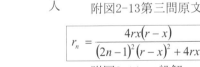

(十一) その他

「増刻神壁算法」(寛政七年(一七九五))には川越藩の**伊藤甚太夫憲章**が川越通町八幡神社に奉額した問題が載っている。また、**塩野頼近**は文化元年(一八〇四)四月、石田本郷の地蔵堂に奉額していてその控の文書が残っている。

図のように大円内に鉤股弦と、鉤股弦に随って円周に３つの空円ある。京径と阪径の和の３分の２と、鉤の半分との和が１２寸、江径が１５寸のとき京径及び阪径は幾つか。
答、京径は３寸、阪径は６寸

術文を意訳すると以下のようにとれる

$(6\times 京+15\times 6)^2=(12\times 9)^2 \quad \therefore 京=3$

但しこれは正しくないようである。

弦は大円の中心を通るとすれば

$(江-阪)^2+(江-京)^2=江^2$

$\frac{2}{3}(京+阪)+(江-阪)=12 \quad ,江=15$

これから、$京=\frac{27-3\sqrt{61}}{5}=0.7138\cdots$

を得る。

附図2-17　氷川神社算額１問目の解

附図2-18 久下戸氷川神社算額(文化8年)[2]

参考文献

(1)川越市立博物館『川越の算額と和算家』平成15年

(2)川越市立博物館「川越の算額と和算家　パンフレット」平成15年

(3)宮沢熊五郎『量地術初伝之巻』(東北大学和算ポータルサイト)

(4)法道寺善『観新考算変』(東北大学和算ポータルサイト)

(5)野口泰助『埼玉県数学者人名小辞典』昭和36年

附録三　埼玉東部の算額

埼玉東部の主な算額のうち、『埼玉の算額』(1)に所収されていない算額を附表3-1に示す。ここでは主に解説資料のない鴻巣市の稲荷神社と薬師堂の算額（共に市指定文化財）、及び川口市の氷川神社算額について述べる。

（一）鴻巣市新井の稲荷神社の算額

この算額は明治二十五年九月に、都築利治門人五名によって掲げられたものである。

問題は五問あり最初の三問は明確に読めるが、四問目は五～六ヶ所ほど読めない個所がある（前後関係から推測した文字には横線を付けた）。五問目はさらに読めない個所が多くある。

三問目の出題者の「盛之助」の姓は読めないが、後述の薬師堂の算額には同じ住所と思われる「松村森之助利輝」があるので、「盛」と「森」の違いがあるものの同一人物と思われる。同様に薬師堂の算額と見比べると、「□田興三郎谷治」は「福田与三郎谷治」と推測できる。「鈴木道太郎利正」は「新槇道太郎利正」と同一人物かは不明である。その他、田村金太郎治重、堀越佐平利佐も薬師堂の算額にある。

寺社名	奉納場所	奉納年月	奉納者	問題数	解説資料
氷川神社	川口市三ツ和	享和4年正月	信豊他	2問	○ (*1)
重殿社	さいたま市 緑区中野田	明治14年5月	清水幸吉他	1問	○ (*2)
薬師堂	鴻巣市上谷	明治23年4月	都築利治門人	3問	△ (*3)
天神社	北本市本宿	明治24年4月	清水和三郎他	12問	○ (*4)
稲荷神社	鴻巣市新井	明治25年9月	都築利治門人	5問	△ (*3)
医王寺	加須市芋茎	明治32年	不明		×

(*1)「郷土鳩ヶ谷2号」(鳩ヶ谷郷土史会会報)
(*2)『浦和市文化財調査報告書　第36集』
(*3)鴻巣市教育委員会様から写真を提供して頂きました
(*4)『北本市史第五巻』(近代現代資料編)

附表3-1　埼玉東部の主な算額（『埼玉の算額』に未所収のもの）

関流免許皆傳算師都築利治社中

奉

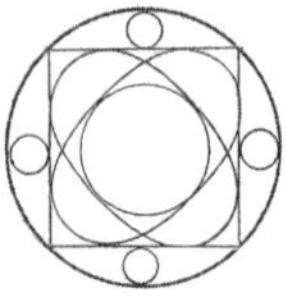

今有如圖設外圓之内ヘ方面一個側圓二個乙圓四個
甲圓一個只言其側圓長徑四寸甲圓徑三寸問乙圓
徑幾何　答曰乙徑七分三厘二毛有奇
術曰置八個開平法以減三個餘ヘ乗長徑巾甲徑巾和
ヲ八個ヲ除之開平法得乙圓徑合問
北埼玉郡共和村大字新井
関流九傳発願人田村金太郎治重

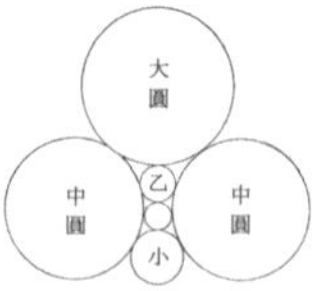

今有如圖圓大中小ノ圓ヲ以テ乙丙二圓ヲ只言其
小圓徑五寸乙圓徑四寸丙圓徑三寸問大圓徑
幾何　答曰大圓徑二拾寸餘
術曰置三千九百二拾個ヲ以テ百九拾六個除之得
大圓徑合問
北埼玉郡種足村大字西ノ谷
関流九傳　堀越佐平利佐

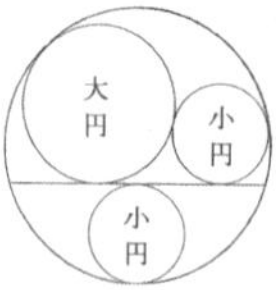

今有如圖外圓ノ内ヘ設玄斜ヲ容其上下ヘ大小三
個只言玄斜四寸小圓徑一寸問大圓徑幾何
答曰大圓徑三寸九分三厘餘
術曰置玄斜ヲ三乗巾而以四個除之内以減小徑四個
餘開平法得商七個七分四厘五毛餘以加入八個以
小徑四個除之得大圓徑合問

附図3-1　稲荷神社算額の解読文(1/2)

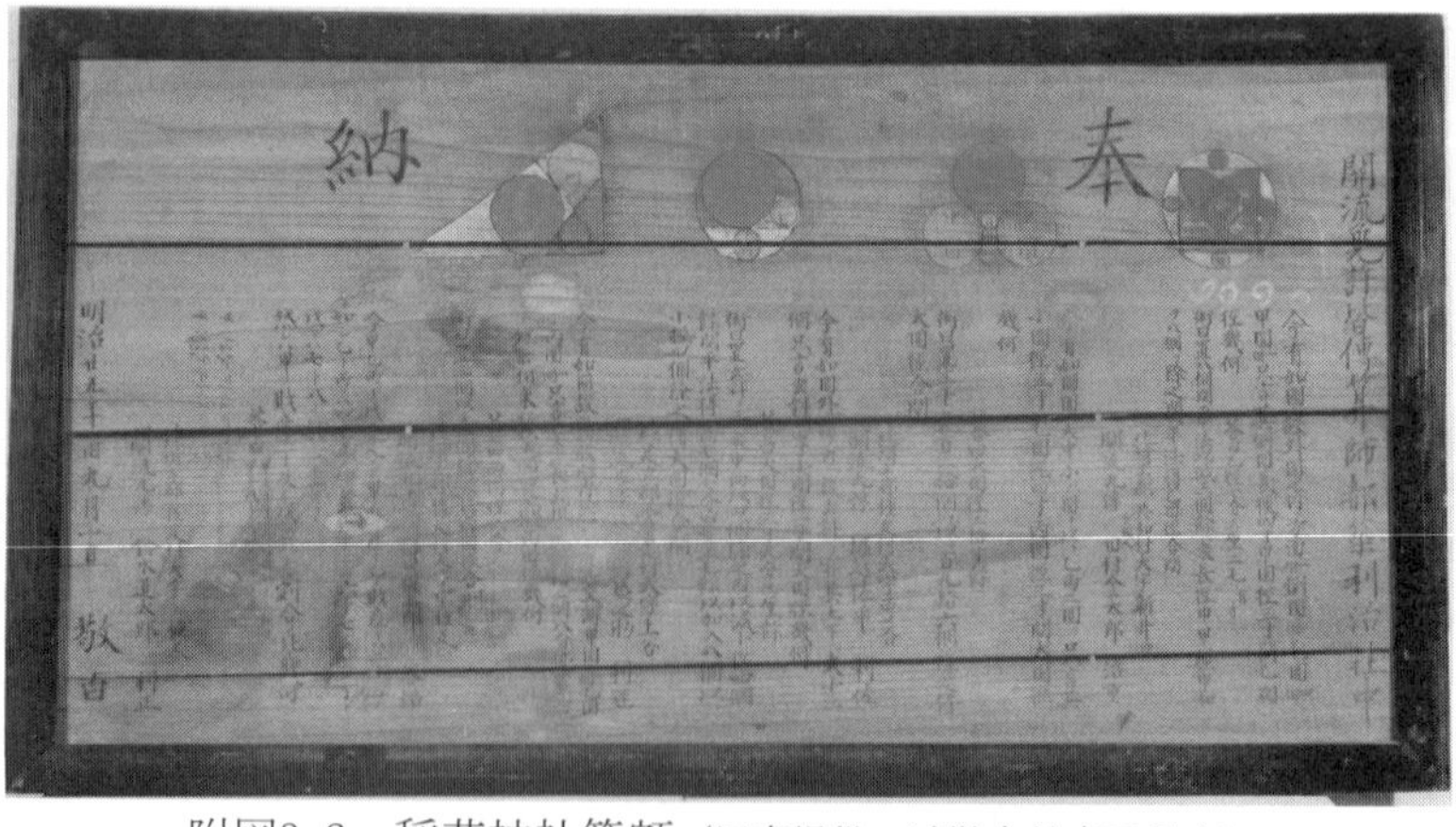

附図3-2　稲荷神社算額（写真提供：鴻巣市教育委員会）

納

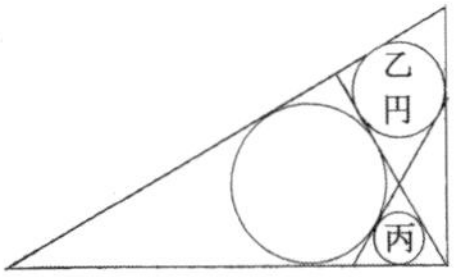

北足立郡當光村大字上谷
関流九傳　□□盛之助利輝

今有如圖設鈎股形内二□容其交罅甲圓一個乙圓一個丙一個只言股長玄相乗数拾二個八分亦言鈎ト短玄相乗数五個四分問丙圓徑幾何
答曰丙圓徑六分
術曰置三個以五個除之得丙圓徑合問
北埼玉郡種足村大字中種足
関流九傳　□田興三郎谷治

今甲乙丙丁戊五人アリ甲□□乙ノ財産トハ二十三ノ如シ乙ト丙トハ四□□□□□□六十七□□□□丁ト戊トハ七ト八ノ□□□□□然レハ甲ノ財産丁及□□□□□割合ノ比幾何
答曰□□□□□□□□□□□
□□□□□
□□□□□
北埼玉郡種足村大字上種足
関流九傳　鈴木道太郎利正
明治廿五年旧九月一日　敬白

附図3-3　稲荷神社算額の解読文(2/2)

一問目の問文は、「図のように外円内に方面（正方形）一個と方面に内接する側円二個、外円に内接し方面に外接する乙円四個、二個の側円に内接する甲円一個があるとき、長径四寸甲円径三寸のとき乙円径は幾つか」というもの。

術文は、「八を置き平方に開き三から減じ余りに長径の二乗と甲径の二乗の和を乗じ、八で除し平方に開き乙円径を得て問に合う」というもの。この問題を解くと下のようになり、答・術文とも正しいことが確認できる。

問題を解くと、側円（楕円）の長径をl、短径（甲円（中央の円）の直径）をkとすれば、求める乙円径（外円径の矢）xは、

$$x=\sqrt{\frac{\left(3-\sqrt{8}\right)\left(l^2+k^2\right)}{8}}=0.7322\cdots$$

$$\left(l=4,k=3\text{の場合}\right)$$

となり、術文は正しい。

二問目は小円・乙円・丙円の大きさを知って大円の大きさを求めるもの。五つの円に関して四つの三平方の定理を立てて解くと答の正しいのが確認できる。

三問目は、これとほぼ同様の問題が、さいたま市西区中釘の秋葉神社の算額（天保十一年、七・五章の田辺倉五郎参照）にある。図形は全く同じだが、斜（直線）と小円径の数値が秋葉神社のが4.8、1.8であるのに対して、この稲荷神社のは4、1となっている。問題は図において斜の長さと小円径が与えられた時に大円径を求めるもので、術文の大凡の解読は次のようなものである。

「術曰く、玄斜を置き四乗しこれを四で除し、小径の四倍を減じ、平法に開き、七・七四五余りを得る。それに八を加え、それを小径の四倍で除して大円径を得て問に合う」（注。三乗巾は和算では四乗のこと、また小径の四倍とあるが、これは小径が1であるためで実際は小径の四乗の四倍となる）

この問題を解くと下のように示される。

なお、秋葉神社の算額の答と術文には間違いのあることがわかったが、田辺家に遺っている内表紙に「関流算術之学士田鍋倉五郎康高堂　撰之高康　印」（天保十年）とある史料の中には掲額した問題の解法もあり、そこには「答曰大徑二寸九ト二厘」と正しい値を求めている。従って、算額の文章は掲額時の書き間違いによるものではないかと推測する。

四問目は不明の文字が多く理解できていない。

（二）鴻巣市上谷の薬師堂の算額

この算額は明治二十三年四月に都築利治門人九名と世話人二名によって掲げられたものである。住所氏名の一部に読めない個所があるが、その他は読める。

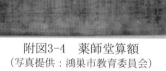

附図3-4　薬師堂算額
（写真提供：鴻巣市教育委員会）

斜の長さをm、小円径をlとすれば、大円径xは、

$$x=\frac{\frac{m^2}{2}+\sqrt{\frac{m^4}{4}-4l^4}}{4l}=\frac{\frac{16}{2}+\sqrt{\frac{256}{4}-4}}{4}$$

$$=\frac{8+\sqrt{60}}{4}=\frac{8+7.745\cdots}{4}=3.93\cdots$$

$$(m=4, l=1 \text{の場合})$$

となり、術文は正しい。

奉

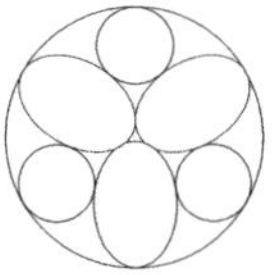

関流皆傳算師

総理　都築利治　社中

今有如圖設外圓容其内側圓三個小圓三個只言側圓長徑三寸短徑二寸問外圓徑幾何

答曰外徑六寸二分壱厘四毛余

術曰置九拾三個開平法得商ニ加入九個ヲ以三個除之得外圓徑合問

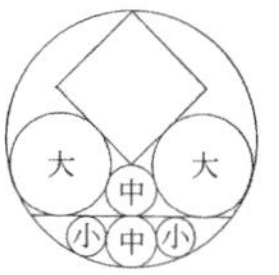

今有如圖設全圓ヲ内線上下ヘ容大圓二個中圓二個小圓二個方一個只言其小圓徑一寸問中圓徑幾何

答曰中圓徑一寸二分五厘

術曰置小圓徑五之以四個除之得中圓徑合問

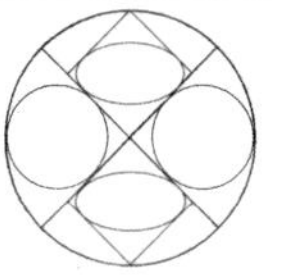

今有如圖設大圓容内□二個側圓二個只言其側圓長徑四寸短徑三寸問小圓徑幾何

答曰小徑四寸一分四厘二毛余

術曰置拾七個一分六厘開平法得小圓徑ヲ合問

納

門人九名と世話人二名の住所氏名（以下に示す）

明治廿三年四月　敬白

北足立郡當光村大字上谷
関流九傳　松村森之助利輝

北埼玉郡種足村大字西ノ谷
関流九傳　堀越佐平利佐

北埼玉郡種足村大字上種足
関流九傳　新槇道太郎利正

北埼玉郡種足村大字中種足
関流九傳　福田与三郎谷治

北埼玉郡共和村大字新井
関流九傳　田村金太郎治重

北足立郡箕田村大字道永
関流九傳　平賀喜代三郎治永

南埼玉郡西小林村
長谷川辰五郎治済

北足立郡當光村大字上谷
大塚□五郎治信

北足立郡箕田村市縄
萩原秋作治孝

世話人

北埼玉郡種足村大字中種足
関流九傳　坂口宇之助利永

北埼玉郡種足村大字四所
加藤寅吉清□

附図3-5　薬師堂算額の解読文

一問目は側円と円が三個づつで、同じような問題として四個づつの問題が、榛名神社算額（群馬県、明治三十三年、宮永永蔵永治）、及び菖蒲町の小林神社算額（大正五年、都築菊蔵利長門人）にある。騎西町（加須市）の雷神社の算額（明治八年）は側円が三個で円は無いが同等の問題である。

三つの側円は附図3-6のように外円に接し且つ側円同士が接している。また三つの側円の長軸の延長は外円の中心で交わる。側円の長径が3、短径が2のときに外円径は幾つかというもの。この問題は側円と外円の関係で決まり、小円は関係しない。騎西町の雷神社の算額（明治八年）はこの小円のない問題（『埼玉の算額』）となっている。この問題は側円の数をnとして解ける。答は外径6.214…。術文（計算）は、93を置き平法に開き、それに9を加え、これを3で除

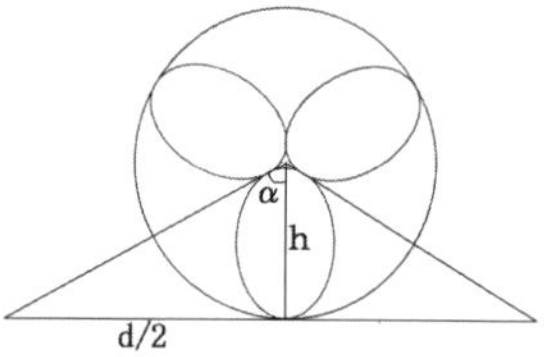

附図3-6

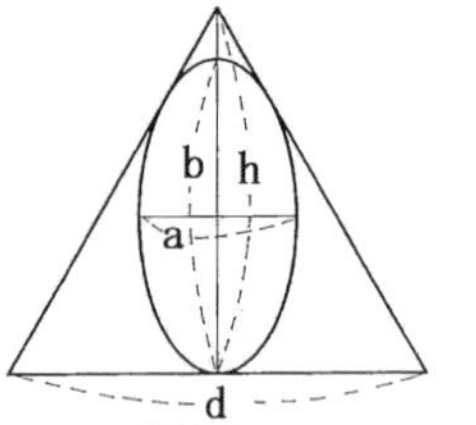

附図3-7

側円の数をnとすれば、附図3-6で

$\alpha = \dfrac{\pi}{n}$ だから、$d = 2h\tan\dfrac{\pi}{n}$　…①

一方、二等辺三角形内の側円については、附図3-7で次の関係がある。

$a^2h = d^2h - d^2b$　…②（証明略）

また、$x = 2h$　…③

①②③より

$Ax^2 - 2bAx - a^2 = 0$、但し$A = \tan^2\dfrac{\pi}{n}$

$\therefore\ x = b \pm \sqrt{b^2 + \dfrac{a^2}{A}}$

$n = 3, a = 2, b = 3$を代入して

$x = 3 + \sqrt{\dfrac{27+4}{3}} = \dfrac{9+\sqrt{93}}{3} = 6.214\cdots$

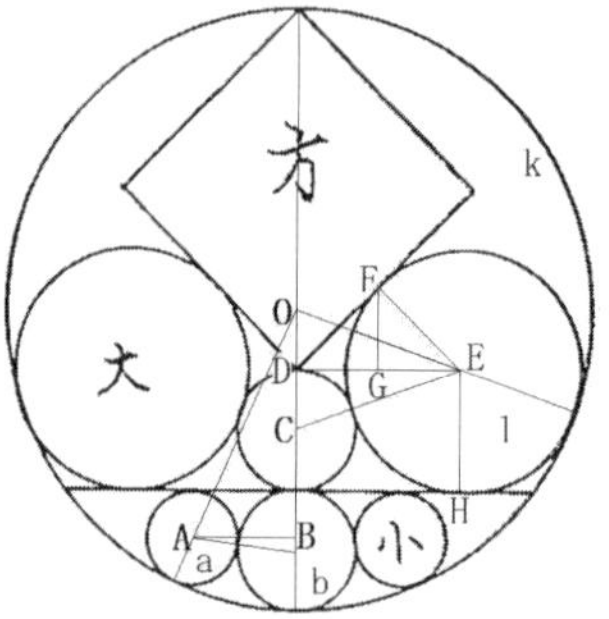

附図3-8

附図3-8で考える。

(1) △OABに注目して

$\dfrac{1}{4}(k-a)^2 = \dfrac{1}{4}(k-2b+a)^2 + ab$

$\therefore b^2 - kb + ka = 0$　…①

(2) △ODEに注目して

$\left(\dfrac{k}{2} - \dfrac{l}{2}\right)^2 = bl + \left(\dfrac{k}{2} - \dfrac{l}{2} - b\right)^2$

$\therefore k = b + 2l$　…②

(3) ∠FDG = 45°、従ってFD＝FE $= \dfrac{l}{2}$

△FDGで、$\left(\dfrac{l}{2}\right)^2 = 2\left(\dfrac{\sqrt{bl}}{2}\right)^2 = \dfrac{bl}{2}$

$\therefore 2b = l$　…③

①②③から、$b = \dfrac{5a}{4} = 1.25$　$(a = 1)$

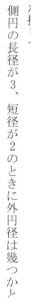

し外円径を得る、とある。

二問目は大宮氷川神社算額（明治三十一年）の十二問目（北埼玉郡騎西、大塚源平正治）と同じ内容。附図3－8で小円径が1のとき中円径は幾つかというもの。答は1．25。術文は、小円径を置き5倍しこれを4で除して中円径を得る、とある。

三問目は、附図3－10で側円の長径が4、短径が3のとき小円径は幾つかというもの。答は4．142・・・。術文は、17．16を置き平法に開き小円径を得る、とある。

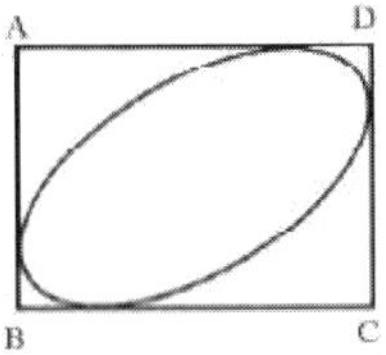

附図3-9

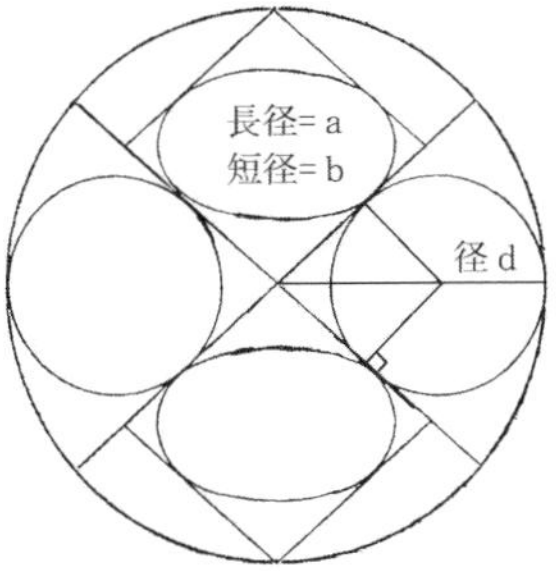

附図3-10

「算法助術」（天保12年、山本賀前）に、附図3-9のように長方形に側円が4点で内接する時の関係式がある。証明は略。つまり、

$AB = c, BC = d$, 側円の長径 $= a$, 短径 $= b$

の時、$a^2 + b^2 - (c^2 + d^2) = 0$　…①

この問題では、正方形になるので $d = c$,

$a = 4, b = 3$ を代入して、$c^2 = 12.5$

大円の半径 R は正方形の対角線に等しいから、

$$c^2 = 2\left(\frac{R}{2}\right)^2 \quad \therefore R = 5$$

小円（径 d、附図3-10）に関しては、

$$\left(5 - \frac{d}{2}\right)^2 = 2\left(\frac{d}{2}\right)^2$$

$$\therefore d = 10\left(\sqrt{2} - 1\right) = 4.1421356\cdots$$

（術文は、$\sqrt{17.16} = 4.1424630\cdots$ だが、17.16の出所は不明）

(三) 川口市三ツ和の氷川神社の算額

この算額には、享和四年(一八〇四)正月の記名と共に、「當村」の信豊、源次郎他五名（計七名）の名があるが姓はなく伝系などは不明。また、「當村」とは小渕村を指すようである。

問題は二問あるが何れも初歩的な問題。「郷土鳩ヶ谷　2号」(2)にある文面をもとに、わずかに読める写真と見比べてみた解読文を次に示す（「郷土鳩ヶ谷　2号」の文面は数カ所修正が必要のようです）。

一問目は、大中小の三円で直径の差は大と中で二寸、大と小で四寸、三円の面積の和は6557、三円の直径を求めよというもの。術文では寸の単位と分の単位を使い分けている。

術文に出て来る「数」は条件から二次方程式を解くときに次のように全て出てきます。また「円法」は$\pi/4$を示し、πは3・16を使用している。

二問目は直角三角形の股(底辺)と高倍(勾配)が与えられたとき、各辺長と内接する五円の径を求めるものである。

さて、「郷土鳩ヶ谷　2号」は奉納者筆頭の百姓名らしく

大円の直径をxとすれば、分を単位として

$$\frac{\pi}{4}\left\{x^2+(x-20)^2+(x-40)^2\right\}=6557$$

$$\frac{\pi}{4}\left(3x^2-120x+400+1600\right)=\frac{\pi}{4}\left(3x^2-120x+2000\right)=6557$$

$$\frac{\pi}{4}\left(3x^2-120x\right)=6557-1580=4977,\quad \pi=\frac{4\times1580}{2000}=3.16$$

$$\frac{3\pi}{4}x^2-\frac{120\pi}{4}x-4977=0$$

$$x=\frac{30\pi\pm\sqrt{(30\pi)^2+4\frac{3\pi}{4}4977}}{2\frac{3\pi}{4}}=\frac{15\pi\pm\sqrt{225\pi^2+\frac{3\pi}{4}4977}}{\frac{3\pi}{4}}$$

$$=\frac{47.4\pm\sqrt{2246.76+11795.49}}{2.37}=\frac{47.4\pm\sqrt{14042.25}}{2.37}$$

$$=\frac{47.4+118.5}{2.37}=\frac{165.9}{2.37}=70\text{分}=7\text{寸}$$

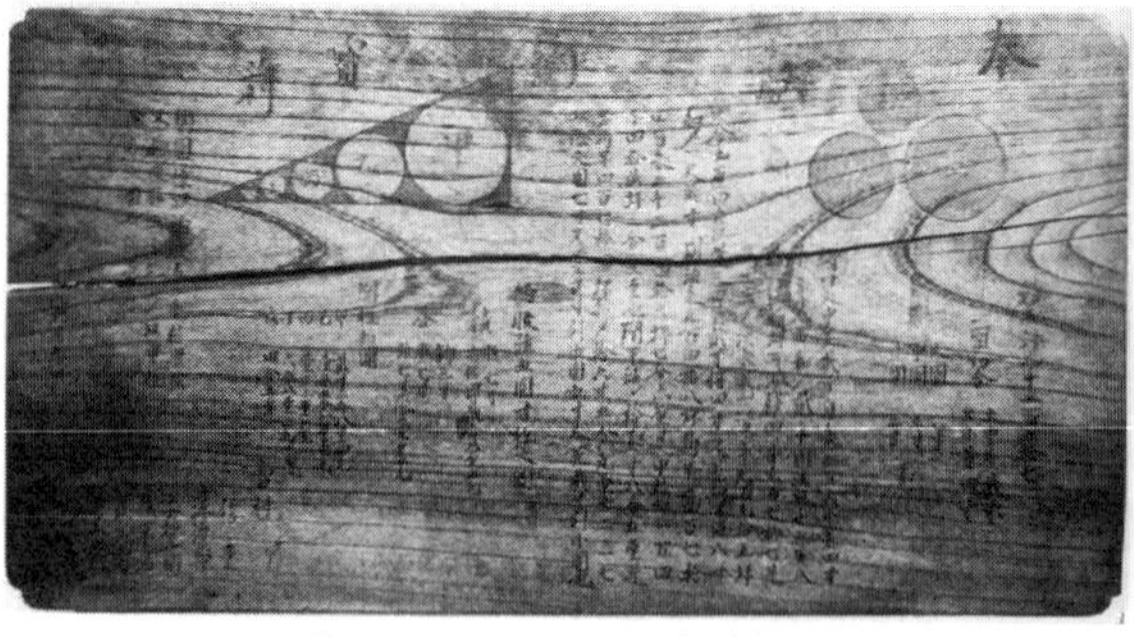

附図3-11　氷川神社算額

(http://yamada.sailog.jp/weblog/2015/06/post-5c17.htmlより)

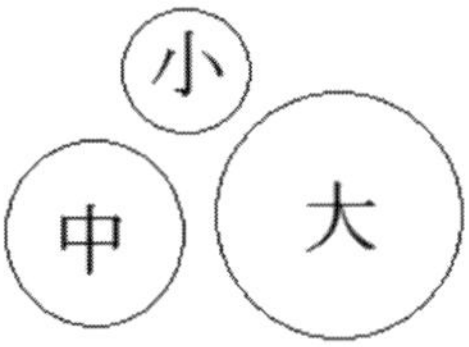

積　分坪　六千五百五拾七
三円積分　大中差弐寸
大小差四寸
答　大円七寸
中円五寸
小円三寸

術曰大中差弐寸自乗四百大小差四寸
自乗千六百和〆弐千円法掛千五百八
拾坪以積坪ヲ減残四千九百七十七是
二三七法求乗一万七百九十五坪
四分九厘甲位置又曰差弐寸倍四寸又差四寸倍八寸
和〆一尺二寸円法乗九百四拾八坪折半□四百七拾
四自乗弐千弐百四拾六坪七分六厘是甲位加一万四
千四拾弐坪二分五厘也開平法〆拾壱寸八分五厘是
右折半四百七拾四坪和〆拾六寸五分九厘右二三七
以除大円七寸又差弐寸引中円五木又差弐寸引小円也

附図3-12　氷川神社算額の解読文(1/2)

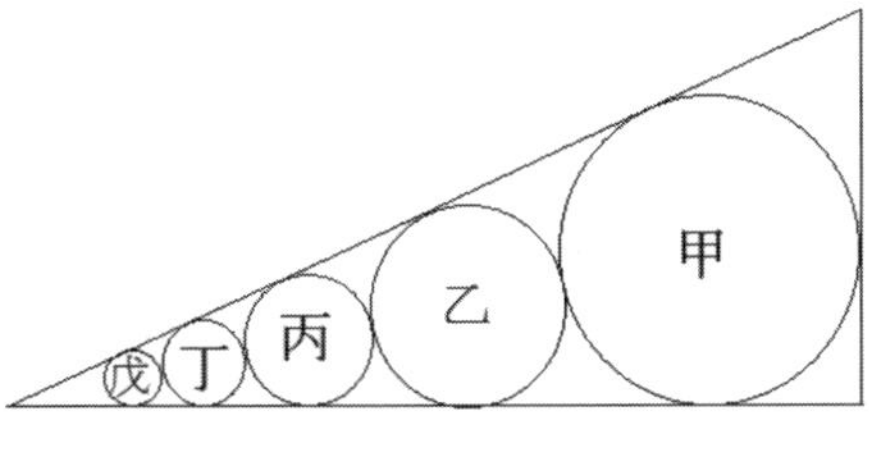

鈎股弦五円寸径之図
積　股七寸
高倍四寸弐分八厘五毛
答　鈎三寸
股七寸
弦七寸六分一厘五毛
円径如図
甲　弐寸三分八厘四毛
乙　壱寸五分七厘壱毛
丙　壱寸三厘七毛
丁　六分八厘二毛
戊　四分五厘

術円径曰鈎股自乗倍甲位
又鈎股弦三方和〆以甲位
除各五円如斯也

當村
信　豊
源次郎
与惣兵衛
佐兵治
武兵衛
常右衛門
治良右衛門

享和四甲子年正月吉日

附図3-13　氷川神社算額の解読文(2/2)

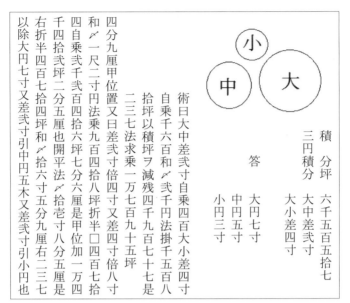

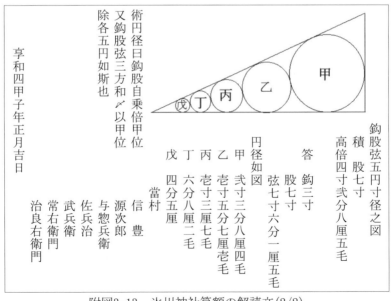

ない「信豊」について次のように推測している。

当時小渕村の細沼の田は深水で農民は苦しんでいた。排水工事は難事業であったが、この算額は西沼・細沼悪水の完成を祝って奉納され、「細沼・西沼悪水の測量設計、重要道路である日光御成道を中断しての伏越し埋設工事の設計、これらを小渕村農民自らの手で成し遂げるために（算額の内容）学んだ」と想像している。そして、奉納者たちが自身を姓なき百姓として自認する中、「信豊」の身分を超えて小渕村民と一体になった心を感じるという。「信豊」は御普請組の役人か、また赤山代官所の旧臣であったか。武士身分の者が農民と一体になって悪水堀工事を完成し、記念に奉納した算額に自ら姓なき百姓の一人として名を書きとどめたと。

算術を趣味で学ぶのではなく、実用、それも生活を賭けた戦いの中で学び、願いが叶った暁に、仲間たちと感謝してささやかな算額を奉納するという、その精神の格調の高さみたいなものを感じる。

参考文献

（1）『埼玉の算額』（埼玉県史料集第二集、埼玉県立図書館、昭和44年）
（2）『郷土はとがや　第2号』（鳩ヶ谷郷土史会会報、昭和52年11月30日）

附録四　簡易和算用語（あいうえお順）

幾何（いくばく）　どれほどか
一段（いちだん）　1を掛けること
一倍（いちばい）　2倍のこと
一个（いっこ）　1個
一算命（いっさんめい）　未知数とする。「立天元一為」
今有如図（いまずのごとくあり）図のように・・・がある
容る（いる）　置く、または内接
因（いん）　1桁の数を掛けること
盈朒（えいじく）　過不足。盈はあまり朒は不足のこと
盈不足（えいふそく）　過不足
円径（えんけい）　円の直径。さしわたし
円積率（えんせきりつ）　$\frac{\pi}{4}$
円截（えんせつ）　弓形のこと
円台（えんだい）　円錐台のこと
円理（えんり）　円、弓形、球などの求積の理論
梭（おさ、さ）　菱形。
罅（か）　図形と図形の小さな部分（すきま）
解曰（かいいわく）　解き方
界斜（かいしゃ）　図形を分けるときの線
解伏題（かいふくだい）　行列式の理論
開平方（かいへいほう）　平方根を求めること
開立（かいりゅう）　立方根のこと
開立法（かいりゅうほう）　立方根を求めること
角中径（かくちゅうけい）　正n角形の外接円の半径。中心から頂角までの長さ
割円表（かつえんひょう）　三角関数表
下頭（かとう）　台形の下底
帰（き）　一桁の数で割ること
奇（き）　端数
有奇（きあり）　余り、不尽、以下端数のあること
規矩術（きくじゅつ）　コンパスと定木を使う測量法。
軌線（きせん）　点が動いて描いた線をいう
球積（きゅうせき）　面積や体積を求めること
球積率（きゅうせきりつ）　$\frac{\pi}{6}$。玉積率、玉率とも
玉（ぎょく）　球
極形術（きょくぎょう）　解きやすい形に変形する術
玉積（ぎょくせき）　球の体積
玉率（ぎょくりつ）　$\frac{\pi}{6}$。玉積率とも
奇零（きれい）　余りのないこと
矩合（くごう）　等式を差し引き零にした式
径（けい）　直径（和算は直径を扱う）

圭垜（けいだ）　1, 3, 6, …、または1, 2, 3, …の数列
弦（げん）　直角三角形の斜辺
个（こ）　個、一个は一個のこと
鈎、股（こう、こ）　直角三角形の直角を挟む辺
鈎股弦（こうこげん）　直角三角形
交周（こうしゅう）　二つの立体の交わりの周長
甲除奇(偶)乗表（こうじょきじょうひょう）　積分表の一つ
極数（ごくすう）　極大、極小になる数
弧背（こはい）　円弧
弧矢（こや、こし）　弓形のこと
半之（これをなかばす）　二で割ること
再因（さいいん）　同じ数を二度掛けること。三乗
再自（さいじ）　三乗、再乗とも
三自（さんじ）　四乗
三斜（さんしゃ）　不等辺三角形
三段（さんだん）　三倍
自（じ）　自乗、二乗
至多（した）　極大または最大のこと
実（じつ）　割られる数
周率（しゅうりつ）　円周率を近似分数で表すときの分子。分母は径率。
術曰（じゅついわく）　計算方法
除（じょ）　二桁以上の数で割ること
商（しょう）　割って得られた答。平方根。
小斜（しょうしゃ）　不等辺三角形の最短辺
上頭（じょうとう）　台形の上底
正背（せいはい）　楕円の長径に平行な弦（正弦）に対する背（楕円周の一部）
積（せき）　面積、体積。責とも。
截周（せっしゅう）　立体を平面で切ったときの切断面の周
截面（せつめん）立体を平面で切ったときの切断面
翦管（せんかん）　不定方程式の解法
穿去（せんきょ）　穴を開けて取り去ること
相減（そうげん）　大きい数から小さい数を引くこと
側円（そくえん）　楕円
蕎麦形（そばがた）　正四面体
垜、垜術（だ、だじゅつ）　数列。圭垜、三角衰垜など
台（だい）　錐台
大斜（だいしゃ）　不等辺三角形の最長辺
只云（ただいう）　第一条件
只曰（ただいわく）　第一条件
段（だん）　個（数だけの倍数）
壔（ちゅう）　柱

中鈎（ちゅうこう）　三角形の高さ
中斜（ちゅうしゃ）　不等辺三角形の中間の辺
長（ちょう）　菱形の対角線のうち長い方。長方形の長い方の辺。二等辺三角形の高さ
長立円（ちょうりつえん）長径を軸とした回転楕円体、長球
直（ちょく）　長方形
梯（てい）　台形
綴術（てつじゅつ）　有限・無限の冪級数の展開方法
天元術（てんげんじゅつ）算木を使用する方程式の解法
立天元一為（てんげんのいち）　未知数 x
天竄術（てんざんじゅつ）　和算の筆算による代数
合問（といにあう）　題意に合っていること。術文の最後に書く
同矩（どうく）　二つの図形が相似
八線表（はっせんひょう）　三角関数
菱長（ひしちょう）　菱形の対角線のうち長い方
菱平（ひしへい）　菱形の対角線のうち短い方
菱面（ひしめん）　菱形の辺
寄左（ひだりによせ）　第一式（ひとまず置く）
不尽（ふじん）　余り。「有奇」とも
冪（べき）　同じ数を掛ける
冪積（べきせき）　表面積
法（ほう）　割る数
方（ほう）　正方形
傍斜（ぼうしゃ）　二つの円の共通接線
傍書法（ぼうしょほう）　縦線の横に文字を書いて記号の代わりに使う方法
方面（ほうめん）　正方形の一辺。「面」とも
又云（またいう）　第二条件
矢（や）　弓形の弦の中点からの弧に至る垂線
約術（やくじゅつ）　整数の性質を扱う
容（よう）　正方形に円が内接
容術（ようじゅつ）　多角形、円等に一つあるいは複数の直線、円、楕円を内接させた問題
立円（りつえん）　球
量地術（りょうちじゅつ）　測量術
列（れつ）　次の項を始める
矮立円（わいりつ）　短径を軸とした回転楕円体、扁球、短立円

参考文献

・佐藤他『和算用語集』研成社、2005年
・埼玉県立図書館『埼玉の算額』昭和44年
・大原『算額を解く』さきたま出版会、平成10年　他

あとがき

「和算」という言葉は、日本で独自に発達した数学を指すものとして、西洋数学の「洋算」に対応する言葉として明治初めに生まれた、と多くの書物が述べています。三上義夫はこの和算という言葉について、「この名称の行われたのは、数学がひとり西洋伝来のもののみにあらず、わが国にも前から厳として存在し、価値の高いものであったことを、この名称によって指示しているのである」(三上義夫「和算の社会的・芸術的特性について」より)と和算という言葉の意義を述べられています。一方で三上は、「和算というのは前にもいわれれたことがある。その頃には漢算に対する和算であり、また和術もしくは倭術とも称した」(同)とも述べています。つまり、「和算」という言葉は一般に知られている定義と、厳密に言う場合とでは少し異なるということでしょうか。

この和算は当時は算術、算学、算法などと呼ばれていたようです。八・四章では大越数道軒の墓の台石に「算術」とあることを述べました。「算法」という言葉は当時の多くの書題に付けられています。驚くのは「数学」という言葉も調べてみると『数学乗除往来』(延宝二年)、『数学端記』(元禄十年序)のようにあります。

言葉一つをとっても大変興味深いものがあります。本書のタイトルも『北武蔵の算者たち』にしようかと思った時期もありますが、わかりやすさから『北武蔵の和算家』にしました。

さて、会社定年後のライフワークとして和算を勉強しようと考えたのは定年の二～三年前のことでした。その和算もただ一般的に調べ勉強するというのではなく、生まれ育った近辺(埼玉県毛呂山町周辺)に的を絞って具体的に調べようと考えました。

そして最初に調べたのが飯能出身の千葉歳胤でした。歳胤は天文暦学者でしたが、そのベースには和算があるので矛盾はありませんでした。歳胤の調査が一段落したあとは近辺の和算家や算額を調べましたが、本格的に調査したのは飯能の石井弥四郎和儀でした。石井弥四郎の調査は史料の発掘などで幸運にも偶然が重なり、新たな事実も判明したので、私家版ですが『飯能の和算家・石井弥四郎和儀』としてまとめることができました。飯能の二人の人物について調べましたので、次は少し範囲を広げて、「埼玉北西部の和算家」について調べてみようと考えました。埼玉北西部とは、上里・深谷・熊谷・行田・嵐山・東松山・小川・秩父・飯能辺りを指し、地図的には「埼玉の左半分」で、これを三上義夫の「北武蔵の数学」にならって「北武蔵」としました。自分の実力からして無謀なことかも知れないと思いつつも独りで調べ始めました。六十七歳になる頃で、七十歳になるまでを目標にしました。幸いなことに調査の途中からは野口泰助先生や松本登志雄様を知ることができ、大変な励みとなりました。また途中からですが、調査は「やまぶき」という名の個人通信誌を発行しながら進め、ご批判を頂きながら進めることが出来ました。地元の羽村古文書研究会に所属し、古文書の勉強の機会が得られたことも調査に役立ちました。

目標の時期が二年も過ぎ、人物像や歴史背景、それに未解決な和算問題など、まだまだ書き足りないことや調査不足がありますが、ひとまず『北武蔵の和算家』としてまとめることにしました。本書が少しでも埼玉の和算の理解に役立てば幸いです。

本書の執筆に際しては、三上義夫の文献をはじめ、多くの資料・文献を拝見し引用もさせて頂きました。それらの文献は各章末に明示させて頂きましたが、同時に著者の方々に敬意を表します。

また、本書執筆のための取材では、多くの和算家の子孫の方や関係者にお世話になりました。それらの方々の氏名を左に記し感謝の意を表します。（　）内は当該和算家または算額です。

代島久輝様（代島久兵衛）、玉井神社総代鯨井春明様（鈴木仙蔵算額）、明野様（明野栄章）、上里町郷土資料館様（今井兼庭）、安原様（安原千方）、正觀寺様（戸塚盛政）、光明寺様（光明寺算額）、松本様（松本寅右衛門）、吉田稔様（吉田勝品）、久田友男様（久田善八郎）、山口様（山口三四郎）、高橋様（高橋和重郎）、金泉寺様（宝薬寺算額）、内田様（内田祐五郎）、東松山市埋蔵文化財センター様（世明寿寺算額）、矢嶋様（矢嶋久五郎）、安楽寺様（安楽寺算額）、田辺様（田辺倉五郎）、宮崎様（宮崎萬治郎）、成安寺様（成安寺算額）、円正寺様（円正寺算額）、川島町教育委員会生涯学習課様（光西寺算額）、豊田様（豊田喜太郎）、浄蓮寺様（浄蓮寺算額）、東秩父村教育委員会様（豊田喜太郎）、大越輝夫様（大越数道軒）、浅見達男様（千葉歳胤）、石井健様（石井弥四郎）、飯能市郷土館（石井弥四郎）、都築様（都築利治）、鴻巣市教育委員会生涯学習課様（鴻巣市稲荷神社及び薬師堂算額）、川口市教育委員会生涯学習部文化財センター様（川口市氷川神社算額）

そして執筆に際しては、野口泰助先生、松本登志雄様、川田義広様、高柳茂様、内野勝裕様、それに羽村古文書研究会の清水浩先生、平田純子様にお世話になりました。特に野口先生には貴重なご意見や多くの和算資料を提供して頂くとともに、推薦のことばまでいただきました。松本様、川田様には和算問題の解法で貴重な意見を頂きました。高柳様、内野様には資料の紹介等でお世話になりました。清水先生、平田様には史料の解読でお世話になりました。また、まつやま書房様には出版の機会を与えて頂きました。

皆様に感謝し、心よりお礼を申し上げます。

平成二十九年九月七日

山口正義

著者略歴

山口 正義（やまぐち まさよし）

1945年埼玉県毛呂山町生まれ。東京都羽村市に住む。千葉工業大学電子工学科卒業後メーカーにて通信機器等のソフトウェア開発・システム開発に永年従事。定年後地域の歴史や和算などを調査勉強中。

著書「尺八の歴史と音響学」（私家版、平成15年）
「尺八史概説」（出版芸術社、平成17年）
「天文大先生千葉歳胤のこと」（まつやま書房、平成21年）
「飯能の和算家・石井弥四郎和儀」（私家版、平成24年）
「やまぶき―埼玉北西部の和算研究の個人通信」（私家版、平成28年）
他

小論「慈光寺の銅鐘は盤渉調なり」（埼玉史談、59巻3号）
「千葉歳胤と児玉空々」（毛呂山郷土史研究会「あゆみ」、36号）
「江戸宿谷氏の改易について」（同上、38号）
「虚無僧の歴史の一断面―青梅鈴法寺を巡って」（同上、41号）
「市川行英門人・石井弥四郎和儀のこと」（群馬県和算研究会会報、第50号記念）他

北武蔵の和算家 埼玉北西部の算者たちの事績

2018年2月26日 初版第一刷発行

著 者 山口正義
題 字 山口久美子
発行者 山本正史
印 刷 恵友印刷株式会社
発行所 まつやま書房
〒355－0017 埼玉県東松山市松葉町3－2－5
Tel.0493－22－4162 Fax.0493－22－4460
郵便振替 00190－3－70394
URL:http://www.matsuyama－syobou.com/

ISBN978-4-89623-111-3 c0021

索引（主な人名と事項）

＜主な人名＞

あ 会田安明 66,67,71
明野栄章 1,8,17,18,**107**
阿佐美伊太夫 17,53
安島直円 16,28,67,84
荒井丑太郎 18,**159**
有馬頼徸 66,70
飯河成信 **327**
飯島平之亟 18,**159**
石井弥四郎 2,17,**304**
石垣宇右衛門 **156**
石川弥一郎 18,**132**
磯川半兵衛 17,**160**
市川行英 1,**10**,17,186,191,304
伊藤慎平 18,143,**149**
伊能忠敬 5
今井兼庭 1,2,16,**20**,67,289
入江脩(修)敬 23
岩井重遠 1,4,8,16
植松是勝 82
内田五観 6,16
内田祐五郎 18,124,**225**
大越数道軒 17,**280**
大谷織造 17,**262**
太田保明 149
大鳥圭助 145
大野旭山 348
奥貫五平次 351
小高多聞治 17,**258**
小野栄重 2,4,16,31,32
か 笠原正二 17,**282**
加藤兼安 17,**274**
加藤重信 345
金井義適 56,57,58
金井重熙 57
金井稠共 2,8,18,**56**
金井保吉 18,89
川北朝鄰 328
川田保則 2,8,18,56,**73**,165
川田保知 18,74
久保寺正福 18,73
栗島寅右衛門 **191**
栗原辰右衛門 165,166
久留島義太 3
黒沢荒次郎 115,116
黒沢重栄 2,17,**115**
剣持章行 1,2,4,**5**,16,107
幸田親盈 16,22,288
木暮武申 30
小堤幾蔵 17,**235**
小林喜左衛門 17,**51**
小林金左衛門 17,127,**130**
小林三徳 17,**252**
子安唯夫 16,**82**
権田義長 17,52,115,**119**
近藤棠軒 135
さ 斎藤宜長 1,2,4,5,16,17
斎藤宜義 1,2,5,17
斉藤半次郎 16,**86**
酒井忠恭(雅楽頭) 20,21
坂口元太郎 18,**158**
佐久間纉 143
桜井正一 119
桜沢英季 16,**50**
澤田傳次郎 216
沢田理則 347
塩原豊作 89
塩原内蔵助 89
渋川光洪 288
嶋野善蔵 216
清水吉弥 16,**85**,86
清水鎮義 **131**
清水皆吉 30
杉田久右衛門 18,**165**
鈴木仙蔵 17,101,**102**
鈴木宗徳 349
妹尾金八郎 18,143,**157**
関孝和 62,300,341

勢登亀之進 17,117,**133**
た 代島久兵衛 1,4,17,**92**,102,107,119
高久守静 327,328
高野長英 6
高橋祐之助 **130**
高橋和重郎 17,**212**
田口信武 8,17,44
建部賢弘 24,62
田中算翁 18,**139**
田中與八郎 2,17,**198**
田辺倉五郎 17,**245**
田村伝蔵 149
千葉歳胤 2,16,21,67,**288**
都築利治 18,127,**284**,353
手島清春 345
戸田高次 351
戸田高常 349
戸塚盛政 17,55,**60**
戸根木格斎 2,9,18,**123**,218
富田七郎衛門 **90**
豊田喜太郎 17,**266**
な 中曽根慎吾 5,8,111
中根元圭 288
中原九平 **81**
永山義長 3,16
納見平五郎 1,17,129
は 萩原禎助 5,143
馬場正統 327,328
馬場與右衛門 2,17,**198**
原賀度 30
原常吉 17,85
原半五郎 8
久田善八郎 2,17,**198**
平井尚休 2,18,123,143,**155**
平山山三郎 18,**261**
福田重蔵 17,168,**186**
福田宗禎 6
福田理軒 155
藤井保次郎 1,17,101,102,**130**
藤田貞資 1,2,4,16,21,28,**66**,290
藤田貞升 16,123
藤田嘉言 4,16,71
船津伝次平 5,44
船戸悟兵衛 2,9,18,**218**
古川氏清 2,14,18,78
細井長次郎 17,**206**
ま 正宗道全 17,**258**
増田暉之 349
松平忠堯 135,139,149
松平忠和 2,135
松永良弼 25
松本源七 18,88
松本(栗島)寅右衛門 2,17,**191**,266
三上義夫 多数(参考文献参照)
三木三長 331
宮崎萬治郎 17,225,**248**
宮沢一利 347
宮下藤三郎 89
茂木惣平 **132**
や 矢嶋久五郎 17,**240**
安原千方 2,5,17,**35**
安原勝五郎 45,48,53
柳川安左衛門 157
柳田鼎蔵 6
山口三四郎 **211**
山口杢平 **271**
山路主住 66,67,290
山中右膳 **280**
山本賀前 8
吉岡廣助 **89**
芳川波山 135,145
芳川春涛 145
吉沢恭周 1,4,16,19,**30**,67
吉田勝品 17,18,76,**168**
吉田庸徳 18,**145**
わ 渡辺崋山 7

＜主な事項＞

あ 秋葉神社算額 245,246,356
明野氏寿蔵碑 108

安楽寺算額　242
石井家文書　304
石田常五郎　330
市川玉五郎氏略傳　11,12,333
一題十六品術　66,72
稲荷神社(鴻巣市)算額　353
伊奈利大神社算額　89
薯蕷穿塵劫記　30,33
芋穿塵劫記　34
岩殿観音(正法寺)算額　230
ｳｫﾘｽ Wallis の公式　35,48,141,143
絵図師　1,100
円正寺算額　258,259,260
円理弧背術　23,301
円理弧背真術　107
大宮氷川神社算額　116,117
忍藩校進修館沿革略記　135,136,156
か 開化算法大成　145,147
改正台帳　213
改正天元指南　66
格齋先生碑銘　124
額題輯録　258,309
額題術　195
括要算法　300
河原神社算額　160,161
観福寺算額　160,161,162
淇澳集　76,77,166
紀恩碑　235
起請文　110,305
近世名家算題集　143,150,155,158
供養塔　220
倶利伽羅山不動堂　48
久留里社算題集　76,80
黒沢重栄墓碑文　116
見題・隠題・伏題免許　37,107
剣持章行先生碑　9,10
剣持章行と旅日記　75,111,128,234
光西寺算額　262,263,264
光明寺算額　82,83,84
合類算法　11,115
皇倭通暦蝕考　21,290
古今算法記　62,64
五瀬植松先生明数碑　82
さ 賽祠神算　30,32,33,84
算翁田中先生墓銘　140
算家系図　20
算家景図　20,289
三斜容三円術　28
算術教授書　145
算籍　14,123,151
算籍便覧　151
算則解術記　145
産泰神社算額　50,51,121
算法遺術五百題　214
算法印可状　68,69
算法円理鑑　5,35
算法円理新々　5,35
算法円理冰釈　6,75,142,197
算法開蘊　6,56,58,75,112,218
算法開蘊附録解　6,59
算法開蘊付録円理三台　59,221
算法記　262
算法九章名義記秘術帳　168,180,182
算法求積通考　141,199
算法極数小補解義　76
算法雑俎　11,191,195,198,317
算法雑俎解　197,199
算法雑問集　155
算法書　267
算法諸国奉額集　141,143
算法点竄手引草　198
算法約術新編　56,58,75,89
し 慈光寺算額　198,201 ～、附録7
至誠賛化流　2,14,73,166,168
下忍神社算額　159
試問試験　8
自問自答算題集　158
社友列名　285
寿蔵碑　176 ～

成安寺算額　253 ～
正観寺算額　60
掌中円理表　141
頌徳碑　225 ～
正法寺算額　230
浄蓮寺算額　268
諸家算題額集　3,30
蝕算活法率　21,290
進修館　135
神壁算法　66,71
神文　11,188,194,200,216,249
す 数術敬讃之碑　274
数理神篇　5,35,46,53,54,81
数暦叢記　76
諏訪神社算額　95
せ 誓詞神文證　179
精要算法　66,70
西洋度量早見　145,146
関流算術の碑　51,52
関流免許　37,107
舌換　208,209
世明寿寺算額　236
先師尊霊算法　141
そ 側円類集　149
側円類集解義　149,151,158
続淇澳集　77
続賽祠神算草稿　258
続神壁算法　72
測量全書　111
た 代島久兵衛墓碑　92,93
玉井神社算額　103,104
玉切り明術解書　30
探賾算法　6,7
秩父神社算額　283,284
中外度量早見　145
勅勝堂翁記功之碑　40
綴術算経　300,301
天文大成真遍三條図解　21,26,293
徳行之表　119
に 丹生神社算額　42
楡山神社算額　85,87
貫前神社算額　30,31,121
子の権現算額　317、附録8
倍根堂　145
は 発微算法　62
発微算法演段諺解　62,64
氷川神社(大宮)算額　116,117
氷川神社(川口)算額　360
氷川神社(川越)算額　346,351,352
筆算楷梯　145
府川八幡(川越)算額　350,351
藤田家算術傳書目録　76
不朽算法　84,137
不朽算法評林　137
古尾谷八幡神社(川越)算額　347
奉納改正算法　258,308
宝薬寺算額　222
本邦数学家小伝　328
ま 瑪得瑪弟加塾　6
満福寺算額　120
宮城流　330
宮城流算術免許　330
明玄算法　20,23
免状　11,37,68,107,126,153,154
門人帳　126,233
や 箭弓稲荷算額　195
薬師堂(鴻巣)算額　356
八幡八幡宮算額　30,32
雄山物語　32
雄山藤田先生墓　67
遊歴和算家　2
洋算早学　145,146
吉田勝品一代誌　164,165,168 ～,176,186,261
吉見観音(安楽寺)算額　242
り 龍泉寺算額　52,85,119
量地円起方成　6,56
わ 和算通書　145

附録五　北武蔵の和算家の年表

(1/3)

西暦	和暦	和算家の生没	著　書・算　額・碑
1711	正徳1		
1713	3	千葉歳胤(飯能)生誕	
1716	享保1		
1718	3	今井兼庭(上里)生誕	
1725	10		
1726	11	吉沢恭周(上里)生誕	(戸塚盛政)**正観寺算額**
1730	15		
1731	16	千葉歳胤この頃中根元圭に入門	
1732	17		
1734	19	藤田貞資(深谷)生誕	
1748	寛延1		
1749	2	今井兼庭前橋を去り江戸に住む	
1751	宝暦1		
1758	8		(千葉歳胤)天文大成真遍三条図解
1763	13	小野栄重(上州)生誕、永山義長没	
1764	明和1		(今井兼庭)明玄算法
1765	2		
1766	3		(千葉歳胤)蝕算活法率
1767	4		
1768	5	桜沢英季(美里)・福田重蔵(小川)生誕	(千葉歳胤)皇倭通暦蝕考
1772	安永1	鈴木仙蔵(熊谷)生誕	
1778	7		
1779	8	金井稠共(本庄)・代島久兵衛(熊谷)生誕	
1780	9	今井兼庭没	
1781	天明1		(藤田定資)精要算法
1786	6	加藤兼安(横瀬)生誕	
1787	7	矢嶋久五郎(吉見)生誕	
1788	8		
1789	寛政1	千葉歳胤没、小林喜左衛門(美里)生誕	
1790	2	剣持章行(上州)生誕	
1795	7		
1796	8	川田保則(深谷)生誕	
1797	9		(吉沢恭周)薯蕷穿塵劫記
1798	10	細井長次郎(小川)生誕	
1801	享和1		
1802	2	田中算翁(行田)・松本寅右衛門(小川)生誕	
1803	3		
1804	文化1	石井弥四郎(飯能)生誕	
1805	2	市川行英(上州)・安原千方(上里)・馬場輿右衛門(小川)・小林三徳(滑川)生誕	
1806	3	権田義長(熊谷)・田辺倉五郎(吉見)生誕	
1807	4	藤田貞資没、戸根木格斎(熊谷)生誕	
1808	5	納見平五郎(熊谷)・宮崎萬治郎(ときがわ)生誕	
1809	6	黒沢重栄(熊谷)・伊藤慎平(行田)・吉田勝品(小川)生誕	

年は不連続、算額の太字は現存

附録5　北武蔵の和算家の年表

(2/3)

1810	7		
1812	9		(船戸庵栄珍)**宝薬寺算額**
1813	10	山口三四郎(小川)生誕	
1814	11		(石垣・平井・川佐)算法雑問集
1815	12		
1816	13	斎藤宜義(上州)生誕、吉沢恭周没	(志村昌義編)淇澳集
1817	14		
1818	文政1	船戸悟平衛(嵐山)生誕	
1822	5		(矢嶋久五郎)**安楽寺算額**
1823	6	(桑名藩、忍に移封)	(小高多聞治)正法寺算額
1827	10		
1828	11	山口杢平(秩父)生誕	(石井弥四郎)奉納改正算法
1829	12		(正宗道全)**円正寺算額**
1830	文政13 天保1		(松本寅右衛門)箭弓稲荷社算額 (田中・馬場・久田)**慈光寺算額** (石井弥四郎)子の権現算額
1831	2	小野栄重没	
1834	5	石田常五郎生誕	
1835	6	明野栄章(熊谷)・高橋和十郎(小川)生誕	(黒沢重栄・勢登)氷川神社算額
1836	7		
1837	8		(飯島・荒井)**下忍神社算額**
1838	9	飯河成信生誕	
1840	11		(田辺倉五郎)**秋葉神社算額**
1841	12	子安唯夫(本庄)・豊田喜太郎(東秩父)生誕	
1842	13		
1843	14	内田祐五郎(嵐山)・小堤幾蔵(東松山)生誕	
1844	弘化1	吉田庸徳(行田)生誕	(田中算翁)掌中圓理表
1845	2		
1846	3		(安原千方門人)**丹生神社算額**
1847	4	斎藤半次郎(深谷)生誕、福田重蔵没	(代島久兵衛)**諏訪神社算額**
1848	嘉永1	桜沢英季没	(鈴木仙蔵)**玉井神社算額**、(加藤兼安)数術家の碑
1849	2		(剣持章行)算法開蘊・算法開蘊付録解
1850	3		
1851	4	久田善八郎没	
1852	5		(細井長次郎)普光寺算額
1853	6		
1854	安政1	市川行英・鈴木仙蔵没	
1855	2	杉田久右衛門・矢嶋久五郎没	
1856	3		
1857	4	加藤兼安没	
1858	5		
1860	万延1	細井長次郎没	(安原千方、中曽根宗?)数理神篇
1861	文久1		(磯川半兵衛)**河原神社・観福寺算額**
1863	3	代島久兵衛没	
1864	元治1		

年は不連続、算額の太字は現存

(3/3)

1865	慶応1		(小林三徳)**成安寺算額**
1866	2		(権田義長)幸安寺徳行之表、(伊藤慎平編輯)算籍便覧
1867	3	金井稠共没	
1868	明治1		
1871	4	剣持章行・石井弥四郎没	
1872	5		(納見平五郎)赤城神社算額
1873	6	田中算翁没	(吉田庸徳)洋算早学
1874	7	小林喜左衛門・戸根木格斎没	(田中算翁)方円堂田中算翁塚
1875	8		
1876	9		(高橋和十郎)改正台帳
1877	10		(小堤幾蔵)**世明寿寺算額**
1878	11	小林三徳没	(権田義長)**龍泉寺・満福寺算額** (内田祐五郎)**正法寺算額** (吉田勝品)寿蔵碑
1879	12		
1880	13	吉田庸徳没	(吉田庸徳)開化算法大成
1881	14	権田義長没	(安原千方)勅勝堂翁記功之碑
1882	15	川田保則・松本(栗島)寅右衛門・田辺倉五郎没	
1883	16	安原千方・宮崎萬治郎没	
1884	17		(山口李平)**神明神社算額**
1888	21	黒沢重栄・飯河成信没	
1889	22	斎藤宜義・山口三四郎没	
1890	23	吉田勝品没	
1891	24		
1892	25		(大谷織造)**光西寺算額**
1893	26	大越数道軒(横瀬)没	
1894	27	納見平五郎・石田常五郎没	
1895	28	伊藤慎平没	
1896	29		
1897	30	山口李平没	(明野栄章)明野氏寿蔵碑、(高橋和十郎)算法遺術五百題
1898	31	高橋和十郎没	
1901	34		(豊田喜太郎)**浄蓮寺算額**
1902	35		
1903	36	船戸悟平衛没	
1904	37	明野栄章・豊田喜太郎没	
1912	大正1		
1914	3		(子安唯夫)**光明寺算額**
1915	4		
1916	5		(斎藤半次郎)**楡山神社算額**、石上寺格斎先生碑銘
1917	6	子安唯夫没	
1922	11	内田祐五郎・小堤幾蔵没	
1933	昭和8		(内田祐五郎)頌徳碑

年は不連続、算額の太字は現存

附録六　埼玉の現存算額一覧

(1/2)

No	奉納年月	西暦	奉納者	奉納場所　保管場所	指定	埼玉の算	備考
1	享保11年9月	1726	戸塚盛政	本庄市都島864　正観寺	○		複製あり
2	安永9年3月	1780	村山忠次郎	所沢市上山口2203　金乗院	○	1	劣化
3	寛政11年8月	1799	谷塚良慶	草加市金明町1332　旭神社 草加市住吉1-11-29草加市立歴史民俗資料館	○		複製あり
4	享和元年3月	1801	小島乙吉	さいたま市見沼区御蔵1169　愛宕神社	○	6	
5	享和4年正月	1804	信豊、源次郎他5名	川口市三ツ和3-22-2　氷川神社 川口市立郷土資料館	○		鳩ヶ谷郷土史会報
6	文化8年1月	1811	奥貫五平次正定他	川越市久下戸2785　氷川神社	○	11	
7	文化9年正月	1812	船戸庵栄珍	嵐山町越畑			
8	文化13年9月	1816	飯塚武右衛門	川口市新井宿155　子日神社			
9	文政元年8月	1818	増田重蔵数延	羽生市中手子林1069八幡神社 個人蔵(増田直司)		19	
10	文政5年4月	1822	矢島久五郎豊岡	比企郡吉見町御所374　安楽寺		23	
11	文政11年仲冬	1828	正宗	比企郡鳩山町赤沼24-1　円正寺			
12	文政13年9月	1830	田中、馬場、久田	比企郡ときがわ町西平386　慈光寺		28	劣化
13	天保4年8月	1833	萩原亮光他	戸田市美女木7-9-1　美女木八幡社 戸田市立郷土博物館	○	29	最上流算額
14	天保5年7月	1834	笠原正二	秩父市荒川上田野1103　千手観音堂 秩父市荒川日野76　荒川歴史民俗資料館		30	
15	天保8年9月	1837	飯島平之烝秀勝 荒井丑太郎宗朝	行田市下忍(不詳)　上分神社　下忍 非公開(飯島満明)	○	33	行田市HP
16	天保11年3月	1840	田辺倉五郎高康 会田嘉吉広懸	さいたま市西区中釘818　秋葉神社	○	35	
17	天保12年8月	1841	沢田千代次郎理則	川越市古谷本郷1408　古尾谷八幡神社 川越市立博物館	○	36	複製あり
18	弘化2年	1845		春日部市飯沼57　飯沼香取神社	○		
19	弘化3年正月	1846	安原喜八郎千方門人	児玉郡上里町勅使河原1368　丹生神社		37	
20	弘化4年3月	1847	代島久兵衛門人	熊谷市上須戸838　八幡大神社 熊谷市桜木町2-33-2　熊谷市立図書館	○	38	
21	弘化5年仲春	1848	新井新右衛門	加須市不動岡2-9-18　總願寺		39	
22	嘉永元年6月	1848	鈴木仙蔵補寿	熊谷市玉井1911　玉井大神社		40	
23	嘉永3年4月	1850	小林要吉郎勝栄門人	鴻巣市大芦1030？　氷川神社	○	41	
24	嘉永5年3月	1852	中郡文吉光好 同弟繁吉光現	さいたま市桜区西堀8-26-1　西堀氷川神社	○	42	
25	嘉永6年2月	1853	延仁山左近他	秩父郡小鹿野町下小鹿野634-1　高良神社		44	
26	安政3年3月	1856	戸田新三郎高常門人	川越市山田340　山田八幡神社 川越市立博物館	○	46	和紙に書かれたもの
27	安政3年2月	1856	加藤安兵衛言定	秩父市吉田久長(不詳)　野栗神社		45	
28	安政5年11月	1858	戸田喜四郎高次	川越市山田340　山田八幡神社 川越市立博物館	○	51	
29	安政5年11月	1858	貞井則安	本庄市沼和田869　宝輪寺			本庄市史資料編
30	安政6年6月	1859	大塚栄助福春 中島庄蔵春信	羽生市小松280　小松神社	○	57	
31	安政6年仲春	1859	当摩弥三郎重之門人	所沢市小手指元町3-28-44　北野天神社		55	
32	安政6年仲春	1859	欣水織田忠長	八潮市木曽根1092-8　氷川神社		56	
33	万延2年3月	1861	磯川半兵衛徳英	行田市南河原1500-1　観福寺		59	
34	万延2年3月	1861	磯川半兵衛徳英	行田市南河原386　河原神社		58	
35	文久2年6月	1862	高階要蔵	越谷市下間久里(不詳)　第六天祠		61	
36	元治2年	1865	小林三徳翁正義	比企郡滑川町福田1205　成安寺	○	62	
37	慶応元年菊月	1865	松枝誠斎社中茂木柳斎 岡戸数斎門人	羽生市須影1568　八幡神社		63	
38	慶応2年2月	1866	正野友三郎定堅	さいたま市中央区円阿弥5-1　日枝神社	○	65	
39	慶応2年林鐘	1866	嶋田熊次郎円周門人	加須市不動岡2-9-18　總願寺		64	劣化
40	明治4年9月	1871	夏目善右衛門	熊谷市池上(不詳)　稲荷社　個人蔵(夏目実)		67	
41	明治4年9月	1871	夏目善右衛門	熊谷市池上606　古宮神社		66	
42	明治4年12月	1871	大野旭山輝範	川越市石田783　藤宮神社 川越市立博物館	○	68	
43	明治5年4月	1872	納見平五郎 武門人	熊谷市今井282-1　赤城神社		69	
44	明治6年3月	1873	嶋田宇市郎円義門人	加須市外野282-1　とげぬき地蔵尊		70	

○は市町指定文化財

埼玉の算 は『埼玉の算額』の番号

附録6　埼玉の現存算額一覧

(2/2)

No	奉納年月	西暦	奉納者	奉納場所　保管場所	指定	埼玉の算	備考
45	明治6年9月	1873	富田徳右衛門	所沢市西新井町17-33　熊野神社		71	
46	明治7年10月	1874	荒井石膳門人	加須市外野282-1　とげぬき地蔵尊		73	
47	明治7年11月	1874	青木忠吉郊綱門人	加須市外野282-1　とげぬき地蔵尊		74	
48	明治7年9月	1874	溜谷要斎門人	加須市外野282-1　とげぬき地蔵尊		72	
49	明治8年3月	1875	加藤幸輔清満 坂口宇之輔利永	加須市中種足　雷神社		76	
50	明治9年	1876	溜谷要斎門人	加須市外野282-1　とげぬき地蔵尊		78	
51	明治9年9月	1876	石森育太郎他	加須市不動岡2-9-18　總願寺		80	
52	明治9年2月	1876	清水鎮義	熊谷市相上1639-1？　吉見神社		77	見学不可？
53	明治9年9月	1876	栗原伝三郎	春日部市八丁目1　八坂香取稲荷神社		79	
54	明治10年11月	1877	小堤幾蔵	東松山市正代755-1　世明寿寺	○	81	
55	明治11年孟夏	1878	権田入道義長他	熊谷市三ケ尻3712？　龍泉寺		82	
56	明治11年	1878	権田義長	深谷市畠山931-1　満福寺			
57	明治11年	1878	内田佑五郎往延	東松山市岩殿1229　正法寺	○	83	
58	明治12年2月	1879	茂木柳斎	加須市不動岡2-9-18　總願寺		84	
59	明治13年4月	1880	加庭国造道年門人	加須市多門寺576　愛宕神社		86	
60	明治13年2月	1880	茂木柳齋 大塚昇斎門人	加須市不動岡2-9-18　總願寺			
61	明治13年2月	1880	深井伊兵衛宗階	三郷市上彦名265　上口香取神社 個人蔵(深井金一郎)		85	
62	明治14年5月	1881		さいたま市緑区大字中野田1671　重殿社	○		
63	明治14年1月	1881	溜ケ谷要斎	加須市大越1910　天神社		87	
64	明治15年5月	1882	内田馬次郎由比	熊谷市下川上？　愛染堂		88	
65	明治16年5月	1883	都築利治門人	さいたま市西区中釘818　秋葉神社		91	
66	明治16年2月	1883	夏目算義	熊谷市池上(不詳)　稲荷社　個人蔵(夏目実)		89	
67	明治16年3月	1883	夏目算義	熊谷市池上(不詳)　稲荷社　個人蔵(夏目実)		90	
68	明治17年3月	1884	山口李平忠光	秩父市上吉田5562　神明神社		92	
69	明治22年3月	1889	深井伊兵衛宗階	三郷市上彦川戸(不詳)稲荷社　個人蔵(深井)		94	
70	明治23年4月	1890	都築門人 松村森之助門人	鴻巣市上谷1939-1　薬師堂	○		
71	明治24年	1891	清水和三郎、林専蔵	北本市本宿2-8　天神社	○		北本市史
72	明治25年2月	1892	大谷織造	川島町下小見野　光西寺(現川島町教育委員会)	○		
73	明治25年9月	1892	都築利治社中	熊谷市池上(不詳)　稲荷神社			
74	明治25年9月1	1892	田村金太郎	鴻巣市新井248　稲荷神社	○		
75	明治27年9月	1894	杉山徳右衛門	加須市不動岡2-9-18　總願寺		97	
76	明治27年4月	1894	村岡孫右衛門塩原豊作	本庄市沼和田869　宝輪寺		96	本庄市史資料編
77	明治28年4月	1895	都築利治門人	鴻巣市三ツ木637　三ツ木神社	○	98	
78	明治30年2月	1897	清水和三郎	桶川市小針領家762　氷川諏訪神社 個人蔵(唐沢富田郎)		100	
79	明治30年6月	1897	栗原伝三郎直保	春日部市小渕1638？　小淵観音院		99	
80	明治31年12月	1898	都築利治門人19名	さいたま市大宮区高鼻町4-1　氷川神社		101	
81	明治32年	1899	大橋、上野	加須市芋茎350　医王寺	○		問題内容不明
82	明治34年1月	1901	豊田喜太郎	秩父郡東秩父村御堂362　浄蓮寺		102	
83	明治38年	1905	梅沢幸吉	熊谷市(不詳)　不明　熊谷市(不詳)　個人蔵			
84	明治39年9月	1906	服部籐吉	久喜市菖蒲町小林2466　小林神社			
85	明治40年12月	1907	栗原伝三郎直保	春日部市八丁目314？　東福寺		103	
86	明治43年1月	1910	西田又市郎門人	桶川市加納771　氷川天満神社		104	
87	明治44年10月	1911	松本源七	深谷市山河1032　伊奈利神社			不明
88	大正元年10月	1912	福田与三郎谷治 都築菊蔵利永	加須市中種足　雷神社	○	105	
89	大正2年4月	1913	新井利兵衛	久喜市菖蒲町菖蒲552？　菖蒲神社 個人蔵(唐沢富太郎)			
90	大正3年4月	1914	子安唯夫義一	児玉郡神川町新里1828-1　光明寺		106	
91	大正4年10月	1915	堀越佐平利佐門人	加須市騎西552-1　玉敷神社	○	108	
92	大正4年2月	1915	中村新蔵	鴻巣市安養寺125　八幡神社	○	107	場所は移転？
93	大正5年4月	1916	都築菊蔵利長門人	久喜市菖蒲町小林2466　小林神社		110	
94	大正5年4月	1916	清水直伝斎藤半次郎	深谷市原郷336　楡山神社		109	
95	大正9年3月	1920	持田保次郎	熊谷市下川上？　愛染堂		111	

附録七　慈光寺の算額の解法

【１問目】

『算法雑俎解』にある解法を中心に述べる。図のように変数を定義したとき、図からまず次の関係が求まる。

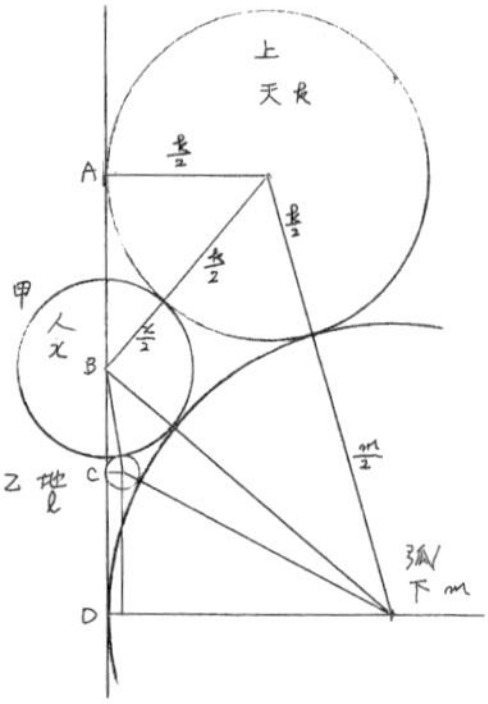

図からすぐに

$AD^2 = km$、$AD = \sqrt{km}$　……①

$CD^2 = \left(\frac{m}{2}+\frac{l}{2}\right)^2 - \left(\frac{m}{2}-\frac{l}{2}\right)^2 = lm$、$CD = \sqrt{lm}$　…②

$AB^2 = \left(\frac{k}{2}+\frac{x}{2}\right)^2 - \left(\frac{k}{2}\right)^2 = \frac{2kx+x^2}{4}$、　$AB = \frac{\sqrt{2kx+x^2}}{2}$　…③

$BD^2 = \left(\frac{m}{2}+\frac{x}{2}\right)^2 - \left(\frac{m}{2}\right)^2 = \frac{2mx+x^2}{4}$、　$BD = \frac{\sqrt{2mx+x^2}}{2}$　…④

$BC^2 = \left(\frac{l}{2}+\frac{x}{2}\right)^2 - \left(\frac{l}{2}\right)^2 = \frac{2lx+x^2}{4}$、　$BC = \frac{\sqrt{2lx+x^2}}{2}$　…⑤

ここで、$AD - BD = AB$　…⑥

$BD - CD = BC$　…⑦

①②③⑥より、

$k^2x^2 - 4k^2mx - 6kmx^2 + 4k^2m^2 - 4km^2x + m^2x^2 = 0$　…⑧

これは、$(kx - 2km + mx)^2 = \left(2\sqrt{2}\sqrt{kmx}\right)^2$

$\therefore$　$kx - 2km + mx - 2\sqrt{2}\sqrt{kmx} = 0$　（一矩合）…⑨

④、⑦より同様にして、

$m^2x^2 - 4lm^2x - 6lmx^2 - 4l^2mx + 4l^2m^2 + l^2x^2 = 0$　…⑩

$\therefore$　$-mx + 2lm - lx - 2\sqrt{2}\sqrt{lmx} = 0$　（二矩合）…⑪

⑨×l＋⑪×mから、$\sqrt{m} = \frac{2\sqrt{2}\sqrt{kl}}{\sqrt{k}-\sqrt{l}}$　…⑫

また、⑨+⑪から、$\left(\sqrt{k}-\sqrt{l}\right)x - 2\left(\sqrt{k}-\sqrt{l}\right)m - 2\sqrt{2}\sqrt{mx} = 0$　…⑬

この式に、⑫を代入して次の答式を得る。

$x = \frac{16kl}{6\sqrt{kl}+k+l}$　…⑭

『算法点竄手引草』の解法は、上述の「算法雑俎解」の解法とほぼ同様だが余分なこともなくすっきり短く書かれている。なお、⑭からさらに変

形して右のようにしている。

術文はこの最後の式から以下のように書いている。(　)内は筆者追記。

術曰上径(k)を置乙径(l)に割平方にひらき三個を加へ四に割是を懸合せ内五分(0.5)を引餘里以て上径を割甲径(x)を得て問に合す

$kx+lx+6\sqrt{kl}\,x-16kl=0$ を

16で除して、$\dfrac{kx}{16l}+\dfrac{x}{16}+\dfrac{6\sqrt{k}\,x}{16\sqrt{l}}-k=0$

極$=\dfrac{1}{4}\sqrt{\dfrac{k}{l}}+\dfrac{3}{4}$　として

$$x=\frac{k}{極^2-0.5}=\frac{k}{\left\{\frac{1}{4}\left(\sqrt{\frac{k}{l}}+3\right)\right\}^2-0.5}$$

時代的には『算法雑俎解』よりこの『算法点竄手引草』の方が37年古く、算額の掲額の文政13年の３年後ということになる。

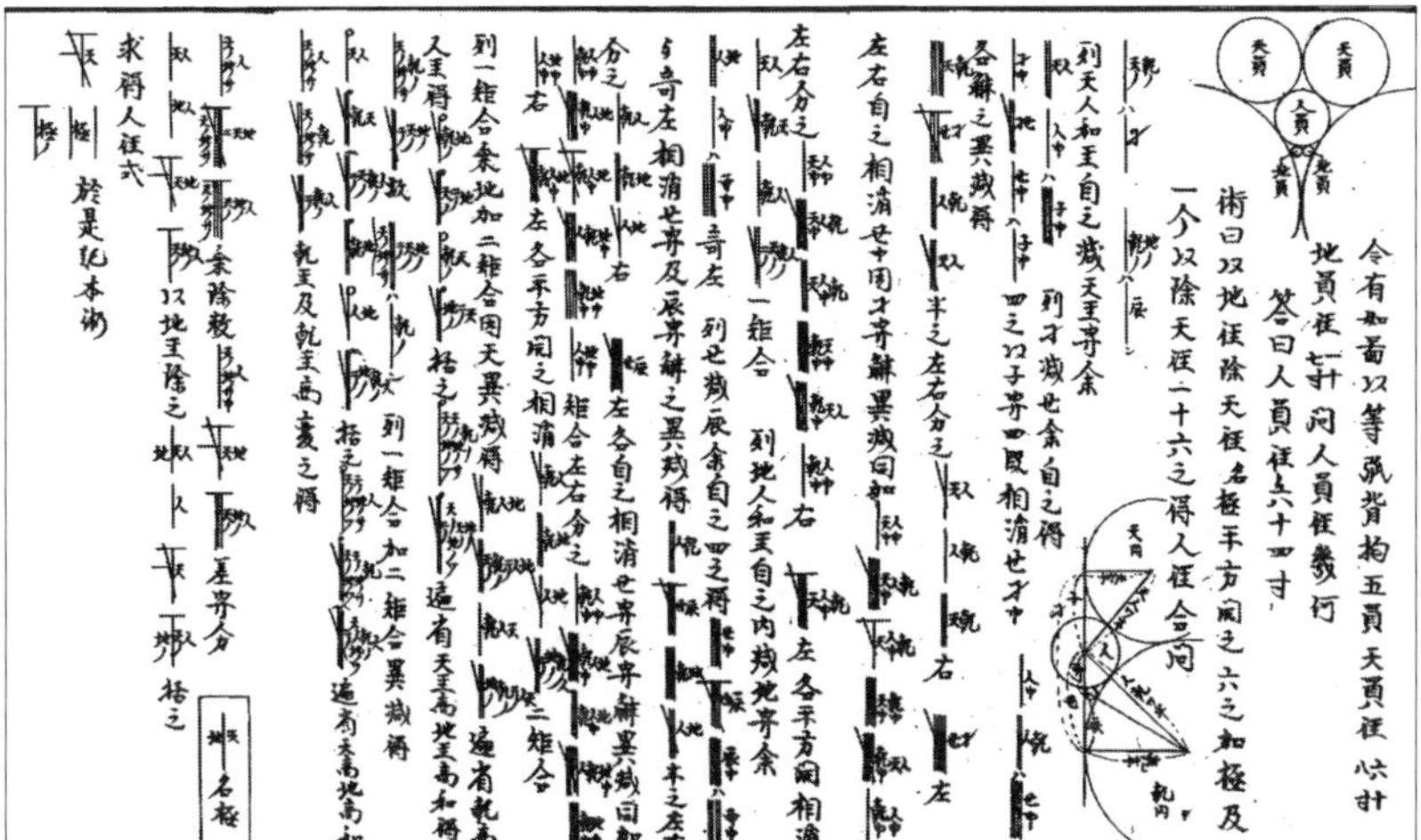

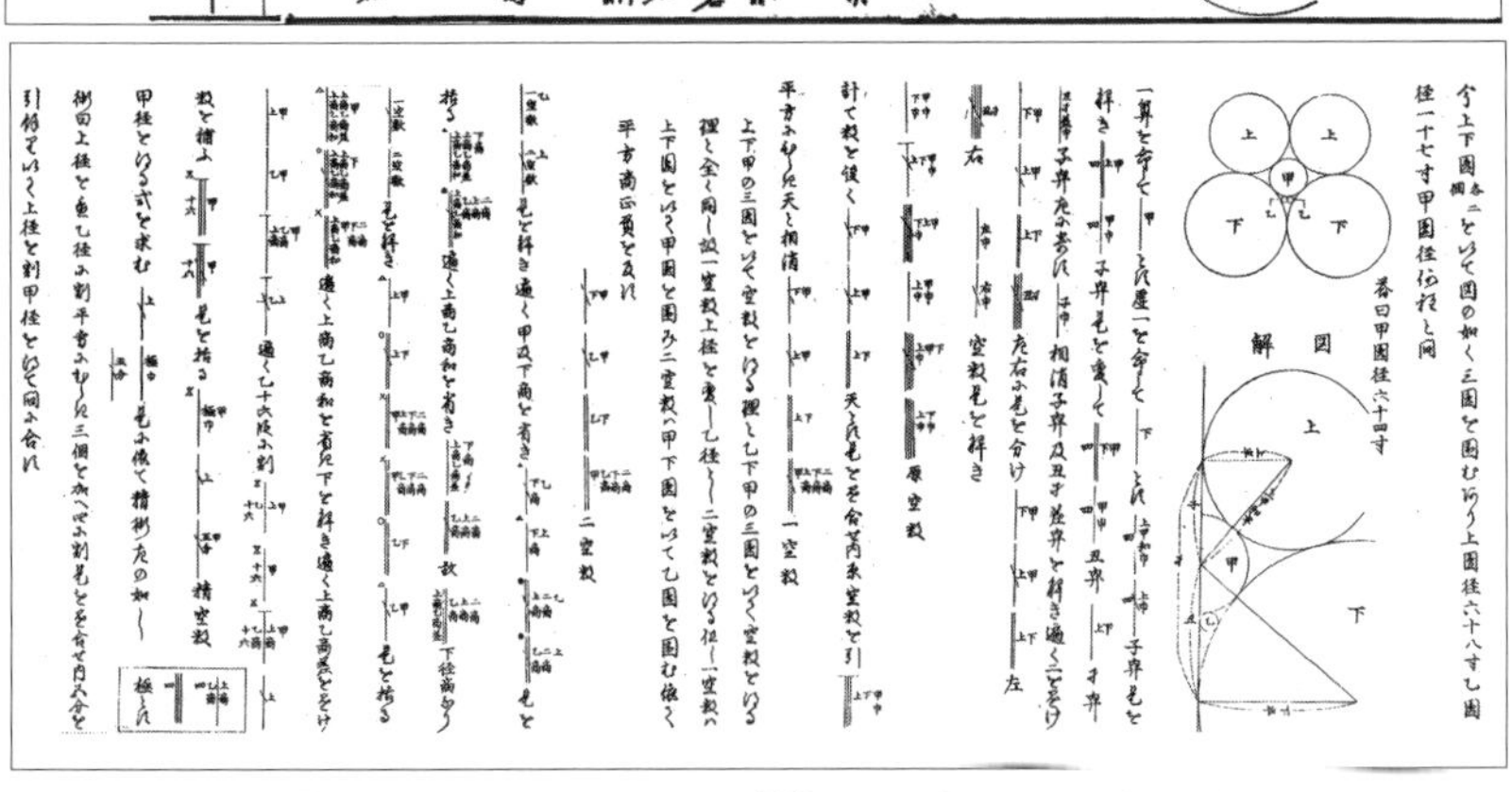

『算法雑俎解』(上)と『算法点竄手引草』(下)

【２問目】

「算法雑俎解」は、「短径ヲ球径トス球之内方ヲ穿チ去積ヲ求メ乗長径以短径除之長立円之内菱ヲ穿チ去る積トス」と解き方を述べている。

つまり、球型に対して角柱で穿ち去った体積を求め、しかる後に（長径／短径）の比を乗じて求めている。その解き方は以下のようになる。

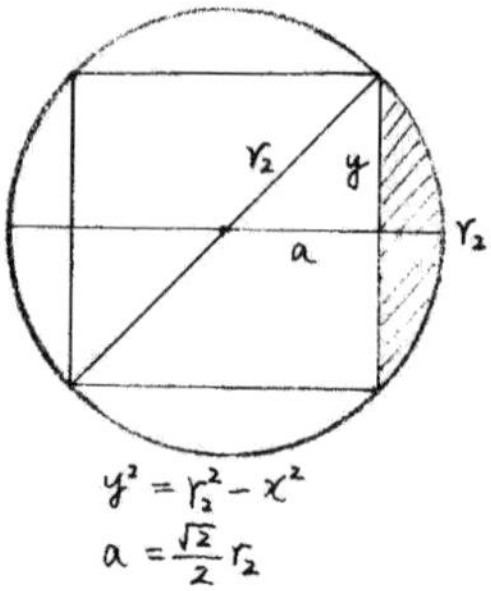

(1) 楕円体の長径とその半径を d_1、r_1、短径とその半径を d_2、r_2 とする。

まず、半径 r_2 の球に内接する菱形の角柱で穿ち去った体積 V_1 を求める。

穿ち去ったあとの体積の 1/4（図の斜線部分）は、

$$V_0 = \pi\int_a^{r_2} y^2 dx = \pi\int_a^{r_2} (r_2^2 - x^2)dx$$

$$= \pi\left[r_2^2 x - \frac{x^3}{3}\right]_a^{r_2} = \pi\left(\frac{2r_2^3 - 3r_2^2 a + a^3}{3}\right) \quad \cdots\cdots ①$$

$a : r_2 = 1 : \sqrt{2}$ だから、$a = \frac{\sqrt{2}}{2}r_2$ を代入すると、$V_0 = \pi r_2^3\left(\frac{8-5\sqrt{2}}{12}\right)$ …②

従って、$V_1 = \frac{4}{3}\pi r_2^3 - 4V_0 = \pi r_2^3\left(\frac{5\sqrt{2}-4}{3}\right)$ ……③

(2) ③に対して、$\frac{d_1}{d_2} = \frac{r_1}{r_2}$ 倍すれば、求める体積 V となる。つまり、

$$V = \frac{5\sqrt{2}-4}{3} r_2^3 \frac{r_1}{r_2}\pi = \frac{5\sqrt{2}-4}{3} r_1 r_2^2 \pi \quad \cdots\cdots ④$$

④に $\pi/6$（球積率）を入れるために変形する。また r の代わりに d を用いると、

$$V = \frac{5\sqrt{2}-4}{3}\frac{d_1}{2}\frac{d_2^2}{4}\pi = \frac{5\sqrt{2}-4}{4} d_1 d_2^2 \frac{\pi}{6} \quad \cdots\cdots ⑤$$

$\frac{5\sqrt{2}}{4} = 1.25\sqrt{2} = \sqrt{3.125}$ だから　$V = \left(\sqrt{3.125} - 1\right)d_1 d_2^2 \frac{\pi}{6}$ ……⑥

【３問目】

(1) Ａ図はＢ図で水平に切断したときの上面図である。

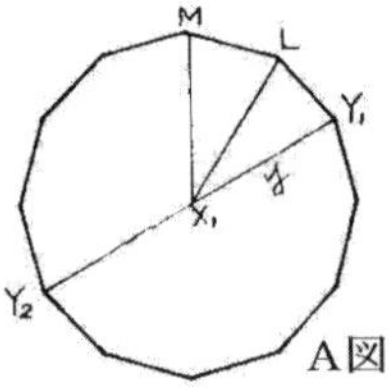

A図

正 12 辺形の面積Sは 、$S=3y^2$となる。

Ｂ図において、

$$X_1E=\sqrt{\left(\frac{d_2}{2}\right)^2-x^2}$$

また、

$X_1Y_1 : X_1E = OB : OF$　だから

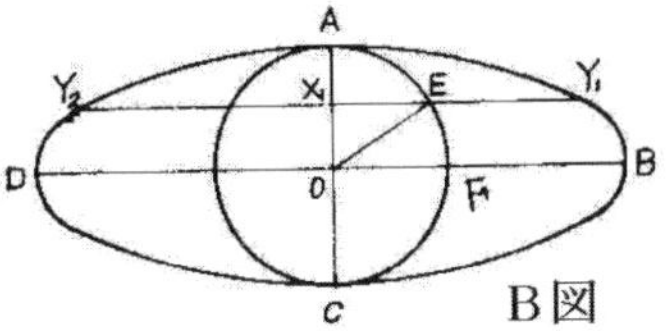

B図

$$y:\frac{\sqrt{d_2^2-4x^2}}{2}=\frac{d_1}{2}:\frac{d_2}{2}\qquad \text{つまり}\ y=\frac{d_1}{d_2}\frac{\sqrt{d_2^2-4x^2}}{2}$$

(2) 求める体積Vは、

$$V=2\int_0^{\frac{d_2}{2}}3y^2dx=2\int_0^{\frac{d_2}{2}}\frac{3d_1^2}{d_2^2}\left(\frac{d_2^2-4x^2}{4}\right)dx$$

$$=\frac{3d_1^2}{2d_2^2}\left[d_2^2x-\frac{4}{3}x^3\right]_0^{\frac{d_2}{2}}=\frac{1}{2}d_1^2d_2$$

（注）３問目の解法は「埼玉の算額」に依りました。なお、『算法算法雑俎解』『算法求積通考』では長径の球を想定して削積を先に求め、それに（短径／長径）を乗じて解を得ている。

附録八　子の権現の算額の解法

1．はじめに

子の権現の算額の問題が和算でどのように解かれたかを知るために、「算法雑俎解」（梅村重得訂、明治３年）(1) に掲載されているものを解読する。文字が滲んで判然としない部分もあるが前後関係からほぼ解読できる。

梅村重得《しげよし》（1804－1884）は陸奥盛岡藩士で代官、物頭もつとめた和算家であった。江戸で藤田嘉言《よしとき》（貞資の子）や長谷川弘らに和算を学んでいる。著書に「傍斜捷解」他がある。子の権現の算額の掲額者である石井弥四郎和儀と生まれは同年である。

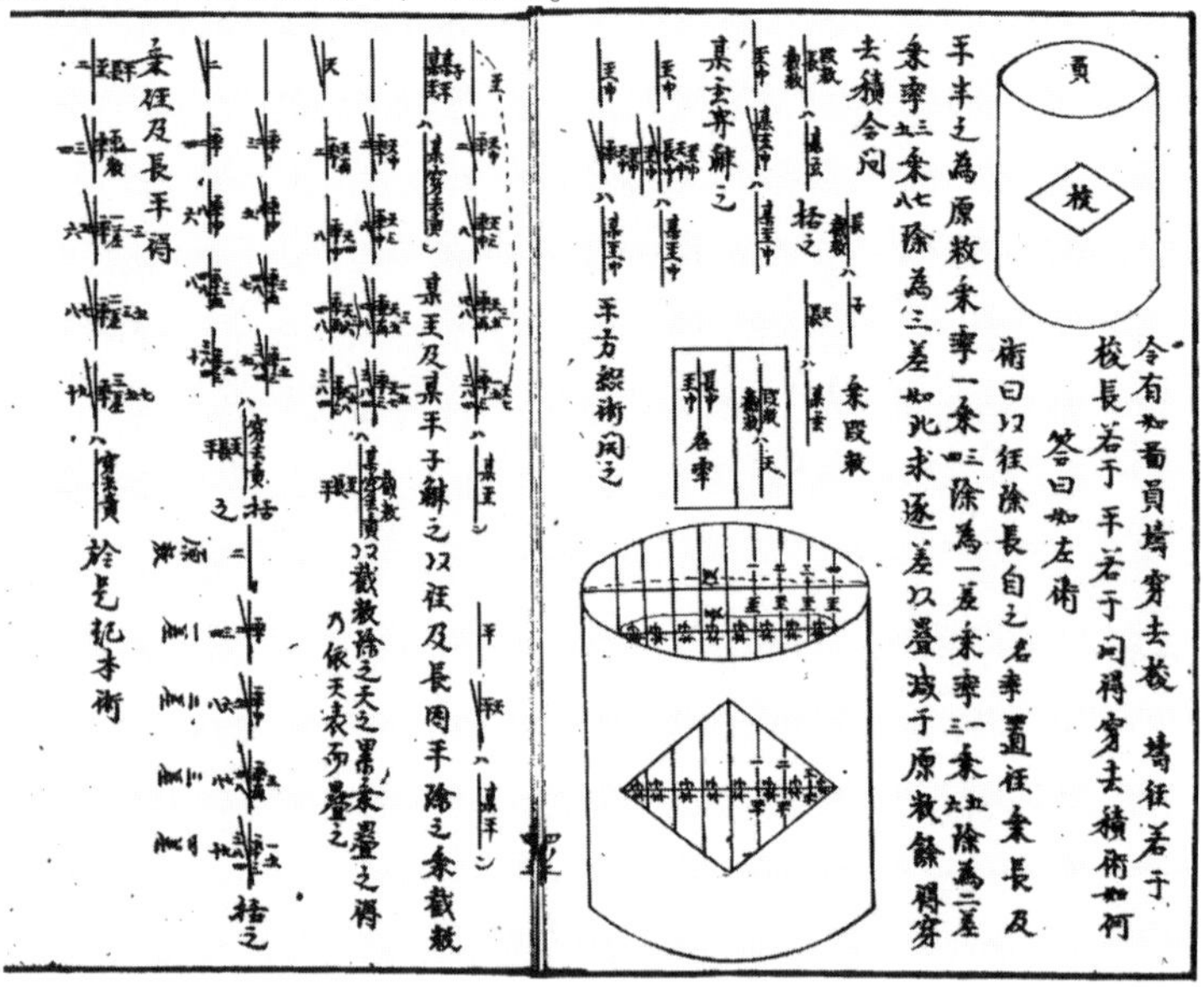

図１　「算法雑俎解」の子の権現の問題の解法部分
（東北大学和算ポータルサイトより）

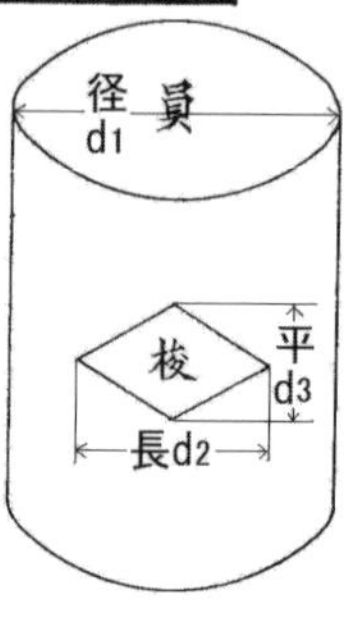

図２

2．子の権現の算額の問題

子の権現の算額の問題は、円柱を菱形の角柱で穿ち去ったときの体積を求めるもので、その解は次のように記述されている。

今、図２のように円柱の直径をd_1、棱の長をd_2、平をd_3

としたとき、率$k=\left(\frac{d_2}{d_1}\right)^2$、原数$=d_1\,d_2\,\frac{d_3}{2}$

一差$=$(原数)$\times k\times\frac{1}{3\cdot4}$、二差$=$(一差)$\times k\times\frac{1\cdot3}{5\cdot6}$、三差$=$(二差)$\times k\times\frac{3\cdot5}{7\cdot8}$、・・・・

求める体積Vは、

$V=$(原数) －(一差＋二差＋三差＋・・・・・)

３．前提知識（和算における積分小史）

解読に当り、和算の発達における以下の事項を前提とする。

和算史上の四天王は､関孝和・松永良弼・安島直円・和田寧と言われる。

(1) 松永良弼《よしすけ》（1692？～1744）は、「算法綴術草」の中で$\sqrt{1-x}$などについて２項級数の展開式を得ている。(2)

(2) 安島直円《なおのぶ》（1732～1798）は、建部賢弘や松永良弼以来の円理の問題を改良して、積分の概念を導入している。直円は円の直径を等分して円に内接する矩形を作り、これらの和として円の面積を求め、しかるのちに円周を求めた。(3)

この問題は円理二次綴術といわれ、成功したのは２項級数の展開を利用したことによる。直円はこの考えを利用して、円柱穿空円術の解に成功し、「不朽算法」の中で円柱を他の円柱で貫通した部分の体積や表面積を求めている。

(3) 和田寧《やすし》（1787～1840）は、円理の完成者といわれる。和算の最後の花を咲かせた人ともいわれる。直円の円理二次綴術は和田寧の円理豁術となって西洋の積分に匹敵されるようになった。

和田寧は定積分に相当する円理諸表を作成している。それは八態表・八象表（累乗などの展開式）や九成艸表・九成眞表・六龍三陽表などの積分表（様々な式に対応している）である。

4．梅村重得の解法

9.2章の章末解法例の〇番号に沿って数式と解法を示す。

図２の他に、截数をn、段数（n 等分した端からの順番）をr とする。

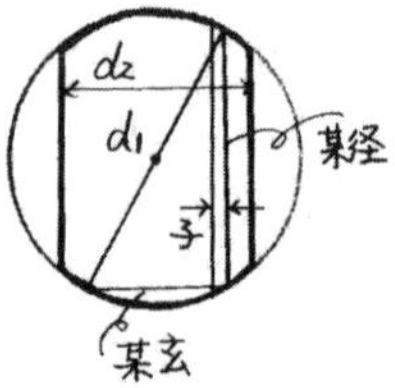

図３　上面図

①②　$\dfrac{r}{n}=$天，$\dfrac{d_2^2}{d_1^2}=\left(\dfrac{d_2}{d_1}\right)^2=$率$=k$　を定義する。

③　$\dfrac{d_2}{n}=$子　を定義し、段数を掛ける。

④　$\dfrac{d_2 r}{n}$ は某玄である。これを括り、長・天＝某玄である。

⑤　径$^2-(\text{某玄})^2=d_1^2-\left(\dfrac{d_2 r}{n}\right)^2$ は$(\text{某径})^2$である。（図３参照）

⑥　某玄を寄せこれを解く

⑦　$$d_1^2-\frac{d_2^2\left(\dfrac{r}{n}\right)^2 d_1^2}{d_1^2}=d_1^2-d_2^2\left(\frac{r}{n}\right)^2=(\text{某径})^2$$ である。

⑧　$d_1^2-\left(\dfrac{d_2}{d_1}\right)^2\left(\dfrac{r}{n}\right)^2 d_1^2=(\text{某径})^2$である。綴術で平方を開く。

つまり某径を級数展開で求める。

つまり、某径$=\sqrt{d_1^2-k\left(\dfrac{r}{n}\right)^2 d_1^2}=d_1\sqrt{1-k\left(\dfrac{r}{n}\right)^2}$ を求めている。

ここで次の展開式を使う。

$$\sqrt{1-y}=1-\sum_{n=1}^{\infty}\frac{(2n-3)!!\,y^n}{n!\,2^n}\qquad \text{ただし、}(-1)!!=0!!=1$$

⑨　$$d_1\left\{1-\frac{k}{2}\left(\frac{r}{n}\right)^2-\frac{k^2}{8}\left(\frac{r}{n}\right)^4-\frac{3k^3}{48}\left(\frac{r}{n}\right)^6-\frac{15k^4}{384}\left(\frac{r}{n}\right)^8\cdots\cdots\right\}$$ は某径である。

（…は原文になし、以下同様）

（注）和算の累乗は、巾は二乗、再は三乗、三は四乗、四は五乗、五は六乗・・・を示す。

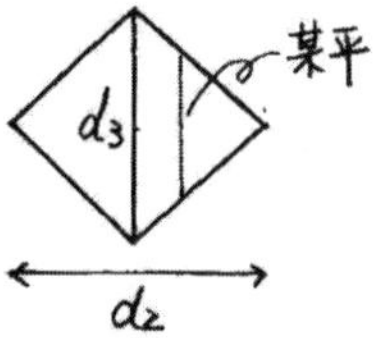

図４　側面図

また、$d_3 - d_3 \cdot \frac{r}{n} = d_3\left(1-\frac{r}{n}\right) = (\text{某平})$ である。

（図４参照）

⑩　（某径×某平×子）は、某穿去積である。つまり、部分体積である。

子×某平×某径

$$= \frac{d_1 d_2 d_3}{n}\left(1-\frac{r}{n}\right)\left\{1-\frac{k}{2}\left(\frac{r}{n}\right)^2-\frac{k^2}{8}\left(\frac{r}{n}\right)^4-\frac{3k^3}{48}\left(\frac{r}{n}\right)^6-\frac{15k^4}{384}\left(\frac{r}{n}\right)^8\cdots\cdots\right\}$$

$$= \frac{d_1 d_2 d_3}{n}\left\{1-\frac{k}{2}\left(\frac{r}{n}\right)^2-\frac{k^2}{8}\left(\frac{r}{n}\right)^4-\frac{3k^3}{48}\left(\frac{r}{n}\right)^6-\frac{15k^4}{384}\left(\frac{r}{n}\right)^8\cdots\cdots\right\}$$

$$+\frac{d_1 d_2 d_3}{n}\left\{-\frac{r}{n}+\frac{k}{2}\left(\frac{r}{n}\right)^3+\frac{k^2}{8}\left(\frac{r}{n}\right)^5+\frac{3k^3}{48}\left(\frac{r}{n}\right)^7+\frac{15k^4}{384}\left(\frac{r}{n}\right)^9\cdots\cdots\right\}$$

某径某平子を解き、径、長、平で除し、截数を乗ずる。

⑪　$\left\{1-\frac{k}{2}\left(\frac{r}{n}\right)^2-\frac{k^2}{8}\left(\frac{r}{n}\right)^4-\frac{3k^3}{48}\left(\frac{r}{n}\right)^6-\frac{15k^4}{384}\left(\frac{r}{n}\right)^8\right\}$

⑫　$\left\{-\frac{r}{n}+\frac{k}{2}\left(\frac{r}{n}\right)^3+\frac{k^2}{8}\left(\frac{r}{n}\right)^5+\frac{3k^3}{48}\left(\frac{r}{n}\right)^7+\frac{15k^4}{384}\left(\frac{r}{n}\right)^9\right\}$

⑬　⑪＋⑫は $\frac{\text{某穿去責}\times n}{d_1 d_2 d_3}$ である。

截数で之を除し、天の累乗で之を畳み、すなわち天表に依って得而して之を畳む。

つまり、⑪を項別積分して⑭を得る。同様に⑫を項別積分して⑮を得る。

ここで、畳元表を使う。畳元表は和田寧が作成したもので、様々な積分表が用意されており、

$\int x^m dx = \frac{1}{m+1}x^{m+1}$　もその中の一つである。

$\frac{r}{n}=x$として⑪、⑫を項別積分して⑭、⑮を得る。

$$\int_0^1\left(1-\frac{k}{2}x^2-\frac{k^2}{8}x^4-\frac{3k^3}{48}x^6-\frac{15k^4}{384}x^8\right)dx$$

$$=1-\frac{k}{2}\frac{1}{3}-\frac{k^2}{8}\frac{1}{5}-\frac{3k^3}{48}\frac{1}{7}-\frac{15k^4}{384}\frac{1}{9}$$

$$\int_0^1\left(-x+\frac{k}{2}x^3+\frac{k^2}{8}x^5+\frac{3k^3}{48}x^7+\frac{15k^4}{384}x^9\right)dx$$

$$=-\frac{1}{2}+\frac{k}{2}\frac{1}{4}+\frac{k^2}{8}\frac{1}{6}+\frac{3k^3}{48}\frac{1}{8}-\frac{15k^4}{384}\frac{1}{10}$$

⑭　$1-\frac{k}{3\cdot 2}-\frac{k^2}{5\cdot 8}-\frac{3k^3}{7\cdot 48}-\frac{15k^4}{9\cdot 384}$

⑮　$-2+\frac{k}{4\cdot 2}+\frac{k^2}{6\cdot 8}+\frac{3k^3}{8\cdot 48}+\frac{15k^4}{10\cdot 384}$

（-2 は間違いで、$-\frac{1}{2}$が正しいと思われる）

⑭＋⑮は、$\frac{穿去責}{d_1d_2d_3}$ である。これを括り次を得る。

⑭＋⑮の第１項〜第５項は　を除いて次のように計算でき、⑯を得る。

$1-\frac{1}{2}=\frac{1}{2}$、 $-\frac{1}{3\cdot 2}+\frac{1}{4\cdot 2}=-\frac{1}{2(3\cdot 4)}$、 $-\frac{1}{5\cdot 8}+\frac{1}{6\cdot 8}=-\frac{1}{8(5\cdot 6)}$、

$-\frac{3}{7\cdot 48}+\frac{3}{8\cdot 48}=-\frac{3}{48(7\cdot 8)}$、 $-\frac{15}{9\cdot 384}+\frac{15}{10\cdot 384}=-\frac{15}{384(9\cdot 10)}$

⑯　$\frac{1}{2}-\frac{k}{2\cdot 3\cdot 4}-\frac{k^2}{8\cdot 5\cdot 6}-\frac{3k^3}{48\cdot 7\cdot 8}-\frac{15k^4}{384\cdot 9\cdot 10}$　これを括り

原数	一差	二差	三差	四差

⑰　径、長、平　を乗じて次を得る。

⑱　$\frac{d_1d_2d_3}{2}-\frac{k(原数)}{3\cdot 4}-\frac{k(一差)1\cdot 3}{5\cdot 6}-\frac{k(二差)3\cdot 5}{7\cdot 8}-\frac{k(三差)5\cdot 7}{9\cdot 10}$

は穿去積である。

5．まとめ

上記のことは、現代数学でいえば、$(r/n)=x,\ (1/n)=dx$ として次式で示されるものである。

$$V=\lim_{n\to\infty}\sum_{r=1}^{n}(\text{子}\times\text{某平}\times\text{某径})=\lim_{n\to\infty}\sum_{r=1}^{n}\frac{d_2}{n}\cdot d_3\left(1-\frac{r}{n}\right)d_1\sqrt{1-k\left(\frac{r}{n}\right)^2}$$

$$=d_1d_2d_3\lim_{n\to\infty}\sum_{r=1}^{n}\frac{1}{n}\left(1-\frac{r}{n}\right)\sqrt{1-k\left(\frac{r}{n}\right)^2}=d_1d_2d_3\int_0^1(1-x)\sqrt{1-kx^2}\,dx$$

$$=\underset{(\text{原数})}{\frac{d_1d_2d_3}{2}}-\underset{(\text{一差})}{\frac{(\text{原数})k}{3\cdot4}}-\underset{(\text{二差})}{\frac{(\text{一差})k\cdot1\cdot3}{5\cdot6}}-\underset{(\text{三差})}{\frac{(\text{二差})k\cdot3\cdot5}{7\cdot8}}-\cdots\cdots$$

ここでは、積分の正しい考え方が使われている。解き方は級数展開した上で項別積分ができるようにし、その上で積分表を利用している。こういった解き方が当時の「高級」な和算を習った者には一般化していたのであろう。

梅村重得と石井弥四郎和儀は全くの同年代の人である。恐らく石井弥四郎和儀の解き方も上記のようなものであったと思われる。

なお、石井弥四郎和儀が子の権現に掲額した文政13年(1830)は、弥四郎25歳のときである。

参考文献

(1)『算法雑俎解』(梅村重得訂、明治３年)　東北大学和算ポータルサイト
(2)『明治前日本数学史（第２、４、５巻)』　岩波書店　1959年初版
(3)『和算の歴史　その本質と発展』平山諦　ちくま学芸文庫　2007年（原本は1961年至文堂より刊行)